高 等 学 校 教 材

# 现代无机合成与制备化学

吴庆银　主编

柳云骐　唐　瑜　副主编

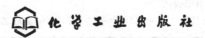

·北京·

本书共十章，前两章阐述了重要的无机合成与制备化学原理和方法，后八章介绍了重要的多酸化合物、分子筛及多孔材料、稀土配合物杂化发光材料、富勒烯及衍生物、金属-有机骨架配位聚合物、无机-有机杂化材料、纳米材料和烯烃复分解催化剂的合成与制备、应用及研究进展。具有现代性、新颖性和前瞻性，体现了本学科的前沿和发展方向。书中列出了近年新进展的1300余篇参考文献。

本书可作为化学、化工、材料等专业研究生与高年级本科生的教材，也可供广大科技人员参考。

**图书在版编目（CIP）数据**

现代无机合成与制备化学/吴庆银主编 . —北京：化学工业出版社，2010.7（2021.1重印）
高等学校教材
ISBN 978-7-122-08524-5

Ⅰ．现… Ⅱ．吴… Ⅲ．①无机化学-合成化学-高等学校-教材②无机化合物-制备-高等学校-教材 Ⅳ．①O611.4②TQ12

中国版本图书馆 CIP 数据核字（2010）第 083575 号

| | |
|---|---|
| 责任编辑：宋林青 | 文字编辑：孙凤英 |
| 责任校对：顾淑云 | 装帧设计：史利平 |

出版发行：化学工业出版社（北京市东城区青年湖南街 13 号 邮政编码 100011）
印 装：涿州市般润文化传播有限公司
787mm×1092mm 1/16 印张 15¾ 字数 418 千字 2021 年 1 月北京第 1 版第 3 次印刷

购书咨询：010-64518888 售后服务：010-64518899
网 址：http://www.cip.com.cn
凡购买本书，如有缺损质量问题，本社销售中心负责调换。

定 价：45.00 元

# 前　言

合成化学是化学学科的核心，是化学家改造世界、创造社会最有力的手段。发展合成化学，不断地创造与开发新的物种，将为研究结构、性能（或功能）与反应以及它们间的关系，揭示新规律与原理奠定基础，是推动化学学科与相邻学科发展的主要动力。具有一定结构、性能的新型无机化合物或无机材料合成路线的设计和选择，化合物或材料合成途径和方法的改进及创新是无机合成研究的主要任务。化学家不仅发现与合成了众多天然存在的化合物，同时也人工创造了大量自然界并不存在的化合物、物相与物态。

《无机合成与制备化学》作为研究生及本科高年级的一门重要课程，迫切需要一本简明、现代的教材，重点介绍重要的无机合成与制备化学原理与方法以及重要的无机化合物和无机材料的合成与制备化学问题，内容体现出本学科的前沿和方向。为此，化学工业出版社组织编写了《现代无机合成与制备化学》一书。

本书共十章。前两章阐述了重要的无机合成与制备化学原理和方法，后八章介绍了重要的多酸化合物、分子筛及多孔材料、稀土配合物杂化发光材料、富勒烯及衍生物、金属-有机骨架配位聚合物、无机－有机杂化材料、纳米材料和烯烃复分解催化剂的合成与制备、应用及研究进展，内容具有现代性、新颖性和前瞻性，体现了本学科的前沿和发展方向。书中列出了近年新进展的1300余篇参考文献，以体现出简明、现代的《无机合成与制备化学》的特点。本书可作为化学、化工、材料等专业研究生与本科高年级学生的教材，也可供广大科技人员参考。

参加本书编写的作者有六所大学的七位教授，其中六位是博导，均是在科研第一线的专家、学者。本书由浙江大学化学系吴庆银主编、中国石油大学（华东）化学化工学院柳云骐和兰州大学化学化工学院唐瑜为副主编。为了保证本书的质量，根据各个作者教学和研究领域的特长做了分工：吴庆银，第2、3、8章；柳云骐，第1、4章；唐瑜，第5章；浙江大学化学系刘子阳，第6章；温州大学化学与材料工程学院李新华，第7章；上海大学理学院化学系徐甲强，第9章；天津大学理学院化学系王建辉，第10章。全书由吴庆银统稿。

感谢徐如人院士、庞文琴教授、王恩波教授、谭民裕教授和翟玉春教授等老师的关心、指导和鼓励；感谢各作者单位给予的理解、支持和帮助；作者感谢化学工业出版社组织我们编写《现代无机合成与制备化学》。在写作过程中，我们的同事及研究生们尤其是刘春英、许胜先、刘桂艳、杨华、马宇飞、胡小夫、童霞、江岸、钱学宇、贾盛澄、张源、王晖等在文献搜集、图表制作、初稿校阅等方面做了许多工作，在此表示衷心的感谢。

本书中有关内容的重叠与交叉，虽想尽力处理得当，然而限于编者水平有限，肯定会存在个别重复与不尽理想之处，敬请读者批评指正。

编者

2010 年 4 月于杭州

# 目　录

# 第1章
# 重要的无机合成与制备化学原理

发展合成化学，不断地创造与开发新的物种，将为研究结构、性能（或功能）与反应以及它们间的关系，揭示新规律与原理提供基础，是推动化学学科与相邻学科发展的主要动力。具有一定结构、性能的新型无机化合物或无机材料合成路线的设计和选择，化合物或材料合成途径和方法的改进及创新是无机合成研究的主要任务。合成化学基础知识或原理包括化合物的物理和化学性能、反应性、反应规律和特点，认识反应物及其产物的结构化学间的关系，灵活运用热力学、动力学等基本化学原理和规律等。传统的化学工作方法主要是依靠从成千上万种化合物中去筛选，开发具有特定结构与优异性能的化合物，其发展重心是合成与制备和发现新化合物；现代无机合成侧重于合成规律的认识、组装化学及其分子工程学，即根据所需性能对结构进行设计和施工，强调对材料性能、结构和制备三方面联系的认识，避免制备工作过多地局限在单个化合物的合成上。本章重点介绍有关单分散颗粒制备原理、晶体生长原理、胶束理论及其组装化学和抑制团聚与形貌控制方法等重要的无机合成与制备化学原理。

## 1.1　单分散颗粒制备原理

任何固态物质都有一定的形状，占有相应空间，即具有一定的尺寸。我们通常所说的粉末或细颗粒，一般是指大小为 1mm 以下的固态物质。当固态颗粒的粒径在 $0.1\sim10\mu m$ 之间时称为微细颗粒，或称为亚超细颗粒，空气中飘浮的尘埃，多数属于这个范围。而当粒径达到 $0.1\mu m$ 以下时，则称为超细颗粒。超细颗粒还可以再分为三档：即大、中、小超细颗粒。粒径在 $10\sim100nm$ 之间的称大超细颗粒；粒径在 $2\sim10nm$ 之间的称中超细颗粒；粒径在 2nm 以下的称小超细颗粒。近年来发展起来的纳米微粒，因其极小的尺寸而呈现出显著不同于体相材料的特殊性质，在光、电、催化、机械、磁学等领域具有广阔的应用前景。纳米微粒的性质强烈地依赖其尺寸、形态和结构。纳米微粒的尺寸一直是表征纳米微粒的最重要的物理量之一。对纳米微粒尺寸及其分布的有效控制也一直是人们普遍关注的热点。人们期待通过对纳米微粒表面效应、体积效应、量子尺寸效应、宏观量子隧道效应等独特性质的更为本质的研究，更好地弄清其结构、性能和应用之间的关系。因而，获得单分散颗粒，是开展基础研究和应用研究的前提。

### 1.1.1　沉淀的形成

向含某种金属（M）盐的溶液中加入适当的沉淀剂，就形成了难溶盐的溶液，当浓度大于它在该温度下的溶解度时，就出现沉淀。或者说，在难溶电解质的溶液中，如果溶解的阴、阳离子各以其离子数为乘幂的浓度的乘积（即离子积）大于该难溶物的溶度积时，这种物质就会沉淀下来。生成的沉淀就是制备粉体材料的前驱体，然后再将此沉淀物进行煅烧就成为超细粉，这就是所谓的沉淀法。

沉淀的形成可分为两个过程，即晶核形成和晶核长大。沉淀剂加入到含有金属盐的溶液中，溶质分子或离子通过相互碰撞聚集成微小的晶核。晶核形成后，溶液中的构晶离子向晶核表面扩散，并沉积在晶核上，晶核就逐渐长大成沉淀微粒。从过饱和溶液中生成沉淀（固相）时经历三个基本步骤。

（1）晶核的形成：离子或分子间的作用生成离子、分子簇和晶核。晶核相当于若干新的中心，从它们可自发长成晶体。晶核生成过程决定生成晶体的粒度和粒度分布。

（2）晶核的长大：物质沉积在晶核上导致晶体的生成。

（3）聚结和团聚：由细小的晶粒生成粗粒晶体的过程。

### 1.1.2 晶核的形成

溶液处于过饱和的介稳态时，由于分子或离子的运动，某些局部区域内的分子凝聚而形成集团，形成这种分子集团后可能聚集更多的分子而生长，也可能分解消失，这种分子集团称为胚芽，它是不稳定的，只有当体积达到相当程度后才能稳定而不消失，此时称为晶粒。

由 Kelvin 公式及过饱和度条件可知，当 $E=\dfrac{16\pi\sigma^3 M^2}{3\ (RT\rho\ln S)^2}$ 或 $r=\dfrac{z\sigma M}{\rho RT\ln S}$ 时，晶粒生成。

式中，$E$ 为晶粒生成时供给扩大固体表面的能量；$\sigma$ 为液固界面张力；$M$ 为溶质分子质量；$\rho$ 为溶质颗粒的密度；$S$ 为溶液的过饱和度；$r$ 为晶粒半径。

晶粒生成速率，即单位时间内单位体积中形成的晶粒数为：

$$N=K\exp\left[\dfrac{-16\pi\sigma^3 M^2}{3R^3\,T^3\rho(\ln S)^2}\right]$$

式中，$K$ 为反应速率常数。

可以看出，过饱和度 $S$ 愈大，界面张力 $\sigma$ 愈小，所需活化能愈低，生成晶粒的速率愈大。

### 1.1.3 晶核的长大

在过饱和溶液中形成晶粒以后，溶质在晶粒上不断地沉积，晶粒就不断长大。晶粒长大过程和其他具有化学反应的传递过程相似，可分为两步：一是溶质分子向晶粒的扩散传质过程；二是溶质分子在晶粒表面固定化，即表面沉淀反应过程。其中扩散速率为：

$$\dfrac{\mathrm{d}m}{\mathrm{d}t}=\dfrac{D}{\delta}A(c-c') \tag{1-1}$$

式中，$m$ 为时间 $t$ 内所沉积固体量；$D$ 为溶质扩散系数；$\delta$ 为滞流层厚度；$A$ 为晶粒表面积；$c'$ 为界面浓度。

表面沉积速率为：

$$\dfrac{\mathrm{d}m}{\mathrm{d}t}=k'A(c-c^*) \tag{1-2}$$

式中，$k'$ 为表面沉积速率常数；$c^*$ 为固体表面浓度（或饱和浓度）。

当过程达到稳态平衡时：

$$\dfrac{\mathrm{d}m}{\mathrm{d}t}=\dfrac{A(c-c')}{\dfrac{1}{k'}+\dfrac{1}{k_d}} \tag{1-3}$$

式中，$k_d=\dfrac{\delta}{D}$ 为传质系数。

在晶粒长大过程中，当 $k'\gg k_d$，即表面沉积速率远大于扩散速率时，为扩散控制；当 $k_d\gg k'$ 时，为表面沉积控制。

晶粒长大过程是扩散控制还是表面沉积控制，或者二者各占多大比例，主要由实验决定。

### 1.1.4　成核和生长的分离

为了从液相中析出大小均匀一致的固相颗粒，必须使成核和生长两个过程分开，以便使已形成的晶核同步长大，并在生长过程中不再有新核形成。这是形成单分散体系的必要条件。如果用液相中溶质浓度随时间的变化显示单分散颗粒的形成过程，如图 1-1(a) 所示。阶段Ⅰ，当溶质浓度未达到 $c_{min}^*$（成核的最小浓度）以前，没有沉淀产生。当溶液中溶质浓度超过 $c_{min}^*$ 时，即进入成核阶段Ⅱ。在这个阶段，溶质浓度逐渐上升一定时间后，又开始下降，这是由于成核反应消耗了溶质。当浓度 $c$ 再次达到 $c_{min}^*$ 时，成核阶段终止。接着发生生长阶段Ⅲ，直到液相溶质浓度接近溶解度 $c_s$。

若成核速率不够高，浓度 $c$ 长期保持在 $c_{min}^*$ 和 $c_{max}^*$（成核最大浓度）之间，晶核会发生生长。成核与生长同时发生，就不可能得到单分散颗粒。因此，为了获得单分散颗粒，首要的任务是，成核和生长两个阶段必须分开。

另外，从沉淀速率与溶质浓度的关系 [图 1-1(b)] 中可以看出，假如成核速率在溶质浓度 $c$ 刚超过 $c_{min}^*$ 时，像成核曲线 a 那样急剧上升，或者生长曲线的斜率很低，低到与成核曲线的交点对应的溶质浓度紧靠近 $c_{min}^*$，成核和生长分开的要求将被满足，当然，最理想的情况是成核速率对过饱和度的强烈依赖关系（相关曲线）和低生长速率相结合。这就是单分散颗粒的生长速率多数都相当低的原因。然而，通常情况是像成核曲线 b。要满足这个要求，仅仅当浓度 $c$ 被限制在稍高于 $c_{min}^*$ 的水平，因为随着一个短的成核周期，浓度 $c$ 立即回到 $c_{min}^*$ 以下。因此，对于均匀溶液来说，为了生成单分散的粒子，必须避免长时间停留在高于 $c_{min}^*$ 的太高过饱和度之下。

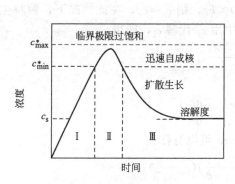
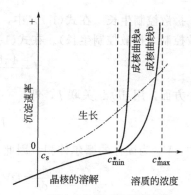

(a) 单分散颗粒形成模型
$c_s$—溶解度；$c_{min}^*$—成核最小浓度；$c_{max}^*$—成核最大浓度；
Ⅰ—成核前期；Ⅱ—成核期；Ⅲ—生长期

(b) 成核和生长的沉淀速率作为溶质浓度的函数，图中的生长曲线为给定晶种的生长曲线

图 1-1　单分散体系的成核

### 1.1.5　胶粒生长的动力学模型

胶体颗粒的生长是单体向其表面扩散和单体在表面上发生反应的结果，如图 1-2(a) 所示。这里，$c_b$ 是单体的整体（bulk）浓度，$c_i$ 是单体在交界面上的浓度，$c_e$ 是颗粒与其半径有关的溶解度，而 $\delta$ 是扩散层厚度，它是由于颗粒的布朗运动引起的水剪切力的函数。

图 1-2(b) 是从宏观的观点表示扩散层围绕球形颗粒的描绘，其中 $r$ 是颗粒的半径，$x$ 是距颗粒中心的距离。在扩散层内通过半径为 $x$ 的球形面的单体的总流量 $J$，由菲克第一定律给出：

$$J = 4\pi x^2 D \frac{dc}{dx} \tag{1-4}$$

式中，$D$ 是扩散系数；$c$ 是单体在距离为 $x$ 处的浓度。不考虑 $x$，$J$ 是恒定的，因为单

体向颗粒扩散是处于稳态。因此从 $r+\delta$ 到 $r$，函数 $c(x)$ 相对于 $x$ 的积分给出：

$$J=\frac{4\pi Dr(r+\delta)}{\delta}(c_b-c_i) \tag{1-5}$$

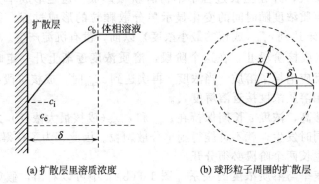

(a)扩散层里溶质浓度　　(b)球形粒子周围的扩散层

图 1-2　胶体颗粒扩散层示意图

然后，在扩散过程之后的表面反应写为：

$$J=4\pi r^2 k(c_i-c_e) \tag{1-6}$$

此处，假定为简单的一级反应，而 $k$ 是反应的速率常数。结合方程式(1-5)和式(1-6)，可得

$$\frac{c_i-c_e}{c_b-c_i}=\frac{D}{kr}\left(1+\frac{r}{\delta}\right) \tag{1-7}$$

(1) 扩散控制生长　在式(1-7)中，若 $D\ll kr$，则 $c_i\approx c_e$，在此情况下，颗粒生长是受单体扩散控制（扩散控制生长）。在式(1-5)中用 $c_e$ 代替 $c_i$，即得

$$J=\frac{4\pi Dr(r+\delta)}{\delta}(c_b-c_e) \tag{1-8}$$

另一方面，用 $dr/dt$ 关联 $J$，即

$$J=\frac{4\pi r^2}{V_m}\times\frac{dr}{dt} \tag{1-9}$$

式中，$V_m$ 为固体的摩尔体积，因此，$dr/dt$ 可以写作：

$$\frac{dr}{dt}=DV_m\left(\frac{1}{r}+\frac{1}{\delta}\right)(c_b-c_e) \tag{1-10}$$

方程式(1-10)意味着 $dr/dt$ 随 $r$ 的增加而降低。换句话说，若 $c_b-c_e$ 可被看做实质上的常数，则粒度分布随颗粒生长变得狭窄。事实上，从式(1-10)可得到以下关系：

$$\Delta r=1+\frac{\delta}{\tilde{r}} \tag{1-11}$$

式中，$\Delta r$ 是粒子尺寸分布的标准偏差；$\bar{r}$ 是平均颗粒半径。

(2) 反应控制生长　若方程式(1-7)中 $D\gg kr$，则 $c_b\approx c_i$，那么生长速率是受单体表面反应的限制。因此，从式(1-6)和式(1-9)可以得出：

$$\frac{dr}{dt}=kV_m(c_b-c_e) \tag{1-12}$$

式(1-12)的意义是 $dr/dt$ 与颗粒大小无关。在生长过程中 $\Delta r$ 为常数，其结果是在生长过程中相对标准偏差 $\dfrac{\Delta r}{r}$ 降低了。单体溶质简单沉积在颗粒表面上而无任何二维扩散形成无定形固体，或者在一微晶上的每一成核步骤的二维生长范围是被表面上快的成核完全限制就是这种情况，后一种情形就是所谓的"多核层生长"。

　　然而，若一个颗粒表面上核的二维生长比二维成核速率快很多的话，颗粒的整个表面将被由一个单核开始的一层新的固体层覆盖。这种反应模型指的就是"单核层生长"。在这种特殊情形下，$\mathrm{d}r/\mathrm{d}t$ 正比于颗粒表面积，即

$$\frac{\mathrm{d}r}{\mathrm{d}t}=k'r^2 \tag{1-13}$$

　　因此，随着颗粒的生长进行，粒度分布必然变得较宽。应该注意到这个机理仅在颗粒生长很早的阶段才是可能的，否则在有限的时间内半径即达到无穷大（即 $r^{-1}=r_0^{-1}-k't$）。

### 1.1.6　防团聚的方法

　　当颗粒直接接触时，它们时常相互不可逆地粘在一起；在某些情形之下，它们是受"接触再结晶"支配。在后一种情形里，颗粒接触是由颗粒的另一部分释放出溶质沉积在接触点连接而成。因此，作为一个原则，制备单分散颗粒必须抑制凝聚。要消除粉末间的团聚，应从以下两个方面着手：首先，在干燥前将凝胶颗粒之间的距离增大，从而消除毛细管收缩力，避免颗粒结合紧密；其次，在干燥前采用适当的脱水方式将水脱除，避免由于水的存在而在颗粒间形成氢键。据此原理消除团聚的方法有以下几种。

　　（1）加入反絮凝剂在颗粒表面形成双电层　反絮凝剂的选择可依颗粒的性质、带电类型来确定，即选择适当的电解质作为分散剂，使粒子表面吸引异电离子形成双电层。通过双电层之间库仑排斥作用使粒子之间发生团聚的引力大大降低，从而有效地防止颗粒的团聚，达到颗粒分散的目的。而排斥力的大小取决于颗粒的表面电位，作用范围取决于双电层厚度。

　　（2）加入防护试剂　稳定憎液胶体粒子最有效的方法之一是利用防护试剂，包括亲液聚合物、表面活性剂和络合剂。在沉淀过程中加入特定的表面活性剂，胶粒一旦形成就会吸附表面活性剂分子，在其表面形成有机分子保护层而产生一定的位阻效应，阻碍胶粒进一步聚集长大，从而有效地改善胶体的均匀性和分散性。

　　（3）利用凝胶网络　如果最终产物的成核是在像胶一样的前驱沉淀物形成之后，那么可以期望从核长大的所有粒子被钉住在基质上，以至于它们之间的相互反应被减弱，这种效应出现在某些多相体系中。

　　（4）共沸蒸馏　在颗粒形成的凝胶中加入沸点高于水的醇类有机物，混合后进行共沸蒸馏，可以有效地除去多余的水分子，消除了氢键作用的可能，并且取代羟基的有机长链分子能产生很强的空间位阻效应，使化学键合的可能性降低，因而可以防止团聚体的形成。

　　（5）超声波处理　超声波本身不能直接对分子产生作用，而是通过对分子周围环境的物理、化学作用而影响分子，即通过超声空化能量来加速或控制某过程的进程。所谓超声空化作用是指存在于液体中的微小气泡，在声场作用下振动、生长、扩大、崩溃的动力学过程。超声空化作用产生的冲击波和微射流可以有效地使溶胶原有的絮凝结构解体、黏度降低、流动性增强。

# 1.2　晶体生长原理

### 1.2.1　晶体的相关概念

　　固态是物质的一种聚集态形式，一般可以分为晶态与非晶态两种状态。非晶，也叫无定形体，其原子或分子的排列是无规则的。但是晶体和非晶体之间并不存在不可逾越的鸿沟，在一定条件下，二者可以相互转化。例如石英晶体可以转化为石英玻璃（非晶）；玻璃（非晶）也可以转化为晶态玻璃。涤纶的熔体，若迅速冷却，得到的是无定形体；若缓慢冷却，则得到晶体。晶体又分为单晶体和多晶体两种。单晶体是由一个晶核沿各方向均匀生长而成

的，其晶体内部的原子基本上是按照某种规律整齐排列。简言之，单晶是指晶体内部原子或分子排列有序，而且这种有序排列贯穿于整个晶体内部，即全程有序；如冰糖、单晶硅。单晶要在特定的条件下形成，因而在自然界少见，但可人工制取。通常所见的晶体是由很多单晶颗粒杂乱的聚结而成的，尽管每颗小单晶的结构式是相同的，是各向异性，但是由于单晶之间排列杂乱，各向异性特征消失，使整个晶体一般不表现出各向异性，这种晶体称为多晶体，多数金属和合金都属于多晶体。

在晶体内部，分子、离子或原子团在三维空间以某种结构基元的形式周期性重复排列，只要知道其中最简单的结构单元，以及它们在空间平移的向量长度及方向，就可以得到原子或分子在晶体中排布的情况。结构基元可以是一个或多个原子（离子），也可以是一个或多个分子，每个结构基元的化学组成及原子的空间排列完全相同。如果将结构基元抽象为一个点，晶体中分子或原子的排列就可以看成点阵。这些结点构成的网格就称为晶格。在晶格中，能表现出其结构的一切特征的最小部分称为晶胞。各种晶体由于其组分和结构不同，因而不仅在外形上各不相同，而且在性质上也有很大的差异。尽管如此，在不同晶体之间，仍存在着某些共同的特征，主要表现在下面几个方面。

(1) 自范性  晶体物质在适当的结晶条件下，都能自发地成长为单晶体，发育良好的单晶体均以平面作为它与周围物质的界面，而呈现出凸多面体。这一特征称之为晶体的自范性。

(2) 晶面角守恒定律  由于外界条件和偶然情况不同，同一类型的晶体，其外形不尽相同。但是，对于一定类型的晶体来说，不论其外形如何，总存在一组特定的夹角。这一普遍规律称为晶面角守恒定律，即同一种晶体在相同的温度和压力下，其对应晶面之间的夹角恒定不变。

(3) 解理性  当晶体受到敲打、剪切、撞击等外界作用时，可有沿某一个或几个具有确定方位的晶面劈裂开来的性质。如固体云母（一种硅酸盐矿物）很容易沿自然层状结构平行的方向劈为薄片，晶体的这一性质称为解理性，这些劈裂面则称为解理面。自然界的晶体显露于外表的往往就是一些解理面。

(4) 各向异性  晶体的物理性质随观测方向而变化的现象称为各向异性。晶体的很多性质表现为各向异性，如压电性质、光学性质、磁学性质及热学性质等。如沿不同方向测石墨晶体的电导率时，方向不同，其电导率数值也不同。

(5) 对称性  晶体的宏观性质一般说来是各向异性的，但并不排斥晶体在某几个特定的方向可以是同性的。晶体的宏观性质在不同方向上有规律重复出现的现象称为晶体的对称性。晶体的对称性反映在晶体的几何外形和物理性质两个方面。实验表明，晶体的许多物理性质都与其几何外形的对称性相关。

(6) 最低内能与固定熔点  在相同的热力学条件下，与同种化学成分的其它存在状态（如气体、液体或非晶体）相比，晶体的内能最小；即在相同条件下，晶体是稳定的，非晶体是不稳定的，非晶体有自发转变为晶体的趋势。晶体具有固定的熔点。当加热晶体到某一特定的温度时，晶体开始熔化，且在熔化过程中保持温度不变，直至晶体全部熔化后，温度才又开始上升。

## 1.2.2  晶体生长基本问题

晶体生长研究是人工晶体研究的基础。它已从一种纯工艺性研究逐步发展形成晶体制备技术和晶体生长理论两个主要研究方向。晶体生长理论研究力图从本质上揭示晶体生长的基本规律，进而指导晶体制备技术研究。随着基础学科（如物理学、化学）和制备技术的不断进步，晶体生长理论研究从最初的晶体结构和生长形态研究、经典的热力学分析发展到在原子分子层次上研究生长界面和附加区域熔体结构，质、热输运和界面反应问题，形成了许多理论或理论模型。由于晶体生长理论研究对象是晶体生长这一复杂的客观过程，研究内容相当庞杂，所以，目前晶体生长理论研究目的只能是通过对晶体生长过程的深入理解，实现对晶体制备技术研究的指导和预言。晶体生长理论研究的基本科学问题可以归纳为如下两个方面。

（1）晶体结构、晶体缺陷、晶体生长形态、晶体生长条件四者之间的关系　晶体生长理论本质上就是完整理解不同晶体其内部结构、缺陷、生长条件和形态四者之间的关系。只有搞清楚这四者之间的关系，才能够在制备实验中预测具有特定晶体结构的晶体在不同生长条件下的生长形态，通过改变生长条件来控制晶体内部缺陷的生成，改善和提高晶体的质量和性能。

（2）晶体生长界面动力学问题　晶体结构、晶体缺陷、晶体生长形态、晶体生长条件四者之间的关系研究只是对晶体生长过程的一种定性的描述，为了对此过程作更为精确的（甚至定量或半定量）的描述，必须在原子分子层次上对生长界面的结构，界面附近熔体（溶液）结构，界面的热、质输运和界面反应进行研究，这是晶体生长界面动力学研究的主要内容。

### 1.2.3　晶体生长的基本过程

从宏观角度看，晶体生长过程是晶体-环境相（蒸气、溶液、熔体）界面向环境相中不断推移的过程，也就是由包含组成晶体单元的母相从低秩序相向高度有序晶相的转变。从微观角度来看，晶体生长过程可以看作一个"基元"过程，所谓"基元"是指结晶过程中最基本的结构单元，从广义上说，"基元"可以是原子、分子，也可以是具有一定几何构型的原子（分子）聚集体，所谓的"基元"过程包括以下主要步骤。

（1）基元的形成：在一定的生长条件下，环境相中物质相互作用，动态地形成不同结构形式的基元，这些基元不停地运动并相互转化，随时可能产生或消失。

（2）基元在生长界面的吸附：由于对流、热力学无规则运动或原子间吸引力，基元运动到界面上并被吸附。

（3）基元在界面的运动：基元由于热力学的驱动，在界面上迁移运动。

（4）基元在界面上结晶或脱附：在界面上依附的基元，经过一定的运动，可能在界面某适当的位置结晶并长入固相，或者脱附而重新回到环境相中。

晶体内部结构、环境相状态及生长条件都将直接影响晶体生长的"基元"过程。环境相及生长条件的影响集中体现于基元的形成过程之中；而不同结构的生长基元在不同晶面族上的吸附、运动、结晶或脱附过程主要与晶体内部结构相关联。不同结构的晶体具有不同的生长形态，对于同一晶体，不同的生长条件可能产生不同结构的生长基元，最终形成不同形态的晶体。同种晶体可能有多种结构的物相，即同质异相体，这也是由于生长条件不同，"基元"过程不同而导致的结果，晶体内部缺陷的形成又与"基元"过程受到干扰有关。

### 1.2.4　晶体生长理论

自从 1669 年丹麦学者斯蒂诺（N. Steno）开始研究晶体生长理论以来，晶体生长理论经历了晶体平衡形态理论、界面生长理论、周期键链（PBC）理论和负离子配位多面体生长基元模型 4 个阶段，目前又出现了界面相理论模型等新的理论模型。现代晶体生长技术、晶体生长理论以及晶体生长实践相互影响，使人们越来越接近于揭开晶体生长的神秘面纱。下面简单介绍几种重要的晶体生长理论和模型。

（1）晶体平衡形态理论：主要包括布拉维法则、Gibbs-Wulff 生长定律、BFDH 法则（或称为 Donnay-Harker 原理）以及 Frank 运动学理论等。晶体平衡形态理论从晶体内部结构、应用结晶学和热力学的基本原理来探讨晶体的生长，注重于晶体的宏观和热力学条件，是晶体的宏观生长理论。其局限性是基本不考虑外部因素（环境相和生长条件）变化对晶体生长的影响，无法解释晶体生长形态的多样性。

（2）界面生长理论：主要有完整光滑界面模型、非完整光滑界面模型、粗糙界面模型、弥散界面模型、粗糙化相变理论等理论或模型。界面生长理论的学科基础是 X-射线晶体学、热力学和统计物理学，它重点讨论晶体与环境的界面形态在晶体生长过程中的作用，从而推导出界面动力学规律。其局限性是没有考虑晶体微观结构，也没考虑环境相对于晶体生长的影响。

（3）周期键链（Periodic Bond Chain，PBC）理论：1952 年由 P. Hartman 和 W. G. Perdok 提出，PBC 理论主要提出了晶体的三种界面：F 面、K 面和 S 面，和考虑到晶体的内部结构——周期性键链，而没有考虑环境相对于晶体生长的影响。后面将做详细讨论。

（4）负离子配位多面体生长基元模型：1994 年由仲维卓、华素坤提出，它有以下特点：晶体内部结构因素对晶体生长的影响有机地体现于生长基元的结构以及界面叠合过程中；利用生长基元的维度以及空间结构形式的不同来体现生长条件对晶体生长的影响；所建立的界面结构便于考虑溶液生长体系中离子吸附、生长基元叠合的难易程度对晶体生长的影响。这种理论将晶体的生长形态、晶体内部结构和晶体生长条件及缺陷作为统一体加以研究，考虑的晶体生长影响因素全面，能很好地解释极性晶体的生长习性。

（5）界面相理论模型：2001 年由高大伟和李国华提出，晶体在生长过程中，位于晶体相和环境相之间的界面相可划分：界面层、吸附层和过渡层；界面相对晶体生长起着重要作用，界面相中的吸附层和界面的性质以及吸附层与界面的相互作用决定着晶体的生长过程；可以通过改变界面相的性质来分析、控制和研究晶体的生长。

从晶体平衡形态理论到负离子配位多面体生长基元模型，晶体生长理论在不断地发展并趋于完善，主要体现在以下几个方面：从宏观到微观，从经验统计分析到定性预测，从考虑晶体相到考虑环境相，从考虑单一的晶体相到考虑晶体相、环境相和界面相。晶体生长的定量化，并综合考虑晶体和环境相，以及微观与宏观之间的相互关系是今后晶体生长理论的发展方向。

### 1.2.5　晶体生长热力学和动力学

晶体生长是一个相变过程，受晶体生长热力学和动力学等各种因素相互作用的影响。热力学所处理的问题一般都属于平衡状态的问题，而晶体生长是一个动态过程，不可能在平衡状态下进行。

热力学研究的作用体现在：①在研究晶体生长过程的动力学问题之前，预测过程中遇到的问题，以及说明或提出解决问题的线索，如偏离平衡状态的程度；②相平衡和相变的问题。晶体生长是控制物质在一定热力学条件下进行的相变过程；通过这一过程使该物质达到所需要的状态。一般的晶体生长多半是使物质从液态（熔体或溶液）变成固态，成为单晶体；这就涉及热力学中相平衡和相变的问题，而相图是将晶体生长与热力学联系起来的媒介，可以看出整个晶体生长过程的大概趋势。

考虑到实际晶体生长情况时，必须确定问题的实质究竟是与达到的平衡状态有关，还是与各种过程进行的速率有关。如果晶体生长的速率或晶体的形态取决于某一过程进行的速率（例如在表面上的成核速率），那么就必须用适当的速率理论来分析，这时热力学就没有什么价值了。如果过程进行程度非常接近于平衡态（准平衡态，这在高温时常常如此），那么热力学对于预测生长量，以及成分随温度、压力和实验中其他常数而改变的情况就有很大的价值了。

晶体生长动力学主要是阐明在不同条件下的晶体生长机制，以及晶体生长速率与生长驱动力之间的规律。晶体生长界面结构决定了生长机制，不同的生长机制表现出不同的生长动力学规律。晶体生长速率受生长驱动力的支配，当改变生长介质的热量或质量输运时，晶体生长速率也随之改变。晶体生长形态取决于晶体的各晶面间的相对生长速率，当生长介质的输运性质以及其他动力学因素改变时，不仅能使晶体生长速率发生变化，而且会影响到晶体生长形态与生长界面的稳定性，晶体生长界面是否稳定，关系到生长单晶的完整性。因此，晶体的完整性与其生长动力学有着密切的联系。

### 1.2.6　晶体生长形态

晶体生长形态是其内部结构的外在反映，各个晶面间的相对生长速率决定了它的生长形态。晶体生长形态虽受其内部结构的对称性、结构基元间键合和晶体缺陷等因素的制约，但很大程度上还受生长环境相的影响；因此，同一成分与结构的晶体，可以形成不同的形态。晶体的形态能部分反映出它的形成历史，因此，研究晶体生长形态，有助于人们认识晶体生长动力学过程，为探讨实际晶体生长机制提供线索。

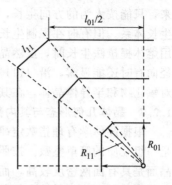

图 1-3　晶面的相对生长速率与晶体生长形态间的联系

（1）与生长速率间的联系　晶体在自由生长体系中生长，晶体的各晶面生长速率是不同的，即晶体的生长速率是各向异性的。通常所说的晶体的晶面生长速率 $R$ 是指在单位时间内晶面（$hkl$）沿法线方向向外平行推移的距离（$d$），并称为线性生长速率。晶体生长的驱动力来源于生长环境相（气相、溶液、熔体）的过饱和度（$\Delta c$）和过冷度（$\Delta T$）。晶体生长形态的变化来源于各晶面相对生长速率（比值）的改变，现以二维模式晶体生长为例来说明相对生长速率的变化和形态之间的联系（如图 1-3 所示）。在图 1-3 中 $l_{11}$、$l_{01}$ 分别代表（11）、（01）晶面的大小，$R_{11}$、$R_{01}$ 分别代表（11）、（01）晶面的生长速率。从图 1-3 所表明的简单的几何关系中可求得

$$R_{01} = \frac{l_{01}}{2} + \sqrt{2}\,\frac{l_{11}}{2}$$

$$\frac{l_{01}}{2} = +\sqrt{2}R_{11} - R_{01}$$

$$R_{11} = \sqrt{2}R_{01} - \frac{l_{11}}{2}$$

$$\frac{l_{11}}{2} = \sqrt{2}R_{01} - R_{11}$$

$$\frac{l_{01}}{l_{11}} = \frac{\sqrt{2} \times \dfrac{R_{11}}{R_{01}} - 1}{\sqrt{2} - \dfrac{R_{11}}{R_{01}}} \tag{1-14}$$

根据式(1-14)，当 $R_{11}/R_{01} \geqslant \sqrt{2}$ 时，二维模式晶体生长形态仅为 ｛01｝ 单形；当 $R_{11}/R_{01} \leqslant \sqrt{2}/2$ 时，二维模式晶体生长形态仅为 ｛11｝ 单形；当 $\sqrt{2}/2 \leqslant R_{11}/R_{01} \leqslant \sqrt{2}$ 时，二维模式晶体生长形态为 ｛01｝ 与 ｛11｝ 两种单形所组成的聚形。同理，对于由 ｛001｝ 与 ｛111｝ 两种单形所组成的立方晶系晶体形态，不难证明，它取决于（001）与（111）两晶面的相对生长速率。

（2）晶体生长的理想形态和实际形态　具有几何形态的实际晶体，理想形态可分为单形和聚形。当晶体在自由体系中生长时，若生长出的晶体形态的各个晶面的面网结构相同，而且各个晶面都是同形等大，这样的晶体理想形态称为单形；若在晶体的理想状态中，具有两套以上不同形，也不等大的晶面，这种晶体的理想形态称为聚形，聚形是由数种单形构成的。研究实际晶体的生长形态，首先应当研究它的理想状态，以寻求晶面或晶带在三维空间分布的几何规律性，然后再进一步研究晶体生长形态出现的外在原因。晶体生长的实际形态是由晶体内部和形成时的物理化学条件所决定的。人工晶体生长的实际形态可大致分为两种情况，当晶体在自由体系中生长时，如晶体在气相、溶液等生长体系中生长时可近似看做自由生长体系，晶体的各晶面的生长速率不受晶体生长环境的任何约束，各晶面的生长速率的比值是恒定的，而晶体生长的实际形态最终取决于各晶面生长速率的各向异性，呈现出几何多面体形态，当晶体生长遭到人为的强制时，晶体各晶面生长速率的各向异性便无法表现出

来，只能按人为的方向生长，熔体提拉法、坩埚下降法、区域融化法等均可视为晶体的强制生长体系。但有时在强制生长体系中，晶体的顽强生长习性也会表现出来，例如，当晶体采用熔体提拉法生长时，虽然晶体的径向生长受到温场的一定约束，单晶体生长的各相异性在径向有时还能显露，沿｛111｝方向提拉石榴石晶体，在固-液界面上常出现｛112｝小晶面，对氧化物和半导体晶体，在其固-液界面上出现小晶面是一种较为普遍的现象。

### 1.2.7　晶体几何形态与其内部结构间的联系

根据晶体学有理指数定律，晶体几何形态所出现的晶面符号 $(hkl)$ 或晶棱符号 $[uvw]$ 是一组互质的简单整数。按照 Bravais 法则，当晶体生长到最后阶段而保留下来的一些主要晶面是具有面网密度较高，而面网间距 $d_{hkl}$ 较大的晶面。晶体生长形态的变化，除同质多相的晶体外，不仅与晶体生长条件有关，而且也能反映出晶体结构的一些信息。

从 X 射线晶体结构分析结果中可知，不管是高级晶系或是中、低级晶系晶体，晶格面网间距 $d_{hkl}$、晶格常数 $(a, b, c, \alpha, \beta, \gamma)$ 和网面族 $\{hkl\}$ 三者之间存在着一定的关系。

例如，对于立方面心晶格晶体，面网间距 $d_{hkl}$、晶格常数 $a$ 和面网族 $\{hkl\}$ 三者之间存在着如下关系。

当 $h$，$k$，$l$ 全为奇数或全为偶数时

$$d_{hkl}=\frac{a}{\sqrt{h^2+k^2+l^2}} \tag{1-15}$$

当 $h$，$k$，$l$ 中有奇数也有偶数时

$$d_{hkl}=\frac{a}{2\sqrt{h^2+k^2+l^2}} \tag{1-16}$$

从式(1-15)和式(1-16)中可得出，$a^2/d_{hkl}^2$ 值随 $h$，$k$，$l$ 值变化是有规律性的，见表1-1。

表 1-1　$a^2/d_{hkl}^2$ 值随 $h$，$k$，$l$ 的变化规律

| $h,k,l$ | 100 | 110 | 111 | 210 | 211 | 221 | 310 | 311 | 320 | 321 |
|---|---|---|---|---|---|---|---|---|---|---|
| $a^2/d_{hkl}^2$ | 4 | 8 | 3 | 20 | 24 | 36 | 40 | 11 | 52 | 56 |

根据上述 Bravais 法则，属于这种结构类型的晶体，出现在晶体形态中的单形顺序应为 ｛111｝，｛100｝，｛110｝，…。天然的萤石（$CaF_2$）和金刚石（C）等晶体，基本上是符合上述规律的。但对于中、低级晶系晶体，尤其是对于低级晶系晶体，面网间距 $d_{hkl}$、晶格常数 $(a, b, c, \alpha, \beta, \gamma)$ 和面网族 $(hkl)$ 三者之间的关系就复杂化了，但 $d_{hkl}$ 值随着面网族 $\{hkl\}$ 的减小而增大的一般倾向却仍然存在。更值得注意的是，当晶体结构中存在着螺旋轴和滑移面对称性时，则情况变得更加复杂了，这时候必须对面网间距 $d_{hkl}$ 进行修正，否则计算结果与实际情况就会不符。关于这方面的知识可以参考有关晶体生长的专著。

上述所讨论的晶体形态与晶体结构间的联系只能看做是一个粗略的轮廓，是晶体结构对称性在其形态上反映的一些信息，但在实际情况下，由于晶体生长的外界因素及其结构基元间键合作用的影响，即便是同一品种的晶体，生长形态往往也会有所不同，这样就远非像 Bravais 法则所推论的那样简单了。

Hartman 和 Perdok 等在探索晶体形态与其结构的关系时，提出了周期键链理论，此理论是在晶体化学基础上建立起来的晶体形态理论，对于具有复杂结构的晶体实验观察表明，其生长形态是可以用周期键链理论来阐明的。此理论的基本假设是，在晶体生长过程中，在生长界面上形成一个键所需的时间随着键合能的增加而减少，因而生长界面的法向生长速率随键合能的增加而增加。由于键合能的大小决定了生长界面的法向生长速率，故键合能的

大小也就决定了晶体生长形态。该理论认为晶体结构是由周期键链所组成的，晶体生长最快的方向是化学键最强的方向，晶体生长是在没有中断的强键链存在的方向上，这里所说的强键是在晶体生长过程中形成的强键。晶体生长过程所能出现的晶面可划分为三种类型即 $F$ 面、$S$ 面、$K$ 面。划分面的原则如下。

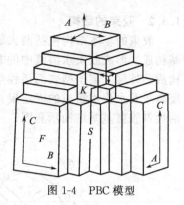

图 1-4　PBC 模型

　　$F$ 面：或称平坦面（flat faces），它包含两个或两个以上的共面的 PBC（PBC 矢量）。

　　$S$ 面：或称台阶面（stepped faces），它包含一个 PBC（PBC 矢量）。

　　$K$ 面：或称扭折面（kinked faces），它不包含 PBC（PBC 矢量）。

　　所设想的 PBC 模型如图 1-4 所示。在图 1-4 中，假设晶体中具有三种 PBC 矢量，其中 $A$ 矢量 // [100]、$B$ 矢量 // [010]、$C$ 矢量 // [001] 方向。这些 PBC 矢量确定了六个 $F$ 面，即（001），（00$\bar{1}$）；（010），（0$\bar{1}$0）；（100），（$\bar{1}$00）面；三个 $S$ 面即（011），（101）和（110）面；一个 $K$ 面，即（111）面，从图 1-4 中还可以看出，一个结构基元生长在 $F$ 面上形成一个不在 $F$ 面上的 PBC 矢量；一个结构基元生长在 $S$ 面上，形成的强键比 $F$ 面上的数目多；而在 $K$ 面上形成的强键数最多。因此，$F$ 面的生长速率最慢，$S$ 面的生长速率次之，而 $K$ 面的生长速率最快，因而 $K$ 面是易于消失的晶面。晶体生长的最终形态多为 $F$ 面包围，其余的为 $S$ 面。

# 1.3　胶束理论及其仿生合成原理

### 1.3.1　胶束的形成

　　胶束是溶液中若干个溶质分子或离子缔合成肉眼看不见的聚集体，一般地把以非极性基团为内核，以极性基团为外层形成的分子有序组合体称之为胶束。胶束在一定浓度以上才大量生成，这个浓度称为它的临界胶束浓度（CMC）。当浓度低于 CMC 时，表面活性剂以分子或离子态存在，称为单体，用 S 表示；当浓度超过 CMC 时，表面活性剂主要以胶束状态存在。在胶束溶液中，胶束与溶液的溶质分子形成平衡；如果单体是表面活性离子，形成的聚合体会结合一些反离子，两者的总量决定胶束所带电荷。根据 Mcbain 的胶束假说，可以解释表面活性剂溶液的各种特性。多种溶液性质在同一浓度附近发生突变的现象是以为这些性质都是依数性的或质点大小依赖性的。溶质在此浓度区域开始大量生成胶束导致质点大小和数量的突变，于是这些性质都随之发生突变，形成共同的突变浓度区域。胶束形成以后，它的内核相当于碳氢油微滴，具有溶油的能力，使整个溶液表现出既溶水又溶油的特性。

　　表面活性剂溶液具有诸多特性，且都与它的表面吸附和胶束形成有关。那么，表面活性剂为什么有这两种基本的物理化学作用呢？这是根源于表面活性剂分子的两亲结构。亲水基赋予它一定的水溶性，亲水基越强则水溶性越佳。疏水基带给表面活性剂分子水不溶性因子。当亲水基和疏水基配置适当时，化合物可适度溶解。处于溶解状态的溶质分子的疏水基仍具有逃离水的趋势，将此趋势变为现实的途径有两个：一是表面活性剂分子从溶液内部移至表面，形成定向吸附层——以疏水基朝向气相，亲水基插入水中，满足疏水基逃离水环境的要求，这就是溶液表面的吸附作用；二是在溶液内部形成缔合体——表面活性剂分子以疏水基结合在一起形成内核，以亲水基形成外层，同样可以达到疏水基逃离水环境的要求，这就是胶束形成。

### 1.3.2　胶束的结构

胶束的基本结构包括两大部分：内核和外层。在水溶液中胶束的内核由彼此结合的疏水基构成，形成胶束水溶液中的非极性微区。胶束内核与溶液之间为水化的表面活性剂极性基构成的外层。离子型表面活性剂胶束的外层包括由表面活性剂离子的带电基团、电极结合的反离子及水化水组成的固定层，和由反离子在溶剂中扩散分布形成的扩散层。图 1-5 是表面活性剂胶束基本结构示意图。

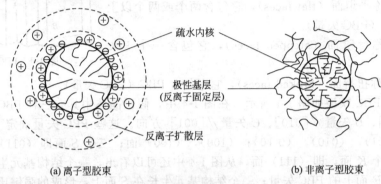

疏水内核

极性基层
（反离子固定层）

反离子扩散层

(a) 离子型胶束　　　　　　　　　　　　　(b) 非离子型胶束

图 1-5　胶束结构示意图

实际上，在胶束内核与极性基构成的外层之间还存在一个由处于水环境中的 $CH_2$ 基团构成的栅栏层。两亲分子在非水溶液中也会形成聚集体。这时亲水基构成内核，疏水基构成外层，叫做反胶束。

胶束具有不同形态，如球状、椭球状、扁球状、棒状、层状等（图 1-6、图 1-7）。一般地，在简单的表面活性剂溶液中，CMC 附近形成的多为球形胶束。溶液浓度达到 10 倍 CMC 附近或更高时，胶束形态趋于不对称，变为椭球、扁球或棒状。有时形成层状胶束。近期研究认为胶束形态取决于表面活性剂的几何形状，特别是亲水基和疏水基在溶液中各自横截面积的相对大小。一些有用的规律是：

具有较小头基的分子，如带有两个疏水尾巴的表面活性剂，易于形成反胶束或层状胶束；

具有单链疏水基和较大头基的分子或离子易于形成球形胶束；

具有单链疏水基和较小头基的分子或离子易于生成棒状胶束；

加电解质于离子型表面活性剂水溶液将促使棒状胶束形成。

应该强调的是，胶束溶液是一个平衡体系。各种聚集形态之间及它们与单体之间存在动态平衡。因此，所谓某一胶束溶液中胶束的形态只能是它的主要形态或平均形态。另外，胶束中的表面活性剂分子或离子与溶液中的单体交换速率很快，大约在 $1\sim10\mu s$ 之内。这种交换是一个个 $CH_2$ 地进行。因此，胶束表面是不平整的、不停地活动的。

胶束大小的量度是胶束聚集数，即缔合成一个胶束的表面活性剂分子（或离子）的平均数。常用光散射方法测定胶束聚集数。其原理是应用光散射法测出胶束的"相对分子质量"——胶束量，再除以表面活性剂的分子量得到胶束的聚集数。可归纳出以下规律：表面活性剂同系物中，随疏水基碳原子数增加，胶束聚集数增加；非离子型表面活性剂疏水基固定时，如聚氧乙烯链长增加，胶束聚集数降低；加入无机盐对非离子型表面活性剂胶束聚集数影响不大，而使离子型表面活性剂胶束聚集数上升；温度升高对离子型表面活性剂胶束聚集数影响不大，往往使之略为降低。对于非离子型表面活性剂，温度升高总是使胶束聚集数明显增加。

### 1.3.3　仿生材料合成中的胶束体系

生物矿化是指在生物体内形成矿物质（生物矿物）的过程。生物矿化区别于一般矿化的

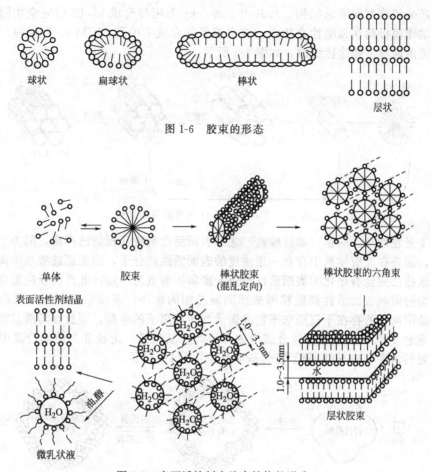

图 1-6　胶束的形态

图 1-7　表面活性剂中胶束结构的形成

显著特征是，它通过有机大分子和无机物离子在界面处的相互作用，从分子水平控制无机矿物相的析出，从而使生物矿物具有特殊的多级结构和组装方式。生物矿化中，由细胞分泌的自组装的有机物对无机物的形成起模板作用（结构导向作用），使无机物具有一定的形状、尺寸、取向和结构，这一合成原理同样可以用于指导人们合成具有复杂形态的无机材料。这种模仿生物矿化中无机物在有机物调制下形成过程的无机材料合成，称为仿生合成，也称有机模板法或模板合成。目前已经利用仿生合成方法制备了纳米微粒、薄膜、涂层、多孔材料和具有与天然生物矿物相似的复杂形貌的无机材料。下面以多孔材料的合成为例讲述其原理。

　　1992 年，美国 Mobil 公司 Beck 和 Kresge 等首次在碱性介质中用阳离子表面活性剂（$C_nH_{2n+1}Me_3N^+$，$n=8\sim16$）作模板剂，水热晶化（$100\sim150℃$）硅酸盐或铝酸盐凝胶，一步合成出具有规整孔道结构和狭窄孔径分布的新型中孔分子筛系列材料（直径 $1.5\sim10nm$），记作 M41S。而且孔的大小可以通过改变表面活性剂烷基链长度或添加适当溶剂来加以控制。后来的研究发现在这种合成过程中，表面活性剂的浓度通常较低，在没有无机物种的存在下不能形成液晶，而只以胶束形式存在，随着无机物种的引入，这些胶束通过与无机物种之间的协同作用而发生了重组，生成由表面活性剂分子与无机物种共同组合而成的液晶模板，例如经硅酸根阴离子与阳离子表面活性剂的协同作用可生成共组合的"硅致"液晶。这种合成就是"协同合成（synergistic synthesis）"。在这种合成体系中由于模板剂已不再是一个单个的、溶剂化的有机分子或金属离子，而是具有自身组配能力的阳离子表面活性剂形成的超分子阵列即液晶结构。1994 年，Stucky 等用与合成 M41S 时完全相同的阳离子表面活性剂作模板剂在强酸性介质中，在室温条件合成了中孔 MCM-41 分子筛，他们认为其合成机理由两种可能途径组成，如图 1-8 所示。

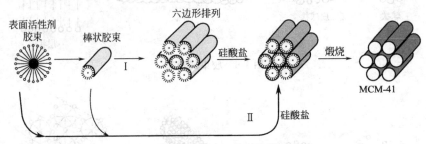

图 1-8   形成 MCM-41 的可能机理途径

途径 I 是在加入反应物（如硅酸盐）之前表面活性剂液晶相就已存在，但为了保证液晶相的形成，需要在反应体系中存在一定浓度的表面活性剂分子，而无机硅酸盐阴离子仅仅是用来平衡这些已完全有序化的表面活性剂分子聚集体的电荷。途径 II 是在反应混合物中存在的硅酸盐物种影响表面活性剂胶粒形成预期液晶相的次序，表面活性剂只是模板剂的一部分，硅酸盐阴离子的存在不仅用来平衡表面活性剂阳离子的电荷，而且参与液晶相的形成和有序化。途径 I 也可命名为转录合成中的预组织液晶模板，途径 II 为协同合成中的液晶模板。更直观的仿生合成 SiO₂ 分子筛的基本原理如图 1-9 所示。

图 1-9   多孔材料的仿生合成机理示意图

水包油型乳浊液也被用作模板，如仿生合成多孔 SiO₂ 球。Schacht 等以十六烷基三甲基溴化铵（CTAB）为阳离子表面活性剂，正硅酸乙酯（TEOS）为 SiO₂ 前驱物，己烷为油相，得到直径为 $1\sim10\mu m$ 的中空多孔球。该方法的机理如图 1-10 所示。TEOS 的油溶液和 CTAB 的水溶液混合成水包油型乳浊液（乳胶）。CTAB 富集在油/水界面以稳定乳胶，TEOS 在界面处发生水解缩聚形成了多孔 SiO₂ 空球。用类似方法也合成出了 $50\sim1000\mu m$ 长的多孔纤维，厚 $10\sim500\mu m$ 和直径为 10cm 的薄片。

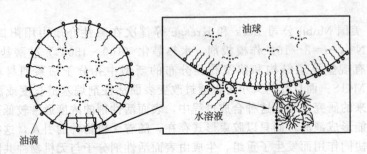

(a) 水包油型乳胶,TEOS溶解在油中,   (b) 界面处TEOS在表面活性剂的影响下
乳胶界面由表面活性剂稳定           发生水解和缩聚形成多孔球壳

图 1-10   中空多孔 SiO₂ 小球的仿生合成机理示意图

变形重构是指经共组合和材料复制产生的无机材料通过与周围反应介质的相互作用而发生进一步变化，从而导致材料新的形态花样。它意味着协同合成产物在母体介质中发生延续的变化。将经由液晶模板协同合成得到的中孔硅基材料，再放回合成母液中进行温和（150℃）水热处理，使孔径发生扩张（在 3～7nm 之间变化）。在母液的碱性条件下，孔隙之间二氧化硅"墙壁"中的部分物质被溶解下来。这些可溶性物种被输送到具有高表面曲率的区域重新沉积下来，最终导致墙壁发生重构使得孔径扩大。这一结果不仅提供了一个改变中孔分子筛孔径大小的途径，而且模拟了某些生物矿物在生长、修补和变形过程中发生的溶解-再沉积过程，因而有助于理解生物体中重构的复杂过程。

介孔或大孔分子筛的合成一般需要使用具有自身组配能力的大的表面活性剂分子形成的胶束作模板，且反应体系及辅助有机物的选择均需有助于胶束的形成。这种超分子组配的聚集体用作模板剂的仿生合成与沸石化学家在传统沸石分子筛合成中所观察到的模板现象是迥然不同的。在传统沸石的合成中很少有机会通过设计一个特殊的模板剂，经过"裁剪"来合成一种预期的无机物骨架结构。产生这种现象的部分原因是：传统沸石中完全结晶的晶格受到了键角排列的限制和由合成条件及骨架组成所决定的次级结构单元的影响所致。在可"裁剪"孔径的介孔或大孔分子筛中所存在的这种大的灵活性主要与在较宽范围内键角的灵活性有关。由于不具备传统沸石中那种完全晶化的骨架结构，在这种情况下，就可以在合成体系中引入导向干扰成分，如改变表面活性剂烷基链的长度或加入增溶剂，以便在最终的硅酸盐产物中实现意义深远的变化。

## 1.4 粒径及形貌控制原理

### 1.4.1 概论

超细粉体由于具有比宏观粒子更优异的性能，广泛应用于陶瓷、颜料、电子、催化剂、记录材料及制药等行业；成为近几十年来化学、材料领域的重要研究方向之一。颗粒的形貌与粒度亦是决定粉末材料性能的重要因素，许多高技术领域要求粉末材料粒度在亚微米乃至纳米级，单分散性好。超细粉体的磁性性能、催化性能、光学性能和电化学性能等不仅与其化学组成有关，而且与粒子的形貌、粒度及其分布有很大的关系。比如：磁记录介质用 $Fe_2O_3$ 要求为 $\gamma$ 型，粒度小于 $0.3\mu m$，形状是长径比大于 8 的针状；而颜料用 $Fe_2O_3$ 为 $\alpha$ 型，最好是片状、盘状或薄板状；电子陶瓷用 $TiO_2$ 要求为球形，而化妆品用则为薄片状。由此看来，粉体的形貌和粒度研究应当成为超细粉体研究的重要内容。

在湿法制粉的形貌、粒度研究中，对碳酸钙和氧化铁粉体的研究报道最多，涉及从理论研究到工业应用的各个方面。碳酸钙超细粉在橡胶、涂料、油墨、塑料等行业都对其形貌和粒度有不同的要求。许多文献报道了碳酸钙粉体的形貌和粒度控制的研究。研究指出：加入适当的添加剂可以控制生成链状、片状、立方体、纺锤状、球状、针状形貌的碳酸钙粒子。由于磁性记录材料的发展，对铁氧化物粉体的研究也成为粉末形貌控制研究的热点。许多文献介绍了在不同体系及实验条件下制备出针状、球状、椭球状的水合氧化铁粉体，并对粒子形成机理、阴离子作用行为、添加剂等进行了详细分析。

在湿法制粉过程中，化学反应条件对粉末的形貌、粒度有很强的敏感性。化学组成相同的反应物，反应条件的微小变化都会使产物呈现出多种形貌。不同的液相化学组成对最终产物的形貌影响更大。典型的例子就是用尿素均匀沉淀法制备铜化合物，当分别采用 $CuSO_4$、$Cu(NO_3)_2$、$CuCl_2$ 溶液作为反应物时，沉淀铜化合物呈现出球状、片状、针状、八面体等不同的形貌。当采用同一种反应物，但浓度不同时，沉淀物的形貌也不相同。水解法制备

$Fe_2O_3$ 粉体时，用 $Fe(NO_3)_2$ 作反应物，生成的粒子呈椭球状。采用 $FeCl_2$ 作反应物时，根据反应时间的不同，生成的粒子为针状、方形。加入 $PO_4^{3-}$ 时，会生成针状粉体。很多报道认为：由于 $PO_4^{3-}$ 的特征吸附，影响了晶体的轴比，并且影响程度的大小依赖于溶液中的阴离子浓度。粉末粒度、结晶参数、晶体结构和分散度可由反应动力学控制。影响反应速率的因素包括反应物浓度、反应时间、反应温度、pH 值以及反应物的加入顺序等。因此，研究湿法制粉的形貌和粒度问题，就必须对上述影响因素进行系统的考察。

湿法制粉的形貌和粒度控制的基础研究工作主要集中在两个方面：一方面是产生沉淀的化学过程；另一方面是粒子成核与生长的物理过程。

### 1.4.2　产生沉淀的化学过程

研究产生沉淀的化学过程实质上是要说明溶液中的所有成分在产生沉淀过程中的行为。湿法制粉领域对沉淀过程化学机理研究的最终目标是要建立一个通用的模型，实现对均匀粒子形成过程的预测。这一课题的研究是比较困难的。特别是那些带较高电荷的金属离子体系，它们趋向于形成聚集体或亚稳态形式来影响沉淀过程。况且每一个体系都各有其特点，使沉淀物的化学组成、结构、形貌特征各不相同。在对化学反应过程的研究中，反应物的浓度、液相环境（如 pH 值、温度等）、阴离子等因素都对沉淀物的化学组成、形貌、粒度有很大的影响。相关内容在前面已有描述。

### 1.4.3　粒子成核与生长的物理过程

溶液中粒子成核与生长的物理过程比化学过程更重要。化学法制备的粉体材料颗粒形貌有球形、椭球形、立方体、多面体、针状（纤维状、棒状）、棱柱状、盘片状等，对其影响规律的研究颇具难度，但亦是十分活跃的领域。如同年轮记录着树木的生长历史，形貌也是粉末颗粒形成历程的全记录、总反映，是由形核、生长及团聚等过程所决定的。不言而喻，粉末颗粒形成机理相异，其形貌影响规律亦截然不同。粉末颗粒的形成机理，可分为生长（growth mechanism）和团聚（aggregation mechanism）两类（实质上属两种极端情况），分述其形貌控制研究动态如下。

#### 1.4.3.1　生长机理

在这方面的研究，首先是 LaMer 模型的提出，它最先解释了硫胶粒的形成过程。La-Mer 模型将粒子的成核与生长过程归结为动力学控制方式。当溶质的浓度超过临界过饱和度时，体系中会产生迅速的"爆发"成核，随后由于溶质浓度降低，系统进入扩散控制的晶核生长阶段，生长方式为溶质分子向晶核表面的添加。根据这一模型，要制备形状和粒度均匀的粉体，必须实现成核阶段和生长阶段的分离。然而实现这一目标，在许多实验中是很困难的。也有许多研究表明：LaMer 模型具有一定的局限性，它只能用于一些有限的体系并且只适用于整个成核与生长过程的初始状态。特别是在一些多元的复合体系中，"爆发"成核的概念并不适宜。Sugimoto 研究了在开放体系下，AgBr 粒子的制备和生长机理，提出稳定的晶粒是由初生的晶粒通过 Ostwald 陈化现象形成的。Sugimoto 根据这一理论解释了许多扩散生长无法解释的现象。同时，为了解决在高浓度的反应物体系中制备形貌和粒度均匀的粒子这一课题，Sugimoto 根据铁氧化物在液相中的生长特点，设计了溶胶-凝胶（sol-gel）过程，制备 $\alpha$-$Fe_2O_3$ 粉体。首先，使高浓度的铁盐溶液水解生成 $Fe(OH)_3$ 凝胶，在一定的陈化条件下，$Fe(OH)_3$ 凝胶网络中生成 $\beta$-$FeOOH$ 粒子，再进而形成 $\alpha$-$Fe_2O_3$ 粒子。由于初生的粒子处于凝胶网络中，热运动受到极大限制，抑制了粒子间的聚集，使产物的粒度均匀。在 sol-gel 工艺中，改变铁盐的类型或加入 $PO_4^{3-}$，可以生成针状、椭球形、哑铃形的 $\alpha$-$Fe_2O_3$ 粒子。Sugimoto 曾认为这些形貌的形成是由于阴离子在晶面上的特征吸附，影响外延生长过程的结果。然而，经高清晰透射电镜对粒子的观察可以看出：粒子是由极其微小的颗粒聚集生长而成的。Stober 采用连续成核-团聚的理论，解释了通过水解正硅酸乙酯，形成均匀球形二氧化硅粒子的过程。这一理论被许多学者接受。

成核-生长机理形成粉末颗粒的先决条件为，体系过饱和度低，满足 LaMer 模型要求。实现途径大致有下列数种：第一是极稀溶液体系，但因其产率过低，往往不具有实际应用价值；第二是高溶解度体系，如部分无机盐和有机物质等，因其高浓度下过饱和度亦较低，粉末颗粒往往按生长方式长大；第三是气固反应制备粉末材料的体系，如 $CO_2$ 与 $Ca(OH)_2$ 浆液反应制备 $CaCO_3$ 粉末，因气体在溶液中溶解度较低，体系的过饱和度较小；第四是反应物缓释技术，如加入 EDTA、氨或胺等配位剂，与金属离子形成配合物，利用尿素分解出 $OH^-$、$CO_3^{2-}$，硫代乙酰胺（TAA）分解出 $S^{2-}$，调节体系过饱和度；第五是溶解-再结晶过程，这是涉及面最宽、也最具实用价值的一类途径，包括水热法、溶剂热法、sol-gel 法、沉淀转化法等，此外，部分过程初始反应物虽为溶液，但在反应进程中，经历了中间相的生成及其溶解-再结晶过程，形成最终粉末颗粒，也可归入此类中；第六是在液相还原制备金属粉末中，通过还原剂、pH 值等调控还原电位，减慢还原反应速率，控制体系金属原子过饱和度，使晶核按晶体生长方式长大。

按生长机理形成的粉末颗粒形貌，既取决于物质的内在本性，也取决于其形成的外在物理化学条件，如体系过饱和度、流体动力学条件、反应时间、特殊吸附剂等。内因与外因的共同作用，决定各晶面的相对生长速率、孪晶的形成和因晶体缺陷导致的异相形核生长等，从而决定形成的粉末颗粒的形貌。归纳起来，有针状（棒状、纺锤状、椭球形、花生形）、立方体、多面体、盘片状等多种，亦可形成球形颗粒。

#### 1.4.3.2　团聚机理

Zukoski 根据实验研究中的电镜观察结果和实验中测定单分散粒子的大致数量，在 Smolushowshi 粒数平衡模型的基础上，提出了团聚生长机理，并建立了生长模型。团聚生长机理指出：成核过程不是瞬间发生的，生长过程首先是在液相中形成微小的分散的固相，再聚集成不同形貌的大粒子。Zukoski 等人在研究正硅酸乙酯的水解过程中，提出由于化学反应提供了大量的初级分散粒子，它们聚集成一定形貌的大粒子；粒子的粒度主要与团聚速率常数有关。R. Vacassy 等人在多孔二氧化硅的研究中，将团聚过程分成多个步骤。第一步是水解过程形成晶核（低聚物），第二步是在反应溶液物理化学的作用下，浓缩成水解单体。第三步是晶核团聚，形成初始粒子。第四步是初始粒子进一步团聚成亚微米级的颗粒。粒子的形貌和粒度主要与界面张力和环境相的黏度有关，同时也受粒子特征吸附的影响。当沉淀反应结束时，溶液中硅的浓度低于临界过饱和度，成核便停止。R. Vacassy 认为当正硅酸乙酯的浓度较低时，会发生单聚体叠加到粒子表面的生长方式。团聚机理适用于许多体系。在诸如 $CeO_2$、$SnO_2$、$\alpha$-$Fe_2O_3$、PbS 和 CdS 等金属及其氧化物、硫化物粒子的制备研究中得到了广泛的应用。目前，一些研究表明团聚机理仍存在许多问题有待于进一步研究。比如：团聚机理不能清楚地解释同样化学组成的粒子具有不同的形貌的问题。对于电镜观察到同一实验得到的一些球形粒子表面粗糙，而另一些粒子却表面光滑的现象，团聚机理也无法解释。

调节体系过饱和度、添加晶种控制晶核数促进或阻碍团聚的发生等，是粒度控制的主要策略。在体系溶解度较大的情况下，Ostwald 陈化也可调节颗粒粒径及其单分散性。应用粒度控制技术，可使制备的粉末粒径在纳米级至微米级间变化，而不降低粉末的单分散性。

综上所述，在湿法制粉研究领域，对于粒子的形成已有一些解释，但仍没有建立起一个基本的模型预测在一定实验条件下粉体的生长过程，特别是对于一些具有复杂形貌的粒子的生成过程的研究仍有欠缺。这些都是当前湿法制粉研究领域所面临的挑战。

### 参 考 文 献

[1]　徐如人，庞文琴主编. 无机合成与制备化学. 北京：高等教育出版社，2001.

[2]　刘祖武编著. 现代无机合成. 北京：化学工业出版社，1999.
[3]　徐甲强，矫彩山，尹志刚编著. 材料合成化学. 哈尔滨：哈尔滨工业大学出版社，2001.
[4]　刘海涛，杨郦，张树军等编著. 无机材料合成. 北京：化学工业出版社，2003.
[5]　宁桂玲，仲剑初主编. 高等无机合成. 上海：华东理工大学出版社，2007.
[6]　张昭，彭少方，刘栋昌编著. 无机精细化工工艺学. 北京：化学工业出版社，2005.
[7]　邢建东编著. 晶体定向生长. 西安：西安交通大学出版社，2008.

# 第2章

# 重要的无机合成与制备化学方法

化学合成一直被认为是化学的最独特之处，是其他学科无可替代的。化学合成作为化学学科的大问题之一，近年来有了快速发展，合成和制备出了几千万种新化学物质。而每一种新物质都是在一定的条件下采用某一方法生成的。本章将介绍几种重要的无机合成与制备化学方法，并给出它们在无机合成与制备中的应用。

## 2.1 水热与溶剂热合成法

水热与溶剂热合成法最初是矿物学家在实验室用于研究超临界条件下矿物形成的过程，而后到沸石分子筛和其他晶体材料的合成已经历了一百多年的历史。在此过程中，化学家通过对水热和溶剂热合成方法的研究，已制备了很多无机化合物，包括微孔材料、人工水晶、纳米材料、固体功能材料、无机-有机杂化材料等。其中水热合成是一种特殊条件下的化学传输反应，是以水为介质的多相反应。根据温度可分为低温水热（100℃以下）、中温水热（100～200℃）和高温水热合成（大于300℃）。随着水热与溶剂热合成法在技术材料领域越来越广泛的应用，该方法已成为无机化合物合成的一个重要手段。

### 2.1.1 水热与溶剂热合成法特点[1,2]

水热与溶剂热合成是指在密闭体系中，以水或其他有机溶剂做介质，在一定温度（100～1000℃）和压强（1～100MPa）下，原始混合物进行反应合成新化合物的方法。在高温高压的水热或溶剂热条件下，物质在溶剂中的物理性质与化学反应性能如密度、介电常数、离子积等都会发生变化，如水的临界密度为 0.32g/cm³。与其他合成方法相比，水热与溶剂热合成具有以下特点：①反应在密闭体系中进行，易于调节环境气氛，有利于特殊价态化合物和均匀掺杂化合物的合成；②水热和溶剂热合成适于在常温常压下不溶于各种溶剂或溶解后易分解、熔融前后易分解的化合物的合成，也有利于合成低熔点、高蒸气压的材料；③由于在水热与溶剂热条件下中间态、介稳态以及特殊物相易于生成，因此能合成与开发一系列特种介稳结构、特种凝聚态的新化合物；④在水热和溶剂热条件下，溶液黏度下降，扩散和传质过程加快，而反应温度大大低于高温反应，水热和溶剂热合成可以代替某些高温固相反应；⑤由于等温、等压和溶液条件特殊，有利于生长缺陷少、取向好、完美的晶体，且合成产物结晶度高以及易于控制产物晶体的粒度。

### 2.1.2 水热与溶剂热合成法反应介质

水是水热合成中最常用和最传统的反应介质，在高温高压下，水的物理化学性质发生了很大的变化，其密度、黏度和表面张力大大降低，而蒸气压和离子积则显著上升。在1000℃、15～20GPa 条件下，水的密度大约为 1.7～1.9g/cm³，如果离解为 $H_3O^+$ 和 $OH^-$，则此时水已相当于熔融盐。而在 500℃、0.5GPa 条件下，水的黏度仅为正常条件下的 10%，分子和离子的扩散迁移速率大大加快。在超临界区域，水介电常数在 10～30 之间，此时，电解质在水溶液中完全解离，反应活性大大提高。温度的提高，可以使水的离子积急剧升高（5～10 个数量级），有利于水解反应的发生。

高温高压水作为介质在合成中的作用可归纳如下：①作为化学组分起化学反应；②作为反应和重排促进剂；③起溶剂作用；④起低熔点物质作用；⑤起压力传递介质作用；⑥提高物质溶解度作用。

在以水做溶剂的基础上，以有机溶剂代替水，大大扩展了水热合成的范围。在非水体系中，反应物处于液态分子或胶体分子状态，反应活性高，因此可以替代某些固相反应，形成以前常规状态下无法得到的介稳产物。同时，非水溶剂本身的一些特性，如极性、配位性能、热稳定性等都极大地影响了反应物的溶解性，为从反应动力学、热力学的角度去研究化学反应的实质和晶体生长的特性提供了线索。近年来在非水溶剂中设计不同的反应途径合成无机化合物材料取得了一系列的重大进展，已越来越受到人们的重视。常用的溶剂热合成的溶剂有醇类、DMF、THF、乙腈和乙二胺等。

### 2.1.3　水热与溶剂热合成法装置和流程

#### 2.1.3.1　水热与溶剂热合成法反应釜

高压反应釜是进行水热反应的基本设备，高压容器一般用特种不锈钢制成，釜内衬有化学惰性材料，如 Pt、Au 等贵金属和聚四氟乙烯等耐酸碱材料。高压反应釜的类型可根据实验需要加以选择或特殊设计。常见的高压反应釜有自紧式反应釜、外紧式反应釜、内压式反应釜等，加热方式可采用釜外加热或釜内加热。如果温度、压力不太高，为方便实验过程的观察，也可部分采用或全部采用玻璃或石英设备。根据不同实验的要求，也可设计外加压方式的外压釜或能在反应过程中提取液、固相研究反应过程的流动反应釜等。

图 2-1 是国内实验室常用于无机合成的简易水热反应釜示意图。釜体和釜盖用不锈钢制造。因反应釜体积较小（<100mL），可直接在釜体和釜盖设计丝扣直接相连，以达到较好的密封性能，其内衬材料通常是聚四氟乙烯。采用外加热方式，

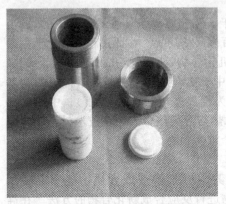

图 2-1　简易反应釜实物图

以烘箱或马弗炉为加热源。由于使用聚四氟乙烯，使用温度应低于聚四氟乙烯的软化温度（250℃）。釜内压力由加热介质产生，可通过介质填充度在一定范围内控制，室温开釜。

#### 2.1.3.2　水热与溶剂热合成法程序

实验室常用的水热与溶剂热合成大多都是在中温中压（100～240℃，1～20MPa）下进行的。水热与溶剂热合成是一类特殊的合成技术，有诸多的因素影响着实验安全和合成的成败。其中填充度是一个重要的因素。填充度是指反应物占封闭反应釜腔空间的体积分数。水的临界温度是 374℃，在此温度下水的密度是 0.33g/cm³，这就意味着 30% 的填充度，水介质在临界温度下实际上就是气体。因此，在实验中既要保证反应物处于液相传质的反应状态，又要防止由于过大的填充度而导致过高的压力而引起爆炸。但是，高压不仅可以加快分子的传质和碰撞以加快反应速率，有时还可以改变热力学的化学平衡。因此，在水热与溶剂热反应中，保持一定的压力是必要的。通常填充度控制在 60%～80% 为宜。

除了选择合适的溶剂和填充度，水热与溶剂热合成实验的设计原则也非常重要，一般而言，在水热与溶剂热合成实验中，应注意以下原则：①以溶液为反应物；②创造非平衡条件；③尽量用新鲜的沉淀；④尽量避免引进外来离子；⑤用表面积大的固体粉末；⑥创造合

适的化学反应个体或胚体；⑦利用晶化反应的模板剂；⑧选择合适的溶剂；⑨优化配料顺序。

一般水热与溶剂热合成法的程序如图 2-2。

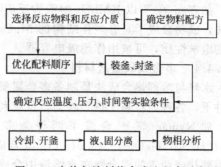

### 2.1.4　水热与溶剂热合成法应用

#### 2.1.4.1　纳米材料

水热法制备的纳米材料，由于反应直接生成氧化物，无需盐类或氢氧化物分解，生成材料结晶度高，团聚少，烧结活性高，尺寸分布范围较窄。在制备高纯、均一的纳米材料方面显示了令人振奋的前景。

图 2-2　水热与溶剂热合成法程序示意图

通过水热与溶剂热合成法，可以制备一系列的纳米材料[3~12]。Jiang 等[13]成功地研制了新型超薄氧化锡纳米材料，其空孔体积和表面积分别高达 $1.028cm^3/g$ 和 $180.3m^2/g$。初步测量实验结果表明这种新材料具有很多优异的物理和化学性能，例如奇异的室温铁磁性能（因为大块氧化锡材料没有铁磁性），锂电池负极材料性能也很好，在气敏和光催化方面也有较大的应用前景。

#### 2.1.4.2　微孔材料

微孔材料一般采用非平衡态的水热与溶剂热方法合成。至今，人们已通过水热与溶剂热合成法，成功地合成出了多种微孔材料，如沸石分子筛、ZSM 系列分子筛、$TO_n$（T＝Si，Al 或 P）孔道结构、大孔单晶等[14~17]。

Omar 等[18]使用水热法完成了 3900 个微化学反应，最终得到 25 种新型沸石咪唑骨架结构材料（zeolitic imidazolate frameworks，简称 ZIFs）。ZIFs 是一类具有可调孔洞大小及化学性质的金属-有机配位子结构。表面积很大，而且在高温下也不会分解，在沸水和有机溶剂中浸泡一周也仍然稳定。它们都是由 $Zn(II)/Co(II)$ 与咪唑或咪唑类反应而得到。制造 ZIFs 材料就是把传统沸石中的铝和硅元素用锌离子和钴离子等取代，而桥氧则被咪唑取代。ZIFs 材料的内部可以存储气体分子，在化学结构上，它有一个类似于旋转门的薄盖，能够让大小合适的分子进入并将其存储，而阻碍较大或者形状不同的分子。所有的 ZIFs 都为四面体结构，其中有 16 种材料是从未观测到的结构。其中 ZIF-68、ZIF-69、ZIF-70 这三种材料有很高的热稳定性，在水中有很好的化学稳定性。这些材料具有多孔性（表面积为 $1970m^2/g$），而且能够在 CO 和 $CO_2$ 的混合气流中准确地捕捉到 $CO_2$。每升 ZIFs 能够捕获和存储 83L $CO_2$。该研究成果对于应对全球变暖、海平面上升、海洋生态系统破坏等问题具有重要意义。此外，该发现也能够让发电站摆脱毒性材料的使用，且能够有效地收集气体。当前发电厂收集二氧化碳需要使用毒性材料，而且这一过程的能源消耗约为整个发电厂输出的 20%～30%。相比之下，ZIFs 能够从多种气体中将二氧化碳分离出来，而且其存储能力超出当前多孔碳材料的 5 倍。

#### 2.1.4.3　薄膜材料

水热与溶剂热法是制备薄膜材料的常用方法[19]，其化学反应是在高压容器内的高温高压流体中进行的。一般以无机盐或氢氧化物水溶液作为前驱物，以单晶硅、金属片、α-$Al_2O_3$、载玻片、塑料等为衬底，在低温（常低于 300℃）下对浸有衬底的前驱物溶液进行适当的水热或溶剂热处理，最终在衬底上形成稳定结晶相薄膜。

水热与溶剂热法制备薄膜材料可分为普通法和特殊法，其中特殊法是指在普通水热与溶剂热反应体系上再外加其他作用场，如直流电场、磁场、微波场等。水热与溶剂热-电化学法是在反应体系的两电极间加直流电场，控制粒子的沉积方向，可控制膜的纯度，降低反应温度，但由于成膜速率大，易导致膜结晶差、表面不均一、开裂等缺陷。

如 Yan 等[20]以 KMnO$_4$ 溶液为反应物、单晶 Si 为基底，在 150℃条件下，通过水热合成法，成功合成了具有多孔结构的 MnO$_2$ 薄膜材料，该材料以其特殊的多孔薄膜结构和优良的电学性质，可被用作超级电容器。

### 2.1.4.4　多金属氧酸盐材料

水热与溶剂热合成法是制备多金属氧酸盐类化合物的常用方法[21~32]，在水热与溶剂热条件下，各种原料易于掺杂均匀，且有利于晶体的生长。

如 Nyman 等[33]合成了两种杂多铌酸盐：K$_{12}$[Ti$_2$O$_2$][SiNb$_{12}$O$_{40}$]·16H$_2$O 和 Na$_{14}$[H$_2$Si$_4$Nb$_{16}$O$_{56}$]·45.5H$_2$O。其合成途径是：利用水热法，由非结晶的金属氧化物、金属醇盐或两者的混合物在水溶液中合成得到。这种合成方法在预混物的溶解度及是否存在稳定阶段等方面，都与杂多铌酸盐、钼酸盐、钨酸盐的常规合成法不同。由于含氧铌的阴离子不易溶解，因而采用新的反应物，使用水合 Nb$_2$O$_5$，或将碱金属碳酸盐或氢氧化物与 Nb$_2$O$_5$ 熔合后反应。

### 2.1.4.5　无机-有机杂化材料

近年来，无机-有机复合材料、固体杂化材料以及金属配位聚合物的合成已经引起化学家和材料学家的广泛关注。这类材料构成了一类具有生物催化、生物制药、主-客体化学及潜在的光电磁性能的材料。采用水热与溶剂热合成法在该领域已取得了较好的研究成果[34~37]。

如 Bux 等[38]利用微波辅助溶剂热合成的方法在室温下制备出具有分子筛特性的沸石咪唑框架-8（ZIF-8）薄膜，用纯的甲醇代替二甲基甲酰胺和甲醇溶液。由于甲醇与 ZIF-8 框架相互作用较弱，因此，甲醇比 DMF 更易从框架上出去，这对薄膜的合成很重要。微波辅助加热可以减少制备时间至 4h。据研究表明，ZIF-8 具有高度稳定性，而且可以吸附氢气和甲烷。相对其他分子筛来说，ZIF-8 是非亲水性的，可以从气流中分离出氢气。

Qian 等[39]成功合成了具有荧光性能的 [Eu(pdc)$_{1.5}$(dmf)]·(DMF)$_{0.5}$(H$_2$O)$_{0.5}$ 结构化合物，并对掺杂不同金属离子以及金属离子的浓度对其荧光性能的影响进行了研究。

### 2.1.4.6　其他化合物

利用水热与溶剂热合成方法还可进行很多化合物的合成[40~42]，如 Wu 等[43]通过水热合成法合成了具有荧光性能的 [NaEu(H$_2$O)(SO$_4$)$_2$] 晶体材料。

目前，化学家应用变化繁多的水热与溶剂热合成技术和技巧，已制备出了具有光、电、磁性质的包括萤石、钙钛矿、白钨矿、尖晶石和焦绿石等主要结构类型的复合氧化物和复合氟化物。该系列复合氧化物的成功合成，弥补了目前大量无机功能材料需要高温固相反应条件的不足。复合氟化物以往的合成采用氟化或惰性气氛保护的高温固相合成技术，该技术对反应条件要求苛刻，反应不易控制。而水热合成反应不但是一条反应温和、易控、节能和少污染的新合成路线，而且具有价态稳定化作用与非氧嵌入特征等特点。

综上所述，水热与溶剂热合成法以其方法简便、条件温和的特点，越来越受到人们的重视。水热与溶剂热合成法的不同操作条件，对所合成的材料的结构及性能将产生不同的影响。随着水热及溶剂热过程机理的完善和控制技术的进步，水热与溶剂热合成法的应用将得到更大的发展，成为无机材料合成中的重要手段。

## 2.2　溶胶-凝胶合成法（sol-gel）

1970 年后，溶胶-凝胶（sol-gel）法作为一种高新制造技术，受到科技界和企业界的关注，在生产超细粉末、薄膜涂层、纤维等材料的工艺中得到广泛应用。

溶胶与凝胶结构的区别：溶胶是具有液体特征的胶体体系，分散的粒子大小在 1～

1000nm 之间，具有流动性，无固定形状。凝胶是具有固体特征的胶体体系，被分散的物质形成连续的网状骨架，骨架空隙充有液体或气体，无流动性，有固定形状。

### 2.2.1　溶胶-凝胶合成法原理[44,45]

溶胶-凝胶法所用的起始原料（前驱物）一般为金属醇盐，也可用某些盐类、氢氧化物、配合物等，其主要反应步骤都是将前驱物溶于溶剂（水或有机溶剂）中形成均匀的溶液，溶质与溶剂产生水解或醇解反应，生成物聚集成 1nm 左右的粒子并组成溶胶，溶胶经蒸发干燥转变为凝胶。其最基本的反应如下。

（1）溶剂化　能电离的前驱物——金属盐的金属阳离子 $M^{z+}$ 由于具有较高的电子电荷或电荷密度，而吸引水分子形成溶剂单元 $[M(H_2O)_n]^{z+}$（$z$ 为 M 离子的价数），为保持它的配位数而具有强烈的释放 $H^+$ 的趋势。

$$[M(H_2O)_n]^{z+} \longrightarrow [M(H_2O)_{n-1}(OH)]^{(z-1)+} + H^+$$

（2）水解反应　非电离式分子前驱物，如金属醇盐 $M(OR)_n$（$n$ 为金属 M 的原子价；R 代表烷基），与水反应，反应可延续进行，直至生成 $M(OH)_n$。

$$M(OR)_n + xH_2O \longrightarrow M(OH)_x(OR)_{n-x} + xROH$$

（3）缩聚反应

失水缩聚：　$—M—OH + HO—M \longrightarrow —M—O—M— + H_2O$

失醇缩聚：　$—M—OR + HO—M \longrightarrow —M—O—M + ROH$

#### 2.2.1.1　无机盐的水解和缩聚

（1）水解反应（又称溶剂化）。能电离的前驱物——金属盐的金属阳离子 $M^{n+}$，特别是+4、+3 及+2 价阳离子在水溶液中与偶极水分子形成水合阳离子（$n$ 为 M 离子的价数），这种溶剂化的物种为保持它的配位数而具有强烈的释放 $H^+$ 的趋势而起酸的作用。水解反应平衡关系随溶液的酸度、相应的电荷转移量等条件的不同而不同。有时电离析出的 $M^{n+}$ 又可以形成氢氧桥键合。

$$M(H_2O)_x^{n+} \longrightarrow M(H_2O)_{x-1}(OH)^{(n-1)+} + H^+$$

水解反应是可逆反应，如果在反应时排除掉水和醇的共沸物，则可以阻止逆反应进行，如果溶剂的烷基不同于醇盐的烷基，则会产生转移酯化反应。

（2）无机盐的缩聚。水解产物下一步发生聚合反应而得多核粒种，例如羟基锆配合物的聚合：

$$2Zr(OH)^{3+} \Longrightarrow Zr_2(OH)_2^{6+}$$

这样生成的多核产物是由羟桥 $Zr \overset{OH}{\underset{OH}{\diamondsuit}} Zr^{6+}$ 连在一起的。还有 $Mo^{IV}$ 二聚物，它含有两个氧桥，即 $(H_2O)_4Mo \overset{O}{\underset{O}{\diamondsuit}} Mo(H_2O)_4^{4+}$。对于 $Fe^{III}$，在 pH < 2.5 时，物种主要是 $Fe \overset{OH}{\underset{OH}{\diamondsuit}} Fe^{3+}$ 形式。

多核聚合物的形成除了与溶液的 pH 值有关外，还与组分有关，一般在加热下形成；与金属阳离子的总浓度有关；与阴离子的特性有关。

#### 2.2.1.2　金属醇盐的水解与缩聚

金属醇盐是有机金属化合物的一个种类，可用通式 $M(OR)_n$ 来表示。这里 M 是价态为 $n$ 的金属，R 是烃基或芳香基。金属醇盐是醇 ROH 中羟基的 H 被金属 M 置换而形成的一种诱导体，或者把它看做是金属氢氧化物 $M(OH)_n$ 中羟基的 H 被烷基 R 置换而成的一种诱导体。因为醇盐是以金属元素的电负性大小来作为碱或者含氧酸来对其发挥其作用的，所以一般把它视为金属的羟基诱导体。

（1）金属醇盐的性质　金属醇盐具有 M—O—C 键，由于氧原子与金属离子电负性的差异，导致 M—O 键发生很强的极化而形成 $M^{\delta+}$—$O^{\delta-}$。醇盐分子的这种极化程度与金属元素 M 的电负性有关。如硫、磷、锗这类电负性强的元素所构成的醇盐，共价性很强，它们的挥发特性表明了它们几乎全是以单体存在。而碱金属、碱土金属类元素、铜系元素这类正电性强的物质，所构成的醇盐因离子特性强而易于结合，显示出缩聚物性质。一般来说，缔合度越大，挥发性越低。因此，如果增大烷氧基的位阻效应，降低缔合度，醇盐挥发性就增加。金属醇盐的挥发性有利于自身的提纯及其在化学气相沉积法、溶胶-凝胶法中的应用。

醇盐的黏度受其分子中烷基链长和支链及缔合度的影响。高缔合醇盐化合物的黏度显然大于单体的醇盐。另外，醇盐极容易水解的特性也限制了其黏度的准确测量。在溶胶-凝胶法中，醇盐溶解在溶剂中，因此溶液的黏度主要取决于溶液的浓度、溶剂的种类、溶剂与醇盐之间的相互作用。如溶剂为水时，溶液黏度又要受醇盐水解和缩聚程度等因素的影响。黏度值在溶胶-凝胶法中是一个很重要的参数，尤其是在以溶胶-凝胶法制备薄膜或纤维时，控制好体系的黏度更为重要。

金属醇盐具有很强的反应活性，能与众多试剂发生化学反应，尤其是含有羟基的试剂。在溶胶-凝胶法中，通常是将金属醇盐原料溶解在醇溶剂中，它会与醇发生作用而改变其原有性质，它们的作用有两种情况：

① 醇盐溶解在其母醇中。例如硅乙醇盐溶解在乙醇中。当醇锆溶解在母醇中时，由于锆原子有扩大其自身配位数的趋势，醇分子配位体取代了其原有配位体醇锆而导致醇锆缔合度降低。此外，母醇还可能影响到醇盐水解反应，因为它是金属醇盐水解产物之一，参与了水解化学平衡。

② 醇盐溶解在与其自身不同烷基的醇中，例如异丙醇盐溶解在丁醇中。这种情况发生所谓醇交换反应，或称醇解反应。例如：

$$M(OR)_n + mR'OH \rightleftharpoons M(OR)_{n-m}(OR')_m + mROH$$

醇解反应在金属醇盐合成和在溶胶-凝胶法中对调整醇盐原料的溶解性、水解速率等方面有着广泛的应用。

醇盐分子间的缔合反应在合成分子级均匀的多组分材料中具有重要的意义。多核醇盐配合物可以在溶液中形成。在溶解有多种醇盐的溶液中可能形成多核不稳定的中间体。已知电负性不同的元素或电负性接近但能增加配位数形成配合物的元素，它们的醇盐分子之间能发生缔合反应，这也是构成双金属醇盐的化学基础。多核金属醇盐是溶胶-凝胶法制备有化学计量组成的氧化物系统的很有意义的原料。

（2）水解和缩聚　金属醇盐水解再经缩聚得到氢氧化物或氧化物的过程，其化学反应可表示为（M 代表四价金属）

$$\equiv M(OR) + H_2O \longrightarrow \equiv M(OH) + ROH \tag{2-1}$$

$$\left.\begin{array}{l} \equiv MOH + \equiv MOR \longrightarrow \equiv M-O-M \equiv + ROH \\ 2 \equiv MOH \longrightarrow \equiv M-O-M \equiv + H_2O \end{array}\right\} \tag{2-2}$$

反应（2-1）为金属醇盐的水解，即 OH 基置换 OR 的过程。反应（2-2）为缩聚反应，即析出凝胶的反应。实际过程中各反应分步进行，两种反应相互交替，并无明显的先后。可见，金属醇盐溶液水解法是利用无水醇溶液加水后，OH 取代 OR 基进一步脱水而形成 $\equiv$M—O—M$\equiv$键，使金属氧化物发生聚合，按均相反应机理最后生成凝胶。

由于在 sol-gel 法中，最终产品的结构在溶液中已初步形成，而且后续工艺与溶胶的性质直接相关，所以制备的溶胶质量是十分重要的，要求溶胶中的聚合物分子或胶体粒子具有能满足产品性能要求或加工工艺要求的结构和尺度，分布均匀，溶胶外观澄清透明，无浑浊或沉淀，能稳定存放足够长的时间，并且具有适宜的流变性质和其他理化性质。醇盐的水解反应和缩聚反应是均相溶液转变为溶胶的根本原因，故控制醇盐水解缩聚的条件是制备高质量溶胶的前提。

最终所得凝胶的特性由水与醇盐的摩尔比、温度、溶剂和催化剂的性质确定。

由金属醇盐水解而产生的溶胶的形状和大小，以及由此形成的凝胶结构，还受体系 pH 值的影响。下面以硅醇盐 $Si(OR)_4$ 为例进行讨论。

① 水解。$Si(OR)_4$ 在酸催化条件下水解为亲电取代反应机理，其反应如下：

$$(RO)_3SiOR + H^+ \Longrightarrow (RO)_3SiOR \underset{H^+}{\overset{慢}{\Longrightarrow}} (RO)_3Si^+ + ROH$$

$$(RO)_3Si^+ + ROH \overset{H_2O}{\Longrightarrow} (RO)_3SiOH + ROH + H^+$$

此反应的第一步是 $H^+$ 与 $(RO)_3SiOR$ 分子中的 $OR^-$ 基形成 ROH 而脱出；第二步是 $(RO)_3Si^+$ 与 $H_2O$ 反应形成 $(RO)_3SiOH$，而再生 $H^+$。在酸催化条件下，发生第一个 $OR^-$ 的水解，置换成 $OH^-$ 基后，Si 原子上的电子云密度（或负电性）减弱，第二个 $H^+$ 的进攻就较慢。因此，第二个 $OR^-$ 的水解就较慢，第三、第四个 $OR^-$ 的水解就更慢。

$Si(OR)_4$ 在碱催化条件下水解为亲核反应机理，水解过程中，$OH^-$ 基直接进攻 Si 原子并置换 $OR^-$ 基团。其反应式为

$$(RO)_3SiOR + OH^- \Longrightarrow (RO)_3SiOH + OR^-$$

$$OR^- + H_2O \Longrightarrow ROH + OH^-$$

考虑到被取代基的位阻效应及硅原子周围的电子云密度对水解反应的较大影响，硅原子周围的烷氧基团越少，$OH^-$ 基团的置换就越容易进行。因此，对于 $Si(OR)_4$ 分子来说，其第一个 $OH^-$ 基置换速率较慢，而此后的 $OH^-$ 基置换越来越快，最后趋于形成单体硅酸溶液。这些单体之间通过扩散而快速聚合成单链交联的 $SiO_2$ 颗粒状结构。在单体浓度很高时，则聚合速率很快并形成 $SiO_2$ 凝胶；而当单体浓度较低时，则可能形成 $SiO_2$ 颗粒的悬浮液体系。

② 水解产物的凝聚（condensation）。聚合形成硅氧烷键，可通过水中聚合或醇中聚合，其总反应可表示如下。

a. 水聚合

$$\equiv Si-OH + HO-Si \equiv \longrightarrow \equiv Si-O-Si \equiv + H_2O$$

b. 醇聚合

$$\equiv Si-OR + HO-Si \equiv \longrightarrow \equiv Si-O-Si \equiv + ROH$$

下面分别讨论聚合机理。

a. 在水硅系碱液中的聚合

$$\left[ HO-\underset{\underset{\textstyle OH}{|}}{\overset{\overset{\textstyle OH}{|}}{Si}}-O \right]^- + \left[ HO-\underset{\underset{\textstyle OH}{|}}{\overset{\overset{\textstyle OH}{|}}{Si}}-OH \right] = HO-\underset{\underset{\textstyle OH}{|}}{\overset{\overset{\textstyle OH}{|}}{Si}}-O-\underset{\underset{\textstyle OH}{|}}{\overset{\overset{\textstyle OH}{|}}{Si}}-OH + OH^-$$

原硅酸离子　　　　　原硅酸　　　　　　硅酸二聚体

b. 在醇硅系碱液中的聚合

$$RO-\underset{\underset{\textstyle OH}{|}}{\overset{\overset{\textstyle OH}{|}}{Si}}-OH + OH^- \Longrightarrow \left[ RO-\underset{\underset{\textstyle OH}{|}}{\overset{\overset{\textstyle OH}{|}}{Si}}-O \right]^- + H_2O$$

$$\left[\begin{array}{c} OH \\ | \\ RO{-}Si{-}O \\ | \\ OH \end{array}\right]^{-} + \begin{array}{c} OH \\ | \\ HO{-}Si{-}OR \\ | \\ OH \end{array} \Longrightarrow \begin{array}{cc} OH & OH \\ | & | \\ RO{-}Si{-}O{-}Si{-}OR \\ | & | \\ OH & OH \end{array} + OH^{-}$$

　　酸或碱作催化剂，不仅影响水解和凝聚的速率，而且影响凝聚产物的结构。

　　当水/醇盐比为 4 时，水解产物主要是链状结构产物。这些链状结构产物又随其溶液的 pH 值不同而改变凝聚状态。根据 X 射线小角衍射的实验结果，即使同样的水/醇盐比，正如图 2-3 所示，在 pH=1 时，链状结构物质以直链为主，分支结构很少，各链基本上是独立存在。而在 pH=7 时，链的分支重复，而且分支非常复杂的链相互缔合，形成原子簇。这些链状结构一般是在水量较少且 pH 值较高的条件下形成的。在这种条件下，溶胶的黏性较高，随时间的推移，水解产物互相链合，最后胶凝。这样形成的凝胶在此后不再发生可以观察得到的结构变化。另一方面，使用大量的水进行水解时可以得到我们所熟知的胶体状二氧化硅溶液。如图 2-3 所示，这时的二氧化硅颗粒基本上形成和氧化物骨架结构相近的三维网络结构。这是因为在含有大量水的体系中发生较大程度的颗粒溶解和析出，颗粒的结构变得致密，而成为与氧化物相近的结构。

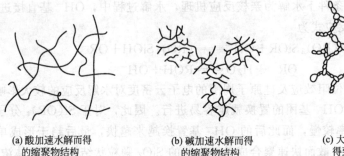

(a) 酸加速水解而得　　　　(b) 碱加速水解而得　　　　(c) 大量水进行水解而
的缩聚物结构　　　　　　　的缩聚物结构　　　　　　得到的胶粒结构

图 2-3　醇盐水解所得缩聚物以及胶体颗粒的结构

　　硅醇盐的水解受许多因素的影响，非常复杂。将所有进行过的二氧化硅凝胶的制备结果总括起来，大概如图 2-4 所示。硅醇盐的水解如此复杂，最重要的原因可能是它的水解速度非常慢，所以，它的水解产物中所含—OH 基和—OR 基的比例有较大程度的自由变动。另一方面，如醇盐水解法中所示，许多一般的金属醇盐的水解速度极快，水解反应瞬间就可完成，即使控制体系的各种因素，也不能有效地控制反应。在此情况下，可用配合剂乙酰丙酮来减慢水解反应使形成凝胶。

　　此外，还有温度对水解的影响：提高温度对醇盐的水解速度总是有利的。对水解活性低的醇盐（如硅醇盐），为了缩短工艺时间，常在加温下操作，此时制备溶胶的时间和胶凝时间会明显缩短。水解温度还影响水解产物的相变化，从而影响溶胶的稳定性，典型的例子是 $Al_2O_3$ 溶胶的制备。

## 2.2.2　溶胶-凝胶合成法特点

　　与传统的高温固相粉末合成法相比，溶胶-凝胶技术有以下几个优点。

　　(1) 能与许多无机试剂及有机试剂兼容，通过各种反应物溶液的混合，很容易获得需要的均相多组分体系。反应过程及凝胶的微观结构都较易控制，大大减少了副反应，进而提高了转化率，即提高了生产效率。

　　(2) 对材料制备所需温度可大幅度降低，形成的凝胶均匀、稳定、分散性好，从而能在较温和条件下合成出陶瓷、玻璃、纳米复合材料等功能材料。

　　(3) 由于溶胶的前驱体可以提纯而且溶胶-凝胶过程能在低温下可控制地进行，因此可

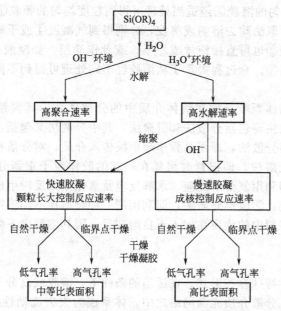

图 2-4　利用溶胶-凝胶法由硅醇盐获得干凝胶的两种方法

制备高纯或超纯物质，且可避免在高温下对反应容器的污染等问题。但不足之处是原料成本较高，制备周期较长等。

（4）溶胶或凝胶的流变性质有利于通过某种技术如喷射、旋涂、浸拉、浸渍等加工成各种形状，或形成块状或涂于硅、玻璃及光纤上形成敏感膜，也可根据特殊用途制成纤维或粉末材料；

（5）制品的均匀性好，尤其是多组分制品，其均匀度可达到分子或原子尺度，产品纯度高。产物化学、光学、热学及机械稳定性好，适合在严酷条件下使用。

（6）从同一种原料出发，改变工艺过程即可获得不同的产品如粉料、薄膜、纤维等。

### 2.2.3　溶胶-凝胶合成法制备工艺流程及其影响因素[46~48]

无论所用的前驱物为无机盐或金属醇盐，sol-gel 法的主要反应步骤是前驱物溶于溶剂中（水或有机溶剂）形成均匀的溶液，溶质与溶剂产生水解或醇解反应，反应生成物聚成 1nm 左右的粒子并组成溶胶，后者经蒸发干燥转变为凝胶。因此，更全面地说，此法应称为 S-S-G 法，即溶液-溶胶-凝胶法。该法的全过程可用图 2-5 的示意图表示。

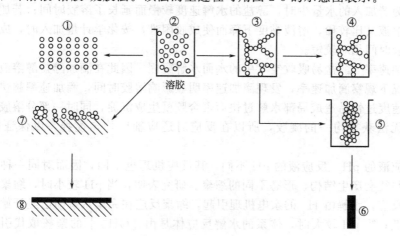

图 2-5　sol-gel 法示意图

图 2-5 表明，从均匀的溶胶②经适当处理可得到粒度均匀的颗粒①。溶胶②向凝胶转变得到湿凝胶③，③经萃取法除去溶剂或蒸发，分别得到气凝胶④或干凝胶⑤，后者经烧结得致密陶瓷体⑥。从溶胶②也可直接纺丝成纤维，或者作涂层，如凝胶化和蒸发得干凝胶⑦，加热后得致密薄膜制品⑧。全过程揭示了从溶胶经不同处理可得到不同的制品。

### 2.2.3.1　溶胶的制备

溶胶是指极细的固体颗粒分散在液体介质中的分散体系，其颗粒大小均在 $1nm \sim 1\mu m$ 之间，制备溶胶的方法主要包括分散法和凝聚法，其中分散法又包括：①研磨法，即用磨将粗粒子研磨细；②超声分散法，即用高频率超声波传入介质，对分散相产生很大破碎力，从而达到分散效果；③胶溶法，即把暂时聚集在一起的胶体粒子重新分散成溶胶。凝聚法包括：①化学反应法，即利用复分解反应、水解反应及氧化还原反应生成不溶物时控制好离子的浓度就可以形成溶胶；②改换介质法，即利用同一种物质在不同溶剂中溶解度相差悬殊的特性，使溶解于良性溶剂中的物质在加入不良溶剂后，因其溶解度下降而以胶体离子的大小析出形成溶胶[47]。

### 2.2.3.2　凝胶的制备

凝胶是胶体的一种特殊存在形式。在适当的条件下，溶胶或高分子溶液中的分散颗粒相互联结形成网络结构，分散介质充满网络之中，体系成为失去流动性的半固体状态的胶冻，处于这种状态的物质称为凝胶。可以从两种途径形成凝胶：干凝胶吸收亲和性液体溶剂形成凝胶以及溶胶或溶液在适当的条件下分散颗粒相互联结成为网络而形成凝胶，这种过程称为胶凝。而第二种方法是制备凝胶的实际常用方法，具体做法有：①改变温度，即利用物质在同一种溶液中的不同温度时的溶解度不同，通过升、降温度来实现胶凝，从而形成凝胶，如明胶和琼脂的形成；②替换溶剂，即用分散相溶解度较小的溶剂替换溶胶中原有的溶剂可以使体系胶凝，从而得到凝胶，如固体酒精的制备；③加入电解质，向溶液中加入含有相反电荷的大量电解质也可以引起胶凝而得到凝胶，如在溶胶中加入电解质可使其胶凝；④进行化学反应，使高分子溶液或溶胶发生交联反应产生胶凝而形成凝胶，如硅酸凝胶、硅-铝凝胶的形成[48]。

溶胶-凝胶法多以烷氧基金属为原料，但是有些时候也采用金属氯化物、金属硝酸盐、金属乙酸盐、金属螯合物为原料，有些时候还在反应中加入酸或碱作为催化剂。

影响溶胶-凝胶制备过程的主要因素有水的加入量、pH、滴加速率、反应温度等因素。

(1) 水的加入量　当水的加入量低于按化学计量关系计算出的所需要的消耗量时，随着水量的增加，溶胶的时间会逐渐缩短，而超过化学计量关系所需量时，溶胶时间又会逐渐增长，这是因为若加入的水量少时，醇盐的水解速度较慢而延长了溶胶时间；若加的水量大于化学计量，溶液又比较稀，溶液黏度下降而使成胶困难，按化学计量加入时，成胶的质量较好，而且成胶时间相对较短。

(2) 滴加速率　醇盐易吸收空气中的水而水解凝固，因此在滴加醇盐醇溶液时，在其他因素一致情况下观察滴加速率，发现滴加速率明显影响溶胶时间，滴加速率越快，凝胶速度也越快，但速度过快易造成局部水解过快而聚合胶凝生成沉淀，同时一部分溶胶液未发生水解最后导致无法获得均一的凝胶，所以在反应时还应辅以均匀搅拌，以保证得到均一的凝胶。

(3) 反应液的 pH　反应液的 pH 不同，其反应机理也不同，因而对同一种金属醇盐的水解缩聚，往往会产生结构、形态不同的缩聚。研究表明，当 pH 较小时，缩聚反应速率远远大于水解反应，水解由 $H^+$ 的亲电机理引起，缩聚反应在完全水解前已经开始，因此缩聚物交联度较低；当 pH 较大时，体系的水解反应体是由 $[OH^-]$ 的亲核取代引起，水解速度大于亲核速度，形成大分子聚合物，有较高的交联度，可按具体要生产的材料要求选择适宜的酸碱催化剂。

（4）反应温度　温度升高，水解速率相应增大，胶粒分子的动能增加，碰撞概率也增大，聚合速率加快，从而导致溶胶时间缩短；另一方面，较高温度下溶剂醇的挥发也加快，相当于增加了反应物的浓度，也在一定程度上加快了溶胶速率，但温度过高也会导致所生成的溶胶相对不稳定，且易生成多种产物的水解产物聚合。因此，在保证生成溶胶的情况下，应尽可能在较低温度下进行，多以室温条件进行。

### 2.2.3.3　凝胶化

具有流动性的溶胶通过进一步缩聚反应形成不能流动的凝胶体系。经缩聚反应所形成的溶胶溶液在陈化时，聚合物进一步聚集长大成为小粒子簇，它们相互碰撞连接成大粒子簇，同时，液相被包于固相骨架中而失去流动性，形成凝胶。陈化形成凝胶的过程中，会发生Ostward 熟化，即大小粒子因溶解度的不同而造成平均粒径的增加。陈化时间过短，颗粒尺寸反而不均匀；时间过长，粒子长大、团聚，则不易形成超细结构，由此可见，陈化时间的选择对产物的微观结构非常重要。

### 2.2.3.4　凝胶的干燥

（1）一般干燥　目的是把湿凝胶膜所包裹的大量溶剂和水通过干燥除去，得到干凝胶膜。因干燥过程中凝胶体积收缩，很易导致干凝胶膜的开裂，而导致开裂的应力主要来源于毛细管力，而该力又是因充填于凝胶骨架孔隙中的液体的表面张力所引起的。因此干燥过程中应注意在减少毛细管力和增强固相骨架这两方面入手。目前干燥方法主要有以下两种：①控制干燥，即在溶胶制备中，加入控制干燥的化学添加剂，如甲酰胺、草酸等，由于它们的蒸气压低、挥发性低，能使不同孔径中的醇溶剂的不均匀蒸发大大减少，从而减小干燥应力，避免干凝胶的开裂；②超临界干燥，即将湿凝胶中的有机溶剂和水加热和加压到超过临界温度、临界压力，则系统中的液气界面将消失，凝胶中毛细管力也不复存在，从而从根本上消除了导致凝胶开裂的应力的产生。

（2）热处理　进一步热处理，可以消除干凝胶的气孔，使其致密化，并使制品的相组成和显微结构能满足产品性能的要求。但在加热过程中，须在低温下先脱去干凝胶吸附在表面的水和醇，升温速度不宜太快，因为热处理过程中伴随着较大的体积收缩以及各种气体的释放（二氧化碳、水、醇），且须避免发生炭化而在制品中留下炭质颗粒（—OR 基在非充分氧化时可能炭化）。热处理的设备主要有：真空炉、干燥箱等。

## 2.2.4　溶胶-凝胶合成法应用

### 2.2.4.1　纳米材料

纳米科学技术是 20 世纪 80 年代末刚刚诞生的，已引起了世界各国的极大关注。它的基本涵义是在纳米尺寸范围内认识和改造自然，通过直接操作和安排原子、分子而创造新物质。它的出现象征着人类改造自然的能力已延伸到原子、分子水平，标志着人类科学技术已进入一个新的时代——纳米科技时代。纳米材料具有许多既不同于宏观物质又不同于微观粒子的奇特效应，如：量子尺寸效应、小尺寸效应、表面效应、宏观量子隧道效应和介电限域效应等。纳米材料的这些奇特的效应为人类按照自己的意志探索新型功能材料开辟了一条全新的途径。同时，也伴随着挑战，其研制和应用有相当的难度。目前，制备纳米材料有几种方法：团聚成核的经典物理法、溅射、热蒸发法、氢电弧等离子体法、球磨法和溶胶-凝胶法等[49]。溶胶-凝胶技术是制备纳米材料的特殊工艺。因为它从纳米单元开始，在纳米尺度上进行反应，最终制备出具有纳米结构特征的材料。而且，由溶胶-凝胶技术制备纳米材料，工艺简单，易于操作，成本较低。所以，越来越受到人们的关注[50~55]。

通过无机和聚合物高分子材料所制备的纳米复合材料，由于它们特殊的光学、电学、光

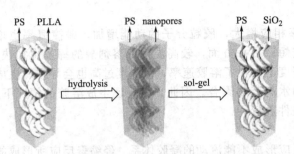

图 2-6  手性模板制备手性纳米材料的简单示意图

电子、机械以及磁性质，在成为新一代材料上具有很大潜力，从而控制纳米材料的结构、形状、尺寸就成了一个至关重要的问题，因为材料的结构决定着它的性质。通过溶胶-凝胶法结合自组装可以形成一个手性的模板，再在这个模板上利用溶胶-凝胶制备手性的纳米复合材料[56]。图 2-6 所示的就是这种手性材料制备的简单示意图。

Yang 等[57~59]通过溶胶-凝胶法合成了 $(Ca_{0.61}Nd_{0.26})TiO_3$、$MgTiO_3$、$CaO-MgO-SiO_2$ 等纳米粉体材料。

### 2.2.4.2  复合氧化物材料

运用溶胶-凝胶法，将所需成分的前驱物配制成混合溶液，形成溶胶后，继续加热使之成为凝胶，之后将样品放于电热真空干燥箱在高温抽真空烘干，得干凝胶，取出在玛瑙研钵中研碎，放于高温电阻炉中煅烧，取出产品，冷却至室温后研磨即可得超细粉末。目前采用此法已制备出种类众多的氧化物粉末和非氧化物粉末。

如 Wu 等[60]采用溶胶-凝胶法合成的复合氧化物锂离子电池材料 $LiMO_2(M=Co，Ni)$。Masingboon 等[61]以 $Ca(NO_3)_2 \cdot 4H_2O$ 和 $Cu(NO_3)_2 \cdot 4H_2O$ 为原料，通过溶胶-凝胶法合成的 $CaCu_3Ti_4O_{12}$ 粉末，具有很大的电容。

### 2.2.4.3  纤维材料

制备陶瓷纤维传统的方法，一般是将氧化物原料加热到熔融状态，熔法纺丝成形。然而，许多特种陶瓷材料熔点很高，熔体黏度很低，难以用传统方法制备。而溶胶-凝胶法的出现解决了这一难题，已被广泛应用[62]。溶胶-凝胶法是一种湿化学方法，与传统方法相比，具有如下优点。

纤维制品均匀度高，尤其是制备多组分纤维时优势更加明显。溶胶-凝胶过程经溶液、溶胶、凝胶 3 个阶段，原料各组分在溶液中可以达到分子水平的混合。这就容易控制早期结晶以及材料的显微结构，这对于材料的物理性能以及化学性能影响很大。

溶胶-凝胶工艺过程温度低，可以在室温下纺丝成形，烧成温度也比传统温度低 400~500℃。当溶胶达到合适黏度后，可以在室温下干纺成形；因为所需产物在烧结前已经部分成形，且凝胶粒子较小，表面积大，大大降低了烧结温度，从而降低了能耗。

产品的纯度很高。通过溶胶-凝胶法成形的产品，其纯度只决定于原料的纯度。这样，根据需要严格控制反应物的配比，可以达到控制产物结构的目的，如莫来石纤维的制备。

如 Chandradass 等[63]以氧化铝粉体为原料、一水软铝石（勃姆石）溶胶为无机黏结剂制备出抗张强度较高的均一的 $\alpha-Al_2O_3$ 纤维。

### 2.2.4.4  薄膜涂层材料

涂层是指附着在某一基体材料上起某种特殊作用，且与基体材料具有一定结合强度的薄层材料，它可以克服基体材料的某种缺陷，改善其表面特性，如光学特性、电学特性、耐侵蚀及腐蚀、耐磨损性和提高机械强度等，它属于一种有支撑体的薄膜。涂层材料的制备方法很多，主要可分为两大类：①物理方法，如蒸镀法、溅射法等；②化学方法，如化学气相沉积法（CVD）、喷雾热解法、溶胶-凝胶法等。其中溶胶-凝胶法是近年来新发展起来的一种涂层制备方法，与其他涂层制备方法相比，具有如下特点：①工艺设备简单，无需真空条件和昂贵的真空设备；②工艺过程温度低，这对于制备含有易挥发组分在高温下易产生相分离的多元系来说尤其重要；③可以在各种不同形状、不同材料的基底上制备大面积薄膜，甚至可以在粉末材料的颗粒表面制备一层包覆膜；④易制得均匀多组分氧化物涂层，易于定量掺杂，可以有效地控制薄膜成分及微观结构。溶胶-凝胶法是一种湿化学方法，它以金属醇盐为母体物质，配制成均质溶胶，对玻璃、陶瓷、金属和塑料等基材进行浸渍成膜或旋转成膜。它能赋予基材特殊的电性能和磁性能，也可改善光学性能和提高化学耐久性，尤其在改善大面积基材的性能方面非常适用。

制备薄膜涂层材料是溶胶-凝胶法最有前途的应用方向，其工艺过程为：溶胶制备→基材预备→涂膜→干燥→热处理，目前应用溶胶-凝胶法已经制备出光学膜、波导膜、着色膜、电光效应膜、分离膜、保护膜等[64,65]。

如 Tezuka 等[66]利用氨丙基三乙氧基硅烷（APS）和硫酸形成溶胶-凝胶的方法合成无水质子传导的无机-有机混合薄膜材料。

#### 2.2.4.5　复合材料

溶胶-凝胶法制备复合材料，可以把各种添加剂、功能有机物或分子、晶种均匀地分散在凝胶基质中，经热处理致密化后，此均匀分布状态仍能保存下来，使得材料更好地显示出复合材料特性。由于掺入物可以多种多样，因而运用溶胶-凝胶法可生成种类繁多的复合材料[67~71]，主要有：①不同组分之间的纳米复合材料（compositionally different phases）；②不同结构之间的纳米复合材料（structural different phases）；③由组成和结构均不同的组分所制备的纳米复合材料；④凝胶与其中沉积相组成的复合材料；⑤干凝胶与金属之间的纳米复合材料；⑥无机-有机杂化纳米复合材料等。

如 Letaïef 等[72]，以固体基质为模板，通过黏土先与表面活性剂交联，形成分层的有机黏土，加入硅烷到有机黏土的分散系中，经过溶胶-凝胶过程，同时通过扩散作用使硅烷插入到黏土的夹层空间中去，通过水解形成二氧化硅-黏土的不同结构孔性的复合纳米材料。

溶胶-凝胶技术在许多领域的应用日益广泛，但是目前这种方法仍存在一些问题。溶胶-凝胶法所用的金属醇盐等有机化合物价格昂贵，使得陶瓷薄膜的生产成本高，因而难以普遍代替有机膜。其次，陶瓷薄膜的制备过程时间较长，约需 1~2 个月，本身具有脆性，在制备和应用过程中容易发生断裂和损坏，制得的陶瓷薄膜中存在一定的缺陷。因此，仍需要我们不断研究。在基础理论研究中，须要从胶体化学、结构化学和量子化学方面对溶胶-凝胶技术进行更深入的研究，以期更加清晰地描述溶胶-凝胶过程的化学与结构变化的规律，为设计和剪裁特定性能和形貌的材料提供理论依据。

目前溶胶-凝胶技术的研究已经取得了很大的进展[73~78]，如 Gao 等[79]通过化学凝胶和水凝胶合成的方法成功制备了交联凝胶，通过甲基丙烯酸（MA）进行修饰，并对不同条件对其性能的影响做了相关研究。分析结果表明，该交联凝胶生物性能优良，可用作软骨组织再生的支架。Wang 等[80]用溶胶-凝胶法合成的 $Li_3V_2(PO_4)_3$ 具有良好的电学性能。

如今，溶胶-凝胶合成法已从聚合物科学、物理化学、胶体化学、配位化学、金属有机化学等有关学科角度探索而建立了相应的基础理论，应用技术逐步成熟，应用范围不断扩大，形成了一门独立的溶胶-凝胶科学与技术的边缘学科。相信在 21 世纪里，随着人们对溶液反应机理、凝胶结构和超微结构、凝胶向玻璃或晶态转变过程等基础研究工作的不断深入，它将会得到更广泛的应用。

# 2.3　固相合成法

固相化学反应是人类最早使用的化学反应之一，我们的祖先早就掌握了制陶工艺，将制得的陶器用做生活日用品，如陶罐用作集水、储粮，将精美的瓷器用作装饰品。因为它不使用溶剂，加之具有高选择性、高产率、工艺过程简单等优点，已成为人们制备新型固相固体材料的重要手段之一。

根据固相化学反应发生的温度将固相化学反应分为三类，即反应温度低于 100℃ 的低热固相反应，反应温度介于 100～600℃ 之间的中热固相反应，以及反应温度高于 600℃ 的高温固相反应。虽然这仅是一种人为的分法，但每一类固相反应的特征各有所不同，不可替代，在合成化学中必将充分发挥各自的优势。

### 2.3.1　低温固相合成法

与液相反应一样，固相反应的发生起始于两个反应物分子的扩散接触，接着发生化学作用，生成产物分子。此时生成的产物分子分散在母体反应物中，只能当作一种杂质或缺陷的分散存在，只有当产物分子集积到一定大小，才能出现产物的晶核，从而完成成核过程。随着晶核的长大，达到一定的大小后出现产物的独立晶相。可见，固相反应经历四个阶段：扩散-反应-成核-生长，但由于各阶段进行的速率在不同的反应体系或同一反应体系不同的反应条件下不尽相同，使得各个阶段的特征并非清晰可辨，总反应特征只表现为反应的决速步的特征。长期以来，一直认为高温固相反应的决速步是扩散和成核生长，原因就是在很高的反应温度下化学反应这一步速率极快，无法成为整个固相反应的决速步。在低热条件下，化学反应这一步也可能是速率的控制步。

#### 2.3.1.1　低温固相合成法特点

(1) 多组分固相化学反应开始于两相的接触部分。反应产物层一旦生成，为了使反应继续进行，反应物以扩散方式通过生成物进行物质输运，而这种扩散对大多数固体是较慢的。同时，反应物只有集积到一定大小时才能成核，而成核需要一定温度，低于某一温度 $T_n$，反应则不能发生，只有高于 $T_n$ 时，反应才能进行。这种固体反应物间的扩散及产物成核过程便构成了固相反应特有的潜伏期。这两种过程均受温度的显著影响，温度越高，扩散越快，产物成核越快，反应的潜伏期就越短；反之，则潜伏期就越长。当低于成核温度 $T_n$ 时，固相反应就不能发生。

(2) 固相反应一旦发生即可进行完全，不存在化学平衡。

(3) 我们知道，溶液中反应物分子处于溶剂的包围中，分子碰撞机会各向均等，因而反应主要由反应物的分子结构决定。但在固相反应中，各固体反应物的晶格是高度有序排列的，因而晶格分子的移动较困难，只有合适取向的晶面上的分子足够地靠近，才能提供合适的反应中心，使固相反应得以进行，这就是固相反应特有的拓扑化学控制原理。

(4) 溶液中配位化合物存在逐级平衡，各种配位比的化合物平衡共存，各种型体的浓度与配体浓度、溶液 pH 等有关。由于固相化学反应一般不存在化学平衡，因此可以通过精确控制反应物的配比等条件，实现分步反应，得到所需的目标化合物。

(5) 具有层状或夹层状结构的固体，如石墨、$MoS_2$、$TiS_2$ 等都可以发生嵌入反应，生成嵌入化合物。这是因为层与层之间具有足以让其他原子或分子嵌入的距离，容易形成嵌入化合物。$Mn(OAc)_2$ 与草酸的反应就是首先发生嵌入反应，形成的中间态嵌入化合物进一步反应便生成最终产物。固体的层状结构只有在固体存在时才拥有，一旦固体溶解在溶剂中，层状结构将不复存在，因而溶液化学中不存在嵌入反应。

#### 2.3.1.2　低温固相合成法应用

低热固相反应由于其独有的特点，在合成化学中已经得到许多成功的应用[81~89]，获得了许多新化合物，有的已经或即将步入工业化的行列，显示出它应有的生机和活力。

(1) 原子簇化合物　原子簇化合物是无机化学的边缘领域，它在理论和应用方面都处于化学学科的前沿。$Mo(W,V)-Cu(Ag)-S(Se)$ 簇合物由于其结构的多样性以及具有良好的催化性能、生物活性和非线性光学性等重要应用前景而格外引人注目。

典型的合成路线如下：将四硫代钼酸铵（或四硫代钨酸铵等）与其他化学试剂（如 CuCl，AgCl，$n$-Bu$_4$NBr 或 PPh$_3$ 等）以一定的摩尔比混合研细，移入一反应管中油浴加热（一般控制温度低于 100℃），N$_2$ 保护下反应数小时，然后以适当的溶剂萃取固相产物，过滤，在滤液中加入适当的扩散剂，放置数日，即得到簇合物的晶体。

（2）固配化合物　低热固相配位化学反应中生成的有些配合物只能稳定地存在于固相中，遇到溶剂后不能稳定存在而转变为其他产物，无法得到它们的晶体，由此表征这些物质的存在主要依据谱学手段推测，这也是这类化合物迄今未被化学家接受的主要原因。我们将这一类化合物称为固配化合物。

例如，CuCl$_2$·2H$_2$O 与 $\alpha$-氨基嘧啶（AP）在溶液中反应只能得到摩尔比为 1∶1 的产物 Cu(AP)Cl$_2$。利用固相反应可以得到 1∶2 的反应产物 Cu(AP)$_2$Cl$_2$。分析测试表明，Cu(AP)$_2$Cl$_2$ 不是 Cu(AP)Cl$_2$ 与 AP 的简单混合物，而是一种稳定的新固相化合物，它对于溶剂的洗涤均是不稳定的。类似地，CuCl$_2$·2H$_2$O 与 8-羟基喹啉（HQ）在溶液中反应只能得到 1∶2 的产物 Cu(HQ)$_2$Cl$_2$，而固相反应则还可以得到液相反应中无法得到的新化合物 Cu(HQ)Cl$_2$。

此外，低温固相合成法在合成多酸化合物、配合物及功能材料等方面也有着广泛的应用。

### 2.3.2　高温固相合成法

高温固相合成是固相反应的一种，它是通过高温下固体反应物之间的反应而得到产物的一种合成方法。这是一类很重要的高温合成反应，一大批具有特种性能的无机功能材料或金属陶瓷化合物都是通过高温固相直接合成的。在稀土固体材料的制备方法中，最常用的方法也是高温固相反应法，就是把合成所需原料混合研磨然后放入坩埚内，置于炉中加热、灼烧、洗涤、烘干、筛选，得到产品。

由于固相反应的充要条件是反应物必须相互接触，即反应是通过颗粒界面进行的。所以反应颗粒越细，其比表面积越大，反应物颗粒之间的接触面积也就越大，从而更有利于固相反应的进行。固相反应通常包括以下步骤：①固相界面的扩散；②原子尺度的化学反应；③新相成核；④固相的输运及新相的长大。所以，针对高温固相合成这类反应，要考虑到以下三个影响其反应速率的因素：①反应物固体的表面积和反应物间的接触面；②生成物相的成核速度；③相界面间特别是通过生成核的离子扩散速度。通过对高温固相合成的特点认识，更有利于我们对高温固相反应的控制。

在高温固相合成中，实验室和工业中高温的获得通常有以下几种：电阻炉，感应炉，电弧炉。其中电阻炉是实验室和工业中常用的加热炉，其优点是设备简单，使用方便，温度可精确控制在很窄的范围内；感应炉操作起来方便且十分清洁，这种炉可以很快地加热到 3000℃的高温，主要用于粉末热压烧结和真空熔炼等；电弧炉常用在熔炼金属、制备高熔点化合物及低价氧化物等。

高温固相法因其操作简便，设备简单，成本相对较低，而且工艺成熟，已得到了广泛的应用[90~91]，如 Xu 等[92]通过高温固相合成法成功制备了 RFeAsO（R＝La，Sm，Gd，Tb）系列化合物，并对 R 的改变以及温度变化对其磁性的影响做了相关研究。Zhai 等[93~95]合成了 LiCr$_{0.1}$Ni$_{0.4}$Mn$_{1.5}$O$_4$、Li$_{1.02}$YMn$_{2-x}$O$_4$（$x$＝0，0.005，0.01，0.02，0.04，0.1）、LiNi$_{1-y}$Co$_y$O$_2$ 等化合物，并对其电化学性能进行了研究。当前，高温固相合成法已广泛应用于稀土发光材料、Li$^+$ 电池正极材料的合成等方面。用该法制得的各类荧光粉能保证形成良好的晶体结构，表面缺陷少，晶体产物发光效率高，而且成本也较低；在用于制备锂离子电池正极材料中，操作简单，适于批量生产，而且制备的产品各种性能也很好。此外，高温固相合成在制备无机储光材料、磷酸钙骨水泥组成原料、陶瓷材料等合成领域也被广泛应用。

### 2.3.2.1　高温固相合成法特点

一般而言，高温固相反应机制主要包括三步：

(1) 高温下，相界面接触；

(2) 在界面上，生成产物层，随厚度增大，反应物被分离开来，反应继续，反应物通过产物层扩散；

(3) 反应完毕，生成化合物全部为产物层。

因此，高温固相合成法具有以下两个特点：

(1) 速度较慢，固体质点间键力大，其反应也降低；

(2) 通常在高温下进行高温传质，传热过程对反应速率影响较大。

### 2.3.2.2　高温固相合成法应用

(1) 稀土发光材料　近年来，稀土发光材料具有许多优良性能和广泛用途，目前已成为发光材料研究的一个热点，稀土三基色荧光粉以其良好的发光性能和稳定的物理性质在发光材料中占有不可替代的位置。但随着需求领域的扩展，对荧光粉提出了不同的要求。这就需要不断改进荧光粉的某些性质如：粒度，成分的均匀程度，纯度，工业生产也许可以降低成本，满足这些要求还需从合成方法入手。

荧光粉的合成方法有很多，概括起来就是固相反应、气相反应和溶液法。其中溶胶-凝胶法制备荧光材料耗时长，处理量小，成本高且发光强度还有待改善。固相法是一种传统的制粉工艺，虽然有其固有的缺点，如能耗大、效率低、粉体不够细、易混入杂质等，但由于该法制备的粉体颗粒无团聚、填充性好、成本低、产量大、制备工艺简单等优点，迄今仍是常用的方法。高温固相工艺相对成熟，在反应条件控制、还原剂的使用、助熔剂的选择、原料配制与混合等方面都日趋优化。该方法的主要优点是能保证形成良好的晶体结构，晶体缺陷少，产物发光效率高，有利于工业化生产。

如 Fang 等[96]在空气中通过掺杂 $Dy^{3+}$ 合成了 $Ca_8Mg(SiO_4)_4Cl_2$。磷的 X 射线表明，$Dy^{3+}$ 的掺杂使得其晶格参数下降，实验表明，该荧光的发射光谱有两个发射带：蓝带和黄色带，并且前者要强于后者，$Dy^{3+}$ 的浓度影响发光强度。

Wu 等[97]用高温固相合成的方法合成了 $Sr_{1.97}MgSi_2O_7$：$Eu_{0.01}^{2+}$，$Dy_{0.02-x}^{3+}$，$Nd_x^{3+}$（$x=0，0.01，0.02$）和 $Sr_{1.99}MgSi_2O_7$：$Eu_{0.01}^{2+}$ 长余辉发光材料。$Dy^{3+}$ 和 $Na^+$ 的掺杂无论对结晶相还是发射峰都没有影响，但是随着 $Na^+$ 取代 $Dy^{3+}$ 的量增加，余辉衰减常数会减少。

总之，高温固相合成方法是制备各类荧光粉的通用方法，也是简单、经济、适合工业生产的方法。用该法制得的产品能保证形成良好的晶体结构，表面缺陷少，晶体产物发光效率高，而且成本也较低。

(2) $Li^+$ 电池正极材料　近年来，锂离子电池因高工作电压、高容量、污染少及长循环寿命等优点受到人们重视，已被广泛采用。但是正极材料的比容量偏低（130mA·h/g 左右），且又需额外负担负极的不可逆容量损失，正极材料的研究与改进一直是锂离子电池材料研究的关键问题。随着碳负极性能不断改善并且不断有新的高性能负极体系出现，相对而言，正极材料的研究较为滞后，并成为制约锂电池性能的关键因素。过渡金属嵌锂化合物 $LiMO_2$ 和 $LiM_2O_4$（M 代表 Mn、Ni、Co 等金属离子）一直是锂离子电池正极材料的研究重点。

目前对于合成锂离子电池正极材料方法来说，离子交换法工艺繁琐，不具备工业化的条件；溶胶-凝胶法比较复杂，难以实用化；高温固相法和水热法相对简单，尤其是高温固相法具备工业化的潜力，而目前国内外锂离子正极材料的生产工艺都以高温固相法为主。因此，研究该材料的高温固相合成具有更好的产业应用前景。

如 Ammundsen 等[98]考查了掺杂 Al 和 Cr 合成 $LiMnO_2$ 的工艺路线，将 $MnO_2$，

$Li_2CO_3$，$Al_2O_3$ 或 $Cr_2O_3$ 充分球磨混合后，在 $N_2$ 气氛下，1000～1050℃煅烧 5～10h，缓慢冷却到室温，得到了单斜相产物。在 55℃下，$LiAl_{0.05}Mn_{0.95}O_2$ 和 $LiAlCr_{0.05}Mn_{0.95}O_2$ 显示了极其优异的循环性能和高的比容量。

Lee 等[99]将 $\gamma\text{-}MnOOH$ 和 $Li_2O \cdot H_2O$ 仔细研磨，原料压成圆片状，在氩气保护下，950～1100℃煅烧 10h，然后在空气中快速冷却至室温。得到粒径为 5～15$\mu m$ 的斜方相产物。并且考查了温度对初始放电比容量的影响，结果表明，初始放电比容量随测试的温度上升而上升。

固相合成法是制备固体材料的一种重要方法，因其操作简便，设备简单，成本相对较低，产率高，选择性好，而且工艺成熟得到了广泛的应用，在很多方面已形成了工业化生产。随着人们进一步的研究，以及对反应条件进一步的改进，无论是低温固相合成法还是高温固相合成法都将更广泛地得到应用。

# 2.4　化学气相沉积法（CVD）

化学气相沉积（CVD，chemical vapor deposition）是利用气态或蒸气态的物质在气相或气固相界面上反应生成固态沉积物的技术[1]。化学气相沉积法这一名称最早在 20 世纪 60 年代初期由美国 J. M. Blocher 等人在《Vapor Deposition》一书中首先提出的。化学气相沉积把含有构成薄膜元素的一种或几种化合物的单质气体供给基片，利用加热、等离子体、紫外线乃至激光等能源，借助气相作用或在基片表面的化学反应生成要求的薄膜。这种化学制膜方法完全不同于磁控溅射和真空蒸发等物理气相沉积法（PVD），后者是利用蒸镀材料或溅射材料来制备薄膜的。而随着科学技术的发展，化学气相沉积法内容以及手段的不断更新，现代社会又赋予了它新的内涵，即物理过程与化学过程的结合，出现了兼备化学气相沉积和物理气相沉积特性的薄膜制备方法如等离子体气相沉积法等。其最重要的应用在半导体材料的生产中，如生产各种掺杂的半导体单晶外延薄膜、多晶硅薄膜、半绝缘的掺氧多晶硅薄膜；绝缘的二氧化硅、氮化硅、磷硅玻璃、硼硅玻璃薄膜以及金属钨薄膜等。化学气相沉积法从古时"炼丹术"时代开始，发展到今天已经逐渐成为了成熟的合成技术之一。图 2-7 为 CVD 装置的示意图。

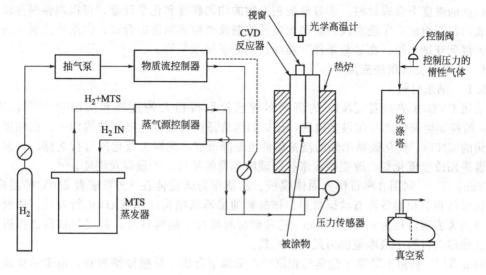

图 2-7　CVD 装置示意图

### 2.4.1　化学气相沉积法原理

CVD 的化学反应主要有两种：一种是通过各种初始气体之间的反应来产生沉积；另一种是通过气相的一个组分与基体表面之间的反应来沉积。CVD 沉积物的形成涉及各种化学平衡及动力学过程，这些化学过程受反应器设计、CVD 工艺参数（温度、压力、气体混合比、气体流速、气体浓度）、气体性能、基体性能等诸多因素的影响。描述 CVD 过程最典型的是浓度边界层模型[100]，它比较简单地说明了 CVD 工艺中的主要现象——成核和生长的过程。该过程可描述为以下几步：①反应气体被强制导入系统；②反应气体由扩张和整体流动穿过边界层；③气体在基体表面的吸附；④吸附物之间或者吸附物与气态物质之间的化学反应；⑤吸附物从基体解吸；⑥生成气体从边界层到气流主体的扩散和流动；⑦气体从系统中强制排出。

热化学气相沉积是以热作为气相沉积过程的动力。由于热化学气相沉积过程的温度很高，对基体材料有特殊的要求，限制了化学气相沉积技术的应用，因此，化学气相沉积技术已向中、低温和高真空方向发展，并与等离子技术及激光技术相结合，出现了多种技术相融合的化学气相沉积技术。

### 2.4.2　化学气相沉积法特点

一般的化学气相沉积技术是一种热化学气相沉积技术，沉积温度为 900～2000℃。这种技术已广泛应用于复合材料合成、机械制造、冶金等领域。化学气相沉积法进行材料合成具有以下特点：①在中温或高温下，通过气态的初始化合物之间的气相化学反应而沉积固体；②可以在大气压（常压）或者低于大气压下（低压）进行沉积，一般来说低压效果要好些；③采用等离子和激光辅助技术可以显著地促进化学反应，使沉积可在较低的温度下进行；④沉积层的化学成分可以改变，从而获得梯度沉积物或者得到混合沉积层；⑤可以控制沉积层的密度和纯度；⑥绕镀性好，可在复杂形状的基体上及颗粒材料上沉积；⑦气流条件通常是层流的，在基体表面形成厚的边界层；⑧沉积层通常具有柱状晶结构，不耐弯曲，但通过各种技术对化学反应进行气相扰动，可以得到细晶粒的等轴沉积层；⑨可以形成多种金属、合金、陶瓷和化合物沉积层。

因此，化学气相法除了装置简单易于实现之外还具有以下优点[101]：①可以控制材料的形态（包括单晶、多晶、无定形材料、管状、枝状、纤维和薄膜等），并且可以控制材料的晶体结构沿一定的结晶方向排列；②产物可在相对低的温度条件下进行固相合成，可在低于材料熔点的温度下合成材料；③容易控制产物的均匀程度和化学计量，可以调整两种以上元素构成的材料组成；④能实现掺杂剂浓度的控制及亚稳态物质的合成；⑤结构控制一般能够从微米级到亚微米级，在某些条件下能够达到原子级水平等。

### 2.4.3　化学气相沉积法应用

#### 2.4.3.1　纳米材料

采用 CVD 方法制备 CNTs 的研究尽管已经取得很大的进展和突破[102～105]，然而，CNTs 的控制生长仍然存在很多挑战，比如如何选择性地获得性能和结构均一、高纯度或特定结构的 CNTs。优化碳纳米管的制备条件也是降低成本实现工业化的可行之路。许多科研工作者采用改变催化剂、改变碳源来控制碳纳米管的结构、产量以及纯度。

Yang 等[106]利用 β 沸石作为固体模板、乙腈作为碳前体在 800℃或者 850℃的温度下，通过化学气相沉积制备沸石状碳材料。该材料的沸石状结构已用 XRD 进行表征。透射电子显微镜图像表明口径为 0.6～0.8nm。这种碳材料增加了储氢容量，并成为目前已报道的碳或者其他多孔材料中摄取氢能力最强的材料。

Min 等[107]利用水等离子化学气相沉积在低温下合成了单壁碳纳米管。由于单壁碳纳米管的一维结构的可调性以及其导电性，单壁碳纳米管渐渐取代了目前基于硅的半导体场效应。在化学气相沉积中，往往会产生碳掺杂现象，这种方法不易形成纯的单壁纳米管。使用水等离子体化学气相沉积法制备的单壁碳纳米管的纯度及浓度更高，且可将反应温度降低到 450℃。

此外，化学气相沉积技术还广泛应用于其他纳米材料的制备。如 Tang 等[108] 在最近的文章中描述了一种独创性的合成氟掺杂氮化硼纳米管的方法，该方法通过在纳米管生长过程中引入氟原子的方法来实现。基于氮化硼晶体合成的一般方法即化学气相沉积法，使用块状 $MgCl_2$ 作为高温区域的反应物，也就是化学气相沉积中的底物。该方法合成的氟化氮化硼纳米管使得管状氮化硼高度卷曲并拥有了半导体的性质。

### 2.4.3.2　薄膜材料

化学气相沉积法在薄膜制备上应用十分广泛。Bchir 等[109] 使用钨的配合物 $Cl_4(RCN)W(NC_3H_5)$ 作为制备氮化钨（$WN_x$）或者碳氮共渗（$WN_xC_y$）薄膜的原料——CVD 前驱体。实验结果表明，$Cl_4(RCN)W—(NR')$ 的质谱断裂形式表明该膜的形成过程中 N—C 键较容易断裂。一定程度上解释了使用 CVD 合成的膜的相关性质。

对于复杂表面的改性已经成为了生物技术的关键之一。使用聚合物化学气相沉积形成的涂层提供了一个有吸引力的替代目前以湿化学为主的表面改性方法，Chen[110] 通过研究表明，该方法具有普遍适用性以及涂层的稳定性。由于聚合物气相沉积涂层推进了生物传感器的技术革命，因而在生物分析、医疗以及微机系统领域都有很好的应用。

### 2.4.4　几种新发展的 CVD 技术

近年来，在传统化学气相沉积技术的基础上，又发展出一些新技术新方法，而且还被广泛地用于科学研究与实际生产当中。比如金属有机化学气相沉积法（MO-CVD）、等离子体化学气相沉积法（P-CVD）、激光化学气相沉积法（L-CVD）等。

#### 2.4.4.1　金属有机化学气相沉积法（MO-CVD）

金属有机化学气相沉积（metal organic chemical vapor deposition，简称 MO-CVD）是将稀释于载气中的金属有机化合物导入反应器中，在被加热的衬底上进行分解、氧化或还原等反应，生长薄膜或外延薄层的技术。现已在半导体器件、金属、金属氧化物、金属氮化物等薄膜材料的制备和研究方面得到广泛应用。这种技术的优点是：①可制成各种类型的材料；②可精确控制膜的厚度、组成及掺杂浓度；③可以制备高质量的低维材料；④可制成大面积的高均匀性的外延膜。因此这是目前各国都在大力发展的一种高新材料制备技术。

#### 2.4.4.2　等离子体化学气相沉积法（P-CVD）

P-CVD 是借助等离子体内的高能电子与反应气体原子、分子发生非弹性碰撞使之离解或电离，从而产生大量的沉积组元，如原子、离子或活性基团并输送到基体表面。

#### 2.4.4.3　激光化学气相沉积法（L-CVD）

由于激光具有高能量密度及良好的相干性能，通过激光激活可使常规 CVD 技术得到强化。自 20 世纪 80 年代以来，L-CVD 已从最初的金属膜沉积发展到半导体膜、介质膜、非晶态膜以及掺杂膜等在内的各种薄膜材料的沉积。L-CVD 较普通 CVD 主要有低温化、低损伤、加工精细化以及选择生长等方面的优点。因此激光诱导化学沉积技术在薄膜制备、电子学、集成电路的制造等领域都具有广阔的应用前景。

化学气相沉积（CVD）技术的开发较早，也属于经典的合成方法。对它的研究也更深入一些，由于化学气相沉积法在纳米材料以及一些半导体材料、薄膜制备、表面改性等方面的广泛应用[111~123]，以及其对于设备的相对较低的要求，该方法越来越多地被利用于各种无机化合物的制备中。随着一些新技术比如等离子体化学气相沉积法（P-CVD）、激光化学气相沉积法（L-CVD）、金属有机化学气相沉积法（MO-CVD）的出现，它也越来越广泛地被用于科学研究和实际生产。我们相信，今后会有更多有关化学沉积法的报道和研究出现，这一技术的发展也会更加迅速。

# 2.5 电化学合成法

## 2.5.1 电化学合成法原理

电化学合成法即利用电解手段合成化合物和材料的方法，主要发生在水溶液体系、熔盐体系和非水体系中。电化学是从研究电能与化学能的相互转换开始形成的。1807 年戴维就用电解法得到钠和钾，1870 年发明了发电机后，电解才获得实际的应用，从此相继出现电解制备铝，电解制造氯气和氢氧化钠，电解水制取氢气和氧气。

近年来，无机化合物的电解合成与应用越来越广，发表的文章也越来越多[124~132]。如 Zhai 等[133]通过电化学方法合成了 $CaB_6$ 粉体，并对其电化学反应机制进行了研究。

### 2.5.1.1 电解电压

电解是原电池反应的逆反应，但电解电压的临界值并不等于原电池的电动势。能使电解顺利进行的最低电压称为电解电压，通常称为槽电压，即：

$$E_槽 = E_理 + E_外 + E_超 + E_内$$

$E_理$ 在数值上等于电极和电解液组成原电池的电动势，可以通过能斯特方程计算；$E_外$ 是电解池外接电路电压，由电流通过金属导体电阻和接触电阻产生，根据不同的电解池情况取经验值；$E_内$ 是电流通过电解池中电解质产生的电压降，它与电解质电导率、电流和电极的间距有关；$E_超$ 由电极的极化产生的。

### 2.5.1.2 法拉第定律

电解时，电极上发生沉积的物质的质量与通过的电量成正比，并且每通过 1F 电量（96500C）可析出 $1/n$ mol 物质。

## 2.5.2 电解装置

图 2-8 为电解槽装置示意图。

### 2.5.2.1 阳极

电解提纯时，阳极为提纯金属的粗制品。根据电解条件做成适当的大小和形状。导线宜用同种金属；难以用同种金属时，应将阳极-导线接触部分覆盖上，不使其与电解液接触。

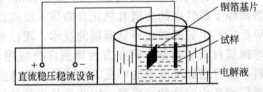

图 2-8　电解槽装置示意图

### 2.5.2.2 阴极

只要能高效率地回收析出的金属，无论金属的种类、质量、形状如何，都可以用作阴极。设计阴极时，一般要使其面积比阳极面积多一圈（10%~20%）。这是为了防止电流的分布集中在电极边缘和使阴极的电流分布均衡。如果沉积金属的状态致密，而且光滑，可用平板阴极，当其沉积到一定厚度后，将其剥下。

### 2.5.2.3 隔膜

电解时，有时必须将阳极和阴极用隔膜隔开。隔膜应具备：①不被电解液所侵蚀；②有适当的孔隙度、厚度、透过系数、电阻；③有适当的机械强度等性能。

## 2.5.3 电化学合成法的影响因素

有众多的因素影响着电解过程，这些因素不仅影响电解效率，也影响电解产物的纯度、性能和外观等。以水溶液体系为例，这些因素有以下几个。

### 2.5.3.1 电解电压

电解电压的大小直接影响产物的纯度和电解效率，是决定电解的关键。理论分解电压可以通过计算得到，在组成电解电压的其他部分中，最重要的是超电压。此外，温度也会影响到电解电压。

### 2.5.3.2　电流密度

电流密度决定了电解速率。电流密度越大，电解速率越快。但是，电流密度越大，产生的极化作用就越强，超电势越大，电解电压也越高。另外，电流密度还影响阴极析出物的状态，在低电流密度下，由于有充分的晶核生长时间，使晶体生长速率大于晶核生成速率。

### 2.5.3.3　电解液组成

电解液的制备非常重要，一般要满足以下要求：电解质溶液有合适的浓度且稳定；电解质溶液电导性能良好；有满足阴极析出的合适 pH；使产物有良好的析出状态和析出率；有害气体和副反应尽可能少。

### 2.5.3.4　电解温度

电解温度对电解过程的影响比较复杂，一般而言，温度对理论分解电压影响不大，对电解质的电导影响很大，温度升高，离子迁移速率加快，电导率下降，降低了 $E_{内}$，从而使分解电压降低。

### 2.5.3.5　电极材料

电极材料应不被电解液腐蚀，不污染产物。

熔盐体系、非水溶液体系的影响因素与水溶液类似。在实验过程中往往通过改变这些因素获得目标产物。

### 2.5.4　电化学合成法特点

电解合成反应在无机合成中的作用和地位日益重要，是因为电氧化还原过程与传统的化学反应过程相比有下列一些优点：①在电解中能提供高电子转移的功能；②合成反应体系及其产物不会被还原剂（或氧化剂）及其相应的氧化产物（或还原产物）所污染；③由于能方便地控制电极电势和电极的材质，因而可选择性地进行氧化或还原，从而制备出许多特定价态的化合物；④由于电氧化还原过程的特殊性，因而能制备出其他方法不能制备的许多物质和聚集态。

电化学合成也存在一些缺陷：电化学合成的产率有待提高；由于影响因素多，导致反应中的变数较多。

### 2.5.5　电化学合成法应用

### 2.5.5.1　纳米材料

无机纳米材料因其在化工催化、精细陶瓷、发光器件、红外吸收、光敏感材料、磁学等方面具有广阔的应用前景而备受关注。许多纳米材料已经用一些经典的方法，如水热法、溶胶-凝胶法制得了。然而近几年，由于电化学方法操作简便，成本较低，可控性好，越来越受到人们的关注，成为一种很好的制备纳米材料的方法。

Lai 等[134,135]采用电化学方法，以聚合物薄膜为模板制备了 ZnO 纳米棒；以聚碳酸酯膜为模板，制备了 $SnO_2$ 纳米管。

Menke 等[136]将光刻法和电沉积方法结合，制得了多种多晶纳米线。用光刻法选择性地腐蚀掉镍层，形成具有一定高度的横沟，再利用电沉积法还原含有三氯化金的溶液得到了 Au 纳米线，电沉积的时间决定了纳米线的宽度。同样的方法可以得到 Pt 纳米线、Pd 纳米线。

电化学法制备纳米材料，方法简单，而且可以和许多方法结合使用。从目前来看，该方法尚处于实验研究阶段，其反应机理尚需要探讨。该方法具有一定的发展前景，有待于进一步去研究开发。

#### 2.5.5.2　薄膜材料

电化学法是近年发展起来的制备薄膜功能材料的重要工艺路线，通过调节电极电位改变电极反应速率，使得制备过程能在常温常压下进行。通过控制电极电位和选择适当电极及溶剂等，可使反应朝着希望的方向进行，从而减少副反应，得到较高的产率和较纯净的产品。电化学合成过程容易实现自动、连续，而且排放的三废很少，是一种环境友好的薄膜制备工艺路线。

Pauporté[137]用电沉积法在高氯酸锌溶液中，制备了氧化锌和聚乙烯醇的复合膜，具有很高的透光性，可作为太阳能电池材料。

Gorelikov 等[138]用电沉积法合成了聚合物/半导体纳米复合薄膜。复合薄膜是由醋酸乙烯酯、巴豆酸的聚合物和硫化镉纳米晶组成的。

Liu 等[139~141]通过电化学途径制备了 $CuBr$、$Mg(OH)_2$、纳米晶过氧化镉薄膜等材料。

#### 2.5.5.3　多孔材料

纳米多孔材料应用非常广泛，可以作为分子筛、催化剂、气体传感器、电子或电化学器件。迄今为止，对于合成纳米多孔材料的报道主要集中在模板辅助法，包括软模板法和硬模板法。

如 Zhao 等[142]通过电沉积方法成功制备出了具有较好光电性能和循环性能的分级多孔结构的 $Co_3O_4$ 阵列化合物薄膜。

#### 2.5.5.4　特殊价态化合物

高铁酸盐是一种高效无污染的净水剂，近年来又将其作为锂离子电池的阳极材料，化学法制备高铁酸盐工艺复杂，成本较高，合成过程中需使用毒性很大的氯气，对环境造成较大污染，使推广应用受到限制。而在水溶液中，电化学方法可以合成高铁酸钠、高铁酸钾、高铁酸钡等，合成效率可达 60% 以上。

如 Wang 等[143]通过电化学方法制备出 $K_3Na(FeO_4)_2$ 等高铁酸盐类，该类化合物具有良好的电学性能，可用作阴极材料。

通过电化学氧化，还可制备 $NiF_4$、$NbF_6$、$AgF_2$、$CoCl_4$ 等高价金属化合物；一些难以用其他化学方法合成的含中间价态或特殊低价化合物，如 Mo（Ⅱ～Ⅴ）化合物，$Ti^+$、$Ga^+$、$Ni^+$、$Co^+$、$Mn^+$、$W^+$ 等都可在特定条件下由电化学方法合成。

#### 2.5.5.5　化工原料

氨是重要的无机化工产品之一，在国民经济中占有重要地位。除液氨可直接作为肥料外，农业上使用的氮肥，例如尿素、硝酸铵、磷酸铵、氯化铵以及各种含氮复合肥，都是以氨为原料的。另外，氨也是合成纯碱、硝酸的原料。德国化学家哈伯 1909 年提出了工业氨合成方法，即"循环法"，这是目前工业普遍采用的直接合成法。但是此法需要在高温、高压及催化剂的作用下进行。

Murakami 等[144]以 $H_2$、$N_2$ 为原料，在熔盐体系 LiCl-KCl-CsCl-$Li_3N$ 中，电解合成了氨，该反应发生在常压下，并且反应温度（400℃）有所降低。

电化学合成法简便易行、反应条件温和、环保节能，广泛应用于各种无机材料和化合物的制备，具有一定的发展前景。在电化学方法工业化方面还需继续研究。

## 2.6　微波合成法

20 世纪 30 年代初，微波技术主要用于军事方面。第二次世界大战后，发现微波具有热效应，才广泛应用于工业、农业、医疗及科学研究。实际应用中，一般波段的中波长即 1～

25cm 波段专门用于雷达，其余部分用于电讯传输。微波在化学中的应用最早的报道出现于 1952 年，当时 Broida 等用形成等离子体（MIP）的办法以原子发射光谱法（AES）测定氢-气混合气体中气同位素含量。随后的几十年微波技术广泛应用于无机、有机、分析、高分子等化学的各个分支领域中。微波技术在无机合成上的应用日臻繁荣，已应用于纳米材料、沸石分子筛的合成和修饰、陶瓷材料、金属化合物的燃烧合成等方面[145~149]，如 Zhai 等[150] 通过微波加热法合成的 $LaF_3$ 超细粉体具有良好的导电性能。

### 2.6.1　微波合成法原理

微波是指频率为 $300\sim300000MHz$ 的电磁波，即波长在 $1m\sim1mm$ 之间的电磁波，由于微波的频率很高，所以也称为超高频电磁波。当微波作用到物质上时，可能产生电子极化、原子极化、界面极化以及偶极转向极化，其中偶极转向极化对物质的加热起主要作用。在无外电场作用时，偶极矩在各个方向的概率相同，因此极性电介质宏观偶极矩为零，而当微波场存在时，极性电介质的偶极子与电场作用而产生转矩，各向偶极矩概率不等使得宏观偶极矩不再为零，产生了偶极转向极化。由于微波中的电磁场以每秒数亿至数十亿的频率变换方向，通常的分子集合体，如：液体或固体根本跟不上如此快速的方向切换，因而产生摩擦生成大量的热。

物体在微波加热中的受热程度可表示为：$\tan\delta=\varepsilon/\varepsilon'$，其中 $\tan\delta$ 表征了物体在给定频率和温度下将电磁场能转化为热能的效率；$\varepsilon$ 表示分子或分子集合体被电场极化的程度；$\varepsilon'$ 表示介质将电能转化为热能的效率。其中 $\tan\delta$ 值取决于物质的物理状态、电磁波频率、温度和混合物的成分。由此可见，在一定的微波场中，物质本身的介电特性决定着微波场对其作用的大小，极性分子的介电常数较大，同微波有较强的耦合作用，非极性分子同微波不产生或只产生较弱的耦合作用。如：金属导体反射微波而极少吸收微波能，所以可用金属屏蔽微波辐射；玻璃、陶瓷等能透过微波，而本身产生的热效应极小，可用做反应器材料；大多数有机化合物、极性无机盐及含水物质能很好地吸收微波、升高温度，这就为化学反应中微波的介入提供了可能性。

微波加热有致热和非致热两种效应，前者使反应物分子运动加剧而温度升高，后者则来自微波场对离子和极性分子的洛仑兹力作用。

微波加热能量大约为几焦耳/摩尔，不能激发分子进入高能级，但微波加热可以加快反应速率，许多反应速率甚至是常规反应的数十倍、上千倍。研究人员认为主要是在分子水平上进行的微波加热可以在分子中储存微波能量即通过改变分子排列等焓或熵效应来降低吉布斯自由能。

### 2.6.2　微波合成法特点

固相物质制备目前使用的方法有高压法、水热法、溶胶-凝胶法、电弧法、化学气相沉积法等。这些方法中，有的需要高温或高压；有的难以得到均匀的产物；有的制备装置过于复杂，昂贵，反应条件苛刻，周期太长。而微波辐射法则不同，能里外同时加热，不需传热过程；加热的热能利用率很高；通过调节微波的输出功率无惰性地改变加热情况，便于进行自动控制和连续操作；同时微波设备本身不辐射热量，可以避免环境高温，改善工作环境。

与传统的通过辐射、对流以及传导由表及里的加热方式相比，微波加热主要有 4 个特点：①加热均匀、温度梯度小，物质在电磁场中因本身介质损耗而引起的体积加热，可实现分子水平上的搅拌，因此有利于对温度梯度很敏感的反应，如高分子合成和固化反应的进行；②可对混合物料中的各个组分进行选择性加热，由于物质吸收微波能的能力取决于自身的介电特性，对于某些同时存在气固界面反应和气相反应的气固反应，气相反应有可能使选择性减小，而利用微波选择性加热的特性就可使气相温度不致过高，从而提高反应的选择性;③无滞后效应,当关闭微波源后,再无微波能量传向物质,利用这一特性可进行对温度控制要求很高的反应;④能量利用效率很高,物质升温非常迅速,运用得当可加快物料处理速度,但若控制不好,也会造成不利影响。

### 2.6.3　微波合成法应用

#### 2.6.3.1　纳米材料

纳米材料的制备主要有固相法、液相法和气相法。固相法一般是通过将原料物研磨煅烧得到超微粒子,生成的微粒容易出现结团、组成及粒径不均的现象。液相法主要包括溶胶-凝胶法、化学沉积法、水热法、微乳液法、喷雾热分解法等。气相法主要包括气相冷凝法、溅射法、混合等离子法和化学气相沉积等。液相法和气相法发展得相对成熟且各有优势,但应用范围有一定的限制,均存在一些缺点。而微波合成法以其所得产品纯度较高、粒径分布较窄并且形态均一等优良特性,在纳米材料合成领域被广泛应用。

如 Phuruangrat 等[151]以 $Pb(NO_3)_2$ 和 $Na_2MO_4$($M=Mo$ 或 $W$)为原料,在 180W 的微波条件下只需 20min 就可以制备得到钼酸铅和钨酸铅的纳米晶体。结果表明,得到钼酸铅的粒径为 15~50nm,而钨酸铅的粒径则更细小,在 12~32nm 之间。

Wang[152]采用双频微波炉对多孔羟基磷灰石陶瓷的烧结进行了研究。通过改变烧结条件,例如:烧结温度、加热速率、加热时间等制备了平均粒径 30nm,孔隙率 65%,耐压强度 6.4MPa 的多孔生物陶瓷。并与传统烧结方法进行了比较,结果表明:微波烧结比传统烧结速度更快,烧结温度更低,而且晶粒尺寸更细小,微观结构更均匀。

Shim 等[153]利用微波法在没有任何催化剂的条件下,在柔韧的聚合物基质上制备了高结晶度的 Cr 纳米线,这对于其他种类金属纳米线的制备具有指导意义。

#### 2.6.3.2　有序介孔分子筛材料

分子筛的传统合成是在常规水热条件下进行的,该方法一般都需要在较高的温度下长时间反应,随着温度升高,容易导致无定形或其他晶相的生成,且过程能耗很大。随着对微波技术在化学领域应用的深入研究,人们开始将微波用于分子筛的合成与处理,研究发现微波辐射不仅可加快合成与晶化速度、降低能耗,还可极大地改善产品的物化性能,得到纯度高、结晶度好的分子筛。

Hwang 等[154]用硅酸钠为硅源,三段聚合物 F127 为结构导向剂,研究了前驱体溶液的搅拌时间、微波反应时间和温度对产物结构和形貌的影响,发现 SBA-16 的最佳合成条件是前驱体溶液搅拌 30min 后在 100℃温度下微波晶化 2h。

Laha 等[155]通过微波法将金属 Cr 掺入 M41S 介孔分子筛。在 MCM-48 的合成溶胶中添加进有机辅助试剂乙醇,将 Cr-MCM-41 和 Cr-MCM-48 的合成溶胶分别在 100℃和 150℃下微波晶化一定时间制得原粉。

Zhou 等[156]通过微波辐射,在介孔碳上负载 Pt 纳米粒子制备 Pt 催化剂,在氢气-电氧化反应中有高的催化活性。

微波合成法以其方便、清洁、快速、高效、产物性能良好等优点,广泛应用于无机化学合成中,与传统的方法相比具有明显的优势,为纳米材料的制备,介孔材料的合成、修饰等提供了新的有效途径,应用前景十分广阔。但目前微波法的应用仍处于初级阶段,还存在一些安全性和效率的问题,且使用多集中在实验室中,还没有在实际的工业大生产中投入应用。因此,需要更深入地揭示微波对化学反应作用的本质的影响,完善微波法的工艺,使之在生产实际中得到广泛的应用。

# 2.7　仿生合成法

虽然自然界中的生物矿化现象（牙床、骨骼、贝壳等）已经存在了几百年，但直到 20 世纪 90 年代中期，当科学家们注意到生物矿化进程中分子识别、分子自组装和复制构成了五彩缤纷的自然界，并开始有意识地利用这一自然原理来指导特殊材料的合成时，仿生合成的概念才被提出。于是各种具有特殊性能的新型无机材料应运而生，化学合成材料由此进入了一个崭新的领域。

仿生合成（biomimetic synthesis）一般是指利用自然原理来指导特殊材料的合成，即受自然界生物的启示，模仿或利用生物体结构、生化功能和生化过程并应用到材料设计，以便获得接近或超过生物材料优异特性的新材料，或利用天然生物合成的方法获得所需材料[157]。利用仿生合成所制备的材料通常具有独特显微结构特点和优异的物理、化学性能。

目前，仿生材料工程主要研究内容分为两方面，一方面是采用生物矿化的原理制作优异的材料，另一方面是采用其他的方法制作类似生物矿物结构的材料。

## 2.7.1　仿生合成法原理

生物矿化是指生物体内生物矿物的形成过程，它是由生物在生命过程中通过一系列的过程形成的含有无机矿物相的材料。生物矿化区别于一般矿化的显著特征是：它通过有机大分子和无机物离子在界面处的相互作用，从分子水平控制无机矿物相的析出，从而使生物矿物具有特殊的多级结构和组装方式。生物体内的矿化过程一般可以分为超分子预组装、界面分子识别、化学矢量调节和细胞水平调控与加工四个阶段，但是这四个阶段并不是孤立的，而是相互联系、相互作用的[158]。

仿生合成将生物矿化的机理引入无机材料合成，模仿了生物矿化中无机物在有机物调制下形成无机材料的过程。即无机物在有机物调制下形成的机理，合成过程中先形成有机物的自组装体，使无机先驱物于自组装聚集体和溶液的相界面发生化学反应，在自组装体的模板作用下，形成无机/有机复合体，再将有机物模板去除后即可得到具有一定形状的有组织的无机材料。由于表面活性剂在溶液中可以形成胶束、微乳、液晶、囊泡等自组装体，因此用作模板的有机物往往为表面活性剂；还可以利用生物大分子和生物中的有机质作模板。

从生物矿化的构筑过程来看，生物矿化过程是一个复杂的过程。它的一个显著特征是这个过程受控于有机大分子基质。天然复合材料中的有机质不仅有其结构上的框架作用，更重要的是它还控制着无机矿物的成核、生长及其堆积方式。生物矿化研究 20 多年来一个重要的进展就是认识到有机模板对无机晶体的调控作用，最具代表性的是 S. Mann 提出的有机-无机界面分子识别理论。分子识别是基底与受体的选择性结合，是具有专一性功能的过程。有机基质对无机晶体的成核、生长、晶形及取向等的控制为分子识别过程。有机化学的分子识别对有机-无机界面的分子识别机理的建立起了重要的作用。

近年来，关于仿生合成的机理研究已十分广泛，但尚不能达成共识。目前，所有的机理模型均认为有自组装能力的表面活性剂的加入能够调制无机结构的形成；就无机前驱体、固体基底与表面活性剂之间如何作用却达不成共识，因为它们之间作用力类型的不同会导致合成路径、复合物形状以及无机材料尺寸级别的不同。

## 2.7.2　仿生合成法特点

仿生合成法为制备实用新型的无机材料提供了一种新的化学方法，使纳米材料的合成技术朝着分子设计和化学"裁剪"的方向发展，巧妙选择合适的无机物沉积模板，是仿生合成的关键。仿生合成法制备无机功能材料具有传统物理和化学方法无可比拟的优点：①可对晶体结晶粒径、形态及结晶学定向等微观结构进行严格控制；②不需后续热处理；③合成的薄膜膜厚均匀、多孔，基体不受限制，包括塑料及其他温度敏感材料；④在常温常压下形成，成本低。因此，仿生合成技术在无机材料制备领域具有很大的发展潜力。

### 2.7.3　仿生合成法应用

仿生合成材料是具有特殊性能的新型材料，有着特殊的物理、化学性能和潜在的广阔应用前景。微米级仿生合成材料是极好的隔热隔声材料；具有纳米级精细孔结构的分子筛，可以根据粒子大小对细颗粒进行准确的分类，如筛选细菌与病毒；与催化剂相结合，这种材料可以实现反应与分离过程的有效耦合，如用于高渗透通量的纯净水生产装置；仿生合成的磷灰石材料是性能优异的新骨组织构造基架，有望用于骨移植的外科手术中；仿生合成制取的纳米材料在光电子等其他领域同样存在广阔的应用前景。为充分发挥仿生合成技术在无机材料制备中的应用潜力，仿生合成技术的应用研究为仿生合成技术进一步工业化、产业化提供了过渡桥梁。

#### 2.7.3.1　纳米材料

仿生合成无机纳米材料方法即采用有机分子在水溶液中形成的逆向胶束、微乳液、磷脂囊泡及表面活性剂囊泡作为无机底物材料（guest material）的空间受体（host）和反应界面，将无机材料的合成限制在有限的纳米级空间，从而合成纳米级无机材料。

如 Lin 等[159]提出在液/液界面表面直接进行纳米粒子的自组装，进而形成稳定的空心的球形聚集体。Lin 等[160]的进一步研究表明，将包覆在纳米粒子外面的有机物进行化学交联，而得到超薄的有机-无机纳米复合薄膜，这为制备超薄纳米膜提供了更为灵活、简便的方法。

Zhuang 等[161]利用超晶格通过自下而上的自组装方式合成了具有四面体结构的 $Ag_2S$ 纳米粒子，该晶体的形成经过了"结晶-溶解"过程，这与单晶形成过程十分相似。

Shevchenko 等[162]制备出了规则的 $CoPt_3$ 纳米晶体，可以通过控制反应条件制得粒径分布为 $1.5\sim7.2nm$ 的微粒。

Wang 等[163]又以简单的方法合成出了 $Fe_3O_4/ZnS$ 空心纳米球，所制得的纳米材料不仅具磁性而且表现出很好的荧光性。具体方法是，先将 ZA、PVP、$NH_4NO_3$、乙二醇和水混合，再将多分散的 FeS 粒子在混合液中进行分散。该过程条件温和、操作简单，具有可推广性。

#### 2.7.3.2　薄膜材料

仿生合成薄膜和涂层具有传统的物理和化学方法无可比拟的优点：①可以在低温下以低的成本获得材料；②不用后续热处理就可能获得致密的晶态膜；③能够制备厚度均匀、形态复杂和多孔的膜和涂层；④基体不受限制，包括塑料和其他温度敏感材料；⑤微观结构易于控制；⑥可以直接制备一定图案的膜。

如 Maran 等[164]利用双亲的有机铂环状化合物在液-液和水-空气表面通过 Langmuir 自组装合成的多分子膜，并指出，可能是由于该带电的两亲分子具有离子选择性，使分子内部亲水、外部疏水，从而使这些分子的功能类似于单分子的纳米反相胶束。

#### 2.7.3.3　多孔材料

$SiO_2$ 分子筛的仿生合成是近几年研究最多的一种多孔材料。1992 年 Mobil 石油公司的 Kresge 等首次以阳离子表面活性剂为模板合成了 $SiO_2$ 分子筛，并发现通过改变疏水链的长度可以实现孔径可调。这类材料主要利用了表面活性剂在水中可以自组装形成液晶（六角、立方和层状）和囊泡，从而作为仿生合成中的有机模板。脱去模板的方法有干燥、萃取、溶解和煅烧。根据作为模板的液晶的结构，仿生合成的 $SiO_2$ 多孔相有 3 种结构类型：六方（H）、立方（C）和层状（L）。仿生合成在制备多孔材料方面具有传统方法无可比拟的优点：①孔尺寸可调；②可以在低温下一步合成材料；③可以制备一定形状的多孔材料。

如 Seo 等[165]利用对称的金属-有机组合物作为构造单元合成了有手性孔隙的金属-有机多孔材料。

### 2.7.3.4 类生物矿物材料

生物有机体是由高度有序的结构单元自组装而成，从微米尺度甚至到纳米尺度都具有独特的三维结构，与之相对应的，不同的生物有机体都有其特有的性质。因此，合成具有天然生物结构的材料成为了材料研究领域一个十分重要的领域。生物分子所具有的完善且严格的分子识别功能，可以对纳米材料的合成进行精确控制，且同时具有外形多样化、尺寸小、自组装生物模板重复性高、廉价、丰富、易得、可再生、环境友好等优点。天然生物矿物由于生物的智能性，具有其独特的物理和化学特性，仿生合成最难点正在于此。利用仿生合成制备出一些与天然生物矿物形貌极其相似的无机材料成为了近年来的研究热点，这类仿生合成利用有机物模板控制了微观结构和宏观形貌，具有多级结构特点。

如 Chen 等[166]在双亲水嵌段共聚物 PEG-6-PHEI 存在下，制备出了与自然界中鲍鱼壳结构类似的由多孔薄片自组装而成的具有多层结构的方解石晶体。并通过实验表明，聚合物的选择吸附作用直接影响晶体最终的形貌和结构。

Tang 等[167]在模拟骨骼形成的研究中发现，20nm 的羟基磷灰石（HAP）在刺激干细胞增殖和抑制骨肉瘤方面有很好的作用。此外，他们[168]还利用镁离子作为"结晶开关"在硅片基底上分别控制结晶出方解石-文石复合层，制备出了类鲍鱼壳的材料。该方法在没有添加任何有机大分子的情况下，制备了该天然无机/有机杂化材料，具有一定指导意义。

Hartgcrink 等[169]通过控制 pH，在细胞外基质中诱导两亲性肽纳米纤维自组装为纳米纤维结构支架。两亲性多肽纳米纤维进行可逆交联，这种纤维可以直接矿化形成羟基磷灰石复合材料，这种材料与骨的结构十分类似。

Huang 等[170]利用低温原子层沉积的方法，在蝴蝶翅膀的表面沉积上均匀的三氧化二铝薄膜，经过高温处理后，得到多晶的三氧化二铝壳层结构。利用此方法得到的材料，不仅很好地复制了模板物蝴蝶翅膀的形貌结构，同时也很好地继承了蝴蝶翅膀原有的光学性质。

Zhang 等[171]同样利用蝴蝶翅膀作为模板，制成一种在染料敏化太阳能电池领域有重要意义的新型二氧化钛光电阳极。在他们的研究中，作为模板的蝴蝶翅膀利用硫酸钛溶液作为前体浸泡，然后通过煅烧得到复制了蝴蝶翅膀结构的二氧化钛膜。从图 2-9 和图 2-10 的 SEM 图可以看出，得到的材料能够很好地复制模板原有的复杂结构。

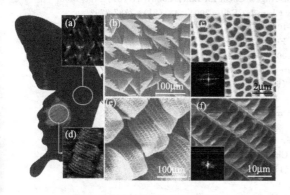

图 2-9　蝴蝶翅膀的 SEM 图片

图 2-10　制得样品的 SEM 图片

目前，仿生合成作为一种新兴合成方法，在无机材料的制备方面具有极大的应用前景，并且已取得了许多丰硕的成果[172,173]。但也必须承认，关于仿生合成的机理等研究还不够深入，这需要广大的科研工作者们付出更多的努力，以便使仿生合成发挥出其更大的应用潜力。

需要指出的是，除了以上这几种重要的无机合成与制备化学方法外，近年还出现了一些新的合成方法，如离子热法[174~176]等。另外，在现代无机合成中，根据实际应用的需要，多种方法相结合的无机合成与制备化学新方法越来越得到广泛应用，如微波-水热法[177]等。

# 参 考 文 献

[1] 徐如人，庞文琴. 无机合成与制备化学. 北京：高等教育出版社，2001.
[2] 冯守华，徐如人. 化学进展，2000，12（4）：445-457.
[3] Ma R H, Bando Y, Zhang L Q, et al. Adv Mater, 2004, 16 (11)：918-922.
[4] Mo M S, Zeng J H, Liu X M, et al. Adv Mater, 2002, 14 (22)：1658-1662.
[5] Liu J F, Li Q H, Wang T H, et al. Angew Chem-Int Edit, 2004, 43 (38)：5048-5052.
[6] Wang P P, Bai B, Hu S, et al. J Am Chem Soc, 2009, 131 (46)：16953-16960.
[7] Ma H, Zhang S Y, Ji W Q, et al. J Am Chem Soc, 2008, 130 (15)：5361-5367.
[8] Shi W D, Yu J B, Wang H S, et al. J Am Chem Soc, 2006, 128 (51)：16490-16491.
[9] Cao M H, Hu C W, Wang E B. J Am Chem Soc, 2003, 125 (37)：11196-11197.
[10] Liu B, Zeng H C. J Am Chem Soc, 2003, 125 (15)：4430-4431.
[11] Wang X, Li Y D. J Am Chem Soc, 2002, 124 (12)：2880-2881.
[12] Kang Z H, Wang E B, Mao B D, et al. J Am Chem Soc, 2005, 127 (18)：6534-6535.
[13] Wang C, Zhou Y, Ge M Y, et al. J Am Chem Soc, 2010, 132：46-47.
[14] Ma S Q, Sun D F, Yuan D Q. J Am Chem Soc, 2009, 131：6445-6451.
[15] Fan J, Yu C Z, Lei J. J Am Chem Soc, 2005, 127 (31)：10794-10795.
[16] Feng P Y, Bu X H, Stucky G D. Nature, 1997, 388 (6644)：735-741.
[17] Yates M Z, Ott K C, Birnbaum E R, et al. Angew Chem-Int Edit, 2002, 41 (3)：476-478.
[18] Banerjee R, Phan A. Science, 2008, 319：939-943.
[19] Haders D J, Burukhin A, Huang Y Z, et al. Cryst Growth Des, 2009, 9 (8)：3412-3422.
[20] Yan D, Yan P X, Cheng S, et al. Cryst Growth Des, 2009, 9 (1)：218-222.
[21] Zhang Z, Goodall J B M, Brown S, et al. Dalton Trans, 2010, 39 (3)：711-714.
[22] Cui F Y, Huang K L, Xu Y Q, et al. Cryst Eng Comm, 2009, 11 (12)：2757-2769.
[23] Tian A X, Ying J, Peng J, et al. Inorg Chem, 2009, 48 (1)：100-110.
[24] Lin B Z, He L W, Xu B H, et al. Cryst Growth Des, 2009, 9 (1)：273-281.
[25] Yi F Y, Zhao N, Wu W, et al. Inorg Chem, 2009, 48 (2)：628-637.
[26] Thakur A, Chakraborty A, Ramkumar V, et al. Dalton Trans, 2009, (36)：7552-7558.
[27] Zhang X, Yi Z H, Zhao L Y, et al. Dalton Trans, 2009, (42)：9198-9206.
[28] Rodriguez-Albelo L M, Ruiz-Salvador A R, Sampieri A, et al. J Am Chem Soc, 2009, 131 (44)：16078-16087.
[29] Wei X Y, Bachman R E, Pope M T. J Am Chem Soc, 1998, 120 (39)：10248-10253.
[30] Wang S, Lin X, Wan Y, et al. Angew Chem-Int Edit, 2007, 46 (19)：3490-3493.
[31] Sokolov M N, Kalinina I V, Peresypkina E V, et al. Angew Chem-Int Edit, 2008, 47 (8)：1465-1468.
[32] Nyman M, Bonhomme F, Alam T M, et al. Angew Chem-Int Edit, 2004, 43 (21)：2787-2792.
[33] Nyman M, Bonhomme F. Science, 2002, 297：996-1005.
[34] Zheng S T, Zhang H, Yang G Y. Angew Chem-Int Edit, 2008, 47 (21)：3909-3913.
[35] Wu T, Zhang J, Zhou C, et al. J Am Chem Soc, 2009, 131：6111.
[36] Yaghi O M, O'Keeffe M, Ockwig N W, et al. Nature, 2003, 423 (6941)：705-714.
[37] Stock N, Bein T. Angew Chem-Int Edit, 2004, 43 (6)：749-752.
[38] Bux H, Liang F Y, Li Y S. J Am Chem Soc, 2009, 131 (44)：16000-16001.
[39] Chen B L, Wang L B, Xiao Y Q, et al. Angew Chem-Int Edit, 2009, 48 (3)：500-503.
[40] 冯守华. 化学通报，2007，70（1）：2-7.
[41] Zhu K K, Hu J Z, She X Y, et al. J Am Chem Soc, 2009, 131 (28)：9715-9721.
[42] Wright C S, Fisher J, Thompsett D, et al. Angew Chem-Int Edit, 2006, 45 (15)：2442-2446.
[43] Wu C D, Liu Z Y. J Solid State Chem, 2006, 179 (11)：3500-3504.
[44] Binnemans K. Chem Rev, 2009, 109 (9)：4283-4374.
[45] Larry L, Jon H, West K. Chem Rev, 1990, 90：33-72.
[46] Ahmad Z, Mark J E. Chem Mater, 2001, 13：3320-3330.
[47] 江龙. 胶体化学概论. 北京：科学出版社，2002.
[48] Lev O, Wu Z, Bharathi S, et al. Chem Mater, 1997, 9：2354-2375.
[49] 张立德，牟季美. 纳米材料和纳米结构. 北京：科学出版社，2001.
[50] Angelos S, Khashab N M, Yang Y W. J Am Chem Soc, 2009, 131：12912-12914.

[51]　Deng Y H, Deng C H, Qi D W, et al. Adv Mater, 2009, 21 (13): 1377-1382.

[52]　Woan K, Pyrgiotakis G, Sigmund W. Adv Mater, 2009, 21 (21): 2233-2239.

[53]　Park C, Lee K, Kim C. Angew Chem-Int Edit, 2009, 48 (7): 1275-1278.

[54]　Xiong H M, Shchukin D G, Mohwald H, et al. Angew Chem-Int Edit, 2009, 48 (15): 2727-2731.

[55]　Spange S, Kempe P, Seifert A, et al. Angew Chem-Int Edit, 2009, 48 (44): 8254-8258.

[56]　Tseng W H, Chen C K. J Am Chem Soc, 2009, 131: 1356-1357.

[57]　Zhang Q L, Wu F, Yang H, et al. J Mater Chem, 2008, 18 (44): 5339-5343.

[58]　Miao Y M, Zhang Q L, Yang H, et al. Mater Sci Eng B, 2006, 128 (1-3): 103-106.

[59]　Wang H P, Xu S Q, Zhang B, et al. Mater Res Bull, 2009, 44 (3): 619-622.

[60]　Tao S W, Wu Q Y, Zhan Z L, et al. Solid State Ion, 1999, 124 (1): 53-59.

[61]　Masingboon C, Thongbai P, Maensiri S, et al. Appl Phys A, 2009, 96: 595-602.

[62]　Lu Q F, Chen D R, Jiao X L. J Sol-gel Sci Technol, 2002, 25 (3): 243-248.

[63]　Chandradass J, Balasubramanian M. J Mater Sci, 2006, 46: 6026-6030.

[64]　Tadjoa O, Cassagnau P. Langmuir, 2009, 25 (19): 11205-11209.

[65]　Brezesinski T, Wang J, Polleux J, et al. J Am Chem Soc, 2009, 131 (5): 1802-1809.

[66]　Tezuka T, Tadanaga K, Hayashi A, et al. J Am Chem Soc, 2006, 128 (51): 16470-16471.

[67]　Lu X, Yuan Y. Appl Catal A—Gen, 2009, 365 (2): 180-186.

[68]　Binitha N N, Yaakob Z, Reshmi M R, et al. Catal Today, 2009, 17: 76-80.

[69]　Tsai M C, Chang J C, Sheu H S, et al. Chem Mater, 2009, 21: 499-505.

[70]　Turco M, Cammarano C, Bagnasco G, et al. Appl Catal B—Env, 2009, 91: 101-107.

[71]　Carlos L D, Ferreira R A S, Bermudez V D, et al. Adv Mater, 2009, 21 (5): 509-534.

[72]　Letaïef S, Martín-Luengo M A. Adv Funct Mater, 2006, 16: 401-409.

[73]　Cho S, Lee K, Heeger A J. Adv Mater, 2009, 21 (19): 1941-1944.

[74]　Jiang Y W, Yang S G, Hua Z H, et al. Angew Chem-Int Edit, 2009, 48 (45): 8529-8531.

[75]　Jeong U, Teng X W, Wang Y, et al. Adv Mater, 2007, 19 (1): 33-60.

[76]　El Kadib A, Hesemann P, Molvinger K, et al. J Am Chem Soc, 2009, 131 (8): 2882-2892.

[77]　Wu X J, Ji S J, Li Y, et al. J Am Chem Soc, 2009, 131 (16): 5986-5993.

[78]　Nath M, Parkinson B A. Adv Mater, 2006, 18 (19): 2504.

[79]　Hu X H, Ma L, Wang C C, et al. Macromol Biosci, 2009, 9 (12): 1194-1201.

[80]　Chen Q Q, Wang J M, Tang Z, et al. Electrochimica Acta, 2007, 52 (16): 5251-5257.

[81]　Zhu H P, Liao S J, Ye L, et al. Curr Nano Sci, 2009, 5 (2): 252-256.

[82]　Stathatos E, Chen Y J, Dionysiou D D. Sol Energy Mater Sol Cells, 2008, 92 (11): 1358-1365.

[83]　Liu L, Jiao L F, Sun J L, et al. Electrochim Acta, 2008, 53 (24): 7321-7325.

[84]　Jiang R R, Huang Y D, Jia D Z, et al. J Electrochem Soc, 2007, 154 (7): 698-702.

[85]　Fu P, Zhao Y M, Dong Y Z, et al. J Electrochem Soc, 2006, 52 (3): 1003-1008.

[86]　Chang H H, Chang C C, Wu H C, et al. J Power Sources, 2006, 158 (1): 550-556.

[87]　Martirosyan G G, Azizyan A S, Kurtikyan T S, et al. Inorg Chem, 2006, 45 (10): 4079-4087.

[88]　Casati N, Macchi P, Sironi A. Angew Chem-Int Edit, 2005, 44 (47): 7736-7739.

[89]　Schaak R E, Sra A K, Leonard B M, et al. J Am Chem Soc, 2005, 127 (10): 3506-3515.

[90]　Hunger J, Borna M, Kniep R. J Solid State Chem, 2010, 183 (3): 702-706.

[91]　Wu N Q, Zhao M H, Zheng J G, et al. Nanotechnology, 2005, 16 (12): 2878-2881.

[92]　Luo Y K, Tao Q, Li Y K, et al. Phys Rev B, 2009, 80 (22): 1-5.

[93]　Liu G Q, Xie H W, Liu L Y, et al. Mater Res Bull, 2007, 42 (11): 1955-1961.

[94]　Xu C Q, Tian Y W, Zhai Y C, et al. Mater Chem Phys, 2006, 98 (2-3): 532-538.

[95]　Li H, Zhai Y C, Tian Y W. Trans Nonferrous Met Soc China, 2003, 13 (5): 1040-1045.

[96]　Fang Y, Zhuang W D, Hu Y S. J Alloy Compd, 2008, 455 (1-2): 420-423.

[97]　Wu H Y, Hu Y H, Wang Y H. J Alloy Compd, 2009, 486 (1-2, 3): 549-553.

[98]　Ammundsen B, Desilvestro J, Groutso T. J Electrochem Soc, 2000, 147 (11): 4078-4082.

[99]　Lee Y S, Sun Y K, Adachi K. Electrochimica Acta, 2003, 48: 1031-1039.

[100]　宋晓岚. 无机材料工艺学. 北京: 冶金工业出版社, 2005.

[101]　曹瑞军. 大学化学. 北京: 高等教育出版社, 2005.

[102]　Ji Y. Carbon, 2005, (43): 295-301.

[103]　Jeong G H, Yamazaki A. J Am Chem Soc, 2005, 127 (23): 8238-8239.

[104]　Wei D C, Liu Y Q. J Am Chem Soc, 2007, 129 (23): 7364-7368.

[105]　Rümmeli M H. J Am Chem Soc, 2007, 129 (51): 15772-15773.

[106]　Yang Z X, Xia Y D, Mokaya R. J Am Chem Soc, 2007, 129 (6): 1673-1679.

[107]　Min Y S, Bae E J. J. J Am Chem Soc, 2005, 127 (36): 12498-12499.

[108]　Tang C C. J Am Chem Soc, 2005, 127 (18): 6552-6553.

[109]　Bchir O J, Green K M. J Am Chem Soc, 2005, 127 (21): 7825-7833.

[110]  Chen H Y. J Am Chem Soc, 2006, 128 (1): 374-380.

[111]  Yu L W, Chen K J, Song J, et al. Adv Mater, 2007, 19: 2412.

[112]  Hsiao C T, Lu S Y. J Mater Chem, 2009, 19 (37): 6766-6772.

[113]  Chen T N, Xu C Y, Baum T H, et al. Chem Mat, 2010, 22 (1): 27-35.

[114]  Bahlawane N, Premkumar P A, Tian Z Y, et al. Chem Mat, 2010, 22 (1): 92-100.

[115]  Han J H, Lee S W, Choi G J, et al. Chem Mat, 2009, 21 (2): 207-209.

[116]  Montero L, Baxamusa S H, Borros S, et al. Chem Mat, 2009, 21 (2): 399-403.

[117]  Trujillo N J, Baxamusa S H, Gleason K K. Chem Mat, 2009, 21 (4): 742-750.

[118]  Liang C H, Xia W, van den Berg M, et al. Chem Mat, 2009, 21 (12): 2360-2366.

[119]  Choi B J, Choi S, Eom T, et al. Chem Mat, 2009, 21 (12): 2386-2396.

[120]  Lin H K, Cheng H A, Lee C Y, et al. Chem Mat, 2009, 21 (22): 5388-5396.

[121]  Milanov A P, Toader T, Parala H, et al. Chem Mat, 2009, 21 (22): 5443-5455.

[122]  Kumar N, Noh W, Daly S R, et al. Chem Mat, 2009, 21 (23): 5601-5606.

[123]  Meng Q G, Witte R J, May P S, et al. Chem Mat, 2009, 21 (24): 5801-5808.

[124]  Romain S, Duboc C, Neese F, et al. Chem-Eur J, 2009, 15 (4): 980-988.

[125]  Li H H, Jin J, Wei J P, et al. Electrochem Commun., 2009, 11 (1): 95-98.

[126]  Wang Q, Zhu K, Neale N R, et al. Nano Lett, 2009, 9 (2): 806-813.

[127]  Fan Y K, Wang J M, Tang Z, et al. Electrochim Acta, 2007, 52 (11): 3870-3875.

[128]  Macova Z, Bouzek K, Hives J, et al. Electrochim Acta, 2009, 54 (10): 2673-2683.

[129]  Jia F L, Wong K W, Zhang L Z. J Phys Chem C, 2009, 113 (17): 7200-7206.

[130]  Ameloot R, Stappers L, Fransaer J, et al. Chem Mat, 2009, 21 (13): 2580-2582.

[131]  Gao Y, Hao J C. J Phys Chem B, 2009, 113 (28): 9461-9471.

[132]  Park S K, Park J H, Ko K Y, et al. Cryst Growth Des, 2009, 9 (8): 3615-3620.

[133]  Wang X, Zhai Y C. J Appl Electrochem, 2009, 39 (10): 1797-1802.

[134]  Lai M, Riley J. Chem Mater, 2006, 18 (9): 2233-2237.

[135]  Lai M, Martinez J A G, Gratzel M, et al. Chem Mater, 2006, 16: 2843-2845.

[136]  Menke E J, Thompson M A, Xiang C, et al. Nat Mater, 2006, 5 (11): 914-919.

[137]  Pauporté T. Cryst Growth Des, 2007, 7 (11): 2310-2315.

[138]  Gorelikov I, Kumacheva E. Chem Mater, 2004, 16: 4122-4127.

[139]  Li H, Liu R, Kang H L, Zheng Y F, et al. Electrochim Acta, 2008, 54 (2): 242-246.

[140]  Zou G L, Chen W X, Liu R, et al. Mater Chem Phys, 2008, 107 (1): 85-90.

[141]  Han X F, Liu R, Xu Z D, et al. Electrochem Commun, 2005, 7 (12): 1195-1198.

[142]  Xia X H, Tu J P, Zhang J, et al. Electrochim Acta, 2010, 55 (3): 989-994.

[143]  He W C, Wang J M, Fan Y K, et al. Electrochem Commun, 2007, 9: 275-278.

[144]  Murakami T, Nishikiori T, Nohira T, et al. J Am Chem Soc, 2003, 125: 334-335.

[145]  Addamo M, Bellardita M, Carriazo D, et al. Appl Catal B—Environ, 2008, 84 (3-4): 742-748.

[146]  Niembro S, Shafir A, Vallribera A, et al. Org Lett, 2008, 10 (15): 3215-3218.

[147]  Mascotto S, Tsetsgee O, Mueller K, et al. J Mater. Chem, 2007, 17 (41): 4387-4399.

[148]  Jhung S H, Lee J H, Forster P M, et al. Chem-Eur J, 2006, 12 (30): 7899-7905.

[149]  Brooks D J, Douthwaite R E, Brydson R, et al. Nanotechnology, 2006, 17 (5): 1245-1250.

[150]  Wu Y F, Tian Y W, Han Y S, et al. Trans Nonferrous Met Soc China, 2004, 14 (4): 738-741.

[151]  Phuruangrat A, Thongtem T, Thongtem S. J Cryst Growth, 2009, 311: 4076-4081.

[152]  Wang X L. Mater Lett, 2006, 60 (4): 455.

[153]  Shim D, Jung S H, Kim E H, et al. Chem Commun, 2009, (9): 1052-1054.

[154]  Hwang, Kyu Y, Chang. Micropor Mesopor Mat, 2004, 68 (1-3): 21-27.

[155]  Laha S C, Glaser R. Micropor Mesopor Mat, 2007, 99 (1): 159-166.

[156]  Zhou J H, He J P, Ji Y J. Electrochemica Acta, 2007, 52 (14): 4691-4695.

[157]  刘海涛. 无机材料合成. 北京: 化学工业出版社, 2004.

[158]  崔福斋. 生物矿化. 北京: 清华大学出版社, 2007.

[159]  Lin Y, Skaff H, Emfick T. Science, 2003, 299 (5604): 226-229.

[160]  Lin Y, Skaff H, Boker A. J Am Chem Soc, 2003, 125 (42): 12690-12691.

[161]  Zhuang Z B, Peng Q, Wang X. Angew Chem Int Ed, 2007, 46: 8174-8177.

[162]  Shevchenko E V, Talapin D V, Rogach A I. J Am Chem Soc, 2002, 124 (38): 11480-11485.

[163]  Wang Z X, Wu L M, Chen M. J Am Chem Soc, 2009, 131: 11276-11277.

[164]  Maran U, Britt D, Fox C B. Chem Eur J, 2009, 15: 8566-8577.

[165]  Seo J S, Whang D, Lee H. Nature, 2000, 404 (6781): 982.

[166]  Chen S F, Yu S H, Wang T X. Adv Mater, 2005, 17 (12): 1461-1465.

[167]  Cai Y R, Liu Y K, Tang R K. J Mater Chem, 2007, 17: 3780-3787.

[168]  Liu R, Xu X R, Tang R K. Cryst, Growth Des, 2009, 9 (7): 3095- 3099.

[169] Hartgcrink J D, Beniash E, Stupp S I. Science, 2001, 294 (5547): 1684-1688.
[170] Huang J, Wang X D, Wang Z L. Nano Lett, 2006, 6 (10): 2325-2331.
[171] Zhang W, Zhang D, Fan T X, et al. Chem Mater, 2009, 21 (1): 33-40.
[172] Higgins A M, Jones R A L. Nature, 2000, 404 (6777): 476-478.
[173] Jan J, Lee S, Carr C S. Chem Mater, 2005, 17: 4310.
[174] Cooper E R, Andrews C D, Wheatley P S, et al. Nature, 2004, 430 (7003): 1012-1016.
[175] Morris R E. Chem Commun, 2009, (21): 2990-2998.
[176] Recham N, Chotard J N, Jumas J C, et al. Chem Mater, 2010, 22 (3): 1142-1148.
[177] Moreira M L, Andres J, Varela J A, et al. Cryst Growth Des, 2009, 9 (2): 833-839.

# 第3章
## 杂多酸型固体高质子导体的制备与研究进展

## 3.1 引言

固体中有两种带电粒子：离子和电子，两种粒子的迁移在宏观上表现为导电性。离子无论从体积还是质量而言相对较大，其迁移可以用离子在空穴之间的"跳跃"来描述；而电子相对较小，其在金属和半导体中的迁移通常用量子理论来解释。毋庸置疑，质子是一种阳离子，但质量和体积都小于其他的离子，而且是唯一没有核外电子的离子。质子的传输性能研究与燃料电池、传感器、生命现象（如：光合作用）等密切相关[1~3]。根据样品制备的方法、化学组分（有机或无机）、导电的机理的不同，质子导体可以有不同的分类方法[4]。杂多酸高质子导体属于低温（<100℃）质子导体。

杂多酸是当今最重要、最广泛和最有前途的功能材料之一。杂多酸是一类含有氧桥的多核配合物，是由多阴离子、氢离子和结晶水所组成。其多阴离子是由中心原子（或杂原子，以 X 表示）与氧原子组成的四面体（$XO_4$）或八面体（$XO_6$）和多个共面、共棱或共点的，由配位原子（或多原子，以 M 表示）与氧原子组成的八面体（$MO_6$）缩合而成[5]。Keggin 结构如图 3-1 所示，此结构整体对称性是 $Td$，12 个 $MO_6$ 八面体围绕着中心 $XO_4$ 四面体，3 个 $WO_6$ 八面体相互共用边从而形成 $W_3O_{13}$ 三金属簇，4 个 $W_3O_{13}$ 相互之间以及与中心四面体之间共角相连形成笼形结构。在 Keggin 结构中有四种不同的氧原子，分别记作 Oa、Ob、Oc 和 Od。其中 Oa 是与中心原子相连的氧；Ob 和 Oc 为桥氧，Ob 为不同三金属簇间连接的氧，Oc 为相同三金属簇内连接的氧；Od 为只与配位原子相连的端基氧。

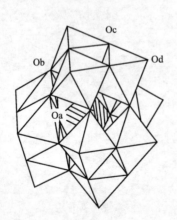

(a) $XM_{12}O_{40}^{n-}$ 阴离子的Keggin结构示意图

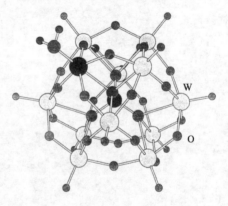

(b) $M(H_2O)XW_{11}O_{39}^{n-}$ 阴离子的结构示意图

图 3-1　Keggin 结构

在固体状态下，杂多酸主要由杂多阴离子、质子和水（结晶水和结构水）组成。在杂多酸晶体中有两种类型的质子：一是与杂多阴离子作为一个整体相连的离域水合质子；二是定位在杂多阴离子中桥氧原子上的非水合质子。离域质子易流动，在杂多酸晶体中呈"假液相"特征。因此，杂多酸可作为高质子导体固体电解质。

## 3.2　杂多酸的合成

探索合适的合成方法来合成新型多酸化合物是一个重要的研究课题。合理的多酸合成策略是一个新颖的多酸化合物合成的理论基础，不同类型的多酸需要设计不同的合成策略。但是，无论是哪种类型多酸的合成，我们必须首先研究的是多酸合成中几个重要的因素，这是多酸合成的前提和关键。这些因素主要包括：pH 值、反应温度和反应时间、反应原料、反应溶剂、晶体的培养。

目前，多酸合成的主要策略是：第一，常规方法合成高核多酸簇合物；第二，水热或溶剂法合成高负电荷的多阴离子簇；第三，有机-无机的柔性合成路线；第四，构筑纳米级杂化体系的新方法；第五，构筑多酸基缠结网络结构；第六，多酸基有机骨架结构的原位合成；第七，网络拓扑法合成晶体；第八，以离子液体为绿色反应介质合成多酸化合物。其中，第八种策略是有待发展的新策略。

有关杂多酸和同多酸化合物的一般合成方法的文献很多[6~10]。多酸化合物近期的研究方向是开发新的合成方法，其中包括在水中和在非水溶剂中的合成，在多酸化合物中引入有机官能团和金属有机官能团，引入硫以及用预组合的金属-氧结构单元（合成子）合成特大的多酸化合物[11~15]。

### 3.2.1　多酸合成中的几个重要影响因素

多酸的合成是一个复杂的过程，它受许多因素的影响，如 pH、反应温度、反应时间、起始反应物的物质的量比、反应溶剂等，可以说一个新颖多酸结构的获得是这些因素共同作用的结果。在多酸的合成过程中，这些因素可以直接影响化合物的最终结构。如果这些因素控制得不好，就可能得不到所预期的结果或者错过一些新奇的多酸结构。

#### 3.2.1.1　pH 值

pH 是多酸合成过程中一个非常关键的因素，通常大多数的多酸化合物对 pH 的改变非常敏感。pH 对高核多酸簇合物合成的影响尤为明显，即使是相同的原料、相同的配比，如果 pH 不同，也可能得到完全不一样的结果，并且许多这类化合物存在的 pH 范围很窄[5]，因此在合成中严格控制溶液的 pH 是非常重要的。吴庆银教授等对酸度在杂多化合物的形成及稳定性中的作用、酸度在杂多化合物萃取中的作用以及酸度在杂多化合物氧化-还原中的作用分别进行了探讨研究[16]。Kortz 等人在 2001 年报道了一个以 $\{AsW_9O_{33}\}$ 为建筑单元的巨大的多钨砷酸盐簇合物 $[As_6^{III}W_{65}O_{217}(H_2O)_7]^{26-}$。pH 对其合成过程有着重要的影响，当反应体系的 pH 在 6~6.5 之间时，得到的产物是多阴离子 $[As_2W_{19}O_{67}(H_2O)]^{14-}$；当反应体系的 pH 接近于 0 时，得到的产物是 $[As_2W_{19}O_{67}(H_2O)]^{14-}$ 的两个缺位被填满的 $[As_2W_{21}O_{67}(H_2O)]^{6-}$；当反应体系的 pH 在 2.0~4.0 之间时，得到的产物是 $[As_2W_{20}O_{68}(H_2O)]^{10-}$；只有将反应体系的 pH 控制在 1.5~2.0 之间时，才可以得到目标化合物 $[As_6^{III}W_{65}O_{217}(H_2O)_7]^{26-}$。可见，对于簇合物的合成，pH 的控制很关键。

在反应过程中，控制 pH 的方法通常有两种，第一是用 pH 计监控反应的 pH 值，这是一种常用且比较方便的方法，我们可以同时在反应最初及反应最终监控 pH。第二是采用缓冲溶液。一般地，在合成过程中常用的缓冲溶液是醋酸-醋酸钠缓冲体系。近年来，Kortz 等人使用不同 pH 的缓冲溶液合成出一系列重要的夹心型多酸化合物[17~20]。目前，利用缓冲溶液来控制 pH 的方法已经被广泛地应用于多酸的合成中。

### 3.2.1.2　反应温度和反应时间

反应温度和反应时间同样是多酸合成化学中不容忽视的因素，在室温下，平衡的建立因物种而异，对于含钨系列的某些物种，平衡的建立有时需要几个星期甚至更长时间[5]，因此需要选择适宜的反应温度和时间来控制反应速度。尤其是在水热或者溶剂热反应体系下，反应温度和反应时间显得尤为重要，不同的温度和反应时间可能会得到完全不同的试验结果。在水热条件下，不同的反应温度与反应时间还会对反应初始原料的溶解以及所得产物的结晶程度有一定程度的影响[21~25]。

### 3.2.1.3　反应原料的选择及物质的量比

在多酸的合成过程中，选择合适的反应原料是反应成功的关键。金属盐的选择要根据预期的产物进行选择。第一，如果选择稀土离子进行反应，稀土离子的优点是具有高的配位数并且与多阴离子之间具有很高的反应活性，但是正因为这种高的反应活性使得稀土离子遇到多酸就产生大量沉淀而很难得到晶体产物。目前解决这个问题的方法是选择一种有机配体先与稀土离子作用，其目的是将稀土离子保护起来，然后再与多酸作用，稀土离子在此过程中缓慢地被释放出来，这样就会减少沉淀的产生且有利于晶体产物的获得[26~31]。当然，此种配体的选择，要注意的是不能选择那种配位能力很强的配体（如柠檬酸、酒石酸等配体）。配体的配位能力很强，稀土离子就会完全被这类配体固定住，与多阴离子的配位能力会大大降低。而选择配位能力相对较弱的配体，不仅能够降低反应活性，而且能够给多酸留有剩余的配位点，从而得到新颖的稀土多酸化合物。第二，金属盐的种类对反应也会有一定程度的影响。对于金属氯化物来说，金属离子是完全暴露在外面的，这种金属盐一般适用于修饰和扩展结构的多酸化合物的合成，而且在合成中氯离子可以充当模板[32~34]。金属醋酸盐中金属离子被醋酸根离子包围，这类金属盐有利于簇合物的生成[35]，而且醋酸根离子同时是很优秀的配体，在反应中起到桥联的作用。金属硝酸盐或者是高氯酸盐也比较常用，因为这两类金属盐在水中或者有机溶剂中的溶解度较好，其充分的溶解对反应的进行是十分有利的[36]。

另一个至关重要的因素就是配体的选择。配体的种类千变万化，如何从纷繁复杂的配体家族中找到合适的配体进行多酸化合物的合成仍然是一项艰巨的任务。这里值得一提的是，对于多酸本身来说，由于其出色的拓扑以及亲核富氧表面，完全可以把多酸看成一种优秀的无机多齿含氧配体[37~39]。通常，多酸的缺位点越多，该配体的反应活性也就越高，例如1∶12和2∶15系列的缺位多阴离子反应活性一般较高。当然，选择哪种多酸进行合成取决于目标产物，需要注意的是每种多酸都有它的 pH 稳定范围，而且每种多酸的反应活性都不一样，在合成中要把这个影响因素考虑进来。

此外，原料的配比非常重要，它是决定产率和产物结构的重要因素，一定要重视。

### 3.2.1.4　反应溶剂的选择

在多酸合成中，选择合适的反应溶剂作为反应媒介同样非常重要。不同的多酸化合物的合成需要不同类型的反应溶剂。目前，大多数的多阴离子都是在水溶液中合成的，用水做溶剂来合成多酸具有很大的优势。在水溶液中，不但反应体系的 pH 很容易控制，而且在水溶液中很容易获得晶体产物。另外，也有部分多酸化合物是在有机溶剂中获得的，但是有机溶剂挥发速度很快，这就给高质量的晶体产物的获得带来了不便。而且晶体如果从母液中分离，有时很不稳定，晶型很容易被破坏，这就给测试晶体结构带来了困难，因此，多酸合成尽量不选择有机溶剂作为反应介质。但是有些反应原料不溶于水，就必须选择有机溶剂作为反应介质，因为反应物的溶解是一个反应发生的前提。另一方面，有机溶剂多数是易燃的，当溶剂蒸气在空气中达到一定浓度时，会发生爆炸，必须注意溶剂的安全性。特别需要注意的是溶剂热合成时，温度不能太高（使用反应釜），否则有爆炸的危险。大部分有机溶剂都有一定的毒性，危害人体健康，污染生态环境，应引起足够重视。最近离子液体的研究逐步引起了化学家们的关注，它具有如下的特点：非挥发性、溶解能力强且可调控、黏度大、密度大、易于分离、电化学窗口宽、可循环使用[40,41]。这些特点使得以离子液体为反应介质可能会获得比在水溶液或有机溶剂中更加新颖的多酸结构。

### 3.2.2　合成方法

#### 3.2.2.1　酸化法

绝大多数杂多酸化合物是在水溶液中制备出来的。最常用的制备方法是酸化简单的含氧阴离子（$MoO_4^{2-}$、$WO_4^{2-}$ 等）和所需杂原子（$PO_4^{3-}$ 等）的水溶液，例如

$$12WO_4^{2-} + HPO_4^{2-} + 23H^+ \longrightarrow [PW_{12}O_{40}]^{3-} + 12H_2O$$

$$11MoO_4^{2-} + VO_3^- + HPO_4^{2-} + 21H^+ \longrightarrow [PMo_{11}VO_{40}]^{4-} + 11H_2O$$

$$6MoO_4^{2-} + Cr(H_2O)_6^{3+} + 6H^+ \longrightarrow [Cr(OH)_6Mo_6O_{18}]^{3-} + 6H_2O$$

在室温下，多阴离子可以以盐的形式按化学计量比在酸化的组分混合物中结晶出来。虽然由生成反应式标明的化学计量对于设计合成常常是一个很好的指导，但在相当多的时候，加入过量杂原子，小心控制温度和 pH 值都是必要的。例如：

$$WO_4^{2-}, HPO_4^{2-}（过量）, H^+ \xrightarrow{煮沸} [P_2W_{18}O_{40}]^{6-}（异构体）+ 其他钨磷酸$$

$$WO_4^{2-}, SiO_3^{2-}, H^+ \xrightarrow{冷却} \beta\text{-}[SiW_9O_{34}]^{10-} \xrightarrow{煮沸} \alpha\text{-}[SiW_9O_{34}]^{10-}$$

加入试剂的顺序也是很重要的：

$$SiO_3^{2-}, WO_4^{2-}, 然后 H^+ \longrightarrow \alpha\text{-}[SiW_{12}O_{40}]^{4-}$$

$$WO_4^{2-}, H^+, 然后 SiO_3^{2-}, H^+ \longrightarrow \beta\text{-}[SiW_{12}O_{40}]^{4-}$$

已观察到特殊的催化作用：

$$Co^{2+}, MoO_4^{2-}, H^+, H_2O_2 \begin{cases} \xrightarrow{没有催化剂} [Co(OH)_6Mo_6O_{18}]^{3-}, [Co_2Mo_{10}O_{38}H_4]^{6-} \\ \xrightarrow[或雷尼镍]{活性炭} [Co_2Mo_{10}O_{38}H_4]^{6-} 定量地 \end{cases}$$

酸化反应一般是通过加入 HCl、$H_2SO_4$、$HClO_4$ 或 $HNO_3$ 等无机酸来完成的，也可以使用酸性离子交换树脂（例如 Amberlyst-15）或使用电解酸化法[9,10]。在多酸的化学研究中，酸化十分重要，有些化合物对 pH 十分敏感，往往 pH 差 0.01，产物就迥然不同。为了造成不引入其他阴离子及均匀稳定的酸化条件，一般采用电解酸化法进行。此外，反应速率的快慢相差很大，也是令人不易琢磨的问题。据报道，有的快速反应可达到 $10^{-2}$ s 甚至 $10^{-8}$ s，而有的平衡却需要几个小时、几周、几个月甚至数年才能达到。大量相互矛盾的文献反复出现，有的迄今还存在认识上的分歧。从事多酸化学研究的工作者，对此一定要有清醒的认识，否则容易得到错误的实验结论。

#### 3.2.2.2　降解法

最常见的 Keggin 和 Dawson 缺位阴离子是以其饱和多阴离子组分为起始原料合成的，即向（Keggin 和 Dawson）母体多阴离子的水溶液中加入适量的碱（一般加入 $NaHCO_3$）调节水溶液的 pH 值，必要时加入助剂成分，控制进行降解，得到一类重要的杂多阴离子——缺位或缺陷型的不饱和杂多阴离子：

$$[P_2W_{18}O_{62}]^{6-} \xrightarrow{OH^-} [P_2W_{17}O_{61}]^{10-} \xrightarrow{OH^-} [P_2W_{16}O_{59}]^{12-}$$

$$[PW_{12}O_{40}]^{3-} \xrightarrow{OH^-} [PW_{11}O_{39}]^{7-} \xrightarrow{OH^-} [PW_9O_{34}]^{9-}$$

这些缺位型阴离子可继续用于合成其他杂多配合物，形成了丰富多彩的结构：

$$[P_2W_{16}O_{59}]^{12-} + VO^{2+} \xrightarrow{pH4\sim5} [P_2W_{16}V_2O_{62}]^{8-}$$

另外，缺位杂多阴离子常常用于合成过渡金属取代的多酸化合物，进一步向空穴中引入过渡金属阳离子可以得到过渡金属取代的多酸化合物：

$$[PW_{11}O_{39}]^{7-} + Co^{2+} \longrightarrow [PW_{11}CoO_{39}]^{5-}$$

### 3.2.2.3  电解酸化法

一般的酸化方法是加入常见的无机酸，但如要避免引入其他阴离子，可以通过溶剂的电解氧化进行均匀酸化。电解酸化法作为一种以高收率对杂多酸进行清洁生产的有效方法已引起人们的广泛兴趣[42~45]，这种合成方法是在电解槽中完成的，电解槽被正离子交换膜分隔成阴极室和阳极室。透过离子交换膜在电解槽两边施加一定的电压（约12V）。首先在阴极室加入近乎化学计量比的钨酸钠或钼酸钠和一种杂原子的盐，在阳极室加入蒸馏水。通过水的电解使阴极室酸化，在施加电压的作用下，$Na^+$ 透过正离子交换膜从阴极室转移至阳极室并在阴极室得到纯的杂多酸。例如目前已开发出 $Na_2WO_4$ 和 $H_3PO_4$ 制备 $H_3[PW_{12}O_{40}]$ 的可行的电隔膜合成法[43,44]，这种方法可用图 3-2 说明。

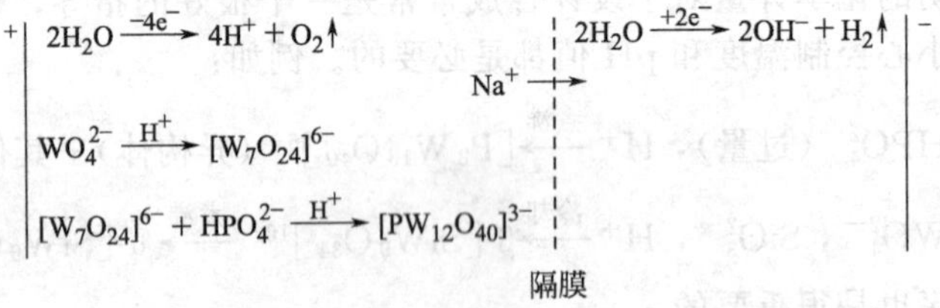

图 3-2  $H_3[PW_{12}O_{40}]$ 的电隔膜合成法示意[43,44]

$[PW_{12}O_{40}]^{3-}$ 阴离子在电解池中的阴离子区分两个阶段形成。第一阶段，在没有磷酸根存在下，$WO_4^{2-}$ 通过电化学反应转变成同多钨酸阴离子 $[W_7O_{24}]^{6-}$，然后加入 $H_3PO_4$ 继续进行电渗析过程，直至在阴极区和阳极区分别生成 $H_3[PW_{12}O_{40}]$ 和 NaOH 水溶液的反应完全为止。杂多酸可以通过结晶法从水溶液中分离出来，以 $Na_2WO_3$ 计，收率接近100%。反应中得到的 NaOH 可以用于从 $WO_3$ 制备 $Na_2WO_4$，因而反应过程不产生废弃物。最终产品中钠的含量不超过 0.01%（质量分数）。采用类似的方法还可制得 $H_4[SiW_{12}O_{40}]$、$H_5[PW_{11}TiO_{40}]$、$H_5[PW_{11}ZnO_{40}]$、$H_6[PW_{11}BiO_{40}]$ 和 $H_6[P_2W_{21}O_{71}]$ 等杂多酸[42,45]。

### 3.2.2.4  机械化学活化法(MCA)

合成杂多酸最方便的方法是配位原子（钨、钼、钒）的氧化物（$WO_3$、$MoO_3$、$V_2O_5$）与杂原子（磷、硅等）的氧化物或酸直接相互作用合成杂多酸。这种方法可以合成钼磷杂多酸和钼磷钒杂多酸。但是由于上述氧化物的反应能力弱，反应持续时间长，能源消耗高，所以很难达到效益好、产率高的要求。因此利用机械化学激活固态氧化物以增强其反应能力是最有效的办法。该方法有诸多优点：过程中无浪费，合成时间短，与已有方法相比所用步骤少，拓宽了杂多酸的领域，并且过程中无爆炸和起火的危险。实验表明，用机械化学活化法将氧化钼活化后在几秒钟之内就溶解于热磷酸液中生成杂多酸。用机械化学活化 $MoO_3$ 和 $V_2O_5$ 混合物对提高它们的反应能力有着显著的作用，这些混合物被活化后迅速溶解于 $H_3PO_4$ 中生成杂多酸 $H_{3+n}PMo_{12-n}V_nO_{40}$。Maksimov 等[46]用机械化学活化法从钼、钨、钒的氧化物合成出杂多酸 $H_{3+n}PM_{12-n}V_nO_{40}$、$H_3PMo_{12-n}W_nO_{40}$（M＝Mo 或 W，$n=0\sim4$）以及 $H_6P_2Mo_{18}O_{62}$。这种方法只需要两三步：单独的氧化物或氧化物混合物的 MCA 作用，活性氧化物与含适量磷酸的水溶液的反应，蒸干溶液以分离得到固态酸。

### 3.2.2.5  固相反应法[47]

低温固相反应法是近年来发展起来的一种合成新型固体材料的方法，该方法具有节能、产率高、不需要溶剂、无污染、反应时间短、室温反应且合成的材料稳定性好等优点，利用低温固相反应方法，已制备出多个具有特色的新型杂多化合物。例如，王恩波等[48]采用室温固相反应首次制备出多金属氧酸盐纳米粒子$(NH_4)_3PMo_{12}O_{40} \cdot 9H_2O$ 和$(NH_4)_3PW_{12}O_{40} \cdot 7H_2O$。石晓波等[49]采用钨酸、钼酸、磷酸、草酸铵等基本原料，通过室温固相反应合成出 $(NH_4)_3PW_6Mo_6O_{40} \cdot 8H_2O$ 纳米微粒。朗建平等合成了含砷的硅钨酸化合物 $(n\text{-}Bu_4N)_3[As(SiW_{11}O_{39})]$等[50]。

### 3.2.2.6　水热（溶剂热）法

　　水热与溶剂热合成是指在一定温度（100～1000℃）和压强（1～100MPa）条件下利用溶液中物质的化学反应所进行的合成。一般说来，水热（溶剂热）体系中的反应物较难溶于水，只有在可溶性矿化剂参与或在水（溶剂）热条件下，才能以可溶性配合物或其他形式溶于水，从而发生水（溶剂）热化学反应。在水（溶剂）热反应中，水（溶剂）是主要介质，其主要作用是作为压力传输介质、物质传输介质和反应物。在高温高压下，水（溶剂）的许多物理化学性质如密度、介电常数、离子积等都会变化，如超临界水的离子积比标准状态下水的离子积高出几个数量级。目前关于杂多酸的水热合成大多数是采用中温水热合成。多酸合成领域一个很有前景的方向是合成具有较高负电荷的多阴离子簇合物。高的负电荷，导致这类化合物具有独特的静电作用，而这种独特的静电作用将有利于多阴离子簇的修饰化、衍生化等的进一步发生。由于多阴离子所带负电荷的升高，使得该类化合物的合成不能在一般的反应条件下进行，需要更高的能量以及更加苛刻的反应条件。经过大量的实验探索，人们逐渐认识到水热或溶剂热法是合成具有较高负电荷的多阴离子簇的较好方法。

　　Science 上有一篇关于 Keggin 型铌酸盐$[K_{12}(Ti_2O_2)(SiNb_{12}O_{40})] \cdot 16H_2O$ 的报道，在多酸化学界引起广泛的关注。含有 Nb 元素的多酸化合物的合成具有一定的困难，因为它与 W、Mo 或者 V 元素的性质有很大的差异，对于 Keggin 型十二铌酸盐，使用类似于合成十二钨酸盐或者十二钼酸盐的常规方法是很难得到的，因为 Keggin 型十二铌酸盐具有更高的负电荷，需要更高的反应能量。Nyman 等采用水热方法在高温、高压及碱性的条件下得到了 Keggin 型十二铌酸盐化合物$[K_{12}(Ti_2O_2)(SiNb_{12}O_{40})] \cdot 16H_2O$[51]，它是第一例 Keggin 型的铌酸盐化合物。该化合物的合成方法是：KOH（0.364g，6.5mmol）、$Nb_2O_5$（0.35g，2.6mmolNb）、四乙基硅酸盐（0.18g，0.9mmol）以及四异丙氧基钛（0.13g，0.45mmol）溶于 8mL 水，最终混合物中 $H_2O:K:Nb:Si:Ti=68:1:0.40:0.14:0.07$，搅拌混合物 30min，装入 23mL 的反应釜中。220℃反应 20h，待混合物缓慢降至室温后，过滤，利用去离子水洗涤，收集得到白色微晶，产量为 0.45g。该多阴离子带有 16 个负电荷，比 2、3 缺位的 Keggin 结构多阴离子的负电荷还要高。固态时，该化合物具有 1D 无机聚合物链结构（如图 3-3）。

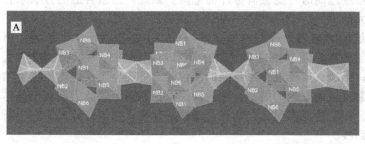
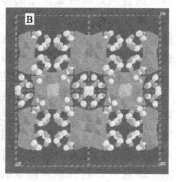

|         |         |
|:-------:|:-------:|
|  (a)    |   (b)   |

图 3-3　$[SiNb_{12}O_{40}]^{16-}$ 和 $[Ti_2O_2]^{4-}$ 链结构图 (a)
与该链式结构在 $ab$ 平面上沿着 $c$ 轴方向图 (b)

　　该化合物的合成策略主要是：第一，含 Mo 和 W 的 Keggin 离子都是在酸性条件下合成，在碱性条件下会发生分解，而含 Nb 的 Keggin 结构离子在碱性（pH 为 7～12.5）条件下被合成，在酸性条件下会发生分解，因此这种高 pH 阻碍了多阴离子 $[SiNb_{12}O_{40}]^{16-}$ 的分解。第二，反应中使用的硅酸盐是有机盐（四乙基硅酸盐），而不是简单的无机盐（硅酸钠），这种有机硅酸盐既可以保持可溶性，又近中性，有利于保持四面体结构中心。

　　2007 年，Winpenny[52] 等人采用溶剂热法合成出一个具有较高负电荷的反 Keggin 型多酸化合物 $[Mn(PhSb)_{12}O_{28}\{Mn(H_2O)_3\}_2\{Mn(H_2O)_2(AcOH)\}_2]$。我们通常所指的 Keggin 型离子是 $[XM_{12}O_{40}]^{n-}$（M＝Mo，W，V，Ti 等；X＝P，As，Sb，Bi 等），即 M 代表的是 d 区元素，而 X 代表 p 区元素。若 M 的位置换成 p 区元素，X 的位置换成 d 区元素，则将其称之为反 Keggin 结构。其中心杂原子是 $\{MnO_4\}$ 单元，与周围的 12 个 $\{SbO_5C\}$ 单元进行配位得到新颖的反 Keggin 结构，在多阴离子结构周围 4 个游离的 $Mn^{2+}$ 与之配位。这种反 Keggin 型多阴离子 $[Mn(PhSb)_{12}O_{28}]^{8-}$ 带有 8 个单位的负电荷。它是由 $Mn(CH_3COO)_2 \cdot 4H_2O$、吡啶和有机锑酸盐在乙腈溶剂中，100℃ 的溶剂热条件下得到的。这种多酸化合物的获得为多酸化学开辟了一个崭新的研究方向。

　　总之，这类具有较高负电荷多酸簇的合成策略是：第一，使用适当的有机盐为原料来合成，会形成比无机盐更加新颖的结构模型。这可能是由于有机盐本身的结构是有机配体与金属离子配位，这就使得金属离子再与多酸的表面氧进行配位时，配位的几何构型可能发生微妙的变化，从而导致最终的多酸结构与众不同。第二，使用水热或溶剂热合成可以为此类多酸反应提供更高的能量，为合成反应的进行创造有利条件。

　　虽然水热方法已经被证明是合成多金属氧酸盐的一种强有力的手段，但这种方法还存在很多不足：水热反应非常复杂，机理很难预测，任何一个条件的细微变化，例如反应的起始物质、温度、浓度、压强、pH 和反应的时间等都会影响到最终产物的结构，因此真正在分子水平上进行设计并对产物进行预测和调控是非常困难的。现在，绝大多数的合成还处于自组装阶段（self-assembly），对于某一个具体的反应，产物的结构直接依赖于起始反应物中金属离子的特征及其配体的性质和反应的起始条件；对其组装机理还不清楚，也远没有达到定向合成的阶段，所以有人也称水热合成为"黑匣子反应"，自组装这个词也在一定程度上体现了人们的无奈。

### 3.2.2.7　离子热法

　　一直以来，探索合适的合成路线来合成多酸化合物是一个重要的课题。目前，常规合成和水热合成是两种最常用的多酸合成方法。在常规条件下合成，反应的温度不能太高，因为大多数常规反应使用的溶剂的沸点都低于 100℃，并且反应受外界条件的影响很大。而在水热和溶剂热条件下合成，反应温度过高时可能会有爆炸的危险。因此，探索合适的方法来合成新颖的多酸化合物仍然是很大的挑战。

　　离子液体完全可以取代传统的溶剂来合成新型的多阴离子，主要有以下几个原因：第一，它的几乎零蒸气压可以在常规条件下就能获得比在水热或溶剂热条件下更高的反应温度，而且可以避免爆炸的发生；第二，离子液体本身弱的配位能力可能会为反应物提供更加宽松的反应环境，有利于自组装反应的发生；第三，它的低挥发性和高溶解能力有利于晶体产物的获得，并且对环境友好。用它合成多酸化合物将为新颖多酸化合物的合成提供一个新的、绿色的、具有发展前景的路线。

　　Wang[53] 等在 1-乙基-3-甲基咪唑溴盐（[Emim]Br）离子液体（ILs）中，采用离子热合成法得到三种含有过渡金属的钨酸盐杂合物：$[Dmim]_2Na_3[SiW_{11}O_{39}Fe(H_2O)] \cdot H_2O$（Dmim＝1,3-二甲基咪唑）(1)（如图 3-4），$[Emim]_9Na_8[(SiW_9O_{34})_3\{Fe_3(\mu_2\text{-}OH)_2(\mu_3\text{-}$

O)}$_3$(WO$_4$)]·0.5H$_2$O（Emim＝1-乙基-3-甲基咪唑）　（2）和[Dmim]$_2$[HMim]Na$_6$[(AsW$_9$O$_{33}$)$_2${Mn$^{III}$(H$_2$O)}$_3$]·3H$_2$O（Dmim＝1,3-二甲基咪唑；Mim＝1-甲基咪唑）（3）。配合物 1 中含有由单个 Fe$^{III}$ 取代的 α-Keggin 型阴离子和有机阳离子 [Dmim]$^+$ 通过相互间的氢键组成的 3D 开放式框架结构。配合物 2 含有一个[{Fe$_3^{III}$(μ$_2$-OH)$_2$(μ$_3$-O)}$_3$(μ$_4$-WO$_4$)]簇，其是由三个 [SiW$_9$O$_{34}$]$^{10-}$ 配体、八个 Na$^+$ 阳离子和九个游离的 [Emim]$^+$ 阳离子围绕着杂多酸阴离子组成。配合物 3 中的杂多酸阴离子含有一个基于 [α-AsW$_9$O$_{33}$]$^{9-}$ 单元的高价三核 Mn$^{III}$ 取代的 Sandwich 型杂多阴离子。

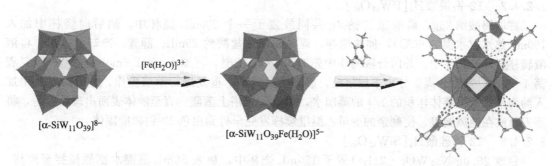

图 3-4　[Dmim]$_2$Na$_3$[SiW$_{11}$O$_{39}$Fe(H$_2$O)]·H$_2$O 的合成图[53]

Lin[54]等在 [Emim]$_4$Br 离子液体中，采用离子热合成法得到两种新型配合物：[Emim]$_8$Na$_9$[WFe$_9$(μ$_3$-O)$_3$(μ$_2$-OH)$_6$O$_4$H$_2$O(SiW$_9$O$_{34}$)$_3$]·7H$_2$O(1，[Emim]$_8$Na$_9$ [1a]·7H$_2$O，Emim＝1-乙基-3-甲基咪唑) 和[Emim]$_4$[SiMo$_{12}$O$_{40}$]·12H$_2$O（2）。配合物 1 是一种高核过渡金属取代的多金属氧酸盐。1a 是包含有三个连接一个 {WFe$_9$} 簇核的 [α-SiW$_9$O$_{34}$]$^{10-}$ Keggin 型单元。

### 3.2.3　分离方法

合成出来的杂多阴离子通常采用加入适当的抗衡阳离子的方法从水溶液中分离出来，常用的抗衡阳离子为碱金属阳离子、铵阳离子或四烷基铵阳离子等。锂盐、钠盐往往比钾盐、铷盐或铯盐等较大阳离子盐的水溶性大。较大的烷基铵和类似阳离子的盐类（如四丁基铵、四苯基钾等）通常不溶于水，它们可以在乙腈、硝基甲烷或丙酮等溶剂中重结晶。

许多 Keggin 和 Dawson 结构杂多阴离子的游离酸可稳定地从溶液中结晶出来。这些酸可以用 Drechsel 在 1887 年提出的经典的"乙醚配合物"法来制备[55]。乙醚萃取法是分离杂多酸的最重要和最广泛使用的一种方法。它的基本原理是：把过量的乙醚与强酸化的杂多阴离子溶液一起振荡，体系分为三层。上层为醚层；中间为水层；下层为较重的油状醚合物。分出油状物，加入过量乙醚振荡以除去带进来的水溶液，再次分离。加少量水分解醚合物，除掉乙醚即得所欲制备的杂多酸。有人报道在 H$_3$PMo$_{12}$O$_{40}$ 的醚合物中，每摩尔杂多酸含有大约 20mol 的乙醚和 50mol 的水，并且详细地研究了四组分 H$_3$PMo$_{12}$O$_{40}$-H$_2$SO$_4$-H$_2$O-(C$_2$H$_5$)$_2$O 体系。偏钨酸的醚合物的分析表明，其组成为 H$_4$[(H$_2$)W$_{12}$O$_{40}$]·H$_2$SO$_4$·7.6(C$_2$H$_6$)$_2$O·46H$_2$O。乙醚萃取法的萃取率与酸度密切相关，但它不适用于制备杂多阴离子电荷数高的杂多酸。近年来采用高分子量的脂肪类（如三辛胺）做萃取剂，萃取杂多酸的研究已获得成功。

杂多酸也可以从其盐的溶液中用离子交换法制得。离子交换法适用于制备那些不能很好被乙醚萃取的杂多酸。该法的优点是无腐蚀、杂多酸的产率高、通用、酸化温和、纯度高，缺点是交换后得到的杂多酸溶液浓度低。由酸溶液转化为固体酸可通过向酸溶液中加浓硫酸或用冷冻交换液法。

### 3.2.4　一些重要杂多酸的合成实例

#### 3.2.4.1　12-钼磷酸$H_3[PMo_{12}O_{40}]$

称取约 40g $Na_2MoO_4 \cdot 2H_2O$、20g $Na_2HPO_4 \cdot 12H_2O$ 溶解于 60mL 的去离子水中。将该混合溶液加热搅拌在 80℃时回流 30min。然后加入 40mL 24%的 HCl，加入 40mL 乙醚萃取并振荡，静置后溶液分成三层，最后取出黄色醚合物层。将该黄色醚合物层在 50℃加热蒸发得到黄色（略带橙色）固体粉末，然后将该固体粉末溶解于水中，经两次重结晶后得到黄色 $H_3PMo_{12}O_{40} \cdot nH_2O$ 晶体。

#### 3.2.4.2　12-钨磷酸$H_3[PW_{12}O_{40}]$

称取钨酸钠 25g、磷酸氢二钠 4g 共同放置于一个 200mL 烧杯中，然后向烧杯中加入 150mL 热水（水温约 60℃），加热搅拌，逐滴加入浓盐酸约 25mL。静置，冷却至室温。将溶液转移至分液漏斗中，并向分液漏斗中先加入 35mL 乙醚，再加入 10mL 6mol/L 盐酸。反复震荡 4~5 次，静置分离。分出下层溶液，放入蒸发皿中。重复进行萃取操作，并向蒸发皿中加入约为萃取所得液体体积的 1/4 的蒸馏水，在 40℃水浴上蒸醚，直至液体表面出现晶膜后，将蒸发皿放在通风橱里，使剩余的少量乙醚继续挥发完全得到白色 12-钨磷酸固体。

#### 3.2.4.3　12-钨硅酸$H_4[SiW_{12}O_{40}]$

称取 25.0g $Na_2WO_4 \cdot 2H_2O$ 置于 150mL 烧杯中，加入 50mL 蒸馏水剧烈搅拌至澄清。强烈搅拌下缓慢加入 1.9g 的 $Na_2SiO_3 \cdot 9H_2O$ 使其充分溶解后，将烧杯盖上表面皿，然后将上述溶液加热至沸。在微沸和不断搅拌下从滴液漏斗中缓慢地向其中加入浓盐酸，调节 pH 值为 2~3。滤出析出的硅酸沉淀并将混合液冷却至室温。

在通风橱中，将冷却后的溶液转移到分液漏斗中，加入乙醚，并逐滴加入浓盐酸。充分震荡，静置后分层，将下层油状的十二钨硅酸醚合物分出于蒸发皿中。反复萃取直至下层不再有油状物分出。向蒸发皿中加入约 3mL 蒸馏水，在 40℃水浴上蒸醚，直至液体表面出现晶膜。抽滤，即可得到白色 12-钨硅酸固体粉末。

#### 3.2.4.4　12-钼硅酸$\alpha$-$H_4[SiMo_{12}O_{40}]$[56~58]

将钼酸钠 $Na_2MoO_4 \cdot 2H_2O$（50g，0.21mol）溶于水（200mL）中并使溶液加热至 80℃。向溶液中加入浓盐酸（20mL），在磁力搅拌子的强烈搅拌下，用 30min 滴加偏硅酸钠溶液（0.045mol 偏硅酸钠溶于 50mL 水中），此时溶液变为黄色。继续搅拌，用滴液漏斗滴加浓盐酸（60mL）。滤出析出的少量硅酸，将滤液冷却并用乙醚萃取。醚合物用其体积一半的水稀释，将黄色液体在 40℃水浴蒸醚，并在室温下结晶，得到 12-钼硅酸水合物 $H_4[SiMo_{12}O_{40}] \cdot xH_2O$。

#### 3.2.4.5　11-钼-1-钒磷酸$H_4[PMo_{11}VO_{40}]$

方法一：将 $Na_2HPO_4$（7.1g，0.050mol）溶于水（100mL）中，并与预先在沸腾条件下溶于水（100mL）中的偏钒酸钠（6.1g，0.05mol）混合。将混合物冷却，用浓硫酸（5mL）酸化至红色，向混合物中加入 $Na_2MoO_4 \cdot 2H_2O$（133g，0.55mol）在水（200mL）中的溶液。最后在强烈搅拌下向溶液中慢慢加入浓硫酸（85mL），此时由暗红色转变为很浅的红色。将水溶液冷却后用乙醚（400mL）萃取出杂多酸，分离出杂多酸醚合物。将醚合物溶于少量水中，在真空干燥器中用浓硫酸浓缩至出现晶体，放置，进一步结晶。过滤出得到的橙色晶体，用水洗涤、晾干（28g，23%），制得的每批样品所含结晶水的量都会有所不同[59]。

方法二：3.58g $Na_2HPO_4 \cdot 12H_2O$ 溶于 50mL 蒸馏水，26.65g $Na_2MoO_4 \cdot 2H_2O$ 溶于 60mL 蒸馏水，将此两种溶液混合，加热至沸，反应 30min；0.91g $V_2O_5$ 溶于 10mL 1.0mol/L $Na_2CO_3$ 溶液中，并将该溶液在搅拌下加入上述混合液中，在 90℃反应 30min，停止加热；边搅拌边加入 1:1 $H_2SO_4$ 至溶液 pH=2.0，并继续搅拌至室温，加 50mL 乙醚于混合液中，充分振荡后，再加入 1:1 $H_2SO_4$ 继续振荡至静置后溶液分为 3 层，分出杂多酸醚合物。醚合物中加入少量水，置于真空干燥器中，直到晶体析出，重结晶，干燥，得产品[60]。

### 3.2.4.6　11-钨-1-钒磷酸 $H_4[PW_{11}VO_{40}]$

称取 0.005mol $Na_3PO_4 \cdot 12H_2O$、0.055mol $Na_2WO_4 \cdot 2H_2O$ 和 0.005mol $NaVO_3 \cdot 2H_2O$，将反应物依次加进一定量的热水中，温度为 40℃左右，用高氯酸酸化，调节 pH=2，控温 40℃左右，继续搅拌 1h。将上述溶液用高氯酸酸化，用乙醚分次萃取，分离出油状物。将几次萃取的产物转移到蒸发皿中，水浴加热以除去乙醚，得红色粉末。将之溶于适量水中，静置重结晶，得到红色晶体。

### 3.2.4.7　10-钼-2-钒磷酸 $H_5[PMo_{10}V_2O_{40}]$

将偏钒酸钠（24.4g，0.20mol）溶于沸水（100mL）中，然后与 $Na_2HPO_4$（7.1g，0.050mol）溶于水（100mL）中的溶液混合。冷却后加入浓硫酸（5mL），溶液变为红色，再加入钼酸钠溶液[$Na_2MoO_4 \cdot 2H_2O$（121g，0.50mol）在水（200mL）中]。在强烈搅拌下缓慢加入浓硫酸（85mL），将热的溶液冷却至室温。然后用乙醚（500mL）萃取 10-钼-2-钒磷酸，向杂多酸乙醚配合物中吹空气以除去乙醚。按前述制备 $H_4[PMo_{11}VO_{40}]$ 的方法，将剩下的固体物溶于水中，浓缩至晶体开始形成，然后进一步结晶。形成的大的红色晶体经过滤、水洗，然后晾干（35g，按钼酸盐计，收率为 30%）[59]。

### 3.2.4.8　9-钼-3-钒磷酸 $H_6[PMo_9V_3O_{40}]$

将 $Na_2HPO_4$（7.1g，0.050mol）溶于水（50mL）中，并与预先加热溶解于水（200mL）中的偏钒酸钠（36.6g，0.30mol）混合，向冷却后的上述混合物中加入浓硫酸（5mL），溶液转变为桃红色，将 $Na_2MoO_4 \cdot 2H_2O$（54.4g，0.225mol）溶于水（150mL）中，并与上述溶液混合，然后在剧烈搅拌下缓慢加入浓硫酸（85mL）。将热的溶液冷却至室温，将游离酸用乙醚（400mL）萃取，杂多酸乙醚配合物位于中层。分离后向乙醚配合物的溶液中吹入空气除去乙醚，剩下的红色固体物溶于水（40mL）中，并在真空干燥器中在浓硫酸上浓缩至形成晶体，过滤、水洗得到红色结晶（得量 7.2g）[59]。

### 3.2.4.9　6-钨-6-钼磷酸 $H_3PW_6Mo_6O_{40} \cdot nH_2O$

将 15.00g $Na_2WO_4 \cdot 2H_2O$、7.95g $(NH_4)_6Mo_7O_{24} \cdot 4H_2O$ 和 2.38g $NaH_2PO_4$ 溶解于 66.7mL 去离子水中，控制一定酸度，在 80℃下搅拌反应 3h 后浓缩到 27mL，加入 33.5mL 24% HCl，转移到 250mL 分液漏斗中，用等体积的乙醚萃取。溶液分成三层，取最下层亮黄色油状杂多酸醚合物，80℃下水浴蒸除乙醚，180℃下干燥 4h，即得 $H_3PW_6Mo_6O_{40} \cdot nH_2O$，收率约为 87.35%[61]。

### 3.2.4.10　11-钼-1-钒硅酸 $H_5SiMo_{11}VO_{40} \cdot 17H_2O$

将 8.4g $Na_2SiO_3 \cdot 9H_2O$ 溶于 50mL 蒸馏水、80.0g $Na_2MoO_4 \cdot 2H_2O$ 溶于 200mL 蒸馏水，将此两种溶液混合，加热至沸，反应 30min，3.5g $NH_4VO_3$ 溶于 80mL 蒸馏水，并将该溶液在搅拌下加入上述混合液中，在 90℃反应 30min，停止加热；边搅拌边加入 1:1（体积）$H_2SO_4$ 至溶液 pH 约 2，溶液颜色由浅黄到橘红最后变成深红色溶液，并继续搅拌至室温，将溶液转入分液漏斗，加 100mL 乙醚于混合液中，充分振荡后，再加入 90mL 1:1（体积）$H_2SO_4$ 振荡，静置，收集下层深红色油珠状物质，吹除乙醚，加入少量蒸馏水，置于真空干燥器中，直到晶体完全析出，用水进行重结晶，干燥，得鲜橘红色产品 38.0g，产率为 60.7%[62]。

### 3.2.4.11　11-钨-1-钒硅酸 $H_5SiW_{11}VO_{40} \cdot 17H_2O$

原料用量为：8.4g $Na_2SiO_3 \cdot 9H_2O$，109.0g $Na_2WO_4 \cdot 2H_2O$，3.5g $NH_4VO_3$，其合成方法参照 $H_5SiMo_{11}VO_{40} \cdot 17H_2O$ 的制备，反应结束后，收集下层橘黄色油珠状物质，除乙醚，加少量蒸馏水，真空干燥结晶，重结晶，再干燥，得橘黄色产品 48.8g，产率为 53.2%[62]。

### 3.2.4.12　9-钨-3-钒硒酸 $H_7SeW_9V_3O_{40} \cdot 23H_2O$

取 16.5g $Na_2WO_4 \cdot 2H_2O$ 溶于 50mL 水中，在不断搅拌下滴加 4mL 1:1 $H_2SO_4$，加

热至沸后，在不断搅拌下加入含 1.2g $H_2SeO_3$ 和 4.8g $NaVO_3 \cdot 2H_2O$ 的混合液 30mL，用 1：1 $H_2SO_4$ 调其 pH＝3～4，微沸下反应 1h 后，滴加 40mL 1：1 $H_2SO_4$，用冷水浴迅速冷却后，用乙醚萃取出橙褐色醚合物，除醚后即得产物[63]。

### 3.2.4.13    11-钨钒锗酸 $H_5GeW_{11}VO_{40} \cdot 22H_2O$

取 0.6g $GeO_2$ 溶于 20mL 5% NaOH 中，向其加入含 1.0g $NaVO_3 \cdot 2H_2O$ 的水溶液 30mL，用 1：1 $H_2SO_4$ 调其 pH≈6，在不断搅拌下，加热至 80℃，反应 1h 后，向上述反应液中滴加含 21g $Na_2WO_4 \cdot 2H_2O$ 的热水溶液 50mL，用 1：1 $H_2SO_4$ 调其 pH 为 2.0～2.5，然后加热至沸，盖上表面皿，微沸 2～4h 后，冷却反应液，在硫酸介质中用乙醚萃取。将醚合物溶于少量水，保存在浓硫酸干燥器中，析出橙黄色多面体晶体[64]。

### 3.2.4.14    11-钼钒锗酸 $H_5GeMo_{11}VO_{40} \cdot 24H_2O$

取 0.8g $GeO_2$ 溶于 20mL 5% NaOH 中，在不断搅拌下，向其加入含 1.4g $NaVO_3 \cdot 2H_2O$ 的水溶液 30mL，加热 30min 后，向上述反应液中滴加含 20g $Na_2MoO_4 \cdot 2H_2O$ 的热水溶液 50mL，用 1：1 $H_2SO_4$ 调其 pH 为 1.0～1.5，然后加热至 90℃，盖上表面皿，反应 2h 后，冷却反应液，在硫酸介质中用乙醚萃取。将醚合物溶于少量水，保存在浓硫酸干燥器中，析出橙色多面体晶体[65]。

### 3.2.4.15    6-钼-6-钨镓酸 $H_5GaMo_6W_6O_{40} \cdot 14H_2O$

取 8.3g $Na_2MoO_4 \cdot 2H_2O$ 溶于一定量水中，用 HAc 调至 pH＝5～6，搅拌下滴加计量比的 $Ga_2(SO_4)_3$ 溶液，反应一段时间后，将 11.3g $Na_2WO_4 \cdot 2H_2O$ 溶于热水中，酸化至 pH＝6.3 后，滴加至上述混合液中，以 1：1 $H_2SO_4$ 酸化至 pH＝2.8～3.2，加热至 90℃，反应 4～6h。冷却后，用乙醚萃取，向醚合物中加入少量水，置于真空干燥器中，得到黄色晶体[66]。

### 3.2.4.16    11-钨锌合铝 $H_7[Al(H_2O)ZnW_{11}O_{39}] \cdot 12H_2O$

取 36.3g $Na_2WO_4 \cdot 2H_2O$ 溶于 200mL 水中，用 HAc 调 pH＝6.3 后，加热至沸。在不断搅拌下，滴加 0.01mol $Zn^{2+}$ 的水溶液（2.9g $ZnSO_4 \cdot 7H_2O$ 溶于 40mL $H_2O$）。反应一段时间后，边搅拌边滴加 0.01mol $Al^{3+}$ 水溶液[3.8g $Al(NO_3)_3 \cdot 9H_2O$ 溶于 30mL $H_2O$]，调 pH 为 5.0。继续反应 1.5h 后，冷却，加无水乙醇后有无色油状物析出。将此油状物用溶解-冷冻法提纯 3 次后，溶于 80mL 水中，在 H 型阳离子交换树脂柱上交换至溶液的 pH＜1 时，用冷冻法制得固体杂多酸[67]。

### 3.2.4.17    $H_xPVAs_{0.2}Mo_{10}O_y$

准确称量定量的 $MoO_3$、$H_3PO_4$（85%）、$V_2O_5$、$As_2O_5$，和 130mL 去离子水混合，在 70～80℃ 下回流 72h，待反应物完全溶解后，得红色的 $H_xPAs_{0.2}Mo_{10}VO_y$ 杂多酸溶液。在 60℃ 下分别把定量的 0.08mol/L $Fe(NO_3)_3$、$Co(NO_3)_2$、$Ni(NO_3)_2$ 和 $Cu(NO_3)_2$ 溶液滴加到 $H_xPAs_{0.2}Mo_{10}VO_y$ 杂多酸溶液中，同时不断搅拌，合成 $M_{0.2}H_xPAs_{0.2}Mo_{10}VO_y$（M＝$Fe^{3+}$、$Co^{2+}$、$Ni^{2+}$ 和 $Cu^{2+}$）系列杂多化合物催化剂（M-HPC）[67]。

### 3.2.4.18    钨钼铌锗杂多酸 $H_5GeW_{10}MoNbO_{40} \cdot 20H_2O$

(1) $Na_{10}GeW_9O_{34} \cdot 15H_2O$ 的合成    称取 1.6g $GeO_2$ 溶于热的 10% NaOH 溶液，将钨酸钠水溶液（45.6g $Na_2WO_4 \cdot 2H_2O$ 溶于 100mL 热水）加入上述溶液，用 1：1 HCl 调 pH≈6，加热回流，反应 1h。然后将碳酸钠溶液（15g 无水 $Na_2CO_3$ 溶于 50mL 热水）加入到上述溶液，此时 pH≈8，将整个溶液加热浓缩至约 100mL，保持温热并搅拌，冷却后加少量乙醇，出现白色沉淀。置于冰箱中，一天后抽滤，干燥。

(2) $K_7HNb_6O_{19} \cdot 15H_2O$ 的合成    称取 10g $K_2CO_3$ 和 1.5g $Nb_2O_5$ 置于白金坩埚中熔至熔体清澈透明（在 1000℃ 灼烧约 50min），冷却后，用热水浸取熔块，过滤，缓慢蒸发滤液，析出白色晶体。抽滤后，将粗产品溶于一定量的 pH≈9 的 HAc-KAc 缓冲溶液中进行重结晶，得到白色针状晶体。

（3）$H_5GeW_{10}MoNbO_{40} \cdot 20H_2O$ 的合成　将 24.0g $Na_{10}GeW_9O_{34} \cdot 15H_2O$ 溶于 200mL 热水中，加入 2.0g $Na_2MoO_4 \cdot 2H_2O$ 和 2.8g $Na_2WO_4 \cdot 2H_2O$，用 1∶1 HCl 调 pH≈5，在不断搅拌下加热到 95℃，反应 30min 后加入 2.0g $K_7HNb_6O_{19} \cdot 15H_2O$，用 1∶1 HCl 调 pH=1.5，加热回流 2h 后，过滤并冷却，此时溶液呈浅黄色，在 HCl 介质中用乙醚萃取，得到浅黄色油状醚合物，往醚合物中加少量水，驱走乙醚，置于干燥器内结晶[68]。

### 3.2.4.19　18-钨-2-磷酸 $H_6[P_2W_{18}O_{62}]$

将 $Na_2WO_4 \cdot 2H_2O$(150g)溶解于热水（150mL）中，然后在强烈搅拌下加入 $H_3PO_4$ 的水溶液（85%，125mL）和水（30mL），将溶液回流 5h，随时补加水使体积保持在 250mL。为防止还原，应向浅黄色溶液中加入少量 $HNO_3$。将溶液蒸发至出现晶膜，冷却至 0℃并过滤出沉淀。将析出物溶于 30mL 水中，并在室温重结晶，产品用乙醚萃取，在水中重结晶，得到黄色结晶的 $H_6[P_2W_{18}O_{62}] \cdot 32H_2O$[69,70]。

### 3.2.4.20　17-钨-1-钒-2 磷酸 $H_7P_2W_{17}VO_{62}$

按 Dawson 型磷钨钒杂多酸化学式 $H_7P_2W_{17}VO_{62}$ 中的化学计量比称取一定量的 $Na_2WO_4 \cdot 2H_2O$ 溶于 100mL 水中，再加入一定量的 $NH_4H_2PO_4 \cdot 2H_2O$，再次加水 100mL，然后加入稀硫酸调节 pH 值 3.5，加入化学计量的 $NH_4VO_3 \cdot 2H_2O$ 溶液，再次用稀硫酸调节 pH 值 3.5，加热回流 6.0～8.0h，热抽滤，将冷却后的滤液全部转移至分液漏斗中，并加入 300mL 乙醚，逐滴加入稀硫酸直至无萃取液滴落为止。充分振荡，静置后分三层，分出下层红色油状液。用乙醚重复操作 2～3 次。将几次下层油状物合并于烧瓶中，常压蒸馏回收溶剂，然后取出固体，自然晾干，最后用红外灯干燥，得到红棕色固体[71]。

### 3.2.4.21　17-钼-1-钒-2-磷酸 $H_7[P_2Mo_{17}VO_{62}] \cdot 39H_2O$

磁力搅拌和 pH 计监测下，在 1.2g 偏钒酸铵（0.01mol）的 100mL 水溶液中，加入 25mL 磷酸二氢钠溶液（3.2g，0.02mol），滴加 1∶1 硫酸调节 pH 约 4，再加入 75mL 钼酸钠溶液（41.2g，0.17mol），滴加 1∶1 硫酸调节 pH3.60，回流 8h。冷却后移入分液漏斗，加入 150mL 乙醚。分次少量加入 1∶1 硫酸，振荡，静置后分三层，下层红色油状物为杂多酸的醚合物。电吹风冷风快速吹除乙醚，得粉末状产物；或用向杂多酸的醚合物中加入少量水，置真空干燥器中的缓慢除醚法，得到的产物具有明显的晶型，可在 0.5% 的硫酸溶液中进行重结晶，得到产物 $H_7[P_2Mo_{17}VO_{62}] \cdot 39H_2O$[72]。

## 3.2.5　杂多酸合成的新进展

近年来，新合成的多酸化合物在尺寸上有惊人的增长[73~76]。高核多酸簇合物的合成是一重要的发展趋势。构筑新型的高核多酸簇合物或具有"纳米尺寸"的超大金属-氧簇，标志着无机化合物的分子结构研究已经从小分子研究跃入到具有蛋白质尺寸的大分子体系研究领域中。迄今为止，最大的钼簇是 Müller 等人报道的 $Na_{48}[H_xMo_{368}O_{1032}(H_2O)_{240}(SO_4)_{48}] \cdot ca.1000H_2O$[77]，最大的钨簇是 Pope 等人报道的含有稀土的多钨酸盐化合物 $\{As^{III}_{12}Ce^{II}_{16}(H_2O)_{36}W_{148}O_{524}\}$[78]。常规合成路线有利于在溶液中控制簇合物的生长，迄今为止，已报道的超大型多酸簇合物大多是用这种方法来合成的。

在制备这类高核多酸簇的过程中，常规合成方法通常采用两种不同的合成策略，即一步法和分步法（建筑块法）。一步法通常是指从简单的金属酸盐（例如 $WO_4^{2-}$，$MoO_4^{2-}$ 等）出发，同非金属氧化物或含氧酸根离子以及还原剂在适当的酸性条件下反应，自组装形成高核聚集体的过程。前面提到的具有最大尺寸的多酸钼簇和多酸钨簇都是采用这种方法制备的[77,78]。分步法是首先合成各种缺位多酸作为基本建筑块，再引入桥联片段，形成更高核簇的过程，这种合成策略又常被称为建筑块构筑策略。其中桥联片段包括简单的 $\{WO_x\}_n$ 桥联片段、稀土离子或过渡金属离子、多核过渡金属簇等，这些桥联片段在反应过程中起到连接剂的作用。虽然这种合成方法相对复杂，但是由于可供选择的缺位多酸盐十分丰富，因此在合成中可以进行更多的人为设计和调控，有望对最终结果实现有效控制，从而更具可行性。

Müller 等人报道了一系列大型钼簇[79]，极大地丰富了多酸化学。他们的主要合成策略是采用一步法，通过常规手段，逐级酸化钼酸根离子进而得到大型钼簇。在合成过程中，钼酸根离子可以逐级酸化成大小不同的钼簇片段，然后这些片段进一步组装成更大的钼簇。在大型钼簇的合成过程中，pH 的控制很重要。另外，适量地使用还原剂可以有效地防止钼簇在合成过程中发生交联。常用的还原剂有金属离子（如 Mo，Cu，Zn 和 Hg 等）、$B_2H_6$、$NaBH_4$、$N_2H_4$、$NH_2OH$、$H_2S$、$SO_2$、$SO_3^{2-}$、$S_2O_4^{2-}$、$S_2O_3^{2-}$、$SnCl_2$、$MoCl_5$、$MoOCl_5^{2-}$ 等。一步合成策略虽然简单易行，但是给研究反应机理带来一定的困难。

多年来，人们一直有一种想法，希望能采用事先预定的建筑单元靠自组装的方法构筑人们想要的新奇化合物，因此分步合成策略，即建筑块策略逐渐地发展起来，而且在高核多酸簇化学中占有举足轻重的地位。在建筑块策略中，需要在反应过程中引入不同的桥联单元。2001 年，Kortz 等人采用建筑块策略，并且引入简单的 $\{WO_x\}_n$ 桥联单元，合成了迄今为止最大的钨砷酸盐簇 $[As_6^{III}W_{65}^{II}O_{217}(H_2O)_7]^{26-}$[80]。这一化合物是由 $[As_2^{III}W_{19}^{II}O_{67}(H_2O)]^{14-}$ 在 pH 为 1.5~2.0 的反应溶液中加热煮沸得到的。在反应过程中，$[As_2^{III}W_{19}^{II}O_{67}(H_2O)]^{14-}$ 发生部分降解，产生各种新的 $\{W_xO_y\}$ 片段，并最终组装成高核钨簇。$[As_2^{III}W_{19}^{II}O_{67}(H_2O)]^{14-}$ 的重组，可能是由于反应中 W 的大量存在，给多阴离子片段的进一步重组提供了充足的配位环境。在此过程中，pH 的控制很重要。另外，缺位建筑块的选择尤为重要，$[As_2^{III}W_{19}^{II}O_{67}(H_2O)]^{14-}$ 是一种容易制备但其结构稳定性强烈依赖于 pH 的缺位多酸，通过改变 pH，其可以发生不同程度的降解，使得最终的产物结构迥异，非常适于用作中间体来构筑各种新型的高核簇。

Cadot 等人采用建筑块合成策略，以 $\{Mo_2O_2S_2(H_2O)_2\}^{2+}$ 簇作为桥联片段，合成了以 Dawson 结构为基础的环形硫代多酸簇合物 $[(\alpha-H_2P_2W_{15}O_{50})_4\{Mo_2O_2S_2(H_2O)_2\}_4\{Mo_4S_4O_4(OH)_2(H_2O)_2\}]^{28+}$[81]，它的直径约 3nm，是由具有建筑块功能的 $\{Mo_2O_2S_2\}^{2+}$ 和三缺位的 $\alpha-[P_2W_{15}O_{56}]^{12-}$ 相连而成的大型四聚的多酸簇合物。在 $\{Mo_2O_2S_2(H_2O)_2\}^{2+}$ 中，Mo—OH—Mo 桥有助于四聚簇的生成，羧基桥使缺位多酸建筑块之间的键连得更加牢固，$\{Mo_2O_2S_2(H_2O)_2\}^{2+}$ 不是现成的配体，是 $K_2[N(CH_3)_4]_{0.75}[Mo_{10}S_{10}O_{10}(OH)_{10}(H_2O)_5]\cdot15H_2O$ 在 HCl 中生成的。合成这种环形或球形的簇合物，要求所选择的连接剂具有以下特点：带正电荷，带有羟基桥或其他基团，建筑块物质不一定是现成的配体。由建筑块 $\{(Mo)Mo_5\}$ 出发，可构筑巨球形和环形分子。另一方面，以稀土离子作为桥联片段的例子有很多，最有代表性的是 Yamase 等人报道的通过碱金属离子的调控，以 $Eu^{3+}$ 为桥联单元构筑的奇特的环形冠状超分子[82]。在合成过程中，碱金属离子充当模板剂，这种构型的多酸簇合物之所以能够合成，很大程度上是这种碱金属离子模板作用的结果。当采用钾离子为模板时，6 个 Eu 离子同 6 个 $\{AsW_9O_{33}\}$ 连接形成具有十二元环结构的化合物 $[K\subset\{(Eu\subset H_2O)_2(\alpha-AsW_9O_{33})\}_6]^{35-}$。而使用 Cs 离子为模板时，4 个 Eu 离子同 4 个 $\{AsW_9O_{33}\}$ 连接形成八元环的化合物 $[Cs\subset\{(Eu\subset H_2O)_2(\alpha-AsW_9O_{33})\}_4]^{23-}$。

综上所述，在选择建筑块的时候有以下几点可以遵循。第一，建筑块要有尽可能多的缺位点，这样就会有很多活性氧暴露在外面，有利于与桥联单元的进一步组装。如 $[P_2W_{12}O_{48}]^{14-}$，它有六个缺位点，相当于一个六齿配体，是一个非常优秀的建筑块[83,84]。第二，建筑块要对 pH 敏感，通过改变 pH，多酸建筑块可以发生不同程度的构型转变，这样有利于新颖结构簇合物的生产。如 $[\gamma-SiW_{10}O_{36}]^{8-}$，它在不同的 pH 下可以发生聚合化、异构化等多种转变，因此在引入这种建筑块以后，多酸的反应体系是十分活跃的[85~87]。第三，适当地使用碱金属或者碱土金属离子作为模板剂，进一步稳定簇合物的结构。

由于过渡金属及其配合物的引入，多金属氧酸盐的修饰化学迅速发展起来，成为又一热点研究领域。以往多酸化学多是基于多酸孤立簇的研究，而多酸修饰化学的目的是将传统的多金属氧酸盐进行衍生和功能化。目前，对多金属氧酸盐进行修饰，主要有以下方法。

（1）通过引入低价态的元素取代高氧化态的 W、Mo 或 V，改善富氧的多金属氧簇表面，使其带有较多的负电荷，使表面氧原子活化，增强其亲核能力，进而被各种有机或金属有机基团修饰；比如经典的 Keggin 结构阴离子 $[PW_{12}O_{40}]^{3-}$，本身只带有三个负电荷，其亲核能力是非常弱的。如果以 $Cu^{2+}$ 取代 $W^{VI}$，形成 $[PW_{11}CuO_{40}]^{7-}$，就带有了七个负电荷，和金属配合物结合能力大大增强，形成结构新颖的金属氧簇合物。引入的低价态元素可以是 $Cu^{2+}$、$Zn^{2+}$、$Co^{2+}$、$Ni^{2+}$、$Fe^{2+}$、$V^{IV}$ 和 $Ti^{3+}$ 等过渡金属，也可以是 $As^{III}$ 和 $Sb^{III}$ 等主族元素，这类化合物以钨氧簇为主，钼氧和钒氧簇相对较少。

（2）使用还原剂将骨架上的高价态金属中心还原形成低价态金属中心的杂多蓝（heteropoly blue，简称 HPB），以增强杂多阴离子的亲核性；然后，通过引入无机帽单元或配合物结构单元，可以稳定亚稳态或高活性的多金属氧酸盐。常见的还原剂有草酸、有机胺、羟胺、水合肼等。引入的无机帽最常见的是 $\{VO\}$ 单元；还可以是过渡金属的配合物，如配合物的中心离子通常为过渡金属 Cu、Ni、Ag、Co、Zn、Mo 和稀土金属 Ln，甚至是主族元素 $As^{III}$ 和 $Sb^{III}$。由于 $W^{IV}$ 相对于 $Mo^{IV}$ 来说较难还原，所以这类化合物以杂多钼酸盐为主，杂多钨酸盐则很少。

（3）利用被修饰的多金属氧酸盐衍生物作为次级建筑单元（secondary building unit，简称 SBU），利用其表面众多的氧原子和金属离子配位，从而构筑更高维度的分子框架和树枝状分子网络——簇聚物（polymer of cluster）。在上述两种产物的基础上，引入过渡金属离子和有机配体形成的配合物结构单元组装成各种各样的拓展结构的化合物。金属离子与有机配体的配位往往具有比较明确的方向性，因此金属离子的配位习性（主要是指配位构型和配位能力），以及有机配体的结构（配位点 N 或 O 原子的位置及个数）与配位特性，往往对产物的结构起主导作用。因此，要实现特定结构簇聚物的组装，必须考虑金属离子与有机配体的配位连接结构这一重要因素。

（4）在当今无机化学领域，最热门的一个分支就是金属-有机骨架配位聚合物（简称 MOFs），在合成 MOFs 的时候引入具有纳米尺寸的多金属氧酸盐阴离子（POMs）作为结构导向剂，二者相结合可以得到一类新的功能杂化物（POMOFs）。在这类杂化物中，多金属氧酸盐作为非配位的客体，通过超分子作用填充到微孔金属-有机框架的孔道中。通过阳离子-阴离子作用及氢键来控制化合物的结构从而合成金属有机主体-阴离子客体多孔材料。在该类化合物中多阴离子同时起到补偿电荷和填充孔道的作用。与简单的阴离子模板相比，多金属氧酸盐具有更多的优点：更大的体积以及更加多样性的拓扑有利于得到多样性的大孔；高的负电荷更适合作为金属有机主体的客体单元。利用该策略，许多主客体多酸化合物被相继合成出来，实现了 POMs 与 MOFs 两个热点领域的完美结合。

在水热技术引入杂多酸合成的初期，以前两种方法为主，合成了众多的取代型、支撑型和戴帽型等非经典结构的金属氧簇。随着研究的不断深入，后两种方法逐渐占据了主导，尤其是 POMOFs 的合成。

## 3.3 杂多酸的质子导电性

1979 年，Nakamura 等[88]首先报道了杂多酸的质子导电性，25℃时，$H_3PW_{12}O_{40} \cdot 28H_2O$ 的电导率与 2mol/L $H_3PO_4$ 水溶液的电导率相似。由于其相当高的质子导电性，杂多酸在燃料电池、传感器、电显色装置等有潜在的应用前景，引起了人们的广泛重视[89]。

自从发现了杂多酸的质子导电性以后，人们从各个角度研究了其导电性，主要表现为以下几个方面。

（1）合成新型杂多酸并对其电导率进行测量。

（2）考察影响杂多酸质子导电性的因素：质子数，结晶水，相对湿度，温度等。

（3）对杂多酸的实际应用进行研究。

（4）对杂多酸质子导电的机理进行研究。

杂多酸固体含有大量的结晶水，结晶水在杂多阴离子之间形成氢键系统。具有高质子导电性的多金属氧酸盐中的质子正是通过氢键网作为导电的通道进行传递的，所以质子的数量与氢键网的建立是否完善是导电性强弱的关键[90,91]。某些环境因素，如温度、相对湿度等对杂多酸结晶水数目的影响非常大，杂多酸在一定条件下极易失去结晶水，导致电导率迅速降低，使它的应用受到了限制。所以说，增加杂多酸的稳定性对于保证其高质子导电性至关重要，同时也会使杂多化合物在应用方面有突破性进展。

随着新型杂多酸的不断合成，杂多酸的质子导电性研究取得了重要进展。系统地总结不同杂多酸的导电性可以对新材料的设计提供帮助。表 3-1 总结了近几年来关于杂多酸电导率的研究成果。

表 3-1    部分杂多酸的电导率

| 化合物 | 电导率/(S/cm) | 参考文献 |
|---|---|---|
| $H_5GeW_9Mo_2VO_{40} \cdot 22H_2O$ | $2.79 \times 10^{-4}$, 18℃ | 92 |
| $H_5GeMo_{11}VO_{40} \cdot 24H_2O$ | $2.03 \times 10^{-4}$, 18℃ | 93 |
| $H_5GeW_{11}VO_{40} \cdot 22H_2O$ | $2.43 \times 10^{-3}$, 18℃ | 94 |
| $H_7SeW_9V_3O_{40} \cdot 23H_2O$ | $6.25 \times 10^{-4}$, 18℃ | 95 |
| $H_6GeW_{10}V_2O_{40} \cdot 22H_2O$ | $1.20 \times 10^{-2}$, 16℃ | 96 |
| $H_7[Al(H_2O)CoW_{11}O_{39}] \cdot 14H_2O$ | $2.74 \times 10^{-4}$, 18℃ | 97 |
| $H_6[Fe(H_2O)CrW_{11}O_{39}] \cdot 14H_2O$ | $3.89 \times 10^{-3}$, 20℃ | 98 |
| $H_6[Al(H_2O)FeW_{11}O_{39}] \cdot 14H_2O$ | $4.07 \times 10^{-4}$, 18℃ | 99 |
| $H_7[Al(H_2O)ZnW_{11}O_{39}] \cdot 12H_2O$ | $1.37 \times 10^{-4}$, 18℃ | 100 |
| $H_6[In(H_2O)CrW_{11}O_{39}] \cdot 11H_2O$ | $1.15 \times 10^{-3}$, 16℃ | 101 |
| $H_7[In(H_2O)CoW_{11}O_{39}] \cdot 14H_2O$ | $6.64 \times 10^{-3}$, 18℃ | 102 |
| $H_4[Ti(H_2O)TiW_{11}O_{39}] \cdot 7H_2O$ | $1.39 \times 10^{-3}$, 16℃ | 103 |
| $H_5[Ga(H_2O)ZrW_{11}O_{39}] \cdot 14H_2O$ | $8.76 \times 10^{-4}$, 16℃ | 104 |
| $H_3PW_{12}O_{40} \cdot 21H_2O$ | $1.8 \times 10^{-3}$, 30℃ | 105 |
| $H_5GeW_{10}MoO_{40} \cdot 21H_2O$ | $3.58 \times 10^{-4}$, 18℃ | 106 |
| $H_4PVW_{11}O_{40} \cdot 27H_2O$ | $1.96 \times 10^{-2}$, 30℃ | |
| $H_5PV_2W_{10}O_{40} \cdot 34H_2O$ | $2.23 \times 10^{-2}$, 30℃ | 107 |
| $H_6PV_3W_9O_{40} \cdot 36H_2O$ | $2.19 \times 10^{-2}$, 30℃ | |
| $H_3PW_{12}O_{40} \cdot 6.5H_2O$ | $1.2 \times 10^{-5}$, 20℃ | |
| $H_3PW_{12}O_{40} \cdot 23H_2O$ | $1.3 \times 10^{-3}$, 20℃ | |
| $H_4SiW_{12}O_{40} \cdot 9H_2O$ | $4.8 \times 10^{-4}$, 20℃ | 108 |
| $H_4SiW_{12}O_{40} \cdot 18H_2O$ | $1 \times 10^{-2}$, 20℃ | |
| $H_5GaW_{12}O_{40} \cdot 10H_2O$ | $4.1 \times 10^{-6}$, 20℃ | |
| $H_5GaW_{12}O_{40} \cdot 13H_2O$ | $5.3 \times 10^{-4}$, 20℃ | |
| $H_3PW_{12}O_{40} \cdot 29H_2O$ | $1.7 \times 10^{-1}$, 20℃ | 88 |
| $H_3PMo_{12}O_{40} \cdot 29H_2O$ | $1.8 \times 10^{-1}$, 20℃ | |
| $H_4SiW_{12}O_{40} \cdot 7H_2O$ | $8.00 \times 10^{-5}$, 20℃ | |
| $H_4SiW_{12}O_{40} \cdot 12H_2O$ | $3.20 \times 10^{-3}$, 20℃ | |
| $H_4SiW_{12}O_{40} \cdot 15.8H_2O$ | $5.50 \times 10^{-3}$, 20℃ | 109 |
| $H_4SiW_{12}O_{40} \cdot 22H_2O$ | $2.9 \times 10^{-2}$, 20℃ | |

从表 3-1 可以看出，近年来杂多酸的导电性研究进展比较迅速，研究的领域也有所扩大：①从最初的二元杂多酸，已经发展到了三元杂多酸甚至四元杂多酸；②结构已经不仅局限于简单的二元 Keggin 结构，取代型杂多酸的研究有了很大的进展，结构中出现了直接连接在骨架结构上的结构水；③对一些非 Keggin 结构的杂多酸（如 Dawson 结构）也进行了研究。

杂多酸的质子导电性的一些规律如下。

（1）在 20～95℃ 之间，结晶水分子的流动性会随着温度的升高而增加，从而使电导率增加。而高于此温度时，即使相对湿度很大，水的脱附不可避免，导致电导率下降。杂多酸的"假液相"行为与结构中水分子的存在密不可分，因此，影响水分子存在因素（如：温度，相对湿度）都会影响杂多酸的电导率。一般而言，在低温（小于 100℃）下，温度越高，湿度越大，杂多酸的电导率越高。

（2）杂多酸的电导率与结晶水的数目有关。对于同一物质来说，结晶水数目越多，电导率越大。这是因为氢键系统是质子导电的通道，在低水合物中，氢键系统不能像在高水合物中建立得那样完全，导致了导电性有差异。

（3）杂多酸在室温下的电导率很高，但在高温条件下极易失去结晶水，从而导致电导率迅速降低。过渡金属取代的化合物不仅具有与其他杂多酸相同的结晶水，而且在杂多阴离子内部还存在结构水和配位水，这种水不易失去。随着取代原子数目和结构水数目的增多，氢键网络建立得好，则电导率增大，导电性增强。过渡金属取代后，杂多阴离子的电荷也明显增加，有利于提高电导率。

（4）从表 3-1 中还可以看出，研究的大多是 Keggin 结构的杂多酸，只有极少数是研究 Dawson 结构的，因为这两类结构的杂多酸能以酸或酸式盐形式存在，从而形成质子导电，而其他结构的杂多酸不稳定，无法形成质子导电。

最近杂多酸酸式盐质子导体也被研究讨论。Matsuda[110]等通过机械球磨法得到一种质子导体固体酸材料。他们将含铯氧酸盐（$Cs_2SO_4$，$Cs_2CO_3$ 或 $CsHSO_4$）和钨磷酸（$H_3PW_{12}O_{40} \cdot 6H_2O$，$WPA_6$）混合搅拌得到部分取代的 $Cs_xH_{3-x}PW_{12}O_{40}$ 配合物。该配合物无论是在潮湿还是干燥的条件下，化学稳定性和质子电导率都有明显的提高。另外，制得的 $90CsHSO_4 \cdot 10WPA_6$（摩尔分数）复合材料从室温到 180℃ 之间都具有高的电导率。在干燥条件下，100℃ 时的电导率达到 $3.3 \times 10^{-3}S/cm$，比纯的 $CsHSO_4$ 和 $WPA_6$ 都要高。$CsHSO_4$-$WPA_6$ 的电导率与在材料中的—O(H)…O 的氢键距离有很大的关系。

虽然杂多酸的电导率较高，但在实用化过程中遇到了重大的麻烦，主要是结晶水不稳定，容易失去，从而导致电导率迅速降低。另外，具体的使用过程中要求质子电解质有一定的稳定性和机械延展性能（如成膜）。这些问题的存在使得杂多酸作为质子导电材料的应用受到了很大的限制。如果在保持电导率的情况下，使杂多酸均匀分散或固载在固体基质上，同时这种基质具有一定的可塑性，则可以解决以上问题。

# 3.4　含有杂多酸的无机基质复合材料的质子导电性

用于与杂多酸复合的无机基质，常常以各种多孔的、不同形貌的硅氧化物为主。二氧化硅比较适合于做杂多酸复合高质子导体材料的基质，这是因为：①氧化硅的表面 pH 值相对较低（pH=5），而其他氧化物如氧化铝较高（pH=9），由于较高的表面 pH 值容易捕获质子而使质子不容易迁移；②在用溶胶-凝胶法制备二氧化硅凝胶的过程中，常用 HCl 或 $HNO_3$ 等做硅酸乙酯的水解催化剂。杂多酸本身就是固体超强酸，可作为水解的催化剂，所以在制备二氧化硅凝胶的过程中并不需要加 HCl 或 $HNO_3$ 等常用的水解催化剂。这非常有利于杂多酸的均匀分散,从而实现杂多酸的固载。

含杂多酸的无机复合材料的研究主要集中在不同杂多酸与硅的氧化物复合材料上,而且基本上都出现溶胶-凝胶过程。由溶胶-凝胶法制得的氧化硅具有以下特点:①溶胶-凝胶法制得的氧化硅表观上是固体,但由于其具有大量的介孔和微孔,能吸附大量液态的水,从而使一些液态成分可存在其中,这些微孔的液体部分使二氧化硅凝胶具有了液体特性,呈现"假液相",这些液态的水有利于质子的传输;②溶胶-凝胶法制得的氧化硅骨架上有大量的硅羟基(Si—OH),这些硅羟基在一定程度上也提供了质子,从而有利于质子的传输;③溶胶-凝胶过程使得杂多酸与氧化硅的复合材料成膜性能良好,因为可以通过旋涂、浸涂等方法使得溶胶均匀分散,再在一定条件下凝胶固化成膜。对于含杂多酸无机复合材料:①溶胶-凝胶过程均匀地分散了杂多酸,但由于溶胶-凝胶过程与杂多酸的量,硅源的种类与量,水量,醇量,温度等因素密切相关;②已报道的杂多酸无机复合材料中,杂多酸基本上都是随机分散的,如果通过某种手段使得杂多酸在纳米尺度定向、均匀地分散,如能在基质上实现不同形貌杂多酸的组装,如纳米线、纳米棒等将对质子传输的机理及应用研究有很大的帮助。

Staiti 等[111]利用溶胶-凝胶过程制备了钨硅酸和钨磷酸的二氧化硅复合材料。研究了湿度、杂多酸掺杂量对电导率的影响。结果表明,相对湿度越大,杂多酸的掺杂量越大,复合材料的导电性越高。同时指出,杂多酸与硅的表面有较强氢键作用,在掺杂量小于30%时,钨硅酸的电导率要高于钨磷酸(由于钨硅酸有较多的质子),而在45%的掺杂量时,钨磷酸的电导率要高于钨硅酸(由于部分钨磷酸并没有和硅表面相互作用)。

Uma 等[112]合成了一种新型钨磷酸质子导体玻璃膜,并研究了其结构、热性质和光化学性质。利用 TG/DTA 对其 FTIR 结构进行分析,结果显示出其孔内具有硅表面的 $\alpha$-Keggin 结构单元而不是像在纯酸中由水分子氢键结合的 $\alpha$-Keggin 结构单元。利用 Brunauer-Emmett-Teller (BET) 的方法计算的平均的孔径大小小于 3nm。因为复合物基质中含有具有耐温性能的无机骨架,所以 PWA/ZrO_2 掺杂的玻璃膜在高温下有很好的热稳定性。在 27℃、30%RH 情况下,PWA/ZrO_2-P_2O_5-SiO_2(6mol-2mol-5mol-87mol)玻璃膜 $H_2/O_2$ 燃料电池呈现出最大的能量密度 $43mW/cm^2$。结果显示杂多酸掺杂的无机玻璃膜作为一种低温燃料电池具有很好的前景。

Ahmad 等[113]利用改进的湿浸透法制备了钨磷酸和钼磷酸的 Y-沸石的复合材料,后来又以 MCM-41 分子筛作为杂多酸(HPA)的载体而得到一种复合质子导体[114]。吴庆银教授等将钨锗酸[115]、十一钨铬合铁酸[116]、十钨二钒锗酸[117]、十一钨钴合铝酸[118]、九钨二钼钒锗酸[119]等各种不同种类(二元、三元、四元)杂多酸负载在二氧化硅的表面上,将十一钨钒锗酸 SBA-15[120]分子筛进行复合,其电导率列于表 3-2。

表 3-2　部分含有杂多酸的无机基质复合材料的电导率[120]

| 杂多酸 | 无机基质 | 电导率/(S/cm) | 参考文献 |
|---|---|---|---|
| $H_3PW_{12}O_{40}$ | SiO_2 | $3.2\times10^{-3}$,25℃ | 111 |
| $H_3SiW_{12}O_{40}$ | | $2.0\times10^{-3}$,25℃ | |
| $H_3PW_{12}O_{40}$ | Y-沸石 | $1.0\times10^{-2}$,室温 | 113 |
| $H_3PMo_{12}O_{40}$ | | $1.1\times10^{-2}$,室温 | |
| $H_3PW_{12}O_{40}$ | MCM-41 分子筛 | $3.3\times10^{-5}$,25℃ | 114 |
| $H_3PMo_{12}O_{40}$ | | $3.1\times10^{-5}$,25℃ | |
| $H_4GeW_{12}O_{40}$ | SiO_2 | $4.00\times10^{-3}$,16℃ | 115 |
| $H_6Fe(H_2O)CrW_{11}O_{39}$ | SiO_2 | $1.11\times10^{-2}$,20℃ | 116 |
| $H_6GeW_{10}V_2O_{40}$ | SiO_2 | $5.37\times10^{-2}$,18℃ | 117 |
| $H_7Al(H_2O)CoW_{11}O_{39}$ | SiO_2 | $1.30\times10^{-3}$,14℃ | 118 |
| $H_5GeW_9Mo_2VO_{40}$ | SiO_2 | $1.86\times10^{-3}$,18℃ | 119 |
| $H_5GeW_{11}VO_{40}$ | SBA-15 分子筛 | $3.09\times10^{-3}$,23℃ | 120 |
| $H_3PW_{12}O_{40}$ | SiO_2 | $3.0\times10^{-3}$,30℃ | 121 |

Kima[122]等利用超强酸采用两种不同的方法：注入法和直接合成法成功制得一种置于笼中的钨磷杂多酸（TPA）。由于将 TPA 置于到 MCM-41 后需要通过洗涤处理得到 TPA-MCM-41 粉末，利用注入法时，XRD 和 SEM 表征显示大部分的 TPA 存在于 MCM-41 的外表面，堵塞孔道。因此，注入的 TPA 很容易被洗涤掉，在洗涤的过程中 TPA 的量有很大的损失。与注入法相比，直接合成法（即通过加入脱水后的钨酸钠、磷酸氢二钠和盐酸直接在 MCM-41 孔道中合成）能更好地将 TPA 置于到 MCM-41 孔道中。XRD 和 FT-IR 分析清楚地显示出在 MCM-41 的结构保持稳定的情况下，即使在洗涤处理中 TPA 也很难被过滤掉。与注入法相比，利用直接合成方法更有效地制得笼中 TPA。XRD 分析显示即使在洗涤处理后仍然有适量的 TPA 存在于 MCM-41 的孔道中。TEM 图显示，利用直接合成法得到的 TPA 在 MCM-41 孔道中分布均匀，大小在 2～4nm。并且将直接合成法制得的 TPA-MCM-41 在洗涤处理后制备成复合膜。这种膜的质子选择性与 TPA-MCM-41 的量有关。甲醇的渗透性在其中有相当大的提高。在洗涤处理后的 TPA-MCM-41 制备成的复合膜与没有经过洗涤处理的 TPA-MCM-41 制成的复合膜相比，质子选择性稍高。最后，将直接合成法得到的 TPA-MCM-41 洗涤后制成 MEA 复合膜。当 TPA-MCM-41 的含量为 4.5％（质量分数）时，这种膜与其他膜相比具有更好的电池性能。很有意思地发现，电池性能很大程度上依赖于质子的选择性。为了比较，利用煅烧过的 MCM-41 和加工过的 TPA 制得的复合膜，Nafion®115 和 casting Nafion®膜都被制得。结果证明直接合成法制得的 TPA-MCM-41 和 TPA 都提高了复合膜的质子电导率。用具有最高质子选择性的复合膜制得的 MEA 显示出更好的电池性能。

## 3.5  含有杂多酸的有机基质复合材料的质子导电性

有机高分子-多酸导电聚合物是 20 世纪 80 年代末兴起的一类新型有机-无机杂化材料。由于它兼有无机组分和有机聚合物基块的性能，并能衍生出新的导电性、光学性、耐摩擦、力学性能、功能梯度等，它现已成为材料科学和化学科学研究的前沿课题之一[123]。

有机导电聚合物如聚苯胺（PANI）、聚吡咯（PPY）、聚噻吩（PTH）等具有优良的导电性和掺杂效应；而杂多酸是优良的高质子导体，用杂多酸作掺杂剂可大幅度提高聚合物的导电性能，且杂多阴离子体积较大，嵌入到聚合物链中不易脱出，是性能优良的掺杂剂。一般来说，杂多酸与聚合物形成复合材料后，杂多酸在聚合物中仍保持其原有骨架结构，只发生轻度畸变，但聚合物与杂多阴离子存在电荷相互作用，产生了新的共轭体系。在复合物中，杂多阴离子仍保持其氧化还原可逆性，使复合材料兼具聚合物基质和掺杂剂二者的优点[124]。

聚苯胺基体通常是绝缘的，而质子化作用却能使其电导率增大几个数量级。掺杂杂多酸的聚苯胺电导率一般在 $10^{-6}$～$10^{-3}$S/cm。聚苯胺基体存在三种形式：完全氧化状态、部分氧化状态和完全还原状态，其中只有部分氧化状态与质子酸掺杂才能成为导体，而其他的状态掺杂后均是绝缘体。杂多酸作为一种高质子酸，在聚苯胺的合成反应中提供质子，并提供强酸性介质[125]。

除了上面提到的几种具有优良导电性能的复合材料外，还有一些聚合物，如聚氧化乙烯（PEO）[126]、聚乙二醇（PEG)[127]、聚乙烯吡咯烷酮（PVP）[128]等基质都可用作制备导电复合材料，表 3-3 列出了近期含有杂多酸的有机基质复合材料电导率的一些研究结果。

表 3-3　室温下部分含有杂多酸的有机基质复合材料的电导率

| 杂多酸 | 有机基质 | 电导率/(S/cm) | 参考文献 |
|---|---|---|---|
| $H_4SiW_{12}O_{40} \cdot 7H_2O$ | PEO | $6.3 \times 10^{-2}$ | 126 |
| $H_5SiMo_{11}VO_{40} \cdot 6H_2O$ | PANI | $2.50 \times 10^{-2}$ | 131 |
| $H_5SiW_{11}VO_{40} \cdot 2.5H_2O$ | | $6.14 \times 10^{-1}$ | |
| $H_4PMo_{11}VO_{40}$ | PANI | $1.34 \times 10^{-2}$ | 139 |
| $H_3PMo_{12}O_{40}$ | | $4.78 \times 10^{-4}$ | |
| $H_4SiW_{12}O_{40}$ | PANI | $6.7 \times 10^{-1}$ | 129 |
| $H_4PMo_{11}VO_{40}$ | | $1.34 \times 10^{-2}$ | |
| $H_5GeW_{11}VO_{40} \cdot 22H_2O$ | PPY | $1.24 \times 10^{-2}$ | 130 |
| $H_5GeW_{11}VO_{40} \cdot 22H_2O$ | PEG | $4.07 \times 10^{-3}$ | 127 |
| $H_3PW_{12}O_{40}(50\%)$ | PVA | $6.7 \times 10^{-4}$ | 132 |
| $H_3PW_{12}O_{40}(83\%)$ | | $1.7 \times 10^{-2}$ | |
| $H_4SiW_{12}O_{40}(50\%)$ | | $5.6 \times 10^{-4}$ | |
| $H_4SiW_{12}O_{40}(83\%)$ | | $2.0 \times 10^{-1}$ | |
| $H_5GeW_9Mo_2VO_{40} \cdot 22H_2O$ | PPY | $2.82 \times 10^{-3}$ | 133 |
| $H_4GeW_{12}O_{40}(50\%)$ | PVA | $2.84 \times 10^{-3}$ | 134 |
| $H_4GeW_{12}O_{40}(80\%)$ | | $2.11 \times 10^{-2}$ | |
| $H_3PW_{12}O_{40} \cdot 29H_2O$ | PVA | $6.27 \times 10^{-3}$ | 135 |
| $H_5GeW_9Mo_2VO_{40} \cdot 22H_2O(50\%)$ | PVA | $2.46 \times 10^{-3}$ | 136 |
| $H_5GeW_9Mo_2VO_{40} \cdot 22H_2O(80\%)$ | | $9.92 \times 10^{-3}$ | |
| $H_6[In(H_2O)CrW_{11}O_{39}] \cdot 14H_2O$ | PEG | $2.23 \times 10^{-3}$ | 138 |
| | PVP | $1.25 \times 10^{-3}$ | |
| $H_5GeW_{10}MoVO_{40} \cdot 21H_2O$ | PEG | $2.12 \times 10^{-3}$ | 137 |
| $H_7[In(H_2O)CoW_{11}O_{39}] \cdot 14H_2O$ | PEG | $7.08 \times 10^{-3}$ | 128 |
| | PVP | $1.95 \times 10^{-3}$ | |
| $H_3PW_{12}O_{40}$ | SPSF | $8.9 \times 10^{-2}$ | 140 |
| | PSF | $2.0 \times 10^{-2}$ | |
| $H_3PW_{12}O_{40}$ | BPSH | $8.0 \times 10^{-2}$ | 141 |
| $H_4SiW_{12}O_{40}$ | PMMA | $3 \times 10^{-3}$ | 142 |

注：PEO=polyethylene oxide（聚环氧乙烷）；PANI=polyaniline（聚苯胺）；PPY=polypyrrole（聚吡咯）；PEG=polyethylene glycol（聚乙二醇）；PVA=polyvinyl alcohol（聚乙烯醇）；PVP=polyvinylpyrrolidone（聚乙烯吡咯烷酮）；SPSF=sulfonated polysulfone（磺化聚砜）；PSF=polysulfone（聚砜）；BPSH=disulfonated poly(arylene ether sulfone)s［二磺酸化聚（芳醚砜）］；PMMA=poly（methyl methacrylate）（聚甲基丙烯酸甲酯）。

由表 3-3 可见：①不同杂多酸掺杂同一种聚合物，会得到电导率不同的复合材料。从总体来看，含氢多的杂多酸对提高复合材料的电导率贡献更大。电导率高的杂多酸，得到的复合材料的电导率也较高。②同样的杂多酸掺杂不同的聚合物，会得到电导率不同的复合材料。③采用不同的制备方法，会得到电导率不同的复合材料。采用不同的制备方法可以制备出具有不同导电性能乃至特殊性质的复合材料，所以说，对于提高复合材料的电导率，除了选择不同的杂多酸掺杂不同的导电聚合物之外，改进制备方法也是至关重要的。

Robitaille 等[143]利用一种人工合成的皂石类黏土：硅酸镁铝（SSA）和 12-钨磷杂多酸（PTA）合成用于作为质子交换膜的新型杂化纳米材料（PTA-SSA）。复合材料仍然保持 Keggin 型结构，其稳定温度达到 450℃。随着 PTA-SSA 中 PTA 与 SSA 的质量比从 2 增大到 5 时，PTA 在复合物中的质量分数也从 39.3％增加到 52.3％。与之前所有文献相比，在 Keggin 型结构保持不变的情况下，PTA 的含量增加了 2～3 倍。尽管高浓度的 PTA 能使得 PTA 在黏土中的负载量提高，但是光谱数据显示在这种条件下会导致黏土中硅的正四面体晶体结构部分被破坏，以及黏土层的逐渐减少。黏土层的减少可能是由于在内层区域中较大的钠原子被更小的 PTA 质子替代。电镜图显示说明作为在高分子复合材料中的纳米颗粒（30～300nm）和微粒（1～50μm）的混合体，PTA-SSA 复合物被分散在其中，尽管这种复合物很不均一。并且利用熔融挤压法在保证 Keggin 型结构不变的情况下将这些复合物掺杂到有机聚合物模板上。

最近，杂多酸酸式盐质子导体与有机基质作用得到导电复合膜也有人报道。Li[144]等利用 $Cs_{2.5}H_{0.5}PMo_{12}O_{40}$（CsPOM）与聚苯并咪唑（PBI）制得作为氢质子交换燃料电池的高导电复合质子交换膜。这种膜在经过 $H_3PO_4$ 处理后具有高的电导率（>0.15S/cm）和很好的热稳定性。

# 3.6  含有杂多酸的多元基质复合材料的质子导电性

目前，杂多酸复合材料的研究已不仅仅局限于某一种无机物（或有机物）作为复合基质，无机物-有机物、有机物-有机物、无机-无机多元复合作为复合材料的基质均已有报道。

Staiti[145]制备了 $SiO_2$ 负载 $H_4SiW_{12}O_{40}$（SiWA）的聚苯并咪唑复合膜（PBI/$SiO_2$/SiWA），固定 $SiO_2$ 和 SiWA 的质量比为 45：55，结果表明，随着无机物含量及温度的升高，质子传导率呈逐渐增长趋势，160℃，无机物含量为 70％时，可达到 $3.12×10^{-3}$S/cm，但此时膜材料的机械强度较差。XRD 的分析表明杂化膜以无定形状态存在，没有观察到 SiWA 的特征衍射峰，表明杂多酸较好地负载在二氧化硅的表面，未发生团聚。Mustarelli 等[146]制备的 PWA-$SiO_2$-PEG 杂化膜，其电导率比未添加杂多酸的杂化膜高出两个数量级。

Malers 等[147]将杂多酸（HPA）与聚偏氟乙烯-六氟丙烯（PVDF-HFP）溶于热丙酮回流后，采用旋涂法制备了 HPA/PVDF-HFP 复合膜并研究了其在燃料电池中的应用。PVDF-HFP 的玻璃化转变温度较高，不利于离子迁移，导致电导率较低。加入杂多酸共聚可以改性。对杂多酸而言，PVDF-HFP 是惰性的非离聚物，其共聚性能对于电池工业来说具有良好的加工性能。其中 $P_2W_{18}$/PVDF-HFP 的电导率高达 0.032S/cm。

Mioč等[148]利用溶胶-凝胶法制备了 $H_3PW_{12}O_{40}$（WPA）与莫来石（氧化硅与氧化铝的复合物）的三元复合材料，其电导率为 $10^{-3}$S/cm。结果表明，杂多酸在复合材料中以"自由的"和"强烈吸附的"两种形态存在，随着杂多酸的掺杂，复合材料的比表面积逐渐降低，电导率逐渐升高，而相同条件下含铝氧化物的复合材料的电导率要低于只含硅的复合材料。

Colicchioa 等[149]利用磺化聚（醚醚酮）（SPEEK）、聚乙氧基硅氧烷（polyethoxysiloxane）和钨磷酸（PWA）制得杂化磺化聚（醚醚酮）/硅石/钨磷酸复合膜。他们利用硅石替代对应的四乙氧基硅烷（PEOS）单体作为前驱体合成这种聚合物。当 SPEEK-PEOS 中 PEOS 的含量占 35％（质量分数）时，合成得到的杂化膜中二氧化硅的含量为 20％（质量分数）。形成 3～12nm 和 50～130nm 两个粒径区间的氧化硅颗粒。样品显示，在温度为 100℃、相对湿度为 90％下这种膜的质子电导率是纯 SPEEK 的两倍。尽管在不具有导电能力的氧化硅的存在下，其质子导电性还是有所增加。两种可能的解释是：部分硅醇的产生为在 SPEEK 和 PEOS 间质子的跃迁以及相分离提供了有效的路径；在硅石中 PEOS 的转变诱导 SPEEK 中微观结构的改变，有利于质子的传输。钨磷酸催化使 PEOS 中的乙氧基末端基团水解及在膜中的一次聚合提高了质子的电导率。混合的步骤对样品的形貌没有明显的影响，尤其是当加入更多的 PWA 时，但是它却影响到其质子电导率。

Fontananova 等[150]通过溶剂挥发法，利用无定形的聚醚醚酮（SPEEK-WC）的磺化衍生物制得离子交换膜。为了提高膜的性质，使其更好地作为固体电解质应用到聚合物电解质膜燃料电池（PEMFCs）中，利用无机杂多酸（HPAs）作为固载体。为了进行比较，他们还利用相同的方法将 SPEEK-WC 固载到商业的 Nafion117 膜上。SPEEK-WC 膜与市场上的 Nafion 相比，具有更低的水、甲醇、氧气和氢气的渗透性，这在 PEMFCs 中具有很好的应用前景。在相同的硫化作用下，SPEEK-WC 复合膜与纯的聚合物样品相比具有更高的质子电导率。这是因为 HPAs，特别是 $H_4SiW_{12}O_{40} \cdot nH_2O$ 为质子跃迁提供了更好的路径，从而降低了质子传递阻力。

Nogami 等[151]在环氧丙氧基丙基三甲氧基硅烷（GPTMS）和四乙氧基硅烷（TEOS）作为前驱体条件下，钨磷酸（PWA）/钼磷酸（PMA）和三甲基磷酸盐 $PO(OCH_3)_3$ 通过溶胶-凝胶反应制得质子导体无机-有机杂化纳米复合物材料。该复合物膜的热稳定性能可以高达 200℃，并且随着 $SiO_2$ 骨架的出现而显著提高。在相对湿度为 90%、温度为 90℃ 时，在整个膜体系 [50TEOS-5PO(OCH_3)_3-35GPTMS-10HPA，HPA＝PWA，PMA] 中质量都占有 10% 的钨磷酸（PWA）和钼磷酸（PMA）的质子电导率分别为 $1.59×10^{-2}$ S/cm 和 $1.15×10^{-2}$ S/cm。这些复合物的质子传导率取决于传导的途径，被包裹在之中的 HPA 作为质子给予体。并且推测出在聚合物体系中被吸附的水分子提高了质子迁移率，使质子电导率增加。

## 3.7　杂多酸在质子交换膜燃料电池研究中的应用

质子交换膜燃料电池（PEMFC）具有能量转化效率高、寿命长、比功率和比能量高以及对环境友好等优点，是一种新型可移动电源[152~155]。质子交换膜是 PEMFC 的关键部件之一，它直接影响电池性能与使用寿命。它在 PEMFC 中所起的作用与一般的化学电源中所用的隔膜不同。它不仅仅是一种隔膜材料，不但要起到分隔燃料和氧化剂的作用，同时也是电解质和电极活性物质（电催化剂）的基底；另外，质子交换膜还是一种选择透过性膜，它应当为质子的优良导体，而对电子绝缘[156]。目前应用较为广泛的质子交换膜是 Nafion 膜与磺化聚醚醚酮（SPEEK）膜。Nafion 膜是一种全氟磺酸膜，在有水存在的情况下，膜内离子簇之间通过水分子相互连接形成连续通道，质子可沿这些通道进行传输，一些小分子也可在这些通道中运动，因而聚合物膜易透过甲醇和氢气[157]，降低了燃料的利用效率和 PEMFC 的工作性能。Nafion 膜与 SPEEK 膜需要足够的液态水存在以维持较高的质子电导率，从而大大增加了水管理的难度，影响了 PEMFC 的便携性。现有的 Nafion 膜在温度超过 100℃ 时，由于膜内水的过分蒸发，造成其质子传导速率急剧下降，高温质子传导性能极差。通常 PEMFC 的操作温度在 100℃ 以下[158]，在加压的情况下温度最高可到 150℃。提高操作温度可以提高抗 CO 中毒能力和催化剂性能，现有的 Nafion 膜操作温度低，对 CO 敏感，催化剂抗中毒能力低[159]。

杂多酸在具有高质子电导率，在电池同等功率输出时，含有杂多酸的质子交换膜导电能力比普通质子交换膜高出几倍。即使在高温时杂多酸的组成中仍含有水，而杂多酸的质子又保证了其质子电导率。由于杂多酸具有质子传导能力，并且热稳定性高（＞100℃），所以研究者们考虑向 Nafion 膜中添加杂多酸来改善 Nafion 膜的水合特性和高温电导率。Uma 等[160]采用溶胶-凝胶法制备的含杂多酸膜在 200℃时仍保持热稳定性，有效减少了氢-氧燃料电池的氢渗透率，其电导率为：90℃、70％RH，0.134S/cm；85℃、85％RH，1.014S/cm。Tazi 等[161]以硅钨酸（STA）改性 Nafion 膜制得了 NASTA 复合膜。虽然此复合膜在 PEMFC 上的使用（110～115℃）取得了较好的试验结果，但遗憾的是，复合膜稳定性不好，如果长时间运行，由于杂多酸溶于水，从而会从膜中迁移出来，导致 PEMFC 性能下降。

采用负载型杂多酸可很好地解决杂多酸溶于水这一问题，由正硅酸乙酯（TEOS）水解得到的 $SiO_2$ 网络固定住了杂多酸。此外，$SiO_2$ 及其负载的杂多酸可以缩小 Nafion 膜的通道，降低了甲醇渗透比。二氧化硅具有截留杂多酸以及保留水分的功能，提高了质子导电性。将 $SiO_2$ 负载的杂多酸浸入 Nafion 膜中可以解决电导率与甲醇渗透的冲突。这种杂化膜可以直接应用于甲醇燃料电池（DMFC），在保持高电导率的同时减少甲醇渗透。Kim 等[162]在 Nafion 膜的基础上采用原位微乳液浸渍法制备了 $SiO_2$ 负载杂多酸 $H_3PW_{12}O_{40}$ 的有机/无机杂化质子交换膜。这种杂化膜的甲醇渗透性比 Nafion 膜低 50％～80％，且用这种膜的 DMFC 的燃料效率比用 Nafion 膜的高 10％。此类复合膜的不足之处在于浸渍处理是在预处理过的膜中进行的，因此复合物中无机含量不可能在很宽的范围内变化。Kukino 等[163]将杂多酸降解为不溶于水的酸式盐 $Cs_xH_{3-x}PW_{12}O_{40}$，这样也可以提高导电稳定性，在潮湿条件下，样品的力学性能稳定，电导率长时间没有降低。

Ahmad 等[164]制备了 HPA/Y-沸石/SPEEK 杂化膜。复合了负载有杂多酸的 Y-沸石，这种杂化膜具有高质子导电性、高结构稳定性、高热稳定性。随着复合物的增加，SPEEK 膜的电导率不断增高，而膜的可加工性能却没有损害。可以考虑在便携设备及中温固定设备的 PEMFC 中应用这种低成本的膜。

Zhang 等[165]合成了一种质子交换膜燃料（PEMFCs）。这种膜是将负载有 Pt 的 $Cs_{2.5}H_{0.5}PW_{12}O_{40}$ 的催化剂掺杂到磺化聚醚醚酮（SPEEK）上，形成一种加湿膜。结合了 SPEEK 的 Pt-$Cs_{2.5}$ 催化剂能为易渗透的 $H_2$ 和 $O_2$ 形成水起到催化作用，同时由于 $Cs_{2.5}H_{0.5}PW_{12}O_{40}$ 的绝缘性质，避免了整个膜的短路循环。而且因为它的吸湿性和质子传导性，Pt-$Cs_{2.5}$ 催化剂能吸附水和传递质子。利用 XRD、FT-IR、SEM 和 EDS 等手段对 PEMFC/Pt-$Cs_{2.5}$ 进行表征。分别对纯的 SPEEK 和 SPEEK/Pt-$Cs_{2.5}$ 复合膜的一系列物理化学和电化学性质进行表征，如离子交换能力（IEC）、水吸附能力和质子传导率。与 SPEEK 基体中 PTA 颗粒相比较，添加剂温度性质测试显示了 SPEEK 基体中的 Pt-$Cs_{2.5}$ 催化剂的稳定性得到提高。在湿或干的操作条件下，对 SPEEK/Pt-$Cs_{2.5}$ 自身加湿膜和纯 SPEEK 膜都进行了单电池测试以及原始 100h 燃料电池的稳定性测试。

Steven 等[166]尝试用溶胶-凝胶法在聚乙烯乙二醇中掺杂带缺陷的杂多酸 $H_8SiW_{11}O_{39}$ 制成复合膜，探索聚乙烯乙二醇与 $H_8SiW_{11}O_{39}$ 之间是否形成共价键。NMR 以及 IR 测试结果表明：在这种改性的溶胶-凝胶膜中，无机质子导体 $H_8SiW_{11}O_{39}$ 与聚合物骨架间存在稳定的共价键。复合材料中的 Si 可和杂多酸空位的氧结合，使杂多酸固定在膜中不易溶出。但是，这种改性膜在组装成电池后的氧化稳定性很差。与 Nafion 相比，当扩散系数均为 $1.2\times10^{-6}\,cm^2/s$ 时，该改性膜的离子交换容量约为 2～2.5meq/g，是 Nafion 膜的 2 倍。电导率随温度的升高而呈指数关系的增长，但是该膜的电池性能远远低于 Nafion 膜，可能是由无机质子导体在复合膜中的无规则分散所致。

Nogami 等[167]研究了一种包含有杂多酸，如钨磷酸（PWA）和钼磷酸的多孔玻璃电解质。并且发现在 30℃、相对湿度为 85％时，它们具有 1.014S/cm 的较高质子电导率。这种具有如此高质子电导率的杂多酸玻璃膜还是第一次被报道。这种玻璃膜能被应用作为 $H_2/O_2$ 燃料电池的电解质，并且当使用这种含有 PWA 新型电极时，在 32℃ 温度下具有最大的能量密度 $41.5mW/cm^2$。

在 PEMFC 中使用杂多酸可以提高质子导电性、提高操作温度、减少燃料氢与甲醇的渗透。长时间运行杂多酸易从膜中溶解脱落这一缺点可以用负载的方法弥补。不足之处是，在有些情况下，杂多酸会被还原成杂多蓝，杂多蓝是电子的导体，会影响电池性能，造成电池短路[168]。尽管如此，杂多酸掺杂的复合质子交换膜仍然是 PEMFC 质子交换膜的有益候选材料，制备出低成本、高性能且性能稳定的质子交换膜将成为杂多酸掺杂质子交换膜今后研究的重点。

# 3.8　总结与研究展望

室温下，杂多酸是具有质子导电性的水合晶体，为了将它们用于各种电化学仪器（如电致变色显示器和传感器），制备具有质子导电性的膜显得尤为重要，因而研究和开发一类稳定性、质子导电性均优秀的新型杂多酸作为固体电解质，将在电致变色装置、水分除去器、低温氢离子传感器、氢-氧燃料电池及直接甲醇燃料电池中有重要的应用前景。此外，解决电导率的稳定性问题也是使杂多酸在实用化方面取得突破性进展的重要课题。如何研制和开发出具有更加优良导电性能的固体电解质，需要国内外学者的共同努力。我国在多酸化学研究方面具有强大的实力，相信经过努力，可以在多酸的导电性方面做出更大的成绩。

# 参 考 文 献

[1]　Kreuer K D. Chem Mater, 1996, 8 (3): 610-641.
[2]　Norby T. Solid State Ionics, 1999, 125: 1-11.
[3]　Katsoulis D E. Chem Rev, 1998, 98 (1): 359-387.
[4]　Alberti G, Casciola M. Solid State Ionics, 2001, 145: 3-16.
[5]　王恩波, 胡长文, 许林. 多酸化学导论. 北京: 化学工业出版社, 1998.
[6]　Souchay P. Ions Mineraux Condenses. Paris: Masson, 1969.
[7]　Tsigdinos G A. Top Curr Chem, 1978, 76: 1-64.
[8]　Pope M T. Heteropoly and Isopoly Oxometalates. Berlin: Springer, 1983.
[9]　Maksimov G M. Russ Chem Rev, 1995, 64: 445-461.
[10]　Moffat J B. The Surface and Catalytic Properties of Heteropoly Oxometalates. New York: Kluwer, 2001.
[11]　Pope M T, Müller A. Polyoxometalate Chemistry from Topology via Self-Assembly to Applications. Dordrecht: Kluwer, 2001.
[12]　Lan Y Q, Li S L, Shao K Z, et al. Dalton Trans, 2008, (29): 3824-3835.
[13]　Sha J Q, Peng J, Li Y G, et al. Inorg Chem Commun, 2008, 11 (8): 907-910.
[14]　Müller A, Kögerler P, Kuhlmann C. Chem Commun, 1999, (15): 1347-1358.
[15]　Kozhevnikov I V. Chem Rev, 1998, 98 (1): 171-198.
[16]　吴庆银, 王恩波. 化学通报, 1988, 51 (7): 52-54.
[17]　Bi L H, Kortz U, Nellutla S, et al. Inorg Chem, 2005, 44: 896-903.
[18]　Bassil B S, Kortz U, Tigan A S, et al. Inorg Chem, 2005, 44: 9360-9368.
[19]　Kortz U, Nellutla S, Stowe A C, et al. Inorg Chem, 2004, 43 (7): 2308-2317.
[20]　Bassil B S, Dickman M H, Kortz U. Inorg Chem, 2006, 45 (6): 2394-2396.
[21]　Wang X L, Qin C, Wang E B, et al. Angew Chem Int Ed, 2006, 45 (44): 7411-7414.
[22]　Qi Y F, Li Y G, Qin C, et al. Inorg Chem, 2007, 46 (8): 3217-3230.
[23]　Qi Y F, Li Y G, Wang E B, et al. Dalton Trans, 2008, 37 (17): 2335-2345.
[24]　Jin H, Qi Y F, Wang E B, et al. Cryst Growth Des, 2006, 6 (12): 2693-2698.
[25]　Fan L L, Xiao D R, Wang E B, et al. Cryst Growth Des, 2007, 7 (4): 592-594.
[26]　Mialane P, Dolbecq A, Secheresse F. Chem Commun, 2006, (33): 3477-3485.
[27]　Mialane P, Dolbecq A, Riviere E, et al. Eur J Inorg Chem, 2004, (1): 33-36.

[28] Kortz U. J Clust Sci, 2003, 14 (3): 205-214.
[29] Wu C D, Lu C Z, Zhuang H H, et al. J Am Chem Soc, 2002, 124 (15): 3836-3837.
[30] Zhang H, Duan L Y, Lan Y, et al. Inorg Chem, 2003, 42 (24): 8053-8058.
[31] Gouzerh P, Proust A. Chem Rev, 1998, 98 (1): 77-111.
[32] Jin H, Qi Y F, Wang E B, et al. Eur J Inorg Chem, 2006, (22): 4541-4545.
[33] Wang X L, Bi Y F, Chen B K, et al. Inorg Chem, 2008, 47 (7): 2442-2448.
[34] Tian A X, Ying J, Peng J, et al. Inorg Chem, 2008, 47 (8): 3274-3283.
[35] Wang W G, Zhou A J, Zhang W X, et al. J Am Chem Soc, 2007, 129 (5): 1014-1015.
[36] Zhao X Y, Liang D D, Liu S X, et al. Inorg Chem, 2008, 47 (16): 7133-7138.
[37] Long D L, Burkholder E, Cronin L. Chem Soc Rev, 2007, 36 (1): 105-121.
[38] Müller A, Peters F, Pope M T, et al. Chem Rev, 1998, 98 (1): 239-271.
[39] Mialane P, Dolbecq A, Marrot J, et al. Angew Chem Int Ed, 2003, 42 (30): 3523-3526.
[40] Cooper E R, Andrews C D, Wheatley P S, et al. Natrue, 2004, 430 (7003): 1012-1016.
[41] Oyanagi N, Yamaguchi H, Kato T, et al. Mater Sci Forum, 2002, 87: 389-393.
[42] Vanderpool C D, Patton J C, Kim T K, et al. US, 3 947 332. 1976.
[43] Kulikov S M, Kulikova O M, Maksimovskaya R I, et al. Izv Akad Nauk SSSR Ser Khim, 1990, 1944-1947.
[44] Kulikova O M, Maksimovskaya R I, Kulikov S M, et al. Izv Akad Nauk SSSR Ser Khim, 1992, 494-497.
[45] Kaksimov G M, Maksimovskaya R I, Kozkevnikov I V. Zh Neorg Khim, 1992, 37: 2279-2286.
[46] Molchanov V V, Maksimov G M, Maksimovskaya R I, et al. Inorg Mater, 2003, 39 (7): 687-693.
[47] Yamase T, Pope M T. Polyoxometalate Chemistry for Nano-Composite Design. New York: Kluwer Academic/Plenum Publishers, 2002.
[48] 由万胜, 王轶博, 王恩波等. 高等学校化学学报, 2000, 11: 1636-1638.
[49] 石晓波, 王国平, 李春根等. 江西师范大学学报: 自然科学版, 2004, 28 (1): 68-71.
[50] 郎建平. [博士论文]. 南京: 南京大学, 1993.
[51] Nyman M, Bonhomme F, Alam T M, et al. Science, 2002, 297 (5583): 996-998.
[52] Baskar V, Shanmugam M, Helliwell M, et al. J Am Chem Soc, 2007, 129 (11): 3042-3043.
[53] Chen W L, Chen B W, Tan H Q, et al. J Solid State Chem, 2010, 183 (2): 310-321.
[54] Lin S W, Liu W L, Li Y G, et al. Dalton Trans, 2010, 39: 1740-1744.
[55] Drechsel E. Ber Deutsch Chem Ges, 1887, 20: 1452.
[56] Bailor J C. Inorganic Syntheses: Vol 1// Booth H C. NewYork: McGraw-Hill, 1939.
[57] Sanchze C, Livage J, Launay J P, et al. J Am Chem Soc, 1982, 104 (11): 3194-3202.
[58] Rocchioccioli-Deltcheff C, Fournier M, Frand R. Inorg Chem, 1983, 22 (2): 207-216.
[59] Tsigdinos G A, Hallada C J. Inorg Chem, 1968, 7 (3): 437-441.
[60] 张进, 唐英, 罗茜. 无机化学学报, 2004, 20 (8): 935-940.
[61] 曹小华, 黎先财, 赵文杰等. 中国钨业, 2006, 21 (4): 34-37.
[62] 罗茜, 简敏, 张进等. 化学研究与应用, 2006, 18 (6): 629-633.
[63] 赵庆华, 吴庆银. 功能材料, 1998, 10: 582-586.
[64] 吴庆银, 翟玉春. 东北大学学报: 自然科学版, 1997, 18 (5): 521-524.
[65] 吴庆银. [博士论文]. 沈阳: 东北大学, 1998.
[66] 吴庆银, 翟玉春. 化工冶金, 1997, 18 (3): 212-215.
[67] 吴庆银, 翟玉春. 中国有色金属学报, 1998, 8 (2): 327-330.
[68] Wu Q Y, Wang S K, Li D N, et al. Inorg Chem Commun, 2002, 5 (5): 308-311.
[69] Wu H. J Biol Chem, 1920, 43 (1): 189-220.
[70] Hu C W, Hashimoto M, Okuhara T, et al. J Catal, 1993, 143 (2): 437-448.
[71] 许招会, 廖维林, 罗年华等. 化学研究与应用, 2006, 18 (2): 199-201.
[72] 王恩波, 高丽华, 刘景福等. 化学学报, 1988, 46: 757-762.
[73] Müller A, Krickemeyer E, Dillinger S, et al. Z Anorg Allg Chem, 1994, 620: 599-619.
[74] Kim K C, Pope M T. Dalton Trans, 2001, 30 (7): 986-990.
[75] Liu J F, Chen Y G, Meng L, et al. Polyhedron, 1998, 17 (9): 1541-1546.
[76] Jeannin Y. J Clust Sci, 1992, 3: 55-81.
[77] Müller A, Beckmann E, Bogge H. Angew Chem Int Ed, 2002, 41 (7): 1162-1167.
[78] Wassermann K, Dickman M H, Pope M T. Angew Chem Int Ed, 1997, 36 (13-14): 1445-1448.
[79] Müller A, Serain C. Acc Chem Res, 2000, 3 (1): 2-10.
[80] Kortz U, Savelieff M G, Bassil B S, et al. Angew Chem Int Ed, 2001, 40: 3384-3386.
[81] Cadot E, Pilette M A, Marrot M, et al. Angew Chem Int Ed, 2003, 42 (19): 2173-2176.
[82] Fukaya K, Yamase T. Angew Chem Int Ed, 2003, 42 (6): 654-658.
[83] Godin B, Chen Y G, Vaissermann J, et al. Angew Chem Int Ed, 2005, 44 (20): 3072-3075.
[84] Zhang Z M, Yao S, Li Y G, et al. Chem Commun, 2008, (14): 1650-1652.
[85] Bassil B S, Mal S S, Dickman M H, et al. J Am Chem Soc, 2008, 130 (21): 6696-6697.

[86]　Zhang Z M, Li Y G, Wang E B, et al. Inorg Chem, 2006, 45 (11): 4313-4315.
[87]　Zhang Z M, Qi Y F, Oin C, et al. Inorg Chem, 2007, 46 (20): 8162-8169.
[88]　Nakamura O, Kodama T, Oginio I, et al. Chem Lett, 1979, (1): 17-18.
[89]　Coronado E, Gomez-Garcia C J. Chem Rev, 1998, 98 (1): 273-296.
[90]　Kim W B, Voitl T, Rodriguez-Rivera G J, et al. Science, 2004, 305 (5688): 1280-1283.
[91]　Wang X L, Zhang H, Wang E B, et al. Mater Lett, 2004, 58 (10): 1661-1664.
[92]　Wu Q Y, Lin H H, Meng G Y. Mater Lett, 1999, 39 (3): 129-132.
[93]　Wu Q Y, Meng G Y. Mater Res Bull, 2000, 35 (1):. 85-91.
[94]　Wu Q Y, Meng G Y. Solid State Ionics, 2000, 136: 273-277.
[95]　Wu Q Y. Mater Lett, 2001, 50 (2-3): 78-81.
[96]　Sang X G, Wu Q Y. Chem Lett, 2004, 33 (11): 1518-1519.
[97]　Wu Q Y. Mater Lett, 2000, 42 (3): 179-182.
[98]　Wu Q Y. Mater Res Bull, 2002, 37 (13): 2199-2204.
[99]　Wu Q Y, Xie X F. Mater Sci Eng B, 2002, 96 (1): 29-32.
[100]　Wu Q Y. Rare Metals, 2001, 20 (4): 221-223.
[101]　Wu Q Y, Sang X G, Liu B, et al. Mater Lett, 2005, 59 (1): 123-126.
[102]　Wu Q Y, Sang X G, Shao F, et al. Mater Chem Phys, 2005, 92 (1): 16-20.
[103]　Wu Q Y, Feng W Q, Sang X G, et al. Transit Met Chem, 2004, 29 (8): 900-903.
[104]　Sang X G, Wu Q Y, Pang W Q. Mater Chem Phys, 2003, 82 (2): 405-409.
[105]　Padiyan D P, Ethilton S J, Paulraj K. Cryst Res Technol, 2000, 35 (5): 87-94.
[106]　Wu Q Y, Sang X G. Mater Res Bull, 2005, 40 (2): 405-410.
[107]　Padiyan D P, Ethilton S J, Murugesan R. Phys Stat Sol, 2001, 185 (2): 231-246.
[108]　Denisova T A, Leonidov O N, Maksimova L G. Russ J Inorg Chem, 2001, 46 (10): 1553-1558.
[109]　Karelin A I, Leonova L S, Kolesnikova A M, et al. Russ J Inorg Chem, 2003, 48 (6): 885-896.
[110]　Daiko Y, Matsuda A. J Jpn Pet Inst, 2010, 53 (1): 24-32.
[111]　Staiti P, Freni S, Hocevar S. J Power Sources, 1999, 79 (2): 250-255.
[112]　Uma T, Nogami M. J Membr Sci, 2008, 323: 11-16.
[113]　Ahmad M I, Zaidi S M J, Rahman S U, et al. Microporous Mesoporous Mat, 2006, 91 (1-3): 296-304.
[114]　Ahmad M I, Zaidi S M J, Ahmed S. J Power Sources, 2006, 157 (1): 35-44.
[115]　Wu Q Y, Tao S W, Lin H H, et al. Mater Sci Eng B, 2000, 68 (3): 161-165.
[116]　Wu Q Y. Mater Chem Phys, 2002, 77 (1): 204-208.
[117]　Wu Q Y, Chen Q, Cai X Q, et al. Mater Lett, 2007, 61 (3): 663-665.
[118]　Wu Q Y. Mater Lett, 2002, 56 (1-2): 19-23.
[119]　Wu Q Y, Lin H H, Meng G Y. J Solid State Chem, 1999, 148 (2): 419-424.
[120]　Jin H X, Wu Q Y, Pang W Q. Mater Lett, 2004, 58 (29): 3657-3660.
[121]　Matsuda A, Daiko Y, Ishida T, et al. Solid State Ionics, 2007, 178: 709-712.
[122]　Kima Y C, Jeonga J Y, Hwang J Y, et al. J Membr Sci, 2008, 325: 252-261.
[123]　Romero P G, Asensio J A, Borros S. Electrochim Acta, 2005, 50 (24): 4715-4720.
[124]　李永舫. 导电聚合物. 化学进展, 2002, 14 (3): 207-211.
[125]　Gong J, Yang J H, Cui X J, et al. Synth Met, 2002, 129 (1): 15-18.
[126]　Zhao X, Xiong H M, Xu W, et al. Mater Chem Phys, 2003, 80 (2): 537-540.
[127]　Wu Q Y, Zhao S L, Wang J M, et al. J Solid State Electrochem, 2007, 11 (2): 240-243.
[128]　Zhao S L, Wu Q Y. Mater Lett, 2006, 60 (21-22): 2650-2652.
[129]　Gong J, Yu J Z, Chen Y G, et al. Mater Lett, 2002, 57 (3): 765-770.
[130]　Wu Q Y, Xie X F. Mater Chem Phys, 2002, 77 (3): 621-624.
[131]　Gong J, Su Z M, Dai Z M, et al. Synth Met, 1999, 101 (1-3): 751-752.
[132]　唐立昊, 岳斌, 朱思三. 高等学校化学学报, 1999, 20 (9): 1349-1351.
[133]　Cui Y L, Wu Q Y, Mao J W. Mater Lett, 2004, 58 (19): 2354-2356.
[134]　Wu QY, Wang H B, Yin C S, et al. Mater Lett, 2001, 50 (2-3): 61-65.
[135]　Li L, Xu L, Wang Y X. Mater Lett, 2003, 57 (8): 1406-1410.
[136]　Cui Y L, Mao H W, Wu Q Y. Mater Chem Phys, 2004, 85 (2-3): 416-419.
[137]　Wu Q Y, Sang X G, Deng L J, et al. J Mater Sci, 2005, 40 (7): 1771-1772.
[138]　Zhao S L, Wu Q Y, Liu Z W. Polym Bull, 2006, 56 (2-3): 95-99.
[139]　王守国, 赫泓, 崔秀君等. 化学学报, 2001, 59 (8): 1163-1164.
[140]　Smitha B, Sridhar S, Khan A A. J Polym Sci B—Polym Phys, 2005, 43 (12): 1538-1547.
[141]　Kim Y S, Wang F, Hickner M, et al. J Membr Sci, 2003, 212 (1-2): 263-282.
[142]　Zukowska G, Stevens J R, Jeffrey K R. Electrochim Acta, 2003, 48 (14-16): 2157-2164.
[143]　Vuillaume P Y, Mokrini A, Siu A, et al. Eur Polym J, 2009, 45 (6): 1641-1651.
[144]　Li M Q, Shao Z G, Scott K. J Power Sources, 2008, 183 (1): 69-75.

[145]　Staiti P. Mater Lett, 2001, 47 (4-5): 241-246.

[146]　Mustarelli P, Carollo A, Grandi S, et al. Fuel Cells, 2007, 7 (6): 441-446.

[147]　Malers J L, Sweikart M A, Horan J L, et al. J Power Sources, 2007, 172 (1): 83-88.

[148]　Mioč U B, Milonjic S K, Stamenkovic V, et al. Solid State Ionics, 1999, 125: 417-424.

[149]　Colicchioa I, Wenb F, Keul H, et al. J Membr Sci, 2009, 326: 45-57.

[150]　Fontananova E, Trotta F, Jansen J C, et al. J Membr Sci, 2010, 348 (1-2): 326-336.

[151]　Lakshminarayana, G, Nogami M. Electrochim Acta, 2009, 54 (20): 4731-4740.

[152]　Zhang Y, Zhang H M, Bi C, et al. Electrochim Acta, 2008, 53 (12): 4096-4103.

[153]　Gu S, He G H, Wu X M, et al. J Membr Sci, 2008, 312 (1-2): 48-58.

[154]　Dias F B, Fernandes J B. J Power Sources, 1998, 74 (1): 1-7.

[155]　Meng F Q, Aieta N V, Dec S F, et al. Electrochem Acta, 2007, 53 (3): 1372-1378.

[156]　许晶, 管蓉, 余建佳等. 化工新型材料, 2007, 35 (3): 23-24.

[157]　Haile S M, Boysen D A, Chisholm C R I, et al. Nature, 2001, 410 (6831): 910-913.

[158]　Service R F. Science, 2004, 303 (5654): 29-30.

[159]　葛磊, 冉然, 蔡锐等. 化学进展, 2008, 20 (2/3): 405-412.

[160]　Uma T, Nogami M. Chem Mater, 2007, 19 (15): 3604-3610.

[161]　Tazi B, Savadogo O. Electrochem Acta, 2000, 45 (25-26): 4329-4339.

[162]　Kim H K, Chang H J. J Membr Sci, 2007, 288 (1-2): 188-194.

[163]　Kukino T, Kikuchi R, Takeguchi T, et al. Solid State Ionics, 2005, 176 (23-24): 1845-1848.

[164]　Ahmad M I, Zaidi S M J, Rahman S U. Desalination, 2006, 193 (1-3): 387-397.

[165]　Zhang Y, Zhang H M, Bi C, et al. Electrochim Acta, 2008, 53: 4096-4103.

[166]　Vernon D R, Meng F Q, Dec S F, et al. J Power Sources, 2005, 139 (1-2): 141-151.

[167]　Uma T, Nogami M. Anal Chem, 2008, 80 (2): 506-508.

[168]　Kuo M C, Limoges B R, Stanis R J, et al. J Power Sources, 2007, 171 (2): 517-523.

# 第4章

## 分子筛及其多孔材料的制备化学

# 4.1 介孔分子筛及其有序多孔材料

### 4.1.1 概述

介孔材料[1]是指孔径在 2～50nm 之间的一类多孔固体材料,直径小于 2nm 和大于 50nm 的多孔材料分别称为微孔和大孔材料。有序介孔材料是指以表面活性剂形成的超分子结构为模板剂,利用溶胶-凝胶工艺,通过有机物和无机物之间的界面定向引导作用组装成的一类孔径在 2～50nm、孔径分布较窄并且具有规则孔道结构的无机多孔材料。自 1992 年美国 Mobil 公司的 Beck 及 Kresge 等人[2,3]首次在 Nature 及 J. Am. Chem. Soc. 杂志上报道了一类 Si/Si-Al 型系列的介孔物质 M41S 以来,这类新颖的有序介孔材料不仅突破了原有的沸石分子筛孔径范围过小的局限,还具有孔道大小均匀且规则有序排列、孔径在 2～50nm 范围内可以连续调节、具有大的比表面积、较好的热稳定性和水热稳定性以及具有较厚的孔壁等特点,而且在性能上由于其量子限域效应、小尺寸效应、表面效应、宏观量子隧道效应以及介电限域效应,从而体现出许多不同于大尺寸材料的新的性质,在大分子催化、分离、光电磁微器件、传感器、新型组装材料等高新技术领域具有广阔的应用前景,受到了人们的广泛重视[4～9]。自 1992 年首次合成以来介孔材料就一直成为国内外的研究热点,引起国际物理学、化学及材料学界的高度关注[9]。同时,化学修饰作为一种功能化手段已被广泛应用于各个领域,利用化学修饰对有序介孔材料进行功能化,改善介孔分子筛的性能,已受到越来越多研究人员的关注。

#### 4.1.1.1 有序介孔材料的分类

有序介孔材料按照化学组成分类,一般可分为硅基(silica-based)和非硅组成(non-silicated composition)介孔材料两大类[10]。有序介孔材料骨架的化学组成并不仅限于纯氧化硅,还可以是硅铝酸盐、磷酸盐、过渡金属氧化物,甚至是Ⅱ～Ⅳ族半导体。可见,有序介孔材料的化学组成具有多样性、可控性的特点。目前,以硅作为基体的介孔材料已取得了大量的研究成果,相关报道较多[11]。非硅组成的介孔材料主要包括过渡金属氧化物、磷酸盐和硫化物等,由于它们一般存在着可变价态,有可能为介孔材料开辟新的应用领域,展示硅基介孔材料所不能及的应用前景,从而日益受到关注。但相对于硅基介孔材料来说,非硅组成的介孔材料缺点是:热稳定性较差、经过煅烧孔结构容易坍塌、比表面和孔容均较小、合成机制还欠完善。

目前常见的介孔硅材料主要有下列几大类:第一类是 MCM 系列(Mobil Composition of Matter),包括 MCM-41、MCM-48、MCM-50;第二类是 SBA-n 系列(Santa Barbara USA),硅基产物包括 SBA-1、SBA-2、SBA-3、SBA-15;第三类是 MSU 系列(Michigan State University),其中 MSU-X(MSU-1、MSU-2、MSU-3)含有六方介孔结构,有序程度较低,XRD 谱图的小角区仅有一个宽峰。MSU-V、MSU-G 具有层状结构的囊泡结构;HMS(hexagonal mesoporous silica)为有序程度较低的六方结构。

#### 4.1.1.2　有序介孔材料的合成

有序介孔材料的合成早在 20 世纪 70 年代就已经开始了，日本的科学家们在 1990 年也已经开始了它的合成工作，只是 1992 年 Mobil 的 MCM-41 等介孔材料的报道才引起人们的广泛注意，并被认为是有序介孔材料合成的真正开始。他们使用表面活性剂作为模板剂，合成了 M41S 系列介孔材料，M41S 系列介孔材料包括 MCM-41（六方相）、MCM-48（立方相）和 MCM-50 层状结构，见图 4-1。

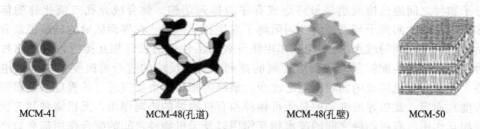

MCM-41　　　MCM-48(孔道)　　　MCM-48(孔壁)　　　MCM-50

图 4-1　M41S 系列介孔材料的结构简图

合成介孔分子筛的常用方法是水热合成法。室温合成、微波合成[12]及在非水体系中[13]合成也有一些报道。水热合成的一般过程为：①生成比较柔顺、松散的表面活性剂和无机物种的复合产物；②水热处理提高无机物种的缩聚程度，提高复合产物结构的稳定性；③焙烧或溶剂抽提除掉复合产物中的表面活性剂后得到类似液晶结构的无机多孔骨架，即介孔分子筛。

但不管采用何种方法，其目的都是利用有机分子-表面活性剂作为模板剂，与无机源（无机单体或齐聚物）相互作用发生反应，通过某种协同作用或自组装方式形成由无机离子聚集体包裹的规则有序的胶束组装体，通过煅烧或萃取的方式除去有机导向剂，保留无机骨架以获得规则有序的介孔结构。

#### 4.1.1.3　有序介孔材料的生成机理

与介孔材料的合成报道同时而来的是对介孔材料形成机理的探讨[14]，基于不同的实验结果，人们提出了不少的模型。对于生成机理的讨论，1992～1996 年最为热烈，这里重点介绍 Mobil 公司科研人员最早提出的"液晶模板"（liquid crystal template，LCT）[2]和协同作用机理以及目前被广为接受的由 Stucky 和 Huo 提出的"协同自组装"（cooperative self-assemble）机理[2]。Mobil 公司的科研人员最早提出了液晶模板机理，认为是表面活性剂生成的液晶作为 MCM-41 结构的模板剂。表面活性剂的液晶相是在加入无机反应物之前（图4-2 路线①），或是在加入无机反应物之后形成的（图 4-2 路线②）。

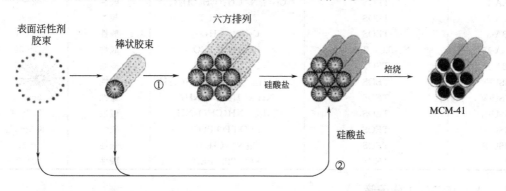

图 4-2　Mobil 公司提出的 MCM-41 形成过程机理示意图

与液晶模板机理相似，Mobil 公司提出的协同作用机理认为表面活性剂生成的液晶作为形成 MCM-41 结构的模板剂，但是表面活性剂的液晶相是在加入无机反应物之后形成的，无机离子的加入，与表面活性剂相互作用，按照自组装方式排列成六方有序的液晶结构。形成表面活性剂介观相（mesophase）是胶束和无机物种相互作用的结果，这种相互作用表现为胶束加速无机物种的缩聚过程和无机物种的缩聚反应对胶束形成类液晶相结构有序体的促进作用。

目前被广为接受的是 Stucky 和 Huo 提出的"协同自组装机理"，该机理认为是无机和有机分子物种之间通过协同组装最终形成有序的排列结构。就合成介孔二氧化硅的体系而言，多聚的硅酸盐阴离子与表面活性剂阳离子发生相互作用，在界面区域的硅酸根聚合以及表面活性剂长链之间的疏水/疏水相互作用使得表面活性剂的长链相互接近，无机物种和有机物种之间的电荷匹配控制着表面活性剂的排列方式。反应的进行将改变无机层的电荷密度，整个无机和有机组成的固相也随之改变。最终的物相则由反应进行的程度（无机部分的聚合程度）而定。此机理所强调的是无机物种和有机物种的协同作用，无机物种和有机物种之间的相互作用、有机物种之间的疏水相互作用以及无机物种之间的缩合作用都会对产物有影响。

这些机理的提出都在一定条件下吻合特定的实验结果，但值得一提的是，目前没有一个机理能充分准确地说明介孔材料的整个生成过程。这个不准确性根源在于：①反应过程中有着复杂的有机无机物种、动力学热力学平衡、物种扩散、成核、生长过程，以及对温度、时间、pH 值、浓度敏感的因素；②检测技术的局限性，通常的表征技术仅仅给出某一时刻的反应状况而不能反映全貌。

### 4.1.2 典型介孔分子筛

自 1992 年 Mobil 公司 Beck 等[2,3]首次合成出 M41S 系列介孔分子筛以来，介孔分子筛的合成、表征和结晶机理等问题得到学者的广泛关注。已报道的主要分子筛类型、合成条件及性能见表 4-1[15~22]。

表 4-1　介孔分子筛类型、合成条件及性能

| 介孔分子筛 | 常用硅源 | 模板剂 | 反应介质 | 孔径/nm |
|---|---|---|---|---|
| MCM-41 | $Na_2SiO_3$、TEOS、TPOS、TMOS | $C_{8\sim18}N^+(CH_3)_3$ | 碱性/酸性 | 1.5~10 |
| MCM-48 | $SiO_2$、TEOS | $C_{16}N^+(CH_3)_3$ | 碱性 | 2~3 |
| MCM-50 | TEOS | $C_{16}N^+(CH_3)_3$ | 碱性 | 3 |
| FSM-16 | TEOS | $C_{16}N^+(CH_3)_3$ | 碱性 | 约 4 |
| HMS | TEOS | $C_{16}NH_2$ | 碱性 | 2~10 |
| KIT-1 | TEOS | $C_{16}N^+(CH_3)_3$ | 碱性 | 约 3.7 |
| SBA-1 | TEOS | $C_{10\sim16}N^+CH_3(CH_2CH_3)_2$ | 酸性 | 2~3 |
| SBA-2 | TEOS | $C_{16}N^+(CH_3)_3$ | 酸性 | 2~3.5 |
| SBA-3 | TEOS | $C_{16}N^+(CH_3)_3$ | 酸性 | 2~3 |
| SBA-15 | $Na_2SiO_3$、TEOS | PEO-PPO-PEO | 酸性 | 5~30 |
| SBA-16 | TEOS | PEO-PPO-PEO | 酸性 | 5~30 |
| MSU-X | TEOS | $C_{12\sim15}H_{25\sim31}O(CH_2CH_2O)_9H$ | 中性 | 2~15 |
| MSU-V | TEOS | $NH_2(CH_2)_{12\sim22}NH_2$ | 碱性 | 2~2.7 |
| MSU-G | TEOS | $C_nH_{2n+1}NH(CH_2)_2NH_2$ | 碱性 | 2.7~4 |
| MSU-H | TEOS | PEO-PPO-PEO | 酸性 | 8.2~11 |
| MSU-S | TEOS | $C_{16}N^+(CH_3)_3$ | 碱性 | 3~3.3 |
| MCF | TEOS | PEO-PPO-PEO | 酸性 | 10~30 |

#### 4.1.2.1　MCM-41 分子筛

M41S 系列介孔材料中最重要的三种分子筛是六方相 MCM-41 分子筛、立方相 MCM-48 分子筛和层状 MCM-50 分子筛。MCM-41 介孔分子筛是 M41S 材料中被研究最多的分子筛，

它的合成是利用分子自组装方法，即利用一定浓度的有机模板剂与无机物种作用形成具有序列的孔道结构的介孔材料。其孔径可以在 1.5～30nm 范围内调节，最典型的孔径约为 4nm，介孔孔道的纵横比可以很大，孔壁厚度为 1nm 左右，比表面积可达 1200m²/g 以上，而且 MCM-41 分子筛颗粒在形貌上表现出如空心管状、环形、贝壳形、实心纤维形等奇异的介观态。在微观结构上，MCM-41 分子筛的孔壁为致密的非晶态无规则结构。图 4-3 为 MCM-41 分子筛的 TEM 图，可以看到均匀的呈蜂巢状的结构，一维孔道呈六方有序排列[18]。

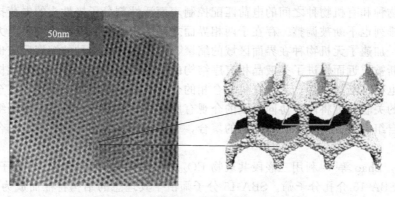

图 4-3　MCM-41 分子筛的 TEM 图

典型的合成过程是：先将一定量的十六烷基三甲基溴化铵（模板剂）固体溶解于一定比例的去离子水中，制成无色透明的溶液，静置后加入水玻璃，搅拌使之成为白色胶体溶液。再按比例称取偏铝酸钠固体，用盐酸使其溶解后，加到上述制备好的白色胶体中，在不断搅拌下用稀盐酸调节溶液的 pH 值为 10～11，使之形成凝胶。继续搅拌使凝胶转变为流动胶体后，将反应物移入聚四氟乙烯衬里的反应釜中，在 110℃下水热处理一定时间，然后冷却到室温。经过过滤后，滤饼用去离子水洗涤至中性，干燥、焙烧除去模板剂，即得到 MCM-41 分子筛原粉。影响该分子筛产品性能的主要制备因素有合成温度、晶化时间、模板剂用量及硅铝比等。合成温度为 50～100℃，晶化时间为 5～160h，提高晶化温度可相应缩短晶化时间。使用的模板剂可以是阳离子型或阴离子型表面活性剂。通过改变表面活性剂的脂肪链的长度可以调节分子筛的孔径大小。选用的无机物种可以是预沉淀的 $SiO_2$ 胶体、正硅酸乙酯 TEOS 等。选用时注意与表面活性剂的配合，即无机物种应与表面活性剂亲水端存在吸引力，如氢键、库仑力及范德华力等。

#### 4.1.2.2　MCM-48 分子筛

MCM-48 介孔分子筛是 M41S 系列中的一员，具有三维螺旋面孔道结构、良好的长程有序性和较高的热稳定性。它的合成多数采用阳离子表面活性剂，在水热条件下进行，合成条件苛刻，液晶模板形成的立方相区非常狭窄，相应的分子堆积对模板剂分子几何结构要求较高，通常模板剂用量较大且产率较低。常采用混合模板剂合成 MCM-48 分子筛，如在中性胺（$C_nH_{2n+1}NH_2$）和 CTAB 的混合体系合成出热稳定性较高的 MCM-48 分子筛；在非离子（TX-100）-阳离子表面活性剂 CTAB 为混合模板剂合成 MCM-48 分子筛，其中 TX-100 非离子表面活性剂的量是 MCM-48 介孔分子筛形成的关键，$n(\text{TX-100})/n(\text{CTAB})=0.2$ 所得样品的结晶度最好[19]；采用非离子表面活性剂聚氧乙烯-聚氧丙烯-聚氧乙烯三嵌段共聚物（P123）和 CTAB 为模板剂合成出立方相的 MCM-48 分子筛，其中表面活性剂 P123 的量也是影响 MCM-48 介孔分子筛质量的关键因素，在 TEOS：0.125CTAB：$n$P123：0.50NaOH：61$H_2O$ 体系中，$n(\text{P123})/n(\text{CTAB})=0.1$，100℃晶化两天，所得样品的结晶度、稳定性最好[20]。也有学者[21]采用提高晶化温度（150℃）和添加少量 $F^-$ 的方法，从而提高 MCM-48 介孔分子筛的结构稳定性，同时减少了 CTAB 的用量。

### 4.1.2.3 SBA-15分子筛

自1998年，各国学者以协同组装机理为指导采用非离子三嵌段共聚物 $EO_nPO_mEO_n$（EO：聚环氧乙烷，PO：聚环氧丙烷）为模板，在酸性介质条件下合成出系列高度有序的 SBA 介孔材料，如 SBA-1、SBA-3、SBA-15 和 SBA-16 等。协同组装机理认为无机物种和表面活性剂分子聚集体之间的协同作用组装形成特定的有序介观排列结构。在界面区域，寡聚硅酸根阴离子的聚合改变了其所在无机层的电荷密度，这使得表面活性剂分子间的疏水链靠近，无机物种和有机物种之间的电荷匹配控制表面活性剂分子极性头的电荷排斥，因而表面活性剂的排列也不断被调整。存在于两相界面之间的相互作用（如静电吸引力、配位键或氢键作用等）加速了无机物种在界面区域的缩聚，而这种无机物种的缩聚反应也反过来使不同的胶束不断被拉近而促进了类液晶相有序结构的形成。整个过程中，随着无机物缩聚的进行，界面的电荷不断被改变，无机有机复合相的介观结构也不断随之改变，直至最终无机物种具有足够的关联程度将两者协同形成的介观有序结构固定下来。所以，协同组装机理考虑了介孔材料自组装过程中无机物种之间的聚合，有助于解释介孔二氧化硅水热合成中的实验现象。

1998年，Zhao 等[22]利用三嵌段共聚物 $EO_{20}PO_{70}EO_{20}$（P123）（平均分子量5800）为模板合成出 SBA-15 介孔分子筛。SBA-15 分子筛由于其理想的结构特征而成为 SBA 介孔材料中被研究最广泛的分子筛，SBA-15 分子筛具有较大的孔径（最大可达 30nm），较大的孔道有利于生物大分子的传递，也使得孔道修饰变得更加容易，而且材料有较厚的孔壁（壁厚可达 6.4nm），因而具有较好的（水）热稳定性。因此，SBA-15 分子筛在分离、催化及纳米组装等方面具有很大的应用价值，如药物分离、酶固定、锂电池、脱除重金属等；或者将 SBA-15 分子筛作为模板合成各种纳米金属丝[18]。

SBA-15 分子筛的具体合成步骤[23]是：称取一定量的 $EO_{20}PO_{70}EO_{20}$（P123），加入一定体积的 2mol/L HCl 和去离子水混合均匀，在 40℃ 水浴中搅拌 1h 使其溶解，然后加入一定量的正硅酸乙酯，继续搅拌 24h，再在 100℃ 下水热晶化 48h，冷却后抽滤并用去离子水洗涤，烘干后得 SBA-15 样品原粉。

以嵌段共聚物为模板合成介孔材料由于具有优异的性质而得到了广泛的研究，如 Yu 等[24]以 $EO_{39}BO_{47}EO_{39}/EO_{34}BO_{11}EO_{34}$（BO：聚环氧丁烷）为共模板剂，以 TEOS 为硅源，通过调整共模板剂中疏水亲水基的比例，可以制备出尺寸（25～100nm）、形貌（球状或管状）、壁厚（5～25nm）可控的各种介孔硅材料。Li 等[25]以嵌段共聚物 P123 和阳离子表面活性剂碳氟化合物 FC-4 [$C_3F_3O$（$CFCF_3CF_2O$)$_2CFCF_3CONH$（$CH_2$)$_3N^+$（$C_2H_5$)$_2CH_3I^-$] 为混合模板剂，以 TEOS 为硅源，在高温（180～220℃）下合成出六方介孔纯硅材料，该材料具有特别高的水热稳定性（800℃、4h）。Han 等[26]以 TEOS 为硅源，以嵌段共聚物 F127（$EO_{106}PO_{70}EO_{106}$）、P123 或 P65（$EO_{20}PO_{30}EO_{20}$）为模板剂，用碳氟化合物 FC-4 控制颗粒生长，用 1,3,5-三甲基苯调节孔径尺寸和改变孔道结构，合成出具有不同孔道结构、孔径为 5～30nm 的纳米颗粒（粒径为 50～300nm）。

# 4.2 多孔材料合成及其应用的新进展

## 4.2.1 杂原子分子筛的水热合成与应用研究进展

近年来，分子筛水热合成领域一个引人注目的方向是有关杂原子分子筛的合成及其应用。杂原子分子筛是利用性质类似硅铝的其他元素取代分子筛骨架中的硅铝构成的沸石结构材料。引入杂原子后，分子筛仍保持原来的构型。但是杂原子引入分子筛骨架中显著地调变了分子筛的物化性能，如对分子筛的酸性、粒度大小、孔道结构、孔道性能进行了调整或较显著地改变，从而改变孔道吸附性、催化性能以及分子筛的活性和选择性，所以将杂原子引入分子筛骨架是分子筛改性的重要方法。杂原子分子筛的合成将推动分子筛的研究进展，是有潜在应用前景的催化剂材料。

### 4.2.1.1 杂原子分子筛的合成

由于 MCM-41 分子筛是一类具有六方有序排列的孔道结构、高比表面积和高吸附性能的介孔分子筛材料，比微孔分子筛更有利于有机分子的快速扩散，这使得它能为大分子尤其是石油化工过程中重油有机分子进行择形反应提供有利空间和有效酸性活性中心。采用水热合成法制备分子筛，在分子筛骨架形成过程中，将过渡金属离子引入 MCM-41 分子筛骨架后，可以调变分子筛骨架和孔道性能，使 MCM-41 具有某些新的特性，如选择催化、离子交换性能等，或者增强其吸附性能和催化性能。MCM-41 分子筛引入的杂原子主要有单原子 B、Ti、V、Cr、Mn、Fe、Co、Ni、Cu、Ga、Zr、Cd、Sn、Ce、Nb、Ru、La、W、Pr、Sm 以及双杂原子 V-Ti、Nb-Ti 等[27~30]。所使用的杂原子源有：$Cr(NO_3)_3 \cdot 9H_2O$、$Fe(NO_3)_3 \cdot 9H_2O$、$FeCl_3 \cdot 9H_2O$、$Co(NO_3)_2 \cdot 6H_2O$、$Co(Ac)_2 \cdot 4H_2O$、$Cu(NO_3)_2$、$VOSO_4 \cdot 3H_2O$、$P(ClO_3)_3$、$(NH_4)_2WO_4$、$H_2WO_4$、$Ga(NO_3)_3$、$CeCl_3$、$SnCl_4 \cdot 5H_2O$、$NbCl_5$、硝酸镉、异丙醇锆、钛酸丁酯、草酸铌、钼酸铵等。在合成过程中，除了要重点考察反应物凝胶组成的影响因素，还要考察模板剂类型、凝胶 pH 值、晶化温度、晶化时间等影响因素。其他类型杂原子分子筛有 Fe-ZSM-48、$ZrBSiAlPO_4$-5[31]、Zr-ZSM-11[32]、W-SBA-15[33]、Cr-Co-MEL、Cr-Ni-MEL[34]、Cr-Co-BEA[35]、Co（Mn）-APSO-18[36]、Cr-MCM-48[37]、B-NaY、Ti-NaY[38]等，在合成过程中引入的杂原子源有 $Fe_2(SO_4)_3 \cdot 6H_2O$、$Mn(Ac)_2$、氧氯化锆、硼酸、钨酸钠等。随着分子筛制备条件的提高、表征技术的增多，新型分子筛不断出现，相应的杂原子分子筛也层出不穷。而合成出大孔径、催化性能好、选择性好、热稳定性好的杂原子分子筛将是分子筛合成、改性的研究方向之一。

### 4.2.1.2 模板剂在合成杂原子分子筛中的应用及作用机理

以水热法合成不同类型的杂原子分子筛所采用的模板剂各不相同，例如合成杂原子 ZSM-5 分子筛一般采用四丙基溴化铵、正丁胺、乙二胺、1,6-己二胺等有机胺为模板剂，或者采用混合模板剂，如 TPABr-正丁胺、TPABr-己二胺、TPABr-$NH_3$[39]等。在杂原子 ZSM-5 分子筛的合成中，有机胺模板剂对骨架初级结构的形成、晶体的生长、晶粒大小以及形貌的控制等起着重要作用，这些作用是与不同模板剂分子的空间构型、大小以及电荷特点分不开的，因此起着模板作用、结构导向作用或孔道填充作用等。

杂原子 MCM-41 分子筛的合成机理较为复杂，一般认为由 Beck 提出的液晶模板机理是 MCM-41 分子筛的主要机理，还有由 Monnier 提出的由层状向六方相结构转变的形成机理。在合成杂原子 MCM-41 分子筛时，研究者多采用阳离子表面活性剂 $C_nH_{2n+1}(CH_3)_3NX$（$n=8\sim22$，X=OH、Cl、Br），或者采用非离子型的聚氧乙烯醚以及几种表面活性剂混合使用。其他杂原子分子筛的合成如 $ZrBSiAlPO_4$-5 采用四乙基氢氧化铵 TEAOH 为模板剂，杂原子 ZSM-11 分子筛的合成采用四丁基氢氧化铵 TBAOH 或四丙基氢氧化铵 TPAOH 为模板剂，Cr-Co-BEA 分子筛的合成采用 TEAOH 为模板剂等。可以看出，模板剂在合成分子筛过程中，其分子类型、尺寸、形状对分子筛的类型起着非常重要的作用。一种模板剂可合成出多种类型分子筛；不同模板剂可以合成出同一类型分子筛，如采用四丙基溴化铵、正丙胺、正丁胺、乙二胺、二乙醇胺均可制备出 ZSM-5 分子筛，但分子筛晶粒的形貌、晶粒大小又各不相同；而有些分子筛如 ZSM-18 必须使用特定的模板剂才能合成出来。

随着计算机技术的发展，越来越多的研究者将分子模拟技术应用到分子筛合成的研究领域，分析、研究模板剂在分子筛骨架形成中的作用和对晶粒形貌的影响。例如王利军[40]通过分子模拟途径，对有机模板剂分子与沸石骨架间非成键作用进行了能学分析，论证了不同链长的双季铵盐对不同分子筛合成中所起的模板作用。TS-1 分子筛是具有和 ZSM-5 分子筛相同的 MFI 拓扑结构的含钛分子筛，周涵等[41]应用分子模拟技术考察了 TPAOH、TPABr 和己二胺在 TS-1 分子筛微孔内部及各主要晶面上附着的最低能量构象及结合能，模拟结果可以合理解释模板剂类型对 TS-1 分子筛晶粒形状的影响。即己二胺会垂直伸入分子筛孔道内，引导分子筛晶体的生长。越是在分子表面上，这种导向作用越强，则该表面将会沿着己二胺"指向"的方向生长。由此得出：沿 $a$ 轴方向生长最快，$b$ 轴方向次之，$c$ 轴方向最慢，这一计算结果与 TS-1 的孔道结构相吻合，沿 $a$ 轴方向的孔道为 S 孔道，沿 $b$ 轴方向为直孔，沿 $c$ 轴方向则没有孔道。

#### 4.2.1.3　杂原子分子筛的物化性能及应用

（1）杂原子 ZSM-5 微孔分子筛的应用　分子筛引入杂原子后会引起骨架上的电荷不平衡，需要带正电荷的离子来平衡，当这种离子为质子时就会产生质子酸 B 酸。杂原子引入分子筛骨架后，不仅能够对分子筛酸性及孔径产生调变作用，对酸催化反应的活性及选择性产生影响，而且还会带来杂原子金属所固有的特征催化性能，杂原子本身可能成为催化反应的活性中心，使杂原子分子筛成为多功能催化剂。所以杂原子 ZSM-5 分子筛较多地用于催化性能的研究，如将杂原子分子筛用作乙苯氧化脱氢反应、丙烷芳构化、甲醇转化汽油、甲苯/乙烯烷基化、甲苯/甲醇烷基化制取对二甲苯[42]等反应中的催化剂。

例如，佟惠娟等[43]将合成的 Fe-V 双杂原子 ZSM-5 用于乙苯氧化脱氢反应，结果含 Fe 和 V 的双杂原子 ZSM-5 催化剂比含 Fe 或 V 的单杂原子 ZSM-5 分子筛显示出更高的活性和选择性，反应稳定时，反应的转化率为 26.7%，苯乙烯的选择性为 90.5%。说明双杂原子的引入能产生协同效应，影响分子筛的催化性能，因此 Fe-V-ZSM-5 分子筛是选择性氧化的优良催化剂。Giannetto 等[44]所合成的分子筛中由于骨架和非骨架 Cr 的存在增加了分子筛中骨架铝的含量，将 Cr-HZSM-5 催化剂用于正庚烷裂化反应，比 HZSM-5 催化剂有较高的酸性和活性。Villa 等[45]将 Cu-ZSM-5 和 Fe-ZSM-5 分子筛用于苯酚羟基化反应，结果产物对苯二酚的产率很高，反应的转化率分别达到 31.9% 和 32.9%，催化剂选择性达到 60.0% 和 60.5%。Unneberg 等[46]将 B 原子引入分子筛骨架后，产生较弱的 B 酸，B-HZSM-5 催化剂在甲醇反应中的活性比 HZSM-5 小，但比 Silicalita-Ⅰ 大得多；B-HZSM-5 催化剂在甲苯和甲酸的反应中，其烷基化的选择性很高。薛建伟等[47]将 F-ZSM-5 分子筛作为偏三甲苯与甲醇烷基化反应制均四甲苯的催化剂，结果偏三甲苯转化率和均四甲苯选择性明显提高，说明 F$^-$ 引入分子筛孔道可以更好地调节酸性和分子选择性，使偏三甲苯转化率达 56% 以上，均四甲苯在四甲苯中的含量达到 98% 以上。

另外含钒分子筛 V-ZSM-5、V-ZSM-48 等已在甲醇转化制汽油、NH$_3$ 还原 NO$_x$、取代芳烃氨氧化、丁二烯氧化制呋喃、丙烷氨氧化、丙烷氧化脱氢制丙烯以及苯酚与 H$_2$O$_2$ 的液相羟基化等催化反应中表现出良好的催化性能，特别是钒分子筛等的选择催化氧化活性与钛分子筛同样引人注目。

（2）杂原子 MCM-41 介孔分子筛的应用　将杂原子引入 MCM-41 介孔分子筛骨架后，用于大分子有机化合物的催化氧化中，例如分子筛在液相选择性氧化还原反应中：如烯烃环氧化、异丙苯氧化和苯酚羟基化，以及低链烷烃的氧化、苯催化氧化、2,6-二甲基苯酚的催化氧化、脂肪醇乙氧基化等反应中表现出很好的催化性能。如黄世勇等[48]将 Cr-MCM-41、Co-MCM-41、Fe-MCM-41 催化剂分别用于环己烷氧化制取环己酮，结果三种催化剂的催化活性均较好，其中 Cr-MCM-41 最佳，其环己烷转化率可达到 28.6%。Wang 等[49]将 Fe-MCM-41 催化剂用于苯乙烯和 H$_2$O$_2$ 的环氧化反应，苯乙烯的转化率随 Fe 含量增加到 1.1% 而显著增加，而通过离子交换得到的负载型 Fe/MCM-41 催化剂对苯乙烯的环氧化反应有较差的活性。Tsai 等[50]研究发现，Cu-MCM-41 分子筛是三甲基苯酚在温和条件下转化为三甲苯醌氧化反应的有效催化剂。

　　Zhang 等[51]将 V-MCM-41 催化剂用于低链烷烃的氧化反应。在乙烷、丙烷、丁烷和异丁烷的氧化反应中，随着 V 含量的增加，烷烃的转化率显著增加，但 V 含量很高时转化率降低。V-MCM-41 催化剂对乙烷氧化脱氢生成乙烯的选择性较差，但是当 V 含量超过 1％时，丙烷或异丁烷的氧化反应中，丙烯或异丁烯都有较高的选择性。在丙烷或异丁烷的氧化反应中，当 V 含量较低时，也能得到丙烯醛或 2-甲基丙烯醛，产量和选择性都较高，丙烯醛最高产量达到 3％，选择性超过 20％；当丙烷转化率分别为 3.0％和 4.4％时，相应的丙烯和丙烯醛的选择性达到 95％和 87％。这些氧化物以及丙烯醛的生成可能是 V-MCM-41 催化剂中中等强度的酸性位起了主要作用。

　　Okumura 等[52]将 Ga-MCM-41 催化剂也用于苯的苄基化反应，结果表明催化剂在低温条件下即 313K 时就有显著的催化活性。Zhang 等[53]研究表明 W-MCM-41 催化剂在环己烯羟基化反应中提供中间相因而具有相当高的活性。Karthik 等[54]将 Co-MCM-41 催化剂用于苯酚和异丁醇的烷基化反应中，结果显示，随着温度的升高，反应转化率增加，异丁基异构化转化成叔丁基阳离子非常显著，所以产物主要是苯基叔丁基醚 OTBP、2-叔丁基苯酚 2TBP 和 4-叔丁基苯酚 4TBP。Parvulescu 等[55]研究了 V-MCM-41 催化剂在苯和甲苯的羟基化反应中有很高的活性，而在苯乙烯氧化反应中有较低的转化率。Nb-MCM-41 催化剂在苯乙烯氧化反应中却显示很高的转化率，而在苯和甲苯的氧化反应中有较低的转化率。双金属 Ti-V-MCM-41 催化剂在苯乙烯和苯的氧化反应中活性增加，但在甲苯氧化反应中转化率降低。而双金属 Ti-Nb-MCM-41 催化剂使苯乙烯氧化反应转化率增加的程度较小，使苯和甲苯氧化反应的活性显著降低。由正硅酸乙酯为硅源合成的 V-MCM-41 和 Nb-MCM-41 分子筛比由水玻璃为硅源合成的分子筛选择性更高些。而 V-MCM-41 催化剂对醇氧化反应都有较低的催化活性。Liu 等[56]将 Zr-MCM-41 催化剂用于水的光催化分解反应中，结果 $H_2$ 产量比用传统的 $ZrO_2$ 为光催化剂时提高最少 2.5 倍。周华锋等[57]采用水热法合成了金属原子（Zn、Ni、Fe、Al、Cu、Ce）掺杂的 T-MCM-41 分子筛，并将其应用于邻苯二甲酸二（2-乙基己）酯（DOP）的合成反应，用 Al-MCM-41、Zn-MCM-41、Cu-MCM-41 和 Fe-MCM-41 催化剂催化 DOP 的合成反应，在反应进行 5h 时，邻苯二甲酸酐的转化率达到 95.5％以上，DOP 的选择性均达到 96.5％以上。Zhan 等[58]采用水热法制备出 La-MCM-41 和 Ce-MCM-41 催化剂，用来催化以 $H_2O_2$ 为氧化剂的苯乙烯氧化反应，结果是 La-MCM-41 比 Ce-MCM-41 催化剂具有更高的反应活性，且反应活性随着 La 含量的增加而增加。

　　(3) 其他杂原子分子筛的应用　为加快 MCM-48 分子筛的实用性开发，近年来国内外科研人员对 MCM-48 分子筛的改性做了大量的科研工作，不仅制备了负载活性金属（如 V、Cr、Mn、Ni 等）、氧化物（如 MgO、CaO 等）、杂多酸等的催化剂，而且通过原位合成制备了掺杂金属的 T-MCM-48 催化剂。如 Ce-MCM-48 催化剂用于环己烷氧化反应[59]，Ti-MCM-48 催化剂用于丙烯醇环氧化反应[60]。张继龙等[61]合成出的 Sn-MCM-48 分子筛在苯酚羟化反应中，表现出不同于采用浸渍法制备的 Sn/MCM-48 分子筛的催化性能。

　　含钛分子筛在杂原子分子筛合成和应用中研究较多，如 TS-1、TS-2、Ti-ZSM-12、Ti-ZSM-48、Ti-MCM-41、Ti-HMS 等。含钛分子筛兼有钛的催化作用和择形效果，主要用于有机分子的选择性氧化，尤其是在温和条件下有 $H_2O_2$ 参与的选择性氧化，如苯和苯酚的羟基化、烯烃的环氧化、环己酮的氨氧化，以及用于脱除燃料油如汽油中有机硫化物[39]等。其他杂原子分子筛用作烷基化反应、二甲苯异构化、环己烯氧化反应、环戊烯催化氧化合成戊二醛等反应的催化剂。例如，张海娟等[31]研究 ZrBSiAlPO₄-5 催化剂不仅具有 $AlPO_4$-5 分子筛的性质，而且还具有 $AlPO_4$-5 所不具有的 B 酸酸性，在苯与长链烯烃的烷基化反应中有良好的催化活性和催化寿命，所以在烷基化工艺中，有可能替代 HF 成为一种环境友好的新型催化剂。王亚军等[34]研究了双金属杂原子分子筛催化剂对环己醇、2-丁醇、2-丙醇、环己烯的选择氧化的催化性能，结果表明，反应物不同，活性亦不同，其顺序为环己烯＞环己醇＞2-丁醇＞2-丙醇；在杂原子分子筛中，CrNi-MEL、CrCo-MEL 分子筛活性较高，而 VCo-MEL、VCr-MEL、VNi-MEL 分子筛活性较低。

目前，国内外学者对杂原子分子筛的合成进行了大量的研究工作，尤其是杂原子 ZSM-5 分子筛研究较早，而杂原子 MCM-41、MCM-48 和 SBA-15 分子筛是近几年研究的热点。杂原子分子筛的合成与应用存在问题主要有以下几个方面。

杂原子分子筛中除钛硅分子筛合成刚刚工业化外，其余的杂原子分子筛的合成至今没有工业化，这是因为分子筛中引入的杂原子多为过渡金属，所需要的杂原子源与负载金属过程相比较所用的量多，合成成本较高，而且后处理工艺要求高、所用设备多，母液处理比合成普通分子筛过程费用高，需要综合考虑废液处理、废液排放、是否产生副产品问题以及处理设备问题，这样限制了杂原子分子筛的工业合成和应用。若能采用循环原则，对合成生产杂原子分子筛的全过程进行优化，可降低成本，但这是一个较庞大、复杂的工程。杂原子引入分子筛后，部分杂原子分子筛的水热稳定性方面存在不足，这也是要解决问题之一。另外，还需深入探讨杂原子分子筛的合成机理，进一步研究同一杂原子分子筛对不同反应的催化性能、不同杂原子分子筛对同一反应的催化性能以及杂原子分子筛比普通分子筛对同一反应具有更优越的反应活性等问题，这样杂原子分子筛的应用更宽，更有利于推动杂原子分子筛合成和应用的工业化进程。对于杂原子引入的元素除有少数的非金属元素如 B、F 外，绝大多数是过渡金属元素。由于杂原子的引入，调变了分子筛的催化活性、选择性和稳定性，如增强了氧化还原性能、酸性性能等，从而提高了加氢活性、裂化活性、氧化还原活性、氧化脱氢性能或光催化活性等。正是各种分子筛原有的性能以及引入杂原子后分子筛催化性能的调变引起人们广泛的关注，研究者致力于各种杂原子分子筛的合成和应用研究。杂原子分子筛不仅可以应用在选择性氧化特别是液相氧化反应、烷基化、羟基化、烷基芳构化、催化裂化等方面，而且还可应用于 FT 合成、渣油加氢脱硫、有机大分子合成反应以及作为光催化剂进行污水处理等方面。为了满足石油化工、精细化工、环保等领域的需要和应用，相信杂原子分子筛的合成和应用会有更大的发展空间。

### 4.2.2　微孔分子筛纳米晶的控制合成及其催化应用

纳米分子筛是指晶粒小于 100nm 的超细分子筛，它具有高的外表面积和短的孔道，在大分子催化转化反应中显示出了独特的催化活性和产物选择性，近年来催化界对此引起了高度的关注，成为了国内外的研究热点[62,63]。在石油炼制过程中，广泛使用分子筛基催化剂来提高反应的转化率和目标产物的选择性，所以说分子筛在石油炼制工业中起着至关重要的作用。在催化裂化工业中分子筛取代无定形硅铝催化剂，对催化裂化工业产生了革命性的影响，分子筛的使用大大提高了目标产物轻质油品的产率和选择性。在加氢裂化、催化加氢和催化脱蜡等重要的炼油工艺中使用的催化剂都含有不同类型和组成的分子筛。

#### 4.2.2.1　纳米分子筛的合成

分子筛的合成通常采用水热合成法[64]，即采用一定配比的硅铝混合凝胶在一定的温度下晶化水热处理一定的时间得到。常规的分子筛晶粒粒度一般处于微米级，约为 $1\sim30\mu m$，而分子筛的单胞尺寸大约 $1\sim2.5nm$。这表明常规的分子筛晶体中在一维方向上大约含有 $400\sim1000$ 个分子筛的单胞。超细分子筛的尺寸一般应控制在 100nm 以内，即 $0.1\mu m$。传统的方法制得的分子筛，粒度处于微米级。采用改进的方法[65]可以得到亚微米级的分子筛，粒度大约为 $0.1\sim1\mu m$ 之间。要合成纳米级超细沸石，就需要开发一种新的合成技术以及结构控制方法。近年来有很多的综述性文章对纳米分子筛的合成方法进行了总结[62,63]，这里只是介绍最近研究较多的新方法即分子筛纳米晶溶胶的合成方法[66~70]。

关于分子筛的生成机理[64]有两个极端，一是无定形凝胶的结构重排，重结晶成为沸石结构，液相组分不参加晶化过程，称为固相传输机理（固相机理），典型的例子是550℃脱水的无定形硅酸铝凝胶通过与三乙胺和乙二胺的反应，在160℃生成 ZSM-5 和 ZSM-35 分子筛。另一是在溶液中成核和晶化，所有反应物溶解进入溶液，称为溶液传输机理（液相机理），典型液相机理的例子是没有发生固相传输过程的从清溶液中生成低硅沸石（如 Y、P、ZSM-5）。最近许多文献报道[66,71~84]采用电子显微镜、原位激光粒度分析仪等现代分析技术对前驱体溶胶晶化过程的观察和表征，对两段变温技术合成分子筛纳米晶成核和晶化机理进行了研究，发现对于不同的分子筛，成核和晶化期明显不同。分子筛的成核和晶化过程可以通过添加模板剂或晶粒表面电荷的修饰剂加以控制。研究者认为有机模板剂和晶粒表面电荷的修饰剂参与分子筛的成核和生长。通过优化合成条件和添加物种控制剂等方法，采用透明溶胶的水热晶化过程可以合成晶粒小于50nm的单晶分子筛。如 Brett 等[66]采用四甲基氢氧化铵为模板剂和四甲基溴化铵为助剂，通过液相混合液的水热晶化法合成了晶粒度小于45nm的分子筛 NaY 纳米晶。他们认为四甲基氢氧化铵和四甲基溴化铵在分子筛的形成过程中分别起着不同的作用：前者因为具有 Y 型分子筛的 β 笼相似的直径，参与了分子筛的次级结构单元的形成和稳定化过程；后者主要是对分子筛的纳米晶的外表面电荷的修饰，阻止纳米晶分子筛的溶解和生长，通过这种方法可以很方便地实现高结晶度分子筛纳米晶的控制合成。

#### 4.2.2.2　纳米分子筛催化的特点[62,85]

众所周知，分子筛以其较强的酸性及独特的孔/笼结构和稳定的骨架结构而著称，催化应用也基本取决于三个方面：活性、选择性和稳定性。其中活性主要受制于分子筛的酸性质，包括酸强度、酸量及其分布。选择性主要由其微孔结构控制。稳定性既与分子筛的酸性有关，更取决于其骨架结构的稳定性，包括化学稳定性、热稳定性和水热稳定性等。在一个催化反应过程中，被吸附的反应物分子必须要首先穿过分子筛的微孔孔道进入分子筛的内部活性位进行反应，因此，扩散对于分子筛这类微孔材料来说显得更为重要，甚至是决定性的。

一般来说，反应物分子在分子筛内孔道中的扩散称为晶内扩散，这对分子筛的催化作用很重要。反应物在晶孔内的扩散过程中，一方面可以继续向孔内或笼中扩散，同时，也可以被吸附到内孔孔壁表面的活性位上进行催化转化。可以看出，要使分子筛的内表面全部被用来进行催化转化，就得使物理传输速率或扩散速率大于内孔催化转化速率。因此要提高分子筛内孔或笼中的催化位利用率，就必须设法加快扩散速率，或降低扩散过程中发生在孔壁内表面的催化转化，或者设法缩短扩散路径，以更有利于扩散的进行。其中加快扩散速率对于微孔扩散来说比较困难，而抑制孔壁表面的催化转化显得更为困难。因此要加快扩散速率，提高内孔活性位的利用率，最好的途径就是缩短扩散路径。这样一方面加快了扩散的速率，另一方面路径缩短，意味着分子筛晶孔孔道变短，大量的活性位由深层变为浅层，更易于与反应物接触，提高了其利用率，而路径的缩短直接取决于其分子筛的晶粒大小。

许多研究已经表明[86~89]，分子筛晶粒的大小对于分子筛内进行的催化转化影响很大。同时也可以看出，要降低扩散的限制，提高内部活性位的利用率，减少分子筛的粒度是最佳途径，这实质上是纳米分子筛的优势所在。

从固体物理学的角度来看，超细分子筛已属于纳米材料的范畴，应该具有纳米材料的一些性能特点。但从化学的角度来看，最突出的特点就是表面效应，也就是说表面原子数足以和体相的原子数相抗衡，甚至高于体相的原子数，这样使得表面化学性质相当活泼。因为大量的体相原子变成表面原子，其配位不饱和度迅速增加，表面的粗糙度也会改善，界面效应更加明显。

相对于常规尺度分子筛，纳米分子筛由于粒径很小，每个晶粒所含的晶胞数十分有限，因此使其表现出一些独特的结构和性能特点[85]。①更大的外表面。常规的分子筛发达的表面主要由微孔孔道构成的孔壁和笼壁构成，外表面在其中所占的比例很小，远小于1％，其外表面对催化活性的贡献常常可以忽略。但是对于纳米分子筛，粒径减小了至少10倍，外表面就会增加10倍以上，因此外表面的效应不能忽略。②更多的暴露晶胞。超细分子筛由于晶粒较小，暴露到表面的晶胞数迅速增加，大约10％。其中暴露到外面的每一个晶胞都有一定数目的孔口与外界相通，因此超细分子筛具有很多的直接与外界相通的孔口。这些孔口都可以用于反应，以方便反应物的快速进入和产物的快速离开，因而在更大程度上减小了扩散的限制，更有利于扩散控制的反应。同时由于大量的晶胞暴露于外表，提高了分子筛上活性位的数目，使更多的活性位更易于和反应物接触，因而也提高了催化剂活性位的使用效率，改善了催化剂的活性。另外更多裸露的晶胞也减少了反应物分子、产物分子在分子筛孔道内的拥挤，提高了催化效率。③短而规整的孔道。超细沸石含有相对较少的晶胞数（不大于50），一维方向上孔道的长度明显缩短，更有利于扩散和催化反应。同时晶粒的减小，意味着在大尺寸上发生晶格缺陷的可能性降低，晶体结构更趋于完整，也有利于扩散和催化反应。

目前，已用小晶粒分子筛作为催化剂的反应有：加氢裂化[90,91]、流化催化裂化（FCC）[92]、苯的烷基化[93]、烯烃的齐聚反应[94]、甲醇制汽油（MTG）[95]、甲胺的合成[96]等。综观这些反应结果，小晶粒分子筛用于催化反应有以下几个特点。①反应活性高。由于超细分子筛的比表面积比普通分子筛的比表面积大，表面原子数目增多，其周围缺少相邻的原子，有很多未饱和键，易于吸附其他原子或分子，因而表现出较高的催化活性。如在加氢裂化过程中[95]，在同一温度下分子筛超细后，原料的转化率能提高25％以上。凡是对于受扩散限制的反应以及对分子直径大于分子筛孔径的大分子的裂化等，使用超细分子筛都会比普通粒径的分子筛有更好的活性。②对产物特有的选择性。在加氢裂化过程中，采用超细的 Y 型分子筛为催化剂，不仅反应活性高，而且产物中石脑油和煤油的含量能提高3％。在 FCC 过程中，采用超细的 Y 型分子筛为催化剂[92]，产物中汽油和柴油的含量高，而 $C_1$、$C_2$ 烃类的含量较低。若采用小晶粒的 β 分子筛为催化剂[91]，则产物中汽油和低碳烃类的含量比超稳 Y 型（USY）分子筛高，但柴油含量相对较低，而低碳烃类中丙烯、丁烯及异丁烷的含量较高。在甲醇转化成烃类的反应中[95]，采用小晶粒的 HZSM-25 分子筛，产物中 $C_5$ 以上烃类的选择性较高，而在 $C_5$ 以上烃类中又以 $C_9$ 芳烃的含量为最高。③抗积炭能力强。超细分子筛作为催化剂的优良特性之一就是抗积炭能力强，并由此而使催化剂的寿命延长。有研究表明[96]，乙烯在 HZSM-5 分子筛上的齐聚反应中，晶粒越小，容炭能力越强，使用寿命也越长。超细分子筛抗积炭能力强的原因还未被清楚了解，文献中大多认为积炭发生在分子筛的外表面和孔口附近，而超细分子筛具有较大的外表面积，因而容炭能力强。④能提高负载金属组分的分散性和负载量。金属组分在分子筛上的有效负载量和分散性是决定这类催化剂性能的主要因素。研究表明，金属组分的含量有一定限度，超过这个值，金属组分将以聚积体的形式覆盖在分子筛的表面上或堵塞孔口，从而降低催化剂的活性和选择性。超细分子筛由于具有较大的外表面积、更多的孔口，金属组分更易进入分子筛的孔道，提高其分散性和有效含量，从而增加了催化剂的活性，维持更长的使用寿命[97]。

#### 4.2.2.3　纳米分子筛的自组装和纳米复合

纳米分子筛合成方法虽有很多，然而由于纳米分子筛的热稳定性和水热稳定性相对较差，在分子筛合成和催化剂的制备过程中有许多的热过程，因此批量合成和使用纳米分子筛的催化剂目前还存在一些困难，这也是目前纳米分子筛催化的研究热点所在。要解决这一问题，催化界有两种思路：将纳米分子筛组装为分级多孔材料，或将纳米分子筛附着在一定的基质材料上制备纳米复合材料。由于分级多孔材料具有高的比表面积、快的扩散特性和可调节的孔道体系，近年来利用分子筛纳米晶构建的分级多孔材料可望在催化、膜分离材料等领域得到应用[98~100]。微孔沸石是一种具有一定的孔道结构、孔径在几埃左右的分子筛，广泛应用于催化剂、离子交换剂、吸附材料等领域。如果简单的组装技术可以应用于微孔分子筛，那么可能会显著提升现有的广泛使用的催化体系。分级多孔材料的孔结构主要可以通过控制前驱体纳米晶粒度的大小分布而得以实现，因此有效地控制前驱体纳米晶的大小是必要的。纳米晶沸石也可以嵌入高聚物材料制备气体分离膜材料或聚合物交换膜（polmer-exchange-membrane）应用于燃料电池。

（1）纳米分子筛的自组装介孔分子筛　传统的微孔分子筛具有均匀发达的微孔结构、酸性强和水热稳定性好的特点，已经在许多领域得到了广泛应用。但是由于其有限的孔径限制了较大分子进入孔腔，或在其孔腔内形成的大分子不能快速地逸出，从而大大限制了其在大分子转化中的应用，比如重油的催化裂化[80]。而介孔分子筛可以弥补微孔分子筛的不足，为大分子反应提供较大的孔径。介孔分子筛指以表面活性剂为模板剂，利用溶胶-凝胶（sol-gel）、乳化（emulsion）或微乳（microemulsion）等化学过程，通过有机物与无机物之间的界面作用组装生成的一类孔径在 2~50nm 之间、孔分布窄且具有规则孔道结构的无机多孔材料。介孔分子筛的孔道大小均匀且有序排列，尤其是具有孔径可在介孔范围连续调节以及具有高的比表面积等优点，一经出现就引起了材料界的兴趣和关注，对介孔分子筛的研究成为近年来的研究热点之一。但是，相对于微孔分子筛，介孔分子筛表现出较弱的酸性和水热稳定性，这阻碍了其优势的发挥。致力于改善介孔分子筛酸性和水热稳定性的研究一直在继续。从研究报道的情况来看，这方面的研究已经取得了一定的突破。如 Biz 等[101]通过分子筛纳米晶的自组装合成了规整的介孔材料，他们的方法是把分子筛纳米簇作为组装单元来组装复杂的多孔材料，比如微孔分子筛膜、微孔-大孔分子筛以及长分子筛纤维等。制备方法是首先用制备粒径在 30~80nm 之间可调的、孔径分布窄的硅铝分子筛纳米晶；再用所得纳米晶与单分散的分子筛纳米晶在室温下用聚苯乙烯树脂为模板剂自组装，来制备全结晶的大孔分子筛。SEM 照片显示紧密堆积的树脂微球嵌入到分子筛基质中，可以观察到两个清晰的面，孔的大小可以由树脂球的大小调节。由于乙醇分散剂的使用，树脂球之间的孔被纳米晶完全连续地填满。大孔的存在可以提高扩散速率，从而使分子筛催化剂的性能得以提高。它的特点是孔径可调且分布窄；可合成强酸性、高水热稳定性的介孔分子筛。

目前，纳米分子筛的自组装介孔分子筛有 NaY/MCM-41、β/MCM-41、ZSM-5/MCM-41、ZSM-5/MCM-48、Y/MSU-S、MCM-49/ZSM-35 等[102~105]。周志华等[106]采用两步晶化法制备了具有介孔、微孔复合结构的 MCM-48/ZSM-5 分子筛，该分子筛是具有微孔 ZSM-5 的有序孔壁和介孔 MCM-48 的三维孔道结构的复合材料，水热稳定性好于 MCM-48 分子筛。通过控制晶化时间可以调节复合分子筛中介孔结构与微孔结构所占的比例。Xu 等[107]采用 β 分子筛纳米晶与 CTAB 自组装 MCM-41，混合物在静止或搅拌条件下均合成了具有较高水热稳定性的 β/MCM-41 复合分子筛。即配比为 $1.5Na_2O：12.5(TEA)_2O：Al_2O_3：50SiO_2：835H_2O$ 的初始凝胶在 135℃ 晶化 31h 得到 β 纳米晶溶液。该溶液冷却后滴加 10%CTAB 溶液，40℃ 老化 1h，然后在静止或搅拌条件下于 100℃ 晶化 24h。由于 β 分子筛纳米晶均匀分散到介孔基体中，而且由于次级结构单元或沸石微晶的存在，使得具有介孔结构的复合分子筛有较高的稳定性。Chen 等[108]采用两步微波辐射晶化法将 ZSM-5 纳米晶与 MCM-41 结构导向剂的胶束自组装，制备出 ZSM-5-MCM-41 复合分子筛。Habib 等[109]采用两步晶化法制备 ZSM-5/MCM-41 复合分子筛，第二步晶化前在混合物中加入额外的硅源以控制产物的 Si/Al 比，可以提高介孔结构的有序性，还可以提高甲基环己烷转化制甲苯反应的裂化活性，并且提高催化剂的酸性。

(2) 纳米分子筛基复合材料　分子筛基复合材料[110]即将分子筛晶粒与无机或有机高分子复合的材料广泛应用于催化剂、催化剂载体和吸附剂。与分子筛复合的基体材料有无机氧化物氧化铝、无定形二氧化硅，用于流化催化裂化的分子筛基催化剂就是典型的复合材料。这类复合材料就是将分子筛的晶体与基体物质的溶胶湿法混合制备成分子筛基复合材料。在这种复合材料中分子筛在基体物质中均匀分散，得到的复合材料不仅具有单组分的性质，而且由于两种组分混合后优势互补的协同效应，产生了奇特的催化性能。近年来随着纳米分子筛制备技术的成熟和纳米催化剂的催化大分子反应的优势，国外学者开始了纳米分子筛在基体材质上附着形成纳米分子筛膜[99,100,111,112]或与多孔基质复合制成纳米复合材料的研究[113~117]。纳米复合材料是将分子筛纳米晶溶胶与基质前驱体溶胶进行混合，采用溶胶-凝胶技术得到的产物进行热处理或固液分离，制得纳米复合材料。采用这种方法可以达到分子筛纳米晶在基体中高度分散和复合。如氧化铝与分子筛的纳米复合材料，当分子筛溶胶由纯硅微孔分子筛的纳米晶组成时，胶体带负电荷；氢氧化铝溶胶所带的电荷可以通过调节溶胶的 pH 值达到带正电荷。由于两种胶体粒子电性上的不同，在溶胶混合时胶粒之间的吸引力促进分子筛胶粒在氧化铝凝胶上的吸附。由于分子筛纳米晶粒和基体铝凝胶之间的黏结作用，纳米晶分子筛可以在复合材料之间达到高度的分散。

采用这种方法制备纳米复合材料有胶体分子筛 L 与 γ-氧化铝的复合材料[113]，在这种复合材料中，由于分子筛溶胶粒子和氧化铝干凝胶粒子之间的电性吸引力，一个组成为 93% 的分子筛膜在氧化铝载体上均匀地分散，没有发生明显的堆积和块状物。Landau[113]研究了分子筛 β 在基质 γ-氧化铝上的分散和复合。他们首先合成了分子筛 β 纳米晶的溶胶和 γ-氧化铝前驱体拟薄水铝石的干凝胶；然后将拟薄水铝石的干凝胶分散到蒸馏水中，调节溶胶的 pH 值为 9.05，溶胶中氧化铝的含量为 2.5%；采用这种氧化铝的悬浮液和 pH 值为 12.7 的分子筛 β 纳米晶的溶胶在室温下混合，得到了不同分子筛组成的纳米复合材料。采用 TEM、DLS、SAXS、SEM 和 HR-TEM 对产物纳米复合材料进行了表征。分析测试表明：组成为 60% 的分子筛的复合材料中，晶粒大小为 10~15nm 的分子筛被高度分散和稳定在基体中孔 γ-氧化铝上，没有发现明显的分子筛堆积和纳米团聚现象。采用这种复合材料的催化剂的异丙基苯裂解活性是块状纳米分子筛簇的两倍以上。

纳米分子筛作为一种新材料，近些年来发展很快，除用作催化材料外，在其他领域如吸附、分离等也有长足的发展，因而有很大的发展潜力，并可能会成为今后分子筛研究中的热点之一。在 FCC 方面，国际上已把它作为第四代催化剂进行研制。分子筛纳米晶组装介孔分子筛目前国内已有很多的研究，吉林大学肖丰收课题组[118]通过高硅分子筛 ZSM-5、β 分子筛纳米晶成功地组装了一系列的介孔分子筛，并就这方面的工作作了较为系统的综述。纳米晶分子筛自组装介孔材料的研究不仅丰富了分子筛等多孔材料的制备化学理论，而且对应用于提高大分子催化转化的新型催化材料的开发产生了很大影响。尽管分子筛纳米晶自组装合成新型分子筛材料方面取得了很大的进展，但是将这些分子筛或复合分子筛应用于工业催化领域，仍然有很多的问题需要解决。首先，由于分子筛纳米晶的大小对自组装过程的影响很大，有文献报道大于 30nm 的分子筛纳米簇就很难实现自组装。因此自组装过程要求严格控制并且组装材料中非晶化产物的量也不容易确定，所以这种所谓的介孔孔壁由完全高结晶度的微孔分子筛组成的说法值得商榷。其次，在分子筛基催化剂或催化剂载体中，催化剂的酸性或酸性组分的含量对催化剂的性能有很大的影响，如何控制这种由分子筛纳米簇组装材料的酸性，目前还没有很好的方法。工业上制备分子筛基催化剂往往采用与不同组成基体材料的湿法复合来达到分散和调节酸性，如果这种组装的分子筛还要通过与不同组成基体材料的机械混合问题来解决，那么仍然存在均匀分散和酸性调节的问题。再次，由纳米簇组装的介孔分子筛，由于在组装合成过程中的热处理，在这种材料的局部仍然会存在有纳米分子筛的团聚问题。基于以上问题，首先合成分子筛纳米晶溶胶或悬浮液，然后将这种纳米晶分子筛的悬浮液在一定的条件下与基体物质进行纳米尺度上的分散和复合。这种方法可望获得纳米分子筛在基体材料上的高度分散，另外这种方法也很容易实现分子筛基催化材料的酸性、孔体系设计和控制合成。因此分子筛基纳米复合材料或分子筛纳米晶在基体多孔介质中的分散、复合及其催化应用可能会成为新的研究热点。

### 4.2.3　大微孔分子筛的合成研究进展

大微孔分子筛由于其具有独特的孔道结构，高比表面积和高热、水热稳定性，如具有18元环的 ECR-34 分子筛和具有 14 元环的 ITQ-15 分子筛分别在 800℃ 和 1000℃ 仍旧保持稳定，因此，大孔分子筛已应用于工业技术，如气体吸附、离子交换、分离和催化领域。所以，合成 12 元环以上，具有硅基和化学、水热稳定性高的大微孔硅基分子筛是当今分子筛合成领域的研究热点之一，对分子筛合成的影响因素如组成、模板剂、温度和外界条件等研究越来越广泛。牛国兴等[119]关于大微孔硅基分子筛的合成作了比较全面的综述。其文中提到，最早报道的具有 14 元环、热稳定的硅基分子筛是 UTD-1 和 CIT-5 分子筛，它们分别采用 bis (pentamethylcyclopentadienyl)-co-balt（Ⅲ）bydroxide 和 N (16)-methylsparteinium hydroxide(Ⅰ) 作为分子筛合成的模板剂。随着研究的不断进行，又有十几种具有 12 元环以上孔道的硅基分子筛先后被合成出，如 CIT-5 分子筛[120]，ITQ-7、ITQ-15、ITQ-21、ITQ-26 分子筛[121]，ECR-1、ECR-34 分子筛[122]，UTD-1 分子筛[123,124]，TUN-7 分子筛，IM-12 分子筛以及 SSZ 系列分子筛[119,125~132] 即 SSZ-33、35、42、44、47、50、51、53、54、55、56、57、58、59、60、61、63、64、65、70、73、77 等分子筛相继被合成出。

制备大微孔硅基分子筛所使用的模板剂或结构导向剂（SDA）对分子筛结构有非常重要的影响，其要有如下特点：模板剂要有较大的体积、适度的骨架刚性、与无机物相匹配的电荷密度、合适的疏水性，并在水热条件下具有稳定的化学性质。如果模板剂的疏水性不够，或者模板剂与无机物间的相互作用不合适，则模板剂的结构定向作用就不能很好发挥，生成的产物可能就会是无定形物质，若模板剂的结构（如体积、刚性、电荷密度等）有轻微的改变，将会导致物料沿不同方向晶化。当模板剂与无机原料达成"主-客"体电荷密度匹配时，模板剂中至少会有一点群对称要素决定骨架的晶体点群对称性。因此，仔细控制模板剂结构和电荷密度等因素已成为合成大微孔高硅分子筛的技术关键之一。影响大微孔分子筛结构参数的因素不仅有模板剂，还有矿化剂和引入的杂原子。例如，Davis 在研究 CIT-5 分子筛的合成时，发现高浓度 $Na^+$ 会生成 SSZ-24 分子筛，而不是 CIT-5 分子筛；若用 LiOH 作为矿化剂，就可以避免此类问题的发生，高浓度 $Li^+$ 在加快物料晶化速度的同时，不会影响模板剂的结构诱导效应[119]。引入硅骨架的杂原子有 Li、Be、B、Ti、Zn 和 Ge 等。例如，Blasco 等[133]发现在合成 ITQ-21 分子筛过程中引入锗（Ge）后，Ge 在成核过程中起着重要的作用，晶化速度随着其浓度的增加而增大，晶化时间缩短到 6h。并且由于 Ge 引入双四元环（$D4R$）骨架而改变 $D4R$ 的几何张力，从而使生成的 $D4R$ 骨架变得更稳定，分子筛的热稳定性和水热稳定性也更高。

本节介绍几种典型的大微孔分子筛，其结构示意图、模板剂类型及其结构见表 4-2。

从表 4-2 可以看出，不同大微孔分子筛的结构示意图、模板剂分子及其结构各有其特点，寻找特殊结构的模板剂分子和引入适当的杂原子将产生新的分子筛骨架结构，这正是科研工作者努力的方向。

大微孔分子筛典型的合成过程见下面几个例子。

（1）CIT-5 分子筛合成的步骤如下：Yoshikawa 等[120] 以 $H_3BO_3$、$Ga(NO_3)_3$ 或 $Al(NO_3)_3$ 和硅溶胶为原料，以 NaOH 或 LiOH 为矿化剂，以 MeSPAOH 为模板剂，凝胶

表 4-2  各种大微孔硅基分子筛结构与所用模板剂类型

| 分子筛 | 结构 | 结构示意图 | 模板剂 | 模板剂结构 |
|---|---|---|---|---|
| CIT-5[120] | 14 元环围成的一维孔道 | | N(16)-methylsparteinium hydroxide(Ⅰ) (MeSPAOH) ($C_{16}H_{29}N_2OH$) | |
| ECR-34[122] | 直径为 10Å 的 18 元环一维孔道结构 | | 四乙基氢氧化铵 (TEAOH) | |
| ITQ-21[133] | 具有 0.74nm 窗口、1.18nm 笼的三维孔道结构 | | N(16)-methylsparteinium hydroxide(Ⅰ) (MeSPAOH) | |
| ITQ-26[121] | 12 元环三维孔道结构 | | 1,3-bis-(triethyphosphoniummethyl)-benzene [$m$-Bz(Et$_3$P)$_2$](OH)$_2$ | — |
| UTD-1[123,124] | 直径为 7.5～10Å 的 14 元一维孔道 | | bis(pentamethycyclopentadienyl)cobalt(Ⅲ) hydroxide | |
| SSZ-35[125,126] | 10 元环和 18 元环交替开口孔组成一维直通道 | | N,N-diethyl-2,6-cis-dimethylpiperidinium | |

配比为 $SiO_2$ ： $0.1MOH$ ： $0.2MeSPAOH$ ： $xW$ ： $40H_2O$ [$x=0\sim0.02$，W 代表 $H_3BO_3$、$Ga(NO_3)_3$ 或 $Al(NO_3)_3$] 在 170℃下水热晶化 $3\sim7$ 天，然后冷却、洗涤、干燥即得到 CIT-5 分子筛。经试验，CIT-5 分子筛具有酸性中心，能够用于催化裂化和烷基化反应。

（2）ITQ-33 分子筛的合成[134]　ITQ-33 分子筛具有 18 元环（孔径 12.2Å）开口孔、在 $c$ 轴与双向 10 元环相交的独特结构。ITQ-33 分子筛的合成是以 hexamethionium hydroxide 和 hexamethionium hydroxide 为模板剂，其合成步骤如下。

将 $Al_2O_3$、$GeO_2$ 或硼酸溶于模板剂溶液中，再加入硅溶胶、$NH_4F$，凝胶组成配比为：$0.67SiO_2$ ： $0.33GeO_2$ ： $0.050Al_2O_3$ ： $0.15Hex(OH)_2$ ： $0.10Hex(Br)_2$ ： $0.30HF$ ： $1.5H_2O$，凝胶在 170℃下水热晶化 5h，然后冷却、洗涤、干燥即得到 ITQ-33 分子筛。具有大孔和酸性的 ITQ-33 分子筛使其具有显著的催化性能，在苯和丙烯烷基化合成异丙基苯的反应中显示出高活性和高选择性。

（3）SSZ-42 分子筛合成的步骤如下：Sarshar 等[128]以 $N$-benzyl-1,4-diazabicyclo (2.2.2) octane hydroxide 为模板剂，以 Cabosil M5 silica 为硅源，并加入 $Na_2B_4O_7 \cdot 10H_2O$，搅拌均匀，凝胶配比为：$SiO_2$ ： $0.150R_2O$ ： $0.018Na_2O$ ： $0.037B_2O_3$ ： $43.3H_2O$，凝胶在 150℃下晶化 17 天，若加入已制备好的 SSZ-42 分子筛晶种，反应时间可以缩短到 4 天，然后冷却、洗涤、干燥即得到 SSZ-42 分子筛。Hamoudi 等[135]以凝胶组成配比为：$SiO_2$ ： $0.3MOH$ ： $0.0375NaOH$ ： $0.074H_3BO_3$ ： $30.7H_2O$ [MOH 指模板剂 $N$-benzyl-1,4-diazabicyclo (2.2.2) octane hydroxide]，150℃下晶化 10 天合成出 SSZ-42 分子筛，经 540℃焙烧 5h，再用 $TiCl_4$ 蒸气于 400℃处理后，制备出 Ti 原子引入分子筛骨架的 Ti-SSZ-42 分子筛。经试验，同 TS-1 和 Ti-β 分子筛催化剂比较，Ti-SSZ-42 分子筛对于苯酚羟基化反应和 $H_2O_2$ 氧化环己烯反应有较高的活性和选择性。

（4）SSZ-35 分子筛合成的步骤如下：Gil 等[127]将含有 0.45mol 模板剂 SDA 和 727g 水的溶液加入到 4L 反应器中，随后加入 1mol/L 300g KOH 溶液、铝源即水合氢氧化铝 [含有 50%～53%（质量分数）$Al_2O_3$]，硅源 185g（含 97%$SiO_2$），再加入 0.9%（质量分数）晶种，反应混合物在搅拌条件下 160℃下反应 2.5 天，即可制备出 SSZ-35 分子筛。Musilová-Pavlačková 等[136]将 SSZ-35 分子筛用于对二甲苯与异丙醇的烷基化反应，发现 SSZ-35 分子筛在烷基化反应中不仅具有高活性，而且对产物对二异丙苯具有高选择性。

目前，合成大微孔硅基分子筛所用的模板剂的价格很高，模板剂用量大，骨架中模板剂脱除需要焙烧而产生大量有毒有害气体；另外，晶化时间长、温度高而使合成过程能耗高，这是合成大孔分子筛所需解决的问题，也是大孔分子筛能否实现工业应用的关键。所以寻找结构特殊、价廉模板剂、降低模板剂用量甚至不用模板剂，或者引入杂原子来合成大微孔分子筛，将是大微孔硅基分子筛今后的研究方向之一。另一方面，系统研究大微孔硅基分子筛及其改性后的结构特性、稳定性和酸性质，以及它们对各种碳氢化合物反应的催化活性和选择性，也将是大微孔分子筛研究的方向，是一项充满挑战和机遇的工作。

### 4.2.4　有序介孔材料功能及其应用

介孔材料的优越性在于其具有均一且可调的介孔孔径、稳定的骨架结构、具有一定壁厚且易于掺杂的无定形骨架组成和比表面积大且可修饰的内表面。由于介孔材料具有孔道空间或纳米笼的周期性和拓扑学的完美性，利用化学修饰手段将无机半导体、有机化合物、金属羰基化合物等物质引入其笼或孔道内，或以其他金属氧化物部分取代其无机骨架，可以大大改善介孔材料的性能，形成优异的功能化介孔材料。

实现介孔材料的功能化主要有直接合成（one-pot synthesis）和表面修饰（post-synthesis）两种方法（图 4-4）[137]，实现官能团化的产物可以是无机的（如：金属原子、团簇，碳管、纤维等），也可以是有机的（如：小分子有机硅、高分子聚合物、大分子的酶等）；功能化发生的位置可以是在孔壁上（杂原子骨架、有机-无机杂化骨架）、孔道外或孔道中。

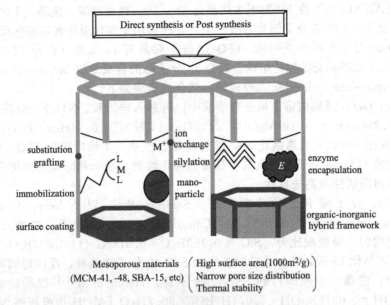

图 4-4    介孔材料功能化的主要合成方法

介孔分子筛的结构和组成千变万化，不同的分子筛可以适用于不同客体的组装。同时，通过调变客体的种类以及组装的方法，在同一主体分子筛中也可以组装不同的客体物质；这些客体物质可以表现出多种多样的化学物理性质。由于分子筛孔道或孔笼的直径在纳米范畴，因此由分子筛主体骨架约限的客体粒子大小也应该在纳米范围之内，这就为通过化学手段制备具有量子尺寸效应的客体物质创造了良好的条件[138,139]。根据客体类型的不同，可以将以介孔分子筛为主体的主客体复合材料大致分为五类。第一类是分子筛包合金属簇或金属离子簇形成的复合物，极少数情况下这些簇中还含有非金属配体如羰基等；第二类是染料分子与分子筛形成的主客体复合物；第三类涉及分子筛中的聚合物以及碳物质，包括富勒烯和碳纳米管等；第四类主要由分子筛与孔道或孔笼中形成的无机半导体纳米粒子构成；第五类是包合金属配位化合物的分子筛。这些主客体物质表现出各种各样的化学物理性质，具有广阔的应用前景。

### 4.2.4.1    金属的组装及应用

在介孔氧化硅材料基础上延伸的介孔复合材料作为另一种新型材料，已成为凝聚态物理和材料学科领域的一个新的学科前沿。由于介孔复合材料是有序介孔固体中的纳米粒子，具有良好的分散性，粒子之间的耦合作用较弱，粒子与介孔固体壁的界面有耦合效应等，因而呈现若干新的性能。在介孔分子筛孔道中制备金属的方法大致可分为两类。一类是将金属直接蒸发沉积到介孔分子筛孔道之中，另一类是将含金属的前驱体装载到介孔分子筛孔道中，然后再通过分解或还原的手段在介孔孔道中析出金属簇[140]。

到目前为止，人们已经成功地将 Mn、Zn、Cu、Fe、Mo、Zr 等元素掺杂到 MCM-41 和 SBA-15 等介孔氧化硅材料中。

例如 Fujdala 等[141]以 $[CuOSi(O^tBu)_3]_4$ 和 $[CuO^tBu]_4$ 为前驱体，采用后合成法把 Cu 嫁接到 SBA-15 上，并提出了两种可能的嫁接途径和最终产物的表面状态，如图 4-5 所示，Rioux[142]和 Song[143]分别成功地把 Pt 纳米离子（1.7～7.1nm）引入到还原处理后的介孔 SBA-15 中，得到 Pt/SBA-15 纳米催化剂。Piotr 等[144]用原位合成的方法得到 Pt/MCM-41 纳米催化剂。

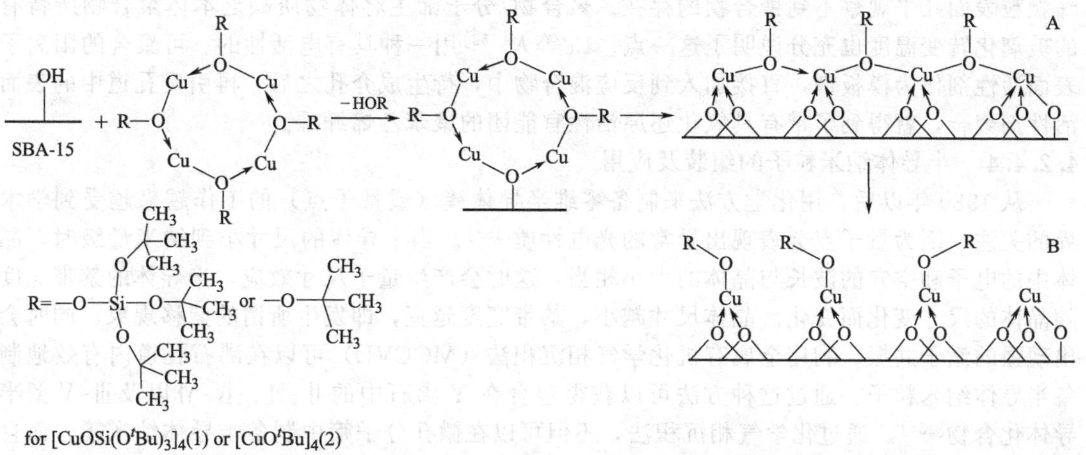

$R=-O-Si(O^tBu)_3$ or $-O-C(CH_3)_3$

for $[CuOSi(O^tBu)_3]_4(1)$ or $[CuO^tBu]_4(2)$

图 4-5 SBA-15 表面嫁接 Cu 的合成示意图

#### 4.2.4.2 染料的组装及应用

染料分子有团聚的倾向。在溶液中，即使在很小的浓度条件下也会发生染料分子的团聚。团聚后，染料分子受激发能量很容易通过热弛豫释放，因此它们的光活性性能得不到体现。如果将染料分子分散到具有孔道的分子筛中，则可以有效地避免染料分子的团聚，从而染料分子能表现出良好的光活性性质如激光等[145]。在介孔分子筛中装载染料的方法大致可以分为四种：阳离子型染料直接离子交换法、气相沉积法、结晶包合法以及前驱体原位合成法。Stucky 等[146,147]在氧化硅介孔化合物中成功地装载了染料分子作为微激光器材料。利用嵌段聚合物分子作模板剂，Vogel 等[148]成功地将罗丹明 6G 染料分子装载到介孔二氧化钛之中。由于嵌段聚合物的分散作用，装载的罗丹明 6G 分子在介孔物质中克服了团聚现象，因此表现出良好的激光发射性质。这种介孔主客体材料还可以制成膜，并通过刻蚀的方法做成各种图案。所以这种材料可望在微激光器以及其他光活性器件制作方面找到用途。罗丹明类染料分子组装在微孔或介孔分子筛中可以形成传感材料。例如，罗丹明 B 磺酸盐 (RhB-sulfo) 嫁接到介孔分子筛 MCM-41 的孔壁上之后，它的荧光光谱对 $SO_2$ 分子非常敏感。在有 $SO_2$ 存在时，荧光发生猝灭，清除 $SO_2$ 后荧光立即回复[149]。

#### 4.2.4.3 聚合物的组装及应用

吸附到分子筛孔道中的有机单体在合适的反应条件下很容易聚合形成聚合物。在微孔和介孔分子筛中形成具有导电性质的高分子材料尤为受到关注。因为这样的高分子由于孔道的局限作用很可能以单链的形式存在，这对研究聚合物的物理性质以及在电子器件的小型化应用方面具有重要的意义。当乙炔分子吸附到分子筛中后在一定条件下会聚合形成含共轭双键的高分子片段。在分子筛中的单体聚合有时需要有氧化剂的存在。例如，在 Y 和丝光沸石中，可以将 $Cu^{2+}$ 以及 $Fe^{3+}$ 等阳离子交换到孔道中起氧化剂作用使随后吸附在孔道中的吡咯或噻吩发生聚合形成聚吡咯或聚噻吩。聚吡咯进一步氧化会使聚合物链产生导电性质。另外一种常用的聚合氧化剂是水溶性的过二硫酸盐。通常将吸附了聚合物单体的沸石分子筛与过二硫酸盐混合即可发生孔道内的氧化聚合反应。用这种方法可以在丝光沸石和 Y 沸石中制备聚苯胺。聚苯胺的导电性能与氧化及质子化程度密切相关，因此受所使用的主体沸石分子筛的结构和组成的影响较大。Bein 等还研究了甲基丙烯酸甲酯（MMA）在 MCM-41、MCM-48 等介孔分子筛内的主体孔道中聚合形成聚甲基丙烯酸甲酯（PMMA）的情况[150,151]，与丙烯腈一样，MMA 在分子筛中同样可以聚合，而且随着主体孔道的增大聚合度亦会增大。电镜观察结果表明，聚合反应主要在分子筛的孔道内进行，因为孔道外的分子筛颗粒表面几乎观察不到聚合物的存在。聚合物/分子筛主客体物质缺乏本体聚合物所特有的玻璃化转变温度也充分说明了这一点。Li 等人[152]用一种具有电活性的、可聚合的阳离子表面活性剂作为模板剂，直接加入到反应混合物中，待生成介孔之后，再引发孔道中的表面活性剂聚合，就得到了带有具氧化还原活性官能团的聚苯乙烯纤维。

### 4.2.4.4    半导体纳米粒子的组装及应用

从 1980 年以后，用化学方法来制备零维半导体簇（或量子点）的工作越来越受到学术界的关注，因为量子点会表现出异常的光电性质[153]。当半导体的尺寸小到纳米量级时，晶体中的电子和空穴的波长与晶体的大小相当，这时会产生量子尺寸效应，半导体的禁带宽度随晶体的尺寸变化而变化。晶体尺寸越小，禁带宽度越宽，即发生所谓的蓝移现象，同时会出现强的激子共振。利用金属有机化学气相沉积法（MOCVD）可以在沸石孔道内有效地制备半导体纳米粒子。通过这种方法可以获得包合在 Y 沸石中的Ⅱ-Ⅵ、Ⅳ-Ⅵ以及Ⅲ-Ⅴ型半导体化合物[154]。通过化学气相沉积法，不但可以在微孔分子筛中制备半导体纳米簇，而且还可以在介孔分子筛中制备粒子粒度更大的半导体簇。脱除模板剂的介孔氧化硅的孔道内壁拥有丰富的硅羟基，这些硅羟基很容易与金属有机分子发生化学反应从而使后者嫁接到介孔孔壁之上。研究表明，在脱模板的 MCM-41 中可以载入重量比为 200％的二硅烷[155]。这些嫁接的二硅烷经热解处理后形成硅纳米簇。由于硅含量很高，实际上生成的硅纳米簇可以在介孔孔道中连成纳米线。与在微孔晶体中的纳米半导体相似，处于介孔分子筛中的纳米半导体簇也表现出量子尺寸效应。它们的禁带宽度以及发射光谱能量均与半导体载入量以及粒子粒度有关。利用化学气相沉积法，还可以在介孔孔道内形成 Ge 纳米线[156]。Ⅲ-Ⅴ型化合物半导体当今已越来越受到人们的重视。利用化学气相沉积法在介孔孔道内生长Ⅲ-Ⅴ型半导体纳米粒子或纳米簇线也有所报道。Ⅲ-Ⅴ化合物半导体纳米簇的制备原理与硅簇和锗簇一样。先将 Al、Ga、In 的有机金属化合物（如三甲基铟等）通过气相沉积反应嫁接到介孔孔壁之上，然后再通入磷化氢使之与嫁接的烷基金属反应即可生成Ⅲ-Ⅴ半导体化合物粒子。Srdanov 等[157]研究了在介孔 MCM-41 中组装 GaAs 以及组装形成的主客体复合物的光学性质。他们采用叔丁基胂和三甲基镓作为砷源和镓源，通过金属有机化学气相沉积法在 700℃条件下直接在 MCM-41 的孔道内沉积砷化镓。沉积形成的主客体复合化合物电子跃迁吸收光谱发生明显蓝移，表明存在量子尺寸效应。复合物在室温条件下产生光致发光现象，而且发光光谱谱带比较宽。发光性质与所用的主体材料 MCM-41 的孔径大小有关。进一步分析结果表明，沉积的 GaAs 纳米粒子粒径分布较宽，粒子不仅存在于 MCM-41 的孔道之内，而且存在于介孔分子筛外表面。在介孔材料外表面的 GaAs 粒子粒度较大。

对Ⅱ-Ⅵ族半导体如氧化物和硫化物研究得较多。Zhao 等[158]用一步合成的办法制得了高度有序的具有六方排列的单晶 $In_2O_3$ 纳米线阵列。将硝酸铟直接加入到反应物中，用快速溶剂挥发法得到 $In^{3+}$ 掺杂的介孔分子筛，在空气中烧除模板剂的同时，在孔道中就形成了高度有序的氧化铟纳米线。此方法可以扩展到其他氧化物，如 $Fe_2O_3$、$Co_3O_4$、NiO、$SnO_2$、ZnO、$MnO_2$、CuO[159]等。他们还以 SBA-15 介孔分子筛为模板，用带有巯基的硅烷对萃取除去模板剂的分子筛表面进行修饰，然后由溶液中引入 $Pb^{2+}$，经焙烧就得到了直径约 6nm 的 PbS 纳米线[160]。将纳米尺度的 ZnS 组装在经表面修饰的介孔分子筛孔道中，发现其紫外光谱发生了蓝移[161]。

魏一伦等[162]结合浸渍和微波辐射技术，分别采用浸渍、浸渍-微波、微波辐射等方法将醋酸镁高分散在 SBA-15 上成为 MgO 改性介孔固体碱材料。合成的 MgO/SBA-15 样品具有较多的中强碱位，有望成为固体碱催化剂。席红安等[163]用"后合成"法在介孔二氧化硅 SBA-15 的孔壁表面键接了二氧化钛，形成了锐钛型的 Ti—O—Ti 网络结构并表现出较高的光催化效率。Zhai 等[164]第一次报道用微波辅助的合成方法合成出 $La_2O_3$/SBA-15 复合材料。Kawi 等[165]湿法浸渍合成出 $SnO_2/SBA-15$，并发现对氢气的灵敏度比纯 $SnO_2$ 提高近 40 倍。

### 4.2.4.5　金属配合物的组装及应用

二氧四胺大环化合物是一种被广泛研究的非芳香性含氮大环配体。它与金属离子形成的配合物具有很多特殊的性质。利用 MCM-41 孔径较大的特点，可以将二氧四胺大环配体 1,4,8,11-四氮杂环-12,14-十四二酮（简称 140）和取代二氧四胺大环［4,8-二（2-噻吩甲基)-1,4,8,11-四氮杂环-12,14-十四二酮］（简称 14T2）与 Cu（Ⅱ）形成的配合物（140Cu 和 14T2Cu）组装到纯硅 MCM-41 孔道之中[166]。漫反射吸收光谱、ESR 谱等研究结果表明，组装前后 140Cu 的吸收峰未发生变化而 14T2Cu 组装后吸收谱峰发生 19nm 的蓝移，说明 14T2Cu 与 MCM-41 孔壁作用较 140Cu 要强。组装后 140Cu 及 14T2Cu 的 ESR 谱均表现出各向异性的性质。

生物体系中的酶是由蛋白质构成的，很多酶中含有过渡金属离子。这些受多肽链包裹或配位的金属离子在生物体系中有独特的催化作用。因此，人们一直在合成金属-氨基酸配合物以模仿天然含金属的酶。介孔分子筛 M41S（包括 MCM-41 和 MCM-48）具有孔径大（>1.5nm)、能容纳较大分子的优点；一些体积较大的配合物分子能进入或负载于 M41S 介孔分子筛的孔道或孔穴之中形成具有特殊功能的复合材料[167]，如高性能催化剂等。介孔分子筛由于孔道直径较大，在引入配合物分子之后，依然有足够的空间允许客体分子通过，所以作为催化剂不受扩散的限制。因此，介孔分子筛作为主体组装配合物分子形成高效催化剂应用前景十分广阔。Evans 等[168]将介孔氧化硅通过与氨基硅烷反应将后者嫁接到介孔孔壁之上。嫁接后的氨基硅烷的氨基具有较强的配位能力，可以与很多金属离子如 $Mn^{2+}$、$Cu^{2+}$、$Co^{2+}$、$Zn^{2+}$ 等形成配位化合物。Evans 等详细研究了这种通过嫁接配位形成的配合物/介孔氧化硅主客体物质的化学物理性质以及它们作为催化剂催化芳香胺氧化的活性。

有序介孔材料及其组装体是近年来材料科学领域兴起的一个前沿学科，已成为当今科学界研究的一个热点，其优良而广泛的应用性能是使其得以迅速发展的巨大推动力。从介孔材料的应用角度出发，如何有效地改善其结构和性能，使其功能化，从而扩大其应用范围、提高其应用水平始终是其发展的重点。近期的研究进展表明装入客体分子的新型功能复合介孔材料在化学、光电子学、电磁学、材料科学、环境科学等诸多领域有着巨大的应用潜力，已采用不同的化学方法得到了若干结构独特、性能优异的新颖功能介孔材料。但是到目前为止，其合成路线大多比较复杂，成本比较高，存在一些技术上的问题，因此还无法实现工业化。随着研究的进一步深入，逐步掌握其规律之后，预期将能够合理实现功能介孔材料的工业化。这将为新型介孔材料提供广阔的发展空间，可望得到更多更优异的实用品种，以满足更高、更广泛的市场需求。人们完全有理由相信，介孔材料将在 21 世纪材料科学的发展中发挥重要的作用。

参 考 文 献

[1]　IUPAC Manual of Symbols and Terminology. Pure Appl Chem, 1972, 31：578-638.
[2]　Beck J S, Vartuli J C, Roth W J, et al. J Am Chem Soc, 1992, 114：10834-10843.
[3]　Kresge C T, Leonowicz M E, Roth W J, et al. Nature, 1992, 359：710-712.
[4]　Triantafyllidis K S, Iliopoulou E F, Antonakou, et al. Micropor Mesopor Mater, 2007, 99：132-139.
[5]　Zhao J W, Gao F, Fu Y L, et al. Chem Commun, 2002, (7)：752-753.
[6]　Zhu Y H, Yuan H, Xu J Q, et al. Sens Actuators B, 2010, 144：164-169.
[7]　Li X, Wang X P, Hua Z L, et al. Acta Mater, 2008, 56：3260-3265.
[8]　Slowing I I, Vivero-escoto J L, Wu C W, et al. Adv Drug Deliver Rev, 2008, 60：1278-1288.
[9]　Jiao F, Bruce P G. Adv Mater, 2007, 19：657-660.
[10]　陈航榕, 施剑林, 禹剑等. 硅酸盐学报, 2000, 28 (3)：259-263.

[11]　Hoffmann F, Cornelius M, Morell J, et al. Angew Chem Int Ed, 2006, 45：3216 -3251.

[12]　Wu C G, Bein T. Chem Commun, 1996, (8)：925-926.

[13]　MacLachlan M J, Coombs N, Ozin G A. Nature, 1999, 397：681-684.

[14]　徐如人, 庞文琴, 于吉红等. 分子筛与多孔材料化学. 北京：科学出版社, 2004.

[15]　刘秀伍, 李静雯, 周理等. 材料导报, 2006, 20 (2)：86-90.

[16]　Wang Y, Zhao D Y. Chem Rev, 2007, 107 (7)：2821-2860.

[17]　Gu D, Zhang F Q, Shi Y F, et al. J Colloid Interface Sci, 2008, 328：338-343.

[18]　Meynen V, Cool P, Vansant E F. Micropor Mesopor Mater, 2009, 125：170-223.

[19]　陈艳红, 李春义, 山红红等. 中国石油大学学报：自然科学版, 2004, 28 (6)：106-110.

[20]　刘春艳, 荣志红, 王小青. 无机化学学报, 2008, 24 (7)：1068-1072.

[21]　Wang L Z, Zhang J L, Chen F. Micropor Mesopor Mater, 2009, 122：229-233.

[22]　Zhao D Y, Feng J L, Huo Q S, et al. Science, 1998, 279：548-552.

[23]　齐晶瑶, 强亮生, 杜茂松. 稀有金属材料与工程, 2007, 36 增刊：534-537.

[24]　Yu M H, Zhang J , Yuan P, et al. Chem Lett, 2009, 38 (5)：442-443.

[25]　Li D F, Su D S, Song J W, et al. J Mater Chem, 2005, 15：5063-5069.

[26]　Han Y, Ying J Y. Angew Chem Int Ed, 2005,. 44：288-292.

[27]　Gucbilmez Y, Dogu T, Balci S, et al. Catal Today, 2005, 100：473-477.

[28]　刘云珍, 邱建斌, 郑思宁. 稀土, 2004, 24 (1)：38-40.

[29]　Klepel O, Bohlmann W, Ivanov E B, et al. Micropor Mesopor Mater, 2004, 76：105-112.

[30]　Ziolek M, Nowak I, Kilos B, et al. J Phys Chem Solids, 2004, 65：571-581.

[31]　张海娟, 连丕勇, 高文艺等. 辽宁化工, 2002, 31 (6)：231-236.

[32]　季山, 李欢玲, 廖世军等. 分子催化, 2001, 15 (4)：273-276.

[33]　郭昌文, 戴维林, 曹勇等. 化学学报, 2003, 61 (9)：1496-1499.

[34]　王亚军, 唐祥海, 朱瑞芝等. 南开大学学报, 2000, 33 (1)：46-49.

[35]　王亚军, 唐祥海, 朱瑞芝等. 高等学校化学学报, 2000, 21 (7)：999-1004.

[36]　田鹏, 许磊, 黄韬等. 高等学校化学学报：2002, 23 (4)：656-660.

[37]　Pak C, Haller G L. Micropor Mesopor Mater, 2001, 48：165-170.

[38]　沈志虹, 鞠雅娜, 王秀林. 燃料化学学报, 2006, 34 (5)：616-619.

[39]　许震中, 曹贵平. 精细石油化工, 2005, 4：55-60.

[40]　王利军, 李宝会, 金庆华等. 化学物理学报, 2000, 13 (3)：343-348.

[41]　周涵, 贺鹤明, 景振华等. 石油学报 (石油加工), 2001, 17 (3)：73-76.

[42]　张立东, 高俊华, 胡津仙. 化工进展, 2009, 28 (8)：1360-1364.

[43]　佟惠娟, 李工. 石油化工高等学校学报, 2002, 15 (2)：32-36.

[44]　Giannetto G, Garcia L, Papa J, et al. Zeolites, 1997, 19：169-174.

[45]　Villa A L, Caro C A, de Correa C M, et al. J Mol Catal A：Chem, 2005, 228：233-240.

[46]　Unneberg E, Kolboe S. Appl Catal A：Gen, 1995, 124：345-354.

[47]　薛建伟, 吴岚, 吕志平. 燃料化学学报, 2000, 28 (1)：16-19.

[48]　黄世勇, 王海涛, 宋艳芬. 精细化工, 2004, 21 (1)：41-45.

[49]　Wang Y, Zhang Q H, Shishido T, et al. J Catal, 2002, 209：186-196.

[50]　Tsai C L, Chon B, Cheng S, et al. Appl Catal A：Gen, 2001, 208：279-289.

[51]　Zhang Q H, Wang Y, Ohishi Y, et al. J Catal, 2001, 202：308-318.

[52]　Okumura K, Nishigaki K, Niwa M. Micropor Mesopor Mater, 2001, 44：509-516.

[53]　Zhang Z R, Zhang X M. Appl Catal A：Gen, 1999, 179：11-19.

[54]　Karthik M, Tripathi A K, Gupta N M, et al. Appl Catal A：Gen, 2004, 268：139-149.

[55]　Parvulescu V, Anastasescu C, Constantin C, et al. Catal Today, 2003,. 78：477-485.

[56]　Liu S H, Wang H P. Inter J Hydro Ener, 2002, 27：859-862.

[57]　周华锋, 杨永进, 张劲松. 材料研究学报, 2009, 22 (2)：199-204.

[58]　Zhan W C, Lu G Z, Guo Y L, et al. J Rare Earths, 2008, 26 (1)：59-65.

[59]　Zhan W C, Lu G Z, Guo Y L, et al. J Rare Earths, 2008, 26 (4)：515-522.

[60]　Zhao W, Hao Z P, Hu C, et al. Micropor Mesopor Mater, 2008, 112：133-137.

[61]　张继龙, 孙学政, 范彬彬. 无机化学学报, 2006, 22 (8)：1525-1529.

[62]　张维萍, 韩秀文, 包信和. 分子催化, 1999, 13 (5)：393-400.

[63]　余润兰, 邝代治, 邓戊有等. 衡阳师范学院学报：自然科学版, 2001, 22 (6)：24-27.

[64]　徐如人, 庞文琴. 无机合成和制备化学. 北京：高等教育出版社, 2001：420-423.

[65]　马跃龙, 陈诵英, 彭少逸. 催化学报, 1995, 16 (5)：410-414.

[66]　Holmberg B A, Wang H T, Norbeck J M, et al. Micropor Mesopor Mater, 2003, 59：13-28.

[67]　Schoeman B J, Sterte J, Otterstedt J E. Zeolites, 1994, 14：110-116.

[68]　Brar T, France P, Smirniotis P G. Ind Eng Chem Res, 2001, 40：1133-1139.

[69]　Kirschhock C E, Ravishankar A R, Jacobs P A. J Phys Chem B, 1999, 103：11021-11027.

[70] Mintova S, Valtchev V, Bein T. Colloid Surf A—Physicochem Eng Asp, 2003, 217: 153-157.

[71] Lassinantti M, Hedlund J, Sterte J. Micropor Mesopor Mater, 2000, 38: 25-34.

[72] Mintova S, Valtchev V. Micropor Mesopor Mater, 2002, 55: 171-179.

[73] Mintova S, Petkov N, Karaghiosoff K, et al. Mater Sci Eng, 2002, 19: 111-114.

[74] Reding G, Meaurer T, Kraushaar-Czarnetzki B. Micropor Mesopor Mater, 2003, 57: 83-92.

[75] Persson A E, Schoeman B J, Sterte J, et al. Zeolites, 1995, 15: 611-619.

[76] Schoeman B J, Sterte J, Otierstedt J E. J Colloid Interface Sci, 1995, 170: 449-456.

[77] Dong J P, Zou J, Long Y C. Micropor Mesopor Mater, 2003, 57: 9-19.

[78] Corkery R W, Ninham B W. Zeolites, 1997, 18: 379-386.

[79] Kragten D D, Fedeyko J M, Sawant K R, et al. J Phys Chem B, 2003, 107: 10006-10016.

[80] Zhu G S, Qiu S L, Yu J H, et al. Chem Mater, 1998, 10: 1483-1486.

[81] Li Q H, Creaser D, Sterte J, et al. Chem Mater, 2002, 14: 1319-1324.

[82] Li Q H, Mihailova B, Creaser D, et al. Micropor Mesopor Mater, 2001, 43: 51-59.

[83] Mintova S, Petkov N, Karaghioso K, et al. Micropor Mesopor Mater, 2001, 50: 121-128.

[84] Kirschhock C E, Ravishankar R, Looveren L V, et al. J Phys Chem B, 1999, 103: 4972-4978.

[85] 阎子峰. 纳米催化技术. 北京: 化学工业出版社, 2003: 191-202.

[86] Sato K, Nishimura Y, Honna K, et al. J Catal, 2001, 200: 288-297.

[87] Zhan B Z, White M A, Lumsden M, et al. Chem Mater, 2002, 14: 3636-3642.

[88] Arribas M A, Martýnez A. Catal Today, 2001, 65: 117-122.

[89] Botella P, Corma A, Lopez-Nieto J M, et al. J Catal, 2000, 195: 161-168.

[90] Landau M V, Vradman L, Valtchev V, et al. Ind Eng Chem Res, 2003, 42: 2773-2782.

[91] Camblor M A, Corma A, Martynez A, et al. J Catal, 1998, 179: 537-547.

[92] Rajagopalan K, Peters A W, Edwards G C. Appl Catal, 1986, 23 (1): 69-80.

[93] 王学勤, 王祥生. 石油学报 (石油加工), 1994, 10 (2): 38-43.

[94] Yamamura M, Chaki K, Wakatsuki T, et al. Zeolites, 1994, 14 (6): 643-649.

[95] Sugimoto M, Katsuno H, Takatsu K, et al. Zeolites, 1987, 7 (6): 503-507.

[96] Schwart S, Corbin D R, Sonnichsen G C. Micropor Mesopor Mater, 1998, 22 (1/3): 409-418.

[97] Csicsery S M. Stud Surf Sci Catal, 1995, 94: 1-12.

[98] Lin J C, Dipre J T, Yates M Z. Chem Mater, 2003, 15: 2764-2773.

[99] Takata Y, Tsuru T, Yoshioka T, et al. Micropor Mesopor Mater, 2002, 54: 257-268.

[100] Mintova S, Bein T. Micropor Mesopor Mater, 2001, 50: 159-166.

[101] Biz S, Occelli M L. Catal Rev Sci Eng, 1998, 40 (3): 329-407.

[102] 徐玲, 徐海燕, 吴通好等. 催化学报, 2006, 27 (2): 1149-1158.

[103] 宋春敏, 阎子峰. 分子催化, 2008, 22 (3): 280-287.

[104] Xie S J, Liu S L, Liu Y, et al. Micropor Mesopor Mater, 2009, 121: 166-172.

[105] Mavrodinova V, Popova M, Valchev V, et al. J Colloid Interface Sci, 2005, 286: 268-273.

[106] 周志华, 鲁金明, 巫树峰等. 催化学报, 2006, 27 (2): 1149-1158.

[107] Xu H Y, Guan J Q, Wu S J, et al. J Colloid Interface Sci, 2009, 329: 346-350.

[108] Chen H Y, Xi H X, Cai X Y, et al. Micropor Mesopor Mater, 2009, 118: 396-402.

[109] Habib S, Launay F, Laforge S, et al. Appl Catal A: Gen, 2008, 344: 61-69.

[110] Smirniotis P G, Davydov L. Catal Rev Sci Eng, 1999, 40 (1): 43-113.

[111] Xomeritakis G, Nair S, Tsapatsis M. Micropor Mesopor Mater, 2000, 38: 61-73.

[112] Clet G, Jansen J C, Bekkum H V, et al. Chem Mater, 1999, 11: 1696-1702.

[113] Landau M V, Tavor D, Regev O, et al. Chem Mater, 1999, 11: 2030-2037.

[114] Wang H T, Holmberg B A, Yan Y S. J Am Chem Soc, 2003, 125: 9928-9929.

[115] Prokesova P, Mintova S, Cejka J, et al. Micropor Mesopor Mater, 2003, 64: 165-174.

[116] 冯锡兰, 柳云骐, 刘晨光. 无机化学学报, 2008, 24 (11): 1846-1851.

[117] 于菲菲, 柳云骐, 李琴等. 石油炼制与化工, 2008, 39 (11): 18-22.

[118] 韩宇, 肖丰收. 催化学报, 2003, 24 (2): 149-158.

[119] 牛国兴, 孙哲, 李艳荣等. 复旦学报: 自然科学版, 2009, 48 (3): 281-294.

[120] Yoshikawa M, Wagner P, Lovallo M, et al. J Phys Chem B, 1998, 102: 7139-7147.

[121] Strohmaier K G, Vaughan D E W. J Am Chem Soc, 2003, 125 (51): 16035-16039.

[122] Dorset D L, Strohmaier K G, Kliewer C E, et al. Chem Mater, 2008, 20: 5325-5331.

[123] Freyhardt C C, Tsapatsis M, Lobo R F, et al. Nature, 1996, 381: 295-298.

[124] Lobo R F, Tsapatsis M, Freyhardt C C, et al. J Am Chem Soc, 1997, 119 (36): 8474-8484.

[125] Wagner P, Nakagawa Y, Lee G S, et al. J Am Chem Soc, 2000, 122 (2): 263-273.

[126] Wagner P, Zones S I, Davis M E, et al. Angew Chem Int Ed, 1999, 38 (9): 1269-1272.

[127] Gil B, Zones S, Hwang S J, et al. J Phys Chem C, 2008, 112 (8): 2997-3007.

[128] Sarshar Z, Zahedi-Niaki M H, Huang Q, et al. Micropor Mesopor Mater, 2009, 118: 373-381.

[129]    Elomari S, Burton A W, Ong K, et al. Chem Mater, 2007, 19 (23): 5485-5492.

[130]    Wragg D S, Morris R, Burton A W, et al. Chem Mater, 2007, 19 (16): 3924-3932.

[131]    Earl D J, Burton A W, Rea T, et al. J Phys Chem C, 2008, 112 (24): 9099-9105.

[132]    Elomari S, Burton A, Medrud R, et al. Micropor Mesopor Mater, 2009, 118: 325-333.

[133]    Blsaco T, Corma A, Diaz-Cabañas M J, et al. J Am Chem Soc, 2004, 126 (41): 13414-13423.

[134]    Moliner M, Díaz-Cabáns M J, Fornés V, et al. J Catal, 2008, 254: 101-109.

[135]    Hamoudi S, Larachi F, Sayari A. Catal Lett, 2001, 77 (4): 227-231.

[136]    Musilová-Pavlačková Z, KubůM, Burton A W, et al. Catal Lett, 2009, 131: 393-400.

[137]    Taguchi A, Schiith F. Micropor Mesopor Mater, 2005, 77: 1-45.

[138]    Stucky G D. Science, 1990, 247: 669-678.

[139]    Ozin G A. Adv Mater, 1992, 4: 612-649.

[140]    Vinu A, Hossain K Z, Ariga K. J Nanosci Nanotechnol, 2005, 5 (3): 347-371.

[141]    Fujdala K, Drake I J, Bell AT, et al. J Am Chem Soc, 2004, 126 (35): 10864-10866.

[142]    Rioux R M, Song H, Hoefelmeyer J D, et al. J Phys Chem B, 2005, 109: 2192-2202.

[143]    Song Hyunjoon, Rioux R M, Hoefelmeyer J D. J Am Chem Soc, 2006, 128 (37): 3027-3037.

[144]    Piotr Krawiec, Emanuel Kockrick, Simon Paul, et al. J Chem Mater, 2006, 18: 2663-2669.

[145]    Günter Schulz-Ekloff, Dieter Wöhrle, Bast van Duffel, et al. Micropor Mesopor Mater, 2002, 51: 91-94.

[146]    Yang P D, Wirnsberger G, Huang, H C, et al. Science, 2000, 287: 465-467.

[147]    Scott Brian J, Gernot Wirnsberger, Stucky G D. Chem Mater, 2001, 13: 3140-3150.

[148]    Vogel R, Meredzith P, Kartini I, et al. Chem Phys Chem, 2003, 4: 595-603.

[149]    Ganschow M, Wark M, Wohrle D, et al. Angew Chem Int Ed, 2000, 39: 160-163.

[150]    Moller K, Bein T, Fischer R X. Chem Mater, 1998, 10: 1841-1852.

[151]    Zhang F A, Lee D K, Pinnavaia T J. Polym Chem, 2010, 1 (1): 107-113.

[152]    Li G, Bhosale S, Bhosale S, et al. Chem Commun, 2004, (15): 1760-1761.

[153]    Wang X, Zhuang J, Peng Q, et al. Nature, 2005, 437: 121-124.

[154]    Shi YF, Wan Y, Liu RL, et al. J Am Chem Soc, 2007, 129: 9522-9531.

[155]    Chomski E, DagÖ, Kuperman A, et al. Adv Mater, 1995, 7 : 72-78.

[156]    Leon R, Margolese D, Stucky G D, et al. Phys Rev B, 1995, 52 : 2285-2291.

[157]    Srdanov V I, Alxneit I, Stucky G D. J Phys Chem B, 1998, 102: 3341-3344.

[158]    Yang H, Shi Q, Lu Q, et al. J Am Chem Soc, 2003, 125: 4724-4725.

[159]    Han B H, Antonietti M. J Mater Chem, 2003, 13: 1793-1796.

[160]    Gao F, Lu Q, Liu X, et al. Nano Lett, 2001, 1: 743-748.

[161]    Zhang W, Shi J Z, Yan D. Chem Mater, 2001, 13: 648-654.

[162]    魏一伦, 曹毅, 朱建华等. 无机化学学报, 2003, 19 (3): 233-239.

[163]    席红安, 方能虎, 朱子康等. 化学学报, 2002, 60 (12): 2124-2128.

[164]    Yu H, Zhai Q Z. J Solid State Chem, 2008, 181: 2424-2432.

[165]    Yang J, Hidajat K, Kawi S. Mater Lett, 2008, 62: 1441-1443.

[166]    曹希传, 李国栋, 陈接胜等. 高等学校化学学报, 1999, 20: 25-27.

[167]    Luan Z H, Xu J, Kevan L. Chem Mater, 1998, 10: 3699-3706.

[168]    Evans J, Zaki A B, El-Sheikh M, et al. J Phys Chem B, 2000, 104: 10271-10281.

# 第5章

# 稀土配合物杂化发光材料的制备与应用

稀土元素在当今光、电、磁等材料研究中举足轻重，被誉为"工业味精"。在照明和显示领域，稀土元素由于荧光单色性好，重要性更是不言而喻。据统计，在商品化的近百种发光材料中，仅十余种材料不含稀土元素[1]。在稀土发光材料的研究中，稀土配合物发光材料的研究工作格外引人注目。因为配合物兼具无机物稳定性好的优点和有机物高荧光量子效率的特点，而且具有可设计性，制备简便，容易修饰，荧光性质诱人（荧光寿命长，量子产率较高，耗能较小等）。但配合物的光、热、化学稳定性和机械加工性能相对较差，因而限制了其在很多领域的实际应用。近年的研究结果表明，介质能显著改变客体分子的光物理和光化学过程，例如SiO$_2$凝胶玻璃、沸石、层状化合物、胶体、液晶、胶束、聚离子、蛋白质和DNA等介质（即主体材料）被用于超分子组装使之成为杂化材料，可用于光能的转换与储存、催化剂和发光材料、分子探针和传感器等。因此，寻找具有良好光学性质和机械加工性能及热、化学稳定的主体基质，并将配合物组装到基质中形成杂化材料，将是解决配合物问题的关键所在。在溶胶-凝胶等技术的基础上发展起来的有机-无机杂化材料，如今已成为介于有机聚合物与无机物之间的一大类新型材料[2,3]。杂化材料是一种均匀的多相材料，其中至少有一相的尺寸和维度在纳米数量级，纳米相与其他相间通过化学（共价键、螯合键）与物理（氢键等）作用在纳米水平上复合，即相分离尺寸不超过纳米数量级。随着材料复合化、低维化和智能化的发展趋势，在20世纪90年代，科学家们开始大量研究将稀土配合物与高稳定性的各种基质相结合，得到性能互补和优化的发光稀土配合物杂化材料。这些杂化材料通常表现出良好的荧光性质和机械加工性能，且光、热和化学稳定性有所提高，并且可以通过稀土配合物客体与基质主体之间的相互作用改善配合物的发光性能，调节其激发波长，提高荧光寿命和量子产率。

下面将从分类、制备和应用等三个方面对以稀土配合物为客体组装出的新型杂化发光材料进行简单概述。

## 5.1 杂化材料的分类

法国Sanchez等人[4]根据配合物杂化材料中主客体间的键合方式建议将杂化材料分为Ⅰ型杂化材料和Ⅱ型杂化材料。Ⅰ型杂化材料：主客体间通过次键力如范德华力、氢键或静电作用而互相连接，如将配合物简单嵌入、包埋或掺杂分散于无机基质中；Ⅱ型杂化材料：主客体间通过共价键、配位键等强化学键结合。

下面根据杂化材料的基质组成将杂化材料分成如下三类：无机基质的杂化材料、有机聚合物基质的杂化材料和无机/有机杂化基质的杂化材料来进行简单描述。

### 5.1.1 无机基质的杂化材料

#### 5.1.1.1 二氧化硅凝胶基质的杂化材料

溶胶-凝胶（sol-gel）法是最常见的一种制备无定形凝胶、玻璃和陶瓷等材料的化学技术，其特点是可在较传统方法低得多的温度下制备玻璃材料，以避免高温下常见的相分离和结晶现象。使用溶胶-凝胶技术可制备任意形状的大体积样品、薄膜和纤维。常见原料为四乙氧基硅烷［TEOS，$Si(OC_2H_5)_4$］或四甲氧基硅烷［TMOS，$Si(OCH_3)_4$］。在水（或溶剂）分子作用下，其烷氧基受控水解形成一部分硅羟基 Si—OH，进而互相缩合形成 Si—O—Si 键。

水解：
$$Si(OR)_4 + nH_2O \longrightarrow Si(OR)_{4-n}(OH)_n + nROH$$

缩合：
$$(RO)_3Si—OR + HO—Si(OR)_3 \longrightarrow (RO)_3Si—O—Si(OR)_3 + ROH$$
$$(RO)_3Si—OH + HO—Si(OR)_3 \longrightarrow (RO)_3Si—O—Si(OR)_3 + H_2O$$

酸或碱（如 HCl、NaOH、KOH、$NH_3 \cdot H_2O$）的加入可促进硅烷的水解。反应过程中生成的部分水和醇（或溶剂）通过加热去除，形成干凝胶（xerogel）。后处理温度越高，材料中剩余的溶剂分子越少。但此种方法得到的二氧化硅凝胶含有大量 $15\sim50nm$ 的微（介）孔及结构缺陷，且加热温度越高，材料在干燥过程中形成的裂缝越多。利用材料中的结构缺陷可将有机物或配合物掺杂其中。尽管无机凝胶能够极大地改善配合物的性质，有效提高其光、热稳定性，但无机凝胶是一种多孔材料，除了缺乏优良的机械加工性能外，还存在着诸如微孔会大量陷获热量及产生严重的光散射现象等缺点，为此近年来人们采用有机改性凝胶玻璃较好地克服了以上缺点。如 Li 等人将 Eu（TTA）$_3$（Phen）以溶胶-凝胶法掺杂于有机改性的 $SiO_2$ 凝胶中，制备出透明的发光杂化干凝胶，在紫外线激发下，发出很强的 $Eu^{3+}$ 特征荧光发射[5]。

### 5.1.1.2　层状结构无机基质的杂化材料

近年来为了进一步改善杂化材料中有机配合物的稳定性与性能，在层状结构的无机盐，尤其是以天然或人工合成的层状硅酸盐（如蒙脱土、水滑石、磷酸氢锆等）中嵌入有机配合物的研究越来越多。以蒙脱土为例，蒙脱土属于 2:1 型层状硅酸盐，层内表面具有负电荷，过剩电荷通过层间吸附的阳离子如 $Na^+$、$K^+$、$Ca^{2+}$ 等来补偿，这些阳离子很容易与外界无机或有机阳离子进行交换；硅酸片层厚度约为 1nm，层间距也约为 1nm，且其二维片层空间可由于外界分子的嵌入而膨胀（结构如图 5-1 所示）。由于层状硅酸盐的可膨胀二维结构、层间电场与阳离子的静电作用以及有机分子间的次键作用力的协同效应，可使功能分子插入层间，而插入层间的分子可以自组装成平行于无机纳米晶片层的单分子层、双分子层以及垂直于无机纳米晶片的多分子层等稳定的纳米团簇，进一步通过超分子自组装成高

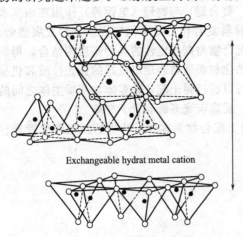

○ O
● Si
⦿ Mg
⊙ F

Exchangeable hydrat metal cation

图 5-1　蒙脱土的结构示意图

度有序的有机-无机多层功能性纳米复合膜。一般通过离子交换反应将稀土配合物插层组装到蒙脱土层板间，复合材料中配合物的发光性能和光、热稳定性可有明显提高[6]。

### 5.1.1.3　微孔/介孔分子筛基质的杂化材料

沸石是含有硅铝结晶的一种微孔材料，其化学式为 $M^{n+}_{x/n}[(AlO_2)_x \cdot (SiO_2)_y] \cdot mH_2O$。自然界中存在约 50 余种沸石矿物，而人工合成的沸石则有逾 150 种。沸石孔道所含的少量水可通过加热除去且不影响沸石结构，因此其化学、热稳定性较好。常用于稀土杂化材料的沸石有 X 型和 Y 型，但沸石孔道较小（$0.6\sim1.0nm$），容纳稀土配合物的能力较弱。近年来在溶胶-凝胶基础上通过模板法人工合成的介孔分子筛引人注目。这是一类孔径大范围内

可调、结构有序均一的人工合成无机材料。最具代表性的是美孚公司（Mobil Corporation）合成的 MCM-41[7]（Mobil Composition of Matter No. 41，1.5～10nm）、MCM-48 和 Zhao 等人合成的 SBA-15[8]（Santa Barbara Amorphous No. 15，8.9～30nm）。通过对特选微孔/介孔分子筛进行有机改性后，再引入有机功能配合物，得到兼有无机物和有机物特点的微孔/介孔分子筛基质杂化材料，其中无机的介孔分子筛基质提供机械结构、热稳定性，而有机改性组分及功能配合物可增强其无机骨架的水解稳定性，并赋予其功能，从而大大扩展其应用范围。介孔分子筛功能化常用的方法包括后嫁接法（post-synthesis grafting procedures）、涂覆法（coating procedures）、共浓缩法（cocondensation procedures）和杂化管壁（hybrid walls）等。

### 5.1.2　高分子基质的杂化材料

以高分子为基质的杂化材料由于具有良好的可加工性以及基质对有机配合物的保护作用，综合了无机、有机材料和纳米材料的优良特性，越来越受到人们的关注，并已成为近几年材料研究的热点。如在高分子中掺杂稀土发光配合物制备杂化发光材料，由于稀土离子已预先被有机配体配位饱和，在杂化体系中稀土金属间距较大无法形成簇，不易发生同种离子间的能量转移，所以在一定掺杂范围内不出现浓度猝灭，表现为荧光强度随着稀土离子的含量增加而增强。

最早将稀土配合物 Eu（tta）$_3$ 掺入高分子 PMMA 是由 Wolff 和 Pressley[9] 在 20 世纪 60 年代完成的，但一直到 90 年代，由于在 LED、光学倍增器件、波导材料等方面的潜在应用才引起广泛关注。为增强稀土配合物在 PMMA 中的荧光性质，得到更高发光强度、量子产率和更长荧光寿命的杂化材料，可使用三苯基膦作为添加剂[10]。稀土配合物如 La（dbm）$_3$（phen）[11]、Tb（dbm）$_3$（phen）[12] 也可作为敏化 Eu（dbm）$_3$（phen）发光的基团；且研究发现，随着高分子基质 PMMA 分子量的增加，杂化材料的荧光量子产率也增加，Ding 等认为高分子量的 PMMA 可使给体 La（dbm）$_3$（phen）与受体 Eu（dbm）$_3$（phen）在基质中更加靠近，从而导致更有效的分子间能量传递和更高的量子产率。不同的高分子基质对稀土配合物荧光性质的影响也不一样[13]。如将配合物 Eu（hfac）$_3$ 分别掺入 PMMA、PVA、聚（2-乙烯基吡啶）、纤维素乙酸酯、PS、PC 和 PE 中，得到荧光强度依次降低的一系列高分子杂化材料。这可能与高分子基质与配合物分子间的相互作用不同有关。Liu 等人[14] 分别将配合物 Eu（dbm）$_3$（H$_2$O）$_2$、Eu（tta）$_3$（H$_2$O）$_2$ 和 [Eu（phen）$_2$（H$_2$O）$_2$]Cl$_3$ 掺入 PVP，通过 XRD 研究发现稀土配合物在高分子中均匀分散，且配合物中水分子部分被基质中羰基所取代，形成配合物与基质间强相互作用的杂化材料；Eu（dbm）$_3$（H$_2$O）$_2$ 在 PVP、poly（ethylene oxide）、poly（vinyl stearate）中不同的荧光特性也表明配合物分子与基质存在一定的相互作用[15]。de Souza 等人[16] 将稀土（Eu$^{3+}$、Tb$^{3+}$）配合物掺入 PS，通过调节配合物比例得到能发出不同颜色（红、黄、绿）的发光薄膜。O'Riordan 等[17] 利用掺入 Eu（dbm）$_3$（phen）的高分子杂化材料 poly（N-vinylcarbazole）制备出有机发光器件 OLEDs。

如今在有机聚合物基质中掺杂稀土配合物的杂化荧光材料研究日益增多，掺杂基质材料几乎涉及所有热塑性和热固性树脂。较常见的有聚甲基丙烯酸酯（PMMA）、聚乙烯醇（PVA）、聚乙烯（PE）、聚苯乙烯（PS）、聚氨酯、聚酯、聚碳酸酯、聚酰亚胺和环氧树脂等。

### 5.1.3　无机/有机杂化基质的杂化材料

用传统溶胶-凝胶法制得的凝胶，在干燥过程中由于弱的机械强度，很容易出现龟裂，而且有机配合物在无机 SiO$_2$ 中的掺杂量也比较低。为了克服这些缺点，人们将聚合物引入无机基质，得到具有较好力学和性能的无机 SiO$_2$/有机聚合物基杂化材料。

1999 年，Zhang 等[18]将稀土三元配合物 Eu(tta)$_3$phen 掺入 SiO$_2$/聚合物（聚乙烯醇缩丁醛，PVB）杂化基质中制备出杂化基质材料，并比较了材料和配合物的光物理性质。含铕配合物的杂化材料发出铕的特征荧光，与相应的纯配合物相比，铕离子具有较长的荧光寿命。Chuai 等[19]通过溶胶-凝胶法将稀土配合物 Eu(phen)$_2$Cl$_3$ 掺杂于 SiO$_2$/PEG400 杂化基质中，制得 Eu(phen)$_2$Cl$_3$/SiO$_2$/PEG400 杂化材料。这种材料不仅保留了稀土配合物优良的发光性能，而且还具有较好的力学性能。2002 年，Zhang 等将 GPTMS、Tb$^{3+}$ 和硫代水杨酸配体注入凝胶玻璃的前驱体中进行共混，在形成凝胶玻璃的同时也形成了铽的配合物[20]。

Yan 等[21]将掺杂了三元稀土配合物 Tb(acac)$_3$phen 的聚合物单体 MMA 或 EMA 引入多孔 SiO$_2$ 凝胶中，加入引发剂 BPO，引发单体 MMA 或 EMA 的聚合反应，得到 Tb(acac)$_3$phen/有机聚合物 PMMA（或 PEMA）/SiO$_2$ 的杂化材料。样品的红外谱图显示 Tb(acac)$_3$phen 已被引入到 SiO$_2$/聚合物 PMMA（或 PEMA）杂化基质中。

研究表明这种杂化基质具有以下几方面的优势：兼具有机聚合物韧性和无机网络高硬度；有机聚合物的引入可以增加配合物在基质中的"溶解度"；杂化基质的微孔结构在很大范围内具有可控性，可以使掺杂材料在基质中达到纳米级、甚至分子级分散的水平；基质组成易调节。

# 5.2　杂化材料中常用的配合物

## 5.2.1　配体

$\beta$-二酮类配体是稀土配合物中最常用的一类配体。这类配体光稳定性较差，但合成简便，且对稀土离子的敏化作用强，有很多配体已经商品化，因此有大量关于稀土配合物杂化材料的研究中使用 $\beta$-二酮类配体稀土配合物。$\beta$-二酮类配体存在烯醇式的互变异构体（如图5-2 所示），在碱性条件下可去质子形成 LnL$_3$(H$_2$O)$_n$ 的中性配合物分子。最常见的 $\beta$-二酮类配体有 2-噻吩甲酰三氟丙酮（Htta）、二苯甲酰甲烷（Hdbm）和乙酰丙酮（Hacac）等。由于大部分 $\beta$-二酮类配体的三重态能级较 Tb$^{3+}$ 的 $^5D_4$ 能级低，因此 TbL$_3$(H$_2$O)$_n$ 配合物及其杂化材料的研究较少，而关于 Eu$^{3+}$ 配合物杂化材料的研究较多。

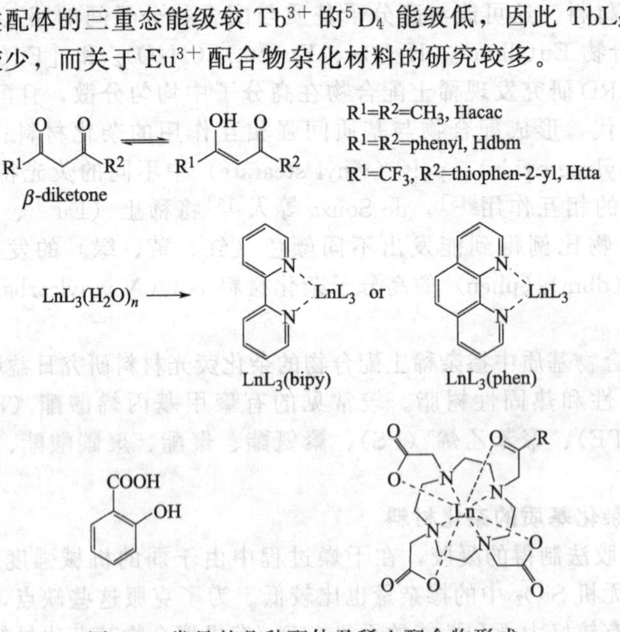

图 5-2　常见的几种配体及稀土配合物形式

由于 $LnL_3(H_2O)_n$ 中水分子的羟基振动对稀土离子激发态的影响较大，为了提高稀土配合物及杂化材料的荧光性质，可引入路易斯碱如吡啶、吖啶、2,2'-联吡啶（bipy）、邻菲啰啉（phen）等作为第二配体取代配合物分子中的水分子。同时可对这些第二配体进行适当修饰以满足在杂化材料合成过程中的需要。

羧酸类配体也是稀土配合物中最常用的一类配体。羧酸类配体稀土配合物稳定性较高，水相合成时不受水分子影响，且衍生物较多，因此常用羧酸类配体稀土配合物作为杂化材料的功能分子。羧酸类配体形式多样，其中由于水杨酸对 $Tb^{3+}$ 敏化较好，因此使用水杨酸及其衍生物的稀土杂化材料研究较多[22]。其他研究较多的还有苯甲酸及其衍生物、吡啶甲酸及其衍生物等。

由于环多胺类配体可完全屏蔽稀土离子，使其不受溶剂和周围环境的影响，该类配体的稀土杂化材料研究也较多。环多胺类配体本身敏化稀土离子能力较弱，且由于配体分子吸收波长较短，一般可通过修饰其中一个或数个端基，以增加其配合物的荧光性质并使配合物荧光的激发波长发生红移。而且，通过配体的端基修饰也可将配合物固定于杂化材料上，以减少配合物分子的泄漏，并提高其光、热稳定性[23]。

### 5.2.2 金属离子

稀土离子中荧光发射位于可见光区的离子有 $Sm^{3+}$、$Eu^{3+}$、$Tb^{3+}$ 和 $Dy^{3+}$ 四种。受配体合成与发射光单色性的限制，对 $Sm^{3+}$ 和 $Dy^{3+}$ 配合物及其杂化材料的研究相对较少。而在发光器件的研究中，一方面 8-羟基喹啉与铝的配合物由于稳定性较高已经作为发光材料中绿光发射的重要功能分子，另一方面敏化 $Tb^{3+}$ 的配体目前发现较少，因此 $Tb^{3+}$ 配合物及其杂化材料的研究也仅局限于数种配体及其衍生物。$Eu^{3+}$ 能级较简单，可利用荧光光谱分析杂化材料中稀土配合物的构型和环境影响，且可选择配体较多、配合物单色性好，所以 $Eu^{3+}$ 配合物杂化材料是稀土配合物杂化材料研究的热点之一。近年来另一研究热点是利用三基色原理，将 $Eu^{3+}$、$Tb^{3+}$ 及配体同时掺入杂化材料，通过调节各组分之间的比例，达到调控杂化材料发光颜色甚至得到发白光的材料，向高效节能、易于操作（可平面涂刷）的新型照明材料发展。

由于近红外发射在激光器件方面的应用可能性，利用荧光发射位于近红外光谱区的稀土离子及其配合物作为功能单元掺入各种基质也日益受到研究者的关注。常见的近红外发射的稀土离子有 $Pr^{3+}$、$Nd^{3+}$、$Sm^{3+}$、$Er^{3+}$ 和 $Yb^{3+}$ 等。

# 5.3 杂化材料的制备

随着无机-有机杂化材料的研究日益深入，品种日益增多，其制备方法也多种多样，几种常见的合成路线包括：传统的溶胶-凝胶法（conventional sol-gel），纳米构筑单元（nano-building blocks），模板诱导组装（template-directed assembly）和自组装（self-directed assembly）。如前所述，依据杂化材料主客体之间的结合方式可将杂化材料分成次键力结合（Ⅰ型）和强化学键结合（Ⅱ型）的两大类杂化材料。下面分别介绍这两类材料的制备方法。

### 5.3.1 次键力结合的杂化材料

在这类材料中，无机-有机相之间不存在强的化学键作用，只存在弱的相互作用，如氢键、范德华力和静电作用等，主要制备方法如下。①浸渍法：即将合成好的基质材料浸泡于稀土配合物溶液中，通过洗涤或挥发溶剂等后处理，得到含稀土配合物的杂化材料。②掺杂（或包埋）法：主要见于以凝胶或高分子为基质的杂化材料。在合成基质的前体溶液中加入配合物或配体与稀土离子，使稀土配合物分子在基质形成的过程中包埋于基质网络结构中，最后通过加热等后处理形成分散程度高的杂化材料。由于配合物在基质中的溶解度一般较差，这种方法合成的杂化材料中常发生配合物的聚集，从而导致材料的透明度和荧光强度降低，且无法得到稀土配合物掺杂浓度高的杂化材料。目前的研究工作往往通过加入其他相容改性剂，或对形成基质的前体进行修饰改性，来改善配合物分子在溶胶-凝胶体系中难以分散均匀、配合物掺入浓度不大，以及因分子间缔合导致的浓度猝灭效应等缺点。下面按不同基质的顺序对Ⅰ型杂化材料的制备进行描述。

#### 5.3.1.1    干凝胶

使用溶胶-凝胶技术将稀土配合物分子包埋于无机网络中是最简单也是最具代表性的杂化材料之一。掺杂法与一般无机溶胶-凝胶过程基本一致，可将稀土配合物加入到溶胶-凝胶前驱体正硅酸乙酯（TEOS）溶液中，再经过进一步水解和缩聚反应，最后经过加热后处理除去部分水和溶剂形成稀土干凝胶材料。由于水、溶剂和硅羟基中 O—H 的振动对稀土离子的激发态有猝灭作用，采用较高干燥温度可减少材料中 O—H 的存在；但由于稀土配合物本身的热稳定性相对较差，掺杂了配合物的溶胶无法在较高温度下干燥，不能得到力学性能好的干凝胶。为了将干凝胶中的水和溶剂分子完全除去，并得到稀土离子分散度高的材料，也有文献报道在远高于配合物分解温度的条件下干燥溶胶基质[24]。另一方面，Matthews 和 Knobbe 等为提高配合物的溶解性并防止溶胶在干燥过程中的龟裂[25]，在稀土配合物 $Eu(tta)_3(H_2O)_2$ 与 TEOS 的混合溶液中添加一定量 DMF，随后水解并干燥，首次合成了含稀土配合物的干凝胶材料。对杂化材料荧光性质的研究表明，在溶胶基质中掺入稀土配合物形成的凝胶材料荧光强度要比掺入单纯稀土离子强 2～3 个数量级。

采用配位点较多的配体使稀土离子配位点饱和，或形成稀土三元配合物也可增加稀土配合物杂化材料的荧光强度。由于稀土离子配位点被饱和，其余能参与配位的溶剂或水分子被有效阻隔，因此激发态的非辐射跃迁概率大大减小，杂化材料所表现出的荧光性质有所增强。不但稀土配合物在干凝胶中的光、热稳定性增强，且由于配合物分子与材料间的相互作用，可能得到较纯配合物更好的荧光性质。Yan 等人分别将 $Eu(dbm)_3(phen)$ 和 $Tb(acac)_3(phen)$ 掺入凝胶玻璃，发现杂化材料中稀土离子的荧光寿命较纯配合物有所增长[26]。除邻菲啰啉外，在干凝胶中可给稀土离子提供较强屏蔽的配体还有 dpa (dipicolinate)，oda (oxydiacetate) 和 bipyO$_2$(2,2-bipyridine-$N$,$N$-dioxide)[27,28]，以及环多胺类配体[29]和穴状配体 (cryptand)[30] 等。Lai 等人将稀土配合物 $[Nd(dpa)_3]^{3-}$ 掺入干凝胶[31]，发现尽管水分子未直接参与配位，但其羟基的振动仍对稀土离子的激发态有猝灭作用。Quici 等人采用溶胶-凝胶技术以环多胺类配体的 $Tb^{3+}$ 配合物制备出量子产率高达 45% 的发光 $SiO_2$ 薄膜[32]。

另一种增加稀土干凝胶荧光强度的方法是通过原位合成稀土配合物的方法增大配合物掺杂浓度。一般是将稀土离子和相应有机配体同时加入到溶胶前体溶液中，通过溶胶-凝胶反应，于凝胶基质中原位合成含有稀土配合物的杂化材料。这种方法还可避免某些对酸性条件敏感的配合物在溶胶中分解[33]。有报道将 $EuCl_3$ 和 Htta 共混到溶胶中，并通过 dip-coating 方法得到掺杂了 Eu (tta)$_3$ 溶胶-凝胶薄膜[34]。荧光分析表明，配合物在加热的过程中逐渐形成，并伴随着荧光强度的显著增加；但当加热到 130℃ 以上，由于配合物的分解，荧光强度迅速减弱。

直接在溶胶中掺杂稀土配合物除了导致较强的荧光猝灭外，还有其他缺点。首先，由于稀土配合物在溶胶-凝胶体系中溶解度较小，即使配合物掺入浓度较小，也难以在基质中均匀分散，且配合物分子聚集和结晶现象较为常见，因而干凝胶材料的透明度较差，浓度猝灭严重。其次，干凝胶材料的微孔中液体的表面张力会导致材料表观上的裂缝，因此一般需要缓慢干燥。另外，由于稀土配合物的热稳定性较差，稀土配合物干凝胶无法完全干燥，故力学强度较差，易碎。在无机骨架上引入有机物（如添加有机改性硅酸酯与四烷氧基硅烷一起使用）可有效解决上述问题，也可将四烷氧基硅烷中的一个烷氧基替换为其他有机基团 [R′—Si(OR)$_3$，如图 5-3 所示]。若 R′ 为烷基（TEPS，APTES 等），则形成干凝胶的网络结构的力学强度变小；若 R′ 为活性基团（GPTMS 等），这些有机基团则相互连接，参与凝胶网络结构的形成。通过分析掺杂了 $Ce^{3+}$ 的有机干凝胶的荧光[35]，Iwasaki 等人发现由于基质中存在明显的 f-d 跃迁，有机硅烷会极大影响配合物的荧光激发、发射光谱和量子产率。由无活性基团硅烷制得的杂化材料为白色固体，加入带活性基团的硅烷（如 GPTMS 和 APTES 等）则得到黄色杂化材料，且荧光强度下降约 100 倍；但加入 CPTMS 或 TFTMS 的干凝胶则可提高荧光量子产率。此外，掺杂 GPTMS[36] 和 APTES 的干凝胶中也发现基质对稀土离子 f-f 跃迁有明显的增强作用。如 Stathatos 和 Lianos 将 $Eu^{3+}$ 和 Htta 同时掺入含 APTES 的凝胶颗粒中，得到荧光量子产率为 97% 的杂化材料[37]。Diureasils 和 diurethane-sils 是两种新型的含有活性基团的改性硅烷，可形成高透明度且可塑性强的材料或薄膜，且热稳定性较好（>200℃），稀土离子在其中"溶解度"较高。有研究发现此类硅烷形成的杂化材料基质有类似于配体的天线效应[38]，可将吸收的能量转移给稀土离子的激发态能级。

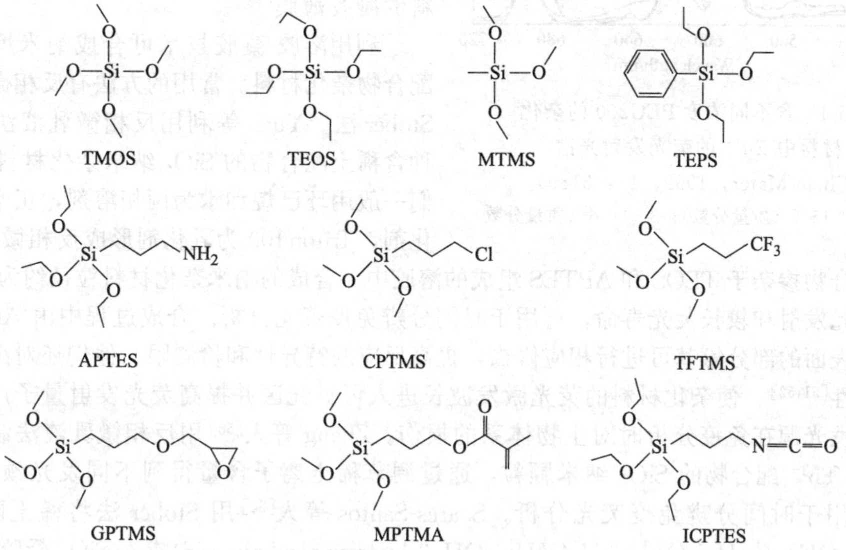

图 5-3　常见有机改性的硅烷示例

　　在干凝胶中加入其他相容改性剂如高分子可进一步增强稀土配合物杂化材料的荧光强度并提高稀土配合物在基质中的掺杂量。Zhang 等人用溶胶-凝胶技术合成了由 $Eu(tta)_3$ (phen)[39] 或 Eu (phen)$_2$Cl$_3$[40]、TEOS 和活性有机硅烷（乙烯基三甲基硅烷）组成的溶胶，在其中加入甲基丙烯甲酯，在引发剂作用下聚合为高分子 PMMA。由于 PMMA 的折射率（1.4920）与 $SiO_2$ 凝胶玻璃相近（1.4589），可减小杂化材料的光散射。Tang 等[41] 将两种新型 $\beta$-二酮类配体 Tb 配合物掺入 $SiO_2$/PVB 后发现，与纯配合物相比，杂化材料的荧光寿命变长，光、热稳定性提高，配合物掺杂浓度达到约 8% 时得到了荧光强度增强约一半的凝胶材料，但掺杂量继续增加，会导致稀土配合物荧光的浓度猝灭。另外，他们还制备出一种羧酸类配体稀土 $Tb^{3+}$ 配合物掺入 $SiO_2$/PVB 的干凝胶杂化材料[42]。

　　干凝胶材料在加热后处理过程中由于稀土配合物的稳定性较差等原因无法完全干燥，因此在杂化材料中含有少量液体。可利用该性质，在凝胶材料中包裹对稀土配合物荧光有利的液体组分，如聚乙二醇（PEG）、离子液体等增强配合物的荧光。Bekiari 和 Lianos 将 bipy（0.1mol/L）与稀土离子（$Eu^{3+}$ 或 $Tb^{3+}$，0.02mol/L）溶于对稀土配合物具有较好屏蔽和稳定作用的 PEG200（相对分子质量约为 200），该混合液体室温下可发出较强荧光[43]。随后他们将其掺入 TMOS 溶胶，使部分液体（PEG200）保留在杂化材料中。研究表明混合液体的光物理性质在掺入 $SiO_2$ 基质后没有发生变化，说明基质与稀土配合物之间不存在相互作用。而含 $Eu^{3+}$/PEG200 的杂化材料[44] 则表现出较不含 PEG200 的杂化材料更强的荧光、更长的荧光寿命和更

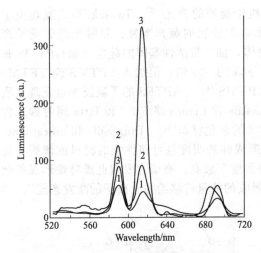

图 5-4 含不同浓度 PEG200 的杂化材料中 Eu³⁺ 的荧光发射光谱（Chem Mater, 1999, 11: 3189）
1—0；2—15%（质量分数）；3—90%（质量分数）

小的荧光光谱半峰宽（图 5-4）。

有文献报道，将稀土配合物溶于离子液体可增强配合物的光化学稳定性[45,46]。Lunstroot 等将稀土配合物的离子液体用溶胶-凝胶技术固定于干凝胶中，得到含稀土配合物的离子胶（ionogels）[47]。由于离子胶具有较好的单色性、热稳定性、透明度和导电性，且可容纳多达80%（体积分数）的离子液体，此类杂化材料有望在电致发光器件等方面得到应用。Driesen 和 Binnemans 还利用稀土配合物制得含液晶材料的凝胶薄膜[48]。

利用溶胶-凝胶技术可合成纳米尺寸的稀土配合物杂化材料。常用的方法有反相微乳液法和 Stöber 法。Yuan 等利用反相微乳液法合成出多种含稀土配合物的 SiO₂ 纳米杂化材料[49,50]。他们一般用环己烷和水为两相溶剂，正辛醇为助乳化剂，Triton100 为乳化剂形成反相微乳液体系，将稀土配合物掺杂于 TEOS 和 APTES 组成的溶胶中。合成的纳米杂化材料粒径约为 50nm，具有较强荧光发射和较长荧光寿命，可用于时间分辨免疫荧光分析。合成过程中由 APTES 引入纳米颗粒表面的部分氨基可进行相应修饰，提高反应的特异性和检测限。他们还对配合物进行了适当改性[51,52]，使杂化材料的荧光激发波长进入可见光区并提高荧光发射量子产率，大大减小了激发光源在免疫分析时对生物体系的损伤。Zhang 等人[53]用反相微乳液法制备了含稀土 Eu³⁺、Tb³⁺ 配合物的 SiO₂ 纳米颗粒，通过调节稀土离子含量得到不同发光颜色的材料，并将其应用于时间分辨免疫荧光分析。Soares-Santos 等人[54]用 Stöber 法将稀土配合物[Eu(H₂O)(picOH)₂(μ-HpicO)]·3H₂O(HpicOH,3-hydroxypicolinic acid)掺入 SiO₂ 凝胶纳米颗粒。他们采用了两种合成策略：一种是将 TEOS 乙醇溶液与配合物 DMSO 溶液混合后加水反应数天形成溶胶，低温干燥后得到 Eu/SiO₂ composite A（472nm）；另一种以 NH₃·H₂O 替代水促进硅烷水解，反应半小时即可得到 Eu/SiO₂ composite B（127nm）。Soares-Santos 等指出水解过程的差别造成了纳米颗粒的大小和形貌不同（图 5-5），且 Eu/SiO₂ composite B 中配合物含量较低；而且 Eu/SiO₂ composite A 中稀土配合物的荧光寿命和量子产率较纯配合物均有所提高。

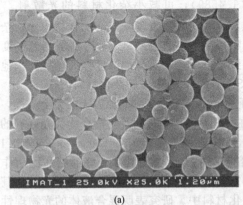
(a)

(b)

图 5-5 杂化材料 Eu/SiO₂ composite A (a) 和 Eu/SiO₂ composite B (b) 的 SEM 照片（Chem Mater, 2003, 15: 100）

106 现代无机合成与制备化学

### 5.3.1.2 微孔/介孔分子筛

为平衡阴离子骨架中的负电荷，沸石中的阳离子处于微孔附近，因此可在一定 pH 值下用稀土离子交换部分阳离子。通过离子交换得到的杂化材料由于存在 $O \rightarrow Ln^{3+}$ 电子传递，量子产率非常低（约 1%）。Sendor 和 Kynast 将 $Eu^{3+}$ 交换得到的沸石材料（Eu8-X，每个 X 型沸石单元中含 8 个 $Eu^{3+}$）与过量 Htta 混合，经过洗涤和脱水使配体脱质子与孔道壁释放的 $Eu^{3+}$ 结合，得到的材料荧光强度较 Eu8-X 增强 350 倍[55]。荧光分析表明生成的配合物 Eu(tta)₃ 与孔道壁有较强的相互作用，形成类似于 [Eu(tta)₃]—X 的配合物。Rosa 等人关于 Y 型沸石中 $[Eu(bipy)_2]^{3+}$ 荧光性质的研究[56]也证明了沸石作为稀土发光材料基质的可行性。Alvaro 等研究了不同铕配合物在 Y 型沸石、发光沸石（mordenite）和 ZSM-5 中的荧光性质[57]，发现由于沸石孔道较小（<0.8nm），配合物分子在沸石孔道中无法形成正常的 1:3（金属：配体）型稀土配合物，而倾向于生成金属/配体≈1 的配合物。加热脱水并使用 $D_2O$ 取代可使配合物在 Y 型沸石中的荧光强度增强 1 到 2 个数量级。通过荧光分析还发现 $Eu^{3+}$ 在沸石孔道中没有与水分子配位。Dexpert-Ghys 等人的研究也表明在 X 和 Y 型沸石中配体/金属的比例小于 1，且更小的孔道中无法形成配合物，仅有稀土离子存在[58]。此外，配体到稀土离子的能量传递比较明显，说明在沸石孔道中有配合物形成。Liu 等人将 Eu(dbm)₃(bath) 分别植入 Y 型沸石和 L 型沸石[59]，发现所得杂化材料与纯配合物相比，具有较高的热稳定性、量子产率和较长的荧光寿命，且 L 型沸石效果更优。

利用三基色原理，在沸石孔道中加入稀土离子和相应配体可得到不同发光颜色的荧光材料。Wada 等人[60,61]通过交换 X 型沸石中的 $Na^+$，在沸石材料中引入 $Eu^{3+}$ 和 $Tb^{3+}$，脱水后放置在苯甲酮（benzophenone）蒸气中或浸泡于 4-乙酰基联苯（4-acetylbiphenyl）的乙醇溶液中。有机配体作为天线（antenna）可将吸收的能量传递给稀土离子，由于能量传递不完全，仍可观察到有机配体的荧光发射（图 5-6）。通过改变沸石中稀土离子和配体的含量、甚至激发波长和温度，他们得到了一系列发射不同颜色（红、绿、蓝、紫或白）的荧光材料。

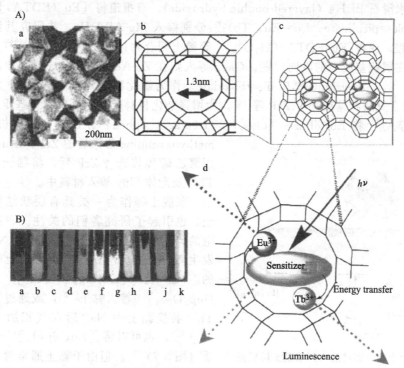

图 5-6 X 型沸石配体对稀土离子的敏化示意图（Angew Chem Int Ed，2006，45：1925）

介孔材料因尺寸较大，可容纳完整的配合物分子。有研究表明将配合物分子 Eu (tta)₃ 掺杂于介孔分子筛模板剂中时[62]，得到的杂化材料荧光寿命与配合物在乙醇溶液中的寿命基本相同；当配合物 Eu(tta)₃(tppo)₂ 掺入 SBA-15 后，其光、热稳定性有所增强[63]。Fernandes 等人[64] 分别在液相和气相中将 Eu (dbm)₃ 掺入 MCM-41，发现由于配合物分子与材料表面的硅羟基之间的相互作用，配体到稀土离子的能量传递被减弱，且荧光光谱有所变化；加入第二配体如 phen 或 bipy 使配体对稀土离子的屏蔽作用加强，从而大大提高了杂化材料的荧光强度[65]。为了增强稀土配合物杂化材料的荧光强度，也可以对介孔材料进行有机改性。如 Tb(phen)ₓ(bipy)₄₋ₓ(NO₃)₃ 掺入 MCM-41 后，所得材料的荧光强度弱于掺入用三甲基硅烷改性后的 MCM-41，是因为材料表面的硅羟基被三甲基硅基取代。Eu(dbm)₃ 掺入 MCM-48 也有类似的现象发生[66]。Xu 等人[67] 研究了 MCM-41 中配合物 [Eu(tta)₄]- (C₅H₅NC₁₆H₃₃)⁺ 的荧光性质。通过不同有机硅烷修饰孔道壁上的硅羟基，杂化材料的荧光强度增强、寿命显著增长，同时发现配合物荧光的单色性显著提高。Xu 等分析了孔径和有机硅烷对荧光强度的不同影响，指出硅烷中—NH 与配体中 F 形成氢键，不但有固定稀土配合物的作用，且降低了配合物的对称性，从而影响到 Eu³⁺ 的 f-f 跃迁，尤其是 $^5D_0 \rightarrow {}^7F_2$ 的跃迁。

### 5.3.1.3　层状结构无机基质

由异丙醇稀土盐和苯甲醇等在高温高压下合成的稀土氧化物层状基质表现出较优异的性质[68,69]。尽管杂化材料的层状结构由配体芳环间的 π-π 堆积作用保持，但其热稳定性大大优于传统稀土有机配合物，一般热分解温度可达 400℃ 以上。有机基团作为天线将吸收的能量传递到稀土离子，因此含 Eu³⁺、Tb³⁺、Nd³⁺ 和 Er³⁺ 离子的杂化材料均表现出一定的荧光强度，且这些材料中配合物的最佳激发波长可能发生红移，甚至进入可见光区。

将稀土配合物掺入其他无机层状基质也可增强配合物稳定性甚至荧光性质。最常见的是各种形式的水滑石 LDHs (layered double hydroxide)。有报道将 [Eu (EDTA)]⁻[70] 和 [Ln (pic)₄]⁻ (pic=picolinate；Ln=Eu, Tb)[71] 分别掺入 Mg-AlLDHs，并研究其荧光现象及能量传递过程，或将 [Eu(EDTA)(H₂O)₃]⁻ 等稀土配合物掺入 Zn-Al LDHs[72]，并研究了配合物分子在层状基质中的取向问题。Gago 等人则在 Zn-Al LDHs 合成过程中混入有机负离子 (BDC，2,2'-bipyridine-5,5'-dicarboxylate) 作为敏化稀土离子 (如 Eu³⁺) 的基质材料[73]。其他常见层状基质还有 ZrP 等[74]。为增强杂化材料荧光，可事先对基质进行有机修饰，如 Xu 等人[75] 将 Eu(dbm)₃ (phen)、Tb(acac)₃ (phen) 分别掺入用有机基团 para-methyoxyaniline 修饰后的 ZrP。Brunet 等[76] 则用聚乙烯醇修饰 γ-ZrP 后，将稀土离子 (Eu、Tb) 及配体 bipy 掺入材料中。

蒙脱土等作为一类具有层状结构的天然黏土，也引起了研究者们的关注。一般使用带正电的离子或分子与黏土中正离子如 Na⁺、Mg²⁺ 发生离子交换反应，达到引入稀土配合物的目的。如将 [Eu(bipyO₂)₄Cl₂]⁺ 和 [Eu(bipyO₂)₄]³⁺ 掺入黏土[77]，或通过离子交换使 Tb³⁺ 替换黏土中 Na⁺ 后在气相加入有机配体 bipy[78]，也可以将 [Eu(bipy)₃]³⁺ 直接掺入基质 (图 5-7)[79]。但由于黏土通常含有一些杂质铁，对稀土配合物的荧光有一定的猝灭作用。

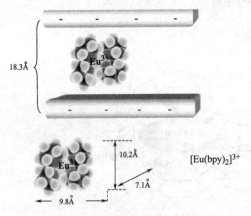

图 5-7　稀土配合物被插入到蒙脱土层板间
(Mater Res Bull，2006，41：1185)

蒋维等人[6]将四足配体 Eu 配合物插层组装到蒙脱土层板间得到的材料则明显提高了配合物的发光性能、光稳定性和热稳定性。此类稀土配合物插层材料的组装、结构和性质还有待于进一步深入研究。

#### 5.3.1.4　高分子基质

将稀土配合物掺入高分子材料较干凝胶操作简便，价格低廉，耗能较少，且得到的材料密度较大，柔性较好，通过 spin coating 等方法可制备任意形状的发光材料或薄膜。常用的透明度高的高分子基质有聚甲基丙烯酸甲酯（PMMA）、聚乙烯醇（PVA）、聚乙烯（PE）、聚苯乙烯（PS）、聚碳酸酯（PC）、聚氨酯、聚酯、聚酰亚胺和环氧树脂等。

普通的掺杂方法有两种：①将稀土配合物与高分子单体或单体溶液混合，用合适的条件引发反应（引发剂、加热、光照）使高分子在形成的过程中包裹稀土配合物分子；②将高分子与稀土配合物用适当的溶剂溶解，当溶剂挥发后，配合物分子即保留在高分子材料中。这两种方法受到配合物在高分子中溶解度的限制，掺杂浓度一般不大，且可能产生配合物的聚集导致材料的透明度降低。

Liang 等将稀土配合物 $Eu(dbm)_3(phen)$ 与高分子 PMMA 溶于氯仿[80]，置于玻璃/石英片上并挥发溶剂得到了发较强荧光的杂化材料，并比较了与纯配合物间荧光性质的区别。他们发现由于高分子基质环境对配合物的影响，$Eu^{3+}$ 在基质中的配位环境由一种变为两种，表现出荧光寿命中的两个不同组分。增加配合物掺杂浓度并未改变其配位环境，说明配合物在高分子基质中分散均匀。后来 Liu 等在高分子内掺入含不同第二配体（$L_2$）的三元配合物 $Eu(dbm)_3(L_2)$[81]，得到了一系列较强红光发射的高分子杂化材料。Brito 等[82]将 $Eu(tta)_3$ $(H_2O)_2$ 掺入 PHB［poly（$\beta$-hydroxybutyrate）］中，发现配合物的量子产率在基质中有所提高，但掺杂浓度超过 5%（质量分数）后开始出现浓度猝灭。Bonzanini 等人[83]研究发现稀土配合物在高分子基质（PMMA/PC）中均匀分散，但更倾向于分散在基质中的 PC 微相中，这可能与稀土配合物在不同高分子中溶解度的差别有关。

树状高分子（dendrimer）是一类特殊的带有配位官能团的大分子。树状高分子可有效地阻止稀土离子在基质中的聚集，同时可作为天线将吸收的能量传递到稀土离子，从而增强杂化材料的荧光强度。Kawa 和 Fréchet[84,85]合成了含羧基的树状高分子材料，与稀土醋酸盐发生配体交换反应，使稀土离子与高分子中基团配位后被包裹在树状高分子形成的高分子球中（图 5-8），从而避免了稀土离子的聚集。荧光研究表明高代（higher generation）的树状高分子由于吸收更多的能量并能更好地分散稀土离子，表现出更强的荧光。他们还将该杂化材料与基质（树状高分子）的羧酸酯衍生物溶于氯苯中，在石英片上挥发溶剂得到杂化材料薄膜。该薄膜可直接用 $Eu^{3+}$ 的 $^5D_2$（462nm）能级作为激发光源，有望用于发光器件。Zhu 等人[86]合成的含 $Tb^{3+}$ 的树状高分子杂化材料也证明了高代的树状高分子基质能增强天线效应并减少基质中水分子对稀土离子的影响，从而表现出更强的荧光发射强度。Lindgren 等人[87]合成了含氟的树状高分子（图 5-8），以增加基质的刚性，减小其亲水性及近红外光谱区的吸收，使得合成的含 $Nd^{3+}$ 或 $Er^{3+}$ 的杂化材料具有较强的近红外发射。

为了拓宽高分子杂化材料的应用，Zhang 等人[88]将三元配合物 $Eu(tta)_3(TPPO)_2$ 掺入 PMMA、PS 和 PVP 等几种有机聚合物基质中，用 electrospinning 法（图 5-9）得到的杂化纤维热稳定性明显优于纯 Eu 配合物。值得注意的是 Eu/PS 杂化材料的光稳定性不仅优于配合物，而且随着辐照时间的增长，强度有所增强，这可能与 PS 基质在合成过程中产生的缺陷在光照作用下逐渐消失有一定关系。这种杂化纤维在平面涂层的 LED 等方面有广阔的应用前景。

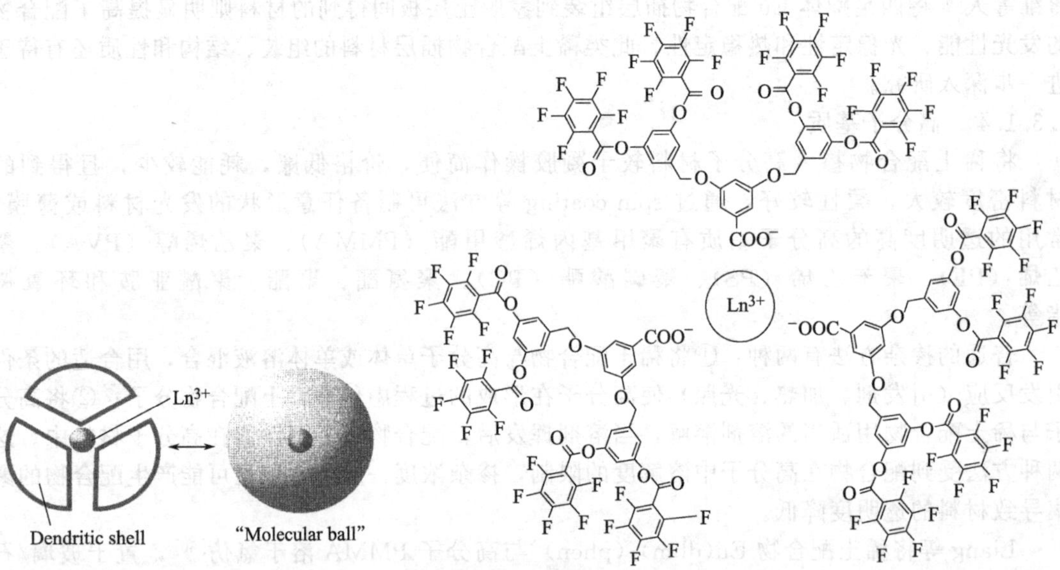

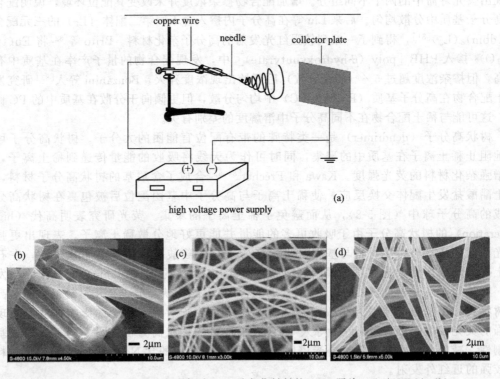

图 5-8    稀土离子在树状高分子中的形式和结构

(Chem Mater, 1998, 10: 286) (J Lumin, 2005, 111: 265)

图 5-9    electrospinning 法示意图 (a) 及杂化材料的 SEM 照片：Eu/PMMA (b)，
Eu/PS (c) 和 Eu/PVP (d) (J Phys Chem C, 2008, 112: 9155)

### 5.3.2    强化学键结合的杂化材料

在 I 型杂化材料中，由于配合物与基质之间以次键力结合，仍存在以下缺陷：①由于配合物是吸附或包裹在基质中，受基质孔隙率和吸附表面特性的影响，配合物的吸附量或掺杂量通常较低；②配合物在此类杂化材料中分散的均匀性较差，容易在材料的局部产生聚集体；③由于配合物与基质间以弱键结合，容易泄漏；④配合物在基质中作用不强，两相间存在明显的界面，无机基质的高稳定性在此类杂化材料中没有得以充分体现，杂化材料的光、热稳定性还有待于进一步提高。

为克服Ⅰ型杂化材料的不足，人们将配合物组分以强化学键的形式与基质连接。这类杂化材料是通过强的共价键或离子化共价键将各组分连接在一起的，各组分的杂化更接近分子水平。且由于稀土配合物分子与基质相互作用增加，Ⅱ型杂化材料通常表现出更好的荧光性质，以及更高的化学和光、热稳定性。合成方法可分两种。①后嫁接法：在合成好的基质材料表面修饰可与稀土离子配位的官能团（一般为第二配体如 phen 等），使稀土配合物以配位键结合于基质。这种方法得到的杂化材料可认为稀土配合物分子与基质之间存在一个连接点。②原位合成法：通常对基质前驱体进行有机修饰，在合成基质的过程中引入可与稀土离子配位的官能团。这些官能团可来自于第二配体，也可直接来自于改性的配体。因此稀土配合物分子与基质之间可能存在多个连接点。但由于情况复杂，一般无法完全确定杂化材料中配合物的形式。下面仍按不同基质的顺序对Ⅱ型杂化材料做一描述。

### 5.3.2.1 干凝胶

近年来用原位合成法在凝胶基质中以共价键引入稀土配合物的研究受到广泛关注。一般对有机硅烷做进一步改性，将配体结合到硅烷上形成带配位基团的有机硅烷，然后在合适条件下将其与稀土盐混合，在配合物形成的过程中同时形成溶胶网络结构（配合物分子也可认为是溶胶网络的结构单元）。Franville 等人[89,90]最先利用 APTES 与 2,6-二羧基吡啶（DPA）及其衍生物反应合成了一系列改性硅烷配体（图 5-10），用于含 $Eu^{3+}$ 凝胶杂化材料的制备。将配体与稀土离子以 3∶1 溶于乙醇，水解后最终得到含稀土的杂化材料。稀土配合物通过这种方法引入基质后热稳定性显著增强，可从纯配合物 150℃的分解温度提高到杂化材料的 300℃以上；但荧光性质变化较小，荧光强度和寿命基本不变，仅荧光发射峰半峰宽略微增加，Franville 等人将其归因于稀土离子第二配位层的硅羟基，即硅羟基通过与配体螯合部位的氢键影响稀土配合物的荧光性质。此外，杂化材料的荧光强度受 DPA 的修饰方式影响较大；DPA 母体上的取代基可影响荧光激发光谱，使最佳激发波长发生红移。

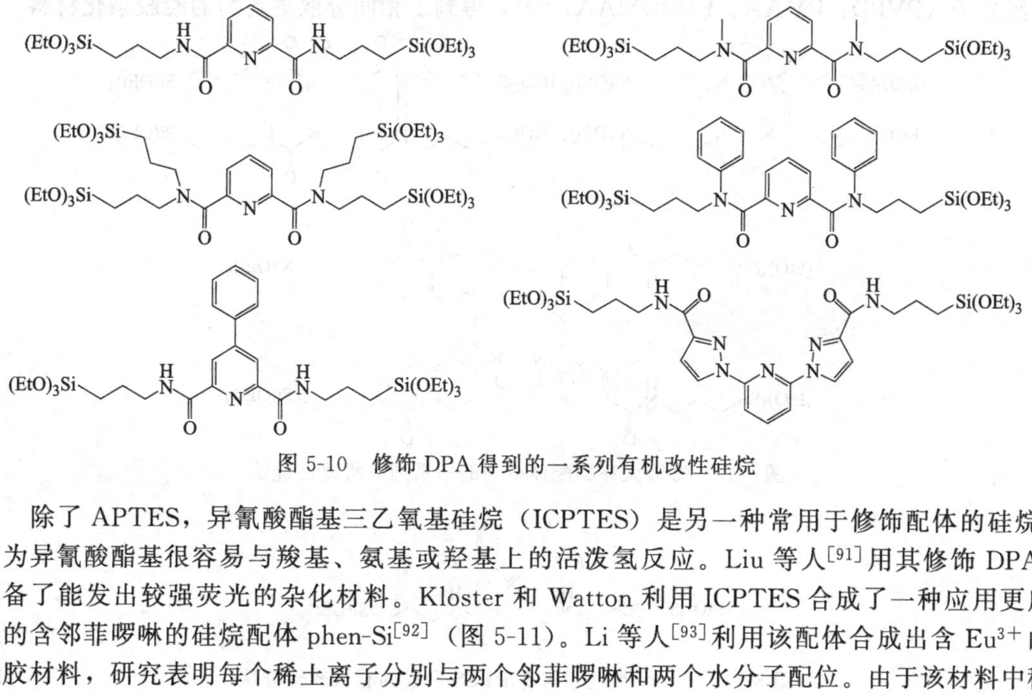

图 5-10 修饰 DPA 得到的一系列有机改性硅烷

除了 APTES，异氰酸酯基三乙氧基硅烷（ICPTES）是另一种常用于修饰配体的硅烷，因为异氰酸酯基很容易与羧基、氨基或羟基上的活泼氢反应。Liu 等人[91]用其修饰 DPA，制备了能发出较强荧光的杂化材料。Kloster 和 Watton 利用 ICPTES 合成了一种应用更广泛的含邻菲啰啉的硅烷配体 phen-Si[92]（图 5-11）。Li 等人[93]利用该配体合成出含 $Eu^{3+}$ 的凝胶材料，研究表明每个稀土离子分别与两个邻菲啰啉和两个水分子配位。由于该材料中稀土配合物与基质存在两个连接点，因此尽管水分子参与了配位，其荧光强度仍然强于由相同原料制备的Ⅰ型杂化材料。另外，为了得到荧光强度更强的薄膜材料，可将材料加热到200℃以除去部分水分子，但更高的温度会导致配合物的分解[94]。考虑到三元配合物 Eu(tta)$_3$(phen) 可发出很强的红色荧光，Binnemans 等人利用 phen-Si 将该配合物以共价键接枝到凝胶材料上[95]。他们将 phen-Si、TMOS 和 DEDMS (diethoxydimethylsilane) 混合后，在中性条件下进行水解、缩合得到凝胶玻璃，然后与 Eu(tta)$_3$ 混合得到三元配合物形式的杂化材料。由于 tta 对 Eu$^{3+}$ 较强的敏化作用和第一配位层水分子的除去，凝胶材料显示出与纯配合物 Eu(tta)$_3$ (phen) 相当的荧光性质。随后他们在该基质中掺杂其他稀土离子（Nd$^{3+}$、Sm$^{3+}$、Er$^{3+}$、Yb$^{3+}$），制备了发射近红外线的凝胶杂化材料[96]。Sun 等人[97]将 tta 替换为 dbm 也得到了数种近红外荧光发射的凝胶材料。

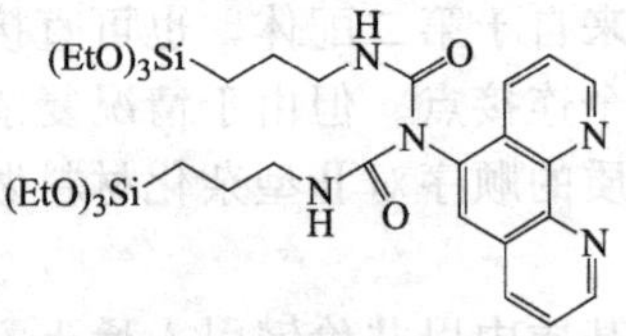

图 5-11　phen-Si 结构式

　　Corriu 等[98]通过修饰 cyclam (1,4,8,11-tetraazacyclotetradecane) 合成了一系列大环硅烷配体（图 5-12），并发现虽然 cyclam 在溶液中与 Eu$^{3+}$ 无法形成稳定的配合物，但在凝胶材料中大环参与了配位，形成 cyclam：Eu$^{3+}$≈2：1 型的配合物，这说明在凝胶基质中cyclam 之间距离较近。Armelao 等[99]合成了掺杂 Eu$^{3+}$、Tb$^{3+}$ 及环多胺类配体的 40nm 厚的凝胶薄膜，通过改变稀土离子含量，得到不同荧光发光颜色（红、橙、黄、绿）的薄膜材料。近年来研究发现，$\beta$-二酮类配体的活泼氢可与 ICPTES 反应后亦可形成带配位基团的硅烷（图 5-13）。Yan 小组利用 dbm[100]、tta[101] 等合成了多种荧光发射强、量子产率高的杂化材料。通过与传统的溶胶-凝胶法合成的杂化材料比较，用共价键连接配合物的干凝胶的量子产率提高一倍，可达到 73%[100]。他们还在含类似于 Eu(nta)$_3$ 配合物的凝胶材料中添加高分子（PVPD、PMAA、PVPDMAA）[102]，得到了相间分散更均匀的凝胶杂化材料。

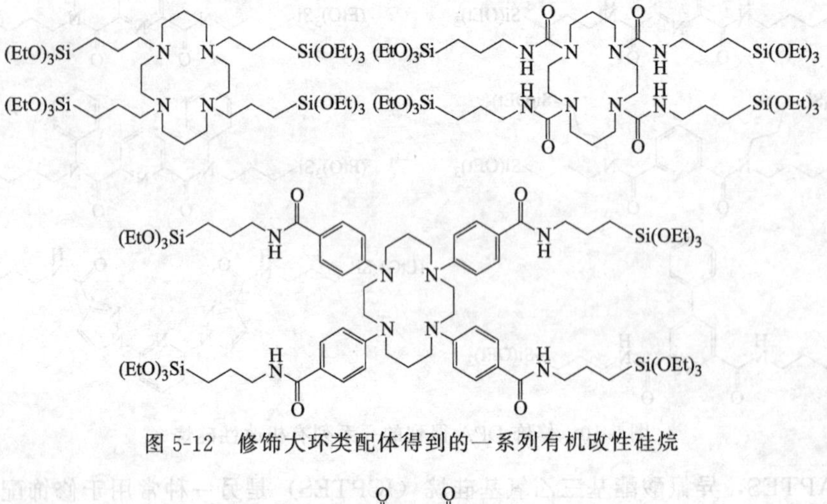

图 5-12　修饰大环类配体得到的一系列有机改性硅烷

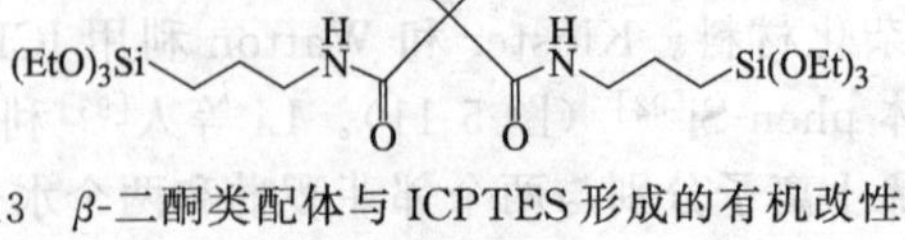

图 5-13　$\beta$-二酮类配体与 ICPTES 形成的有机改性硅烷

#### 5.3.2.2 介孔分子筛

将稀土配合物以共价键固定在介孔材料孔内可防止配合物的泄漏。由于介孔分子筛是利用模板剂合成的有序硅胶材料，在某种程度上可认为是扩展的凝胶材料，因此在合成策略上与改进的溶胶-凝胶技术类似。Zhang 等[103]利用 phen-Si 将邻菲啰啉引入 MCM-41 的孔道内壁，并加入 EuCl$_3$ 使其与邻菲啰啉配位。但由于材料中配位点太少使水分子参与配位，配体到稀土离子的能量传递效率很低，因此观察到的荧光发射中 Eu$^{3+}$ 特征发射强度较弱，主要为配体邻菲啰啉的蓝色荧光发射。为了改进杂化材料的荧光性质，Peng 等[104]用 phen-Si 合成了介孔材料 SBA-15，并通过配体交换反应引入 $\beta$-二酮类配体 tta，制备了形式类似于 Eu(tta)$_3$phen 配合物的杂化材料。荧光研究表明引入 tta 使介孔材料的荧光发射（强度积分面积）增加五倍，为非共价引入配合物 Eu(tta)$_3$(H$_2$O)$_2$ 的 30 倍；且配体发射消失，说明从配体到稀土离子的能量传递效率较高。随后 Sun 等将具有近红外荧光发射的稀土离子（Pr$^{3+}$、Sm$^{3+}$、Nd$^{3+}$、Er$^{3+}$、Yb$^{3+}$）及其他 $\beta$-二酮类配体引入此介孔材料[105]。Sun 等人[106]将稀土配合物 Ln(dbm)$_3$(H$_2$O)$_2$(Ln＝Nd,Er,Yb)分别掺入含邻菲啰啉基团的 MCM-41 或 SBA-15，通过近红外荧光分析研究了不同介孔基质对配合物荧光的影响。研究表明，基于 SBA-15 的杂化材料荧光强度较强，荧光寿命较长。Sun 等将基于 MCM-41 杂化材料荧光性质较差的现象归因于 MCM-41 孔道内含有更多的残基硅羟基。此外，SBA-15 材料内稀土离子的含量较 MCM-41 低，因为 SBA-15 的微孔中无法容纳较大体积的 Ln(dbm)$_3$ 配合物分子（图 5-14）。Guo 等人[107]将 Eu(tta)$_3$phen 引入不同介孔材料 SBA-15 和 PMO（periodic mesoporous organosilica）的研究也发现，稀土配合物在 SBA-15 中具有较强的荧光发光强度、较长的荧光寿命、较高的量子产率和热稳定性。

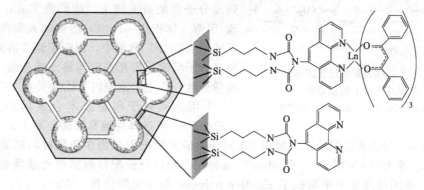

图 5-14 SBA-15 中稀土配合物的存在形式

$\beta$-二酮类配体也被证明在适当的条件下可形成介孔材料，从而拓宽了以介孔材料为基质的稀土杂化材料的范围。Li 等人[108]将 nta（naphthoyltrifluoroacetone）与 ICPTES 反应得到如图 5-13 的功能有机改性硅烷，合成 SBA-15 类的介孔材料，并掺入稀土离子制备了荧光发光为红色的介孔杂化材料。该法组装出的材料中，稀土配合物与基质间有三个连接点，增强了配合物分子与基质的相互作用，通常还可加入第二配体如邻菲啰啉、联吡啶等以增强杂化材料的荧光强度。Yan 等还使用其他 $\beta$-二酮类配体如 acac、dbm 等合成了类似的稀土配合物介孔杂化材料[109]。此外，其他配体如 DPA[110]、8-羟基喹啉[111]、吡啶[112]、大环配体[113]等也可通过类似方法引入介孔材料并形成荧光发射较强的介孔杂化材料。Bruno 等人[114]还合成了稀土离子液体配合物 [Eu(nta)$_4$]$^-$ 并将其接枝到用咪唑修饰的介孔材料 MCM-41 上。此外，高分子也可作为类似于第二配体的功能单元掺入稀土配合物介孔杂化材料，研究发现含配位基团的高分子掺入杂化材料后荧光性质要优于不含配位基团的高分子，表现出较强的荧光发射、较长的荧光寿命和较高的荧光发射效率[115]。

### 5.3.2.3　高分子基质

将稀土配合物以共价键接枝到高分子基质上一般有两种方法：①可在高分子单体中引入配位基团或将配体修饰为含可聚合基团的高分子单体；②用后嫁接法在高分子基质上引入活性基团。以共价键将稀土配合物分子与高分子材料连接可有效防止稀土配合物分子的聚集，屏蔽配合物周围环境的不利影响，且基质与配合物分子存在较强相互作用，因此得到的杂化材料可表现出优异的荧光性质。Wang 等人[116]利用苯乙烯和甲基丙烯酸共聚，得到了一系列稀土发光材料，在基质中稀土配合物分子［如 $Eu(tta)_3$（phen）、$Eu(dmb)_3$（phen）、$Tb(phen)_2Cl_3 \cdot 2H_2O$ 和 $Tb(sal)_3$ 等］与丙烯酸的羧基配位，配合物分子得到了有效分散。结果表明，杂化材料较纯配合物荧光强度增强，且稀土离子的特征发射半峰宽变窄，荧光寿命变长。

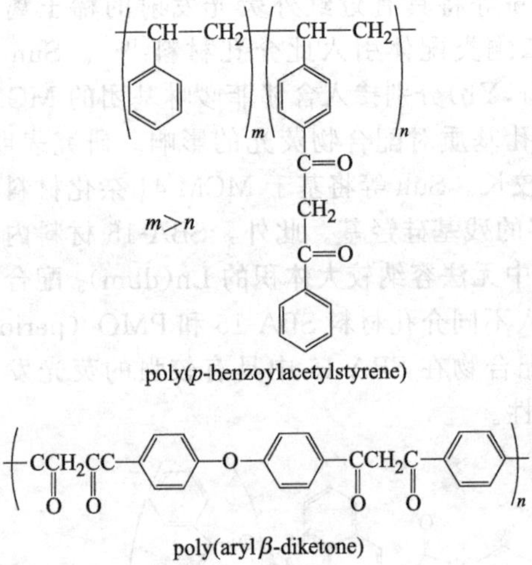

poly(p-benzoylacetylstyrene)

poly(aryl β-diketone)

图 5-15　β-二酮类配体连接到高分子
骨架或支链上的示意图
(Chem -Eur J, 2006, 12: 6852)

Binnemans 等人[117]通过修饰高分子树脂 merrifieldresin，在基质表面引入含配位官能团的邻菲啰啉，再利用 $Ln(tta)_3(H_2O)_2$ 与基质间的配体交换反应生成形式类似于 $Ln(tta)_3$(phen) 的稀土配合物，得到发出很强红色荧光的杂化材料和几种近红外发光材料（Ln＝Sm、Nd、Er、Yb），其中含 Sm 的近红外荧光发射材料并不多见。Ueba 等人[118]关于 β-二酮类配体稀土配合物高分子杂化材料的研究证明了不仅可将 $Eu^{3+}$（也可认为是配体）直接连接到高分子上（图 5-15），还可以接连到高分子骨架或支链上。他们将 $EuCl_3$ 的四氢呋喃/甲醇（体积比＝1∶1）溶液加入到高分子的四氢呋喃（THF）溶液中，用哌啶调节溶液 pH 到 8 使高分子沉淀。荧光强度与稀土掺杂量（0~1%，质量分数）在一定范围内呈线性关系。Chauvin 等人[119]用金属离子印迹技术合成的高分子材料（DPA/PS）可选择性地萃取稀土离子。

由于 $Eu^{3+}$ 荧光光谱较简单，常用 Eu 配合物研究稀土配合物在杂化材料基质中的存在形式。Tang 等人[120]利用 $Eu^{3+}$ 和 dbm 形成的配合物，分析配合物的荧光强度变化，证明了在含配位基团的高分子中形成了 Eu-dbm-polymer 的三元配合物。Wang 等人[121]利用 β-二酮类配体（β-diketonate＝tta、acac、bzac、dbm）和丙烯酸酯（aa）合成了一系列三元配合物 $Eu(\beta\text{-diketonatone})_2$(aa)，在 DMF 中以 AIBN 为引发剂使其共聚，得到了几种较强红色荧光发射的共聚高分子杂化材料。这些杂化材料具有良好的溶解性，可溶于氯仿、二氯乙烷、THF、苯和甲苯中，因此可制备具备较好机械柔性及热稳定性的均一薄膜材料。稀土配合物在这些共聚高分子材料中的荧光强度和寿命、单色性都有所提高，且优于 PMMA 高分子中配合物的荧光性质。杂化材料荧光强度与稀土掺杂量（0~6.391%，摩尔分数）在一定范围内呈线性关系，没有发生明显的浓度猝灭，说明稀土配合物在高分子骨架中分散很均匀。Pei 等人在合成含联吡啶（bipy）基团的高分子[122]与稀土配合物［$Eu$(dbm)$_3$、$Eu$(tta)$_3$、$Eu$(ntac)$_3$］的杂化材料过程中，为了得到纯度较高的杂化材料，将合成的材料粗产物在索氏提取器中用丙酮回流两天以除去过量的稀土配合物。Ling 等人[123]将 9-乙烯基咔唑、甲基丙烯酸酯、丙烯酸酯的铕配合物混合，用自由基聚合法制备了一种支链含咔唑和稀土配合物的共聚高分子材料，该杂化材料有望用于发光器件 OLED[124]。其中咔唑基团可作为空穴传递单元，Eu 配合物可作为电子传递和荧光发射单元。

#### 5.3.2.4 其他基质

随着材料科学的发展和应用需要的提高，研究者发掘了各种基质以满足不同的研究或应用要求，如平面硅材料、薄膜材料、天然矿物、纳米材料等。一般对这些材料进行适当的处理后，以共价嫁接法将稀土配合物接枝到材料表面。如 Gulino 等人[125]在 Si 基质表面用改性硅烷涂层并修饰以活性基团邻菲啰啉，制备了含稀土配合物的涂层薄膜。稀土配合物以 Eu(tta)$_3$(phen) 形式被共价接枝到材料表面，力学性能较好。Tang 等人[126]对天然黏土材料凹凸棒石（atta）提纯后进行有机改性，以配体交换法合成出首例将稀土配合物共价接枝到黏土表面的杂化材料。Tang 等人详细研究了配合物在黏土表面的存在形式，确认存在 Eu(tta)$_3$(phen) 形式的三元配合物。同时，还比较了以同样方法接枝到介孔材料 MCM-41 和微孔材料 ZSM-5 上的配合物形式及其荧光性质，发现 MCM-41 中因孔道较小，还存在大量二元配合物 Eu(tta)$_3$，因此 MCM-41 基质的稀土配合物杂化材料荧光强度和寿命、量子产率都弱于 atta 基质的杂化材料。

多功能的纳米尺寸稀土配合物杂化材料的研究也非常引人注目。Rieter 等[127]将修饰的 EDTA-Tb 配合物连接到 MOF 纳米材料上，通过三元配合物 Tb-EDTA-DPA 的形成，利用荧光分析达到检测 DPA 分子（DPA 是细菌孢子和炭疽杆菌中的重要成分之一）的目的，检测限可达约 48nmol/L。Ai 等人[128]利用同样的策略将稀土 Eu$^{3+}$配合物修饰到 65nm 的 SiO$_2$ 纳米颗粒上，对 CaDPA 的检测限高达 0.2nmol/L。Massue 等人[129]将环多胺类配体铕配合物修饰于金纳米颗粒表面，利用 $\beta$-二酮类配体的天线效应可大大增强纳米颗粒的荧光强度；加入含磷酸根的阴离子如 AMP、ADP、ATP、cyclic AMP、NADP 等生物分子后，由于与 $\beta$-二酮配体的竞争使纳米颗粒的荧光强度被猝灭 20%～55%，从而达到检测这些生物小分子的目的。另一方面，荧光由弱到强又转弱的过程可认为是 off-on-off 型的荧光开关。具有磁性和荧光两种功能的纳米杂化材料也被开发出来[130,131]。为了减小磁性单元对荧光的猝灭影响，常用表面修饰法合成。一般将磁性纳米颗粒用 SiO$_2$ 包裹后，以共价键在表面修饰相应的配体（主要为羧酸类配体以避免配合物的水解），最后再将稀土离子配位到纳米颗粒表面。Yu 等人[132]为保护纳米颗粒表面的稀土配合物，在其外层又修饰了一层 SiO$_2$。得到的杂化材料荧光发射强，荧光寿命较长，且光稳定性显著增强，有望在生物检测方面得到应用。

对于两相间以共价键连接的第二类杂化材料尚需做进一步开发，目前的研究多集中在通过选择不同的有机配体和不同的有机硅酸盐制得多种前驱体，从而以共价键将配合物嫁接到无机基质骨架上，制备性能、结构不同的杂化材料。

目前配合物杂化材料的研究和开发还处于起步阶段，有待于进一步研究的理论和实际问题还很多。例如杂化材料的形成机理，配合物与基质的键合方式，界面的稳定性，材料的结构与性能，各种功能的开发以及原料种类、含量、杂化条件、配体组成等对材料性能的影响等，都是很重要的研究课题。结合配合物自身的特点，配合物杂化材料的应用前景将极为广阔。

# 5.4 杂化材料的应用

### 5.4.1 光学材料

稀土配合物单色性好、发光效率较高，常用于有机发光二极管（OLED）中的发光单元[133]。由于稳定性、导电性和量子产率等原因，荧光发射为绿光的分子通常选择 AlQ［三（8-羟基喹啉）铝］而非 Tb$^{3+}$配合物，荧光发射为红光的分子中研究较多的则是 $\beta$-二酮类配体 Eu$^{3+}$配合物。为了克服 $\beta$-二酮类配体配合物导电性差的缺点，通常在配合物分子中引入路易斯碱如吡啶、联吡啶、邻菲啰啉及其衍生物等。但稀土配合物大多与高分子相容性较差，稳定性较低，制约了其在 OLED 方面的应用。将稀土配合物掺入高分子基质形成杂化材料可解决以上问题。在制备 OLED 的过程中，将稀土配合物以 spin-coating 等方法掺入高分子，操作简便，容易成膜，可有效避免配合物分子的分解，且高分子材料可提供良好的导电性及天线效应[134]。近年来研制高效节能的 LED 引人关注，白光荧光材料的研发也逐渐成为研究热点。

利用稀土配合物优异的荧光性质可将其用于激光材料。Taniguchi 等人研制了一种将 Eu(dbm)$_3$(phen) 掺入 PS 的固体激光材料，消除了溶剂对激光性质的影响[135]。Hasegawa 等将 Eu(hfac)$_3$(tppo)$_2$ 掺入 PS 或 PPSQ 薄膜后也观察到了激光现象[136,137]。他们指出，高量子产率、短荧光寿命的配合物更有望于应用到激光材料领域。

Er$^{3+}$、Nd$^{3+}$ 的特征荧光发射分别位于 1540nm 和 1340nm，有望应用于通信材料。Lin 等人将 Nd (hfac)$_3$ 掺入高分子氟化聚酰亚胺（Ultradel 9000 series of the Amoco Chemical Company）合成了一种波导材料[138]。Kuriki 等用掺入稀土配合物 Nd(hfa-$d$)$_3$、Nd (fhd-$d$)$_3$ 的高分子 PMMA-$d_8$ 合成了一种光纤[139]。Kobayashi 等发现在含 Eu(tta)$_3$、Eu(hfac)$_3$ 的 PMMA 光纤中，三苯基膦的加入可增加荧光发射强度[140]。

因为只有在紫外线的照射下才可以看见，稀土配合物杂化材料还可用于安全墨水（safetyink）[2]。Meijerink 根据荧光研究，报道说欧元中所使用的防伪标记中的红色纤维很可能是一种 Eu$^{3+}$ 和 $\beta$-二酮类配体的配合物[2]。

### 5.4.2　能量转换薄膜

稀土配合物可将日光中的紫外线部分吸收并转化为可见光，不但可以使高分子材料不被光降解，而且转换的可见光可由植物吸收从而提高日光的利用率。Ranita 将掺杂了稀土离子的高分子膜商品化[2]，将其命名为 Redlight。有研究表明，在使用了光转换薄膜的温室里，植物的生产率可提高一倍。因为稀土配合物可将紫外线转换为硅更易吸收的可见光，所以还可以用于硅基太阳能电池[141]。

### 5.4.3　化学传感器

Amao 等将 Eu(tta)$_3$（phen）掺入高分子膜以检测空气中氧浓度[142,143]。氧分子对稀土配合物的荧光有猝灭作用，因此随氧气浓度增加，材料的荧光强度降低，并与浓度呈线性关系。Kauffman 等[144]利用稀土与树状高分子形成的杂化材料（Eu-8）与单壁碳纳米管（SWNT）制备了一种检测分子氧的微型装置，发现该装置的光信号和电信号均对材料中氧浓度有响应。Parker 等人[145]将环多胺类配体（DOTA）稀土 Tb$^{3+}$ 配合物掺入凝胶薄膜，将其浸泡在水中，荧光强度与水中溶解氧浓度（0～0.5mol/L）呈线性关系。此外，稀土配合物杂化材料也可用做溶液 pH[146]或溶液中的阴离子[147]的荧光化学传感器。

### 5.4.4　生物标记和检测

将稀土配合物包裹在纳米凝胶颗粒中可提高生物检测的检测限，并添加其他的功能如磁性、特异性等。稀土配合物纳米材料在生物标记和检测方面的应用已在前文中描述。目前这方面研究仍然相对较少，因为大多数配合物的溶解性差、水解问题和尺寸控制难使其无法应用于生物体系。但稀土配合物优异的荧光性质如长荧光寿命、高量子产率、大斯托克斯位移等，激励着人们去研究新的稀土配合物、合成方法和策略来制备新型稀土配合物纳米杂化材料。

## 5.5　结论与展望

杂化材料兼有有机材料与无机材料的特性，并能通过材料功能的复合，实现性能的互补与优化。该材料并不是两相的简单加和，而是由两相在纳米范围内结合形成，两相界面间存在着较强或较弱的结合作用，两相之间的界面面积很大，界面相互作用强，从而使常见的尖锐清晰的界面变得相对模糊，微区尺寸通常为纳米级，有时还可以达到分子级复合的水平。它们的复合将得到集无机、有机、纳米粒子的诸多特异性质于一身的新材料，特别是无机与有机的界面特性使其具有更广阔的应用前景。近年来配合物杂化材料的研究逐渐成为新的研究热点，通过配合物与各种基质的复合杂化，可提高配合物的稳定性，改善其机械加工性能，利用配合物与基质之间的相互作用及纳米效应调制其功能，以获得具有实用价值和特殊性能的新型配合物功能材料。随着人们对配合物杂化材料组成、制备、结构与性能的深入研究及新的功能杂化材料的开发应用，它作为一种性能优异的新型材料，必将发挥更大的作用。

# 参 考 文 献

[1] Feldmann C, Jüstel T, Ronda C R, et al. Adv Funct Mater, 2003, 13 (7): 511-516.
[2] Binnemans K. Chem Rev, 2009, 109 (9): 4283-4374.
[3] Carlos L D, Ferreira R A S, de Zea Bermudez V, et al. Adv Mater, 2009, 21 (5): 509-534.
[4] Sanchez C, Ribot F. New J Chem, 1994, 18: 1007-1047.
[5] Li H, Inoue S, Machida K, et al. Chem Mater, 1999, 11 (11): 3171-3176.
[6] 蒋维, 唐瑜, 刘伟生等. 高等学校化学学报, 2006, 27 (12): 2243-2247.
[7] Kresge C T, Leonowicz M E, Roth W J, et al. Nature, 1992, 359 (6397): 710-711.
[8] Zhao D, Huo Q, Feng J, Chmelka B F, et al. J Am Chem Soc, 1998, 120 (24): 6024-6036.
[9] Wolff N E, Pressley R J. Appl Phys Lett, 1963, 2 (8): 152-154.
[10] Kobayashi T, Kuriki K, Imai N, et al. Appl Phys Lett, 2000, 77 (3): 331-333.
[11] Ding J J, Jiu H F, Bao J, et al. J Comb Chem, 2005, 7 (1): 69-72.
[12] Luo Y H, Yan Q, Wu S, et al. J Photochem Photobiol A, 2007, 191 (2-3): 91-96.
[13] Sharma P K, Van Doorn A R, Staring A G J. US, 5490010. 1996.
[14] Liu H G, Lee Y I, Qin W P, et al. Mater Lett, 2004, 58 (11): 1677.
[15] Liu H G, Xiao F, Zhang W S, et al. J Lumin, 2005, 114 (3-4): 187-196.
[16] de Souza J M, Alves S, De Sa G F, et al. J Alloys Compd, 2002, 344 (1-2): 320-322.
[17] O'Riordan A, O'Connor E, Moynihan S, et al. Thin Solid Films, 2005, 491 (1-2): 264-269.
[18] Fu L S, Zhang H J, Wang S B, et al. J Sol-Gel Sci Tech, 1999, 15 (1): 49-55.
[19] Chuai X H, Zhang H J, Li F S, et al. Mater Lett, 2000, 46 (4): 244-247.
[20] Li H R, Zhang H J, Meng Q G, et al. Mater Lett, 2002, 56 (5): 624-627.
[21] Yan B. Mater Lett, 2003, 57 (16-17): 2535-2539.
[22] Yan B, Lu H F. Inorg Chem, 2008, 47 (13): 5601-5611.
[23] Quici S, Cavazzini M, Raffo M C, et al. J Mater Chem, 2006, 16 (8): 741-747.
[24] An B L, Ye J Q, Gong M L, et al. Mater Res Bull, 2001, 36 (7-8): 1335-1346.
[25] Matthews L R, Knobbe E T. Chem Mater, 1993, 5 (12): 1697-1700.
[26] Yan B, Zhang H J, Wang S B, et al. Mater Chem Phys, 1997, 51 (1): 92-96.
[27] Sokolnicki J, Legendziewicz J, Riehl J P. J Phys Chem B, 2002, 106 (6): 1508-1514.
[28] Huskowska E, Gawryszewska P, Legendziewicz J, et al. J Alloys Compd, 2000, 303-304: 325-330
[29] Morita M, Rau D, Kai T. J Lumin, 2002, 100 (1-4): 97-106.
[30] Zaitoun M A, Kim T, Jaradat Q M, et al. J Lumin, 2008, 128 (2): 227-231.
[31] Lai D C, Dunn B, Zink J I. Inorg Chem, 1996, 35 (7): 2152-2154.
[32] Quici S, Scalera C, Cavazzini M, et al. Chem Mater, 2009, 21 (13): 2941-2949.
[33] Sun L N, Zhang H J, Meng Q G, et al. J Phys Chem B, 2005, 109 (13): 6174-6182.
[34] Hao X P, Fan X P, Wang M Q. Thin Solid Films, 1999, 353 (1-2): 223-226.
[35] Iwasaki M, Kuraki J, Ito S. J Sol-Gel Sci Technol, 1998, 13 (1-3): 587-591.
[36] 肖静, 刘韩星, 欧阳世翕. 化学学报, 2007, 65 (18): 2063-2068.
[37] Stathatos E, Lianos P. Appl Phys Lett, 2007, 90 (6): 061110.
[38] Moleski R, Stathatos E, Bekiari V, et al. Thin Solid Films, 2002, 416 (1-2): 279-283.
[39] Li H R, Zhang H J, Lin J, et al. J Non-Cryst Solids, 2000, 278 (1-3): 218-222.
[40] Li Y H, Zhang H J, Wang S B, et al. Thin Solid Films, 2001, 385 (1-2): 205-208.
[41] Xu L, Ma Y, Tang K, et al. J Fluoresc, 2008, 18 (3-4): 685-693.
[42] Yan Z Z, Tang Y, Liu W S, et al. Solid State Sci, 2008, 10 (3): 332-336.
[43] Bekiari V, Lianos P. Adv Mater, 1998, 10 (17): 1455-1458.

［44］ Bekiari V, Pistolis G, Lianos P. Chem Mater, 1999, 11 (11): 3189-3195.

［45］ Binnemans K, Görller-Walrand C. Chem Rev, 2002, 102 (6): 2303-2346.

［46］ Binnemans K. Chem Rev, 2007, 107 (6): 2592-2614.

［47］ Lunstroot K, Driesen K, Nockemann P, et al. Chem Mater, 2006, 18 (24): 5711-5715.

［48］ Driesen K, Binnemans K. Liq Cryst, 2004, 31 (4): 601-605.

［49］ Tan M, Ye Z, Wang G, et al. Chem Mater, 2004, 16 (12): 2494-2498.

［50］ Ye Z, Tan M, Wang G, et al. Anal Chem, 2004, 76 (3): 513-518.

［51］ Wu J, Ye Z, Wang G, et al. J Mater Chem, 2009, 19 (9): 1258-1264.

［52］ Wu J, Wang G, Jin D, Y et al. Chem Commun, 2008, (3): 365-367.

［53］ Zhang H, Xu Y, Yang W, et al. Chem Mater, 2007, 19 (24): 5875-5881.

［54］ Soares-Santos P C R, Nogueira H I S, Felix V, et al. Chem Mater, 2003, 15 (1): 100-108.

［55］ Sendor D, Kynast U. Adv Mater, 2002, 14 (21): 1570-1574.

［56］ Rosa I L V, Serra O A, Nassar E J. J Lumin, 1997, 72-74: 532-534.

［57］ Alvaro M, Fornes V, Garcia S, et al. J Phys Chem B, 1998, 102 (44): 8744-8750.

［58］ Dexpert-Ghys J, Picard C, Taurines A. J Inclusion Phenom Macrocycl Chem, 2001, 39 (3-4): 261-267.

［59］ Liu H H, Song H W, Li S W, et al. J Nanosci Nanotechnol, 2008, 8 (8): 3959-3966.

［60］ Wada Y, Sato M, Tsukahara Y. Angew Chem Int Ed, 2006, 45 (12): 1925-1928.

［61］ Tsukahara Y, Sato M, Katagiri S, et al. J Alloys Compd, 2008, 451 (1-2): 194-197.

［62］ Yao Y F, Zhang M S, Shi J X, et al. J Rare Earths, 2000, 18 (3): 186-189.

［63］ Li S W, Song H W, Li W L, et al. J Nanosci Nanotechnol, 2008, 8 (3): 1272-1278.

［64］ Fernandes A, Dexpert-Ghys J, Brouca-Cabarrecq C, et al. Stud Surf Sci Catal, 2002, 142: 1371-1378.

［65］ Fernandes A, Dexpert-Ghys J, Gleizes A, et al. Microporous Mesoporous Mater, 2005, 83 (1-3): 35-46.

［66］ Meng Q G, Boutinaud P, Zhang H J, et al. J Lumin, 2007, 124 (1): 15-22.

［67］ Xu Q, Li L, Liu X, et al. Chem Mater, 2002, 14 (2): 549-555.

［68］ Karmaoui M, Sa Ferreira R A, Mane A T, et al. Chem Mater, 2006, 18 (18): 4493-4499.

［69］ Pinna N. J Mater Chem, 2007, 17 (27): 2769-2774.

［70］ Li C, Wang G, Evans D G, et al. J Solid State Chem, 2004, 177 (12): 4569-4575.

［71］ Zhuravleva N G, Eliseev A A, Lukashin A V, et al. Dokl Chem, 2004, 396 (1-3): 87-91.

［72］ Li C, Wang L Y, Evans D G, et al. Ind Eng Chem Res, 2009, 48 (4): 2162-2171.

［73］ Gago S, Pillinger M, Ferreira R A S, et al. Chem Mater, 2005, 17 (23): 5803-5809.

［74］ Brunet E, Alhendawi H M H, Juanes O, et al. J Mater Chem, 2009, 19 (17): 2494-2502.

［75］ Xu Q H, Fu L S, Li L S, et al. J Mater Chem, 2000, 10 (11): 2532-2536.

［76］ Brunet E, de la Mata M J, Juanes O, et al. Chem Mater, 2004, 16 (8): 1517-1522.

［77］ 蒋维, 唐瑜, 刘伟生等. 无机化学学报, 2006, 22 (12): 2235-2238.

［78］ Lezhnina M, Benavente E, Bentlage M, et al. Chem Mater, 2007, 19 (5): 1098-1102.

［79］ Sanchez A, Echeverria Y, Torres C M S, et al. Mater Res Bull, 2006, 41 (6): 1185-1191.

［80］ Liang H, Zheng Z Q, Li Z C, et al. Opt Quantum Electron, 2004, 36 (15): 1313-1322.

［81］ Liu H G, Lee Y I, Park S, et al. J Lumin, 2004, 110 (1-2): 11-16.

［82］ Kai J, Parra D F, Brito H F. J Mater Chem, 2008, 18 (38): 4549-4554.

［83］ Bonzanini R, Dias D T, Girotto E M, et al. J Lumin., 2006, 117 (1): 61-67.

［84］ Kawa M, Fréchet J M J. Chem Mater, 1998, 10 (1): 286-296.

［85］ Kawa M, Fréchet J M J. Thin Solid Films, 1998, 331 (1-2): 259-263.

［86］ Zhu L Y, Toug X F, Li M Z, et al. J Phys Chem B, 2001, 105 (12): 2461-2464.

［87］ Pitois C, Hult A, Lindgren M. J Lumin, 2005, 111 (4): 265-283.

［88］ Zhang H, Song H, Dong B, et al. J Phys Chem C, 2008, 112 (25): 9155-9162.

［89］ Franville A C, Zambon D, Mahiou R, et al. J Alloys Compd, 1998, 275-277: 831-834.

［90］ Franville A C, Mahiou R, Zambon D, et al. Solid State Sci, 2001, 3 (1-2): 211-222.

［91］ Liu F Y, Fu L S, Wang J, et al. New J Chem, 2003, 27 (2): 233-235.

［92］ Kloster G M, Taylor C M, Watton S P. Inorg Chem, 1999, 38 (18): 3954-3955.

［93］ Li H R, Lin J, Zhang H J, et al. Chem Mater, 2002, 14 (9): 3651-3655.

［94］ Li H R, Fu L S, Liu F Y, et al. New J Chem, 2002, 26 (6): 674-676.

［95］ Binnemans K, Lenaerts P, Driesen K, et al. J Mater Chem, 2004, 14 (2): 191-195.

［96］ Lenaerts P, Ryckebosch E, Driesen K, et al. J Lumin, 2005, 114 (1): 77-84.

［97］ Sun L N, Zhang H H, Yu H B, et al. J Photochem Photobiol A, 2008, 193 (2-3): 153-160.

［98］ Corriu R J P, Embert F, Guari Y, et al. Chem-Eur J, 2002, 8 (24): 5732-5741.

［99］ Armelao L, Bottaro G, Quici S, et al. Chem Commun, 2007, (28): 2911-2913.

［100］ Yan B, Wang Q M. Cryst Growth Des, 2008, 8 (5): 1484-1489.

［101］ Qiao X F, Yan B. Inorg Chem, 2009, 48 (11): 4714-4723.

［102］ Qiao X, Yan B. J Phys Chem B, 2008, 112 (47): 14742-14750.

[103] Li H R, Lin J, Fu L S, et al. Microporous Mesoporous Mater, 2002, 55 (1): 103-107.
[104] Peng C Y, Zhang H, Yu J, et al. J Phys Chem B, 2005, 109 (32): 15278-15287.
[105] Sun L N, Yu J B, Zhang H J, et al. Microporous Mesoporous Mater, 2007, 98 (1-3): 156-165.
[106] Sun L N, Zhang H J, Peng C Y, et al. J Phys Chem B, 2006, 110 (14): 7249-7258.
[107] Guo X M, Guo H D, Fu L S, et al. J Phys Chem C, 2009, 113 (6): 2603-2610.
[108] Li Y, Yan B, Yang H. J Phys Chem C, 2008, 112 (10): 3959-3968.
[109] Yan B, Zhou B. J Photochem Photobiol A, 2008, 195 (2-3): 314-322.
[110] Minoofar P N, Dunn B S, Zink J I. J Am Chem Soc, 2005, 127 (8): 2656-2665.
[111] Sun L N, Zhang H J, Yu J B, et al. Langmuir, 2008, 24 (10): 5500-5507.
[112] Bruno S M, Coelho A C, Ferreira R A S, et al. Eur J Inorg Chem, 2008, (24): 3786-3795.
[113] Corriu R J P, Mehdi A, Reye C, et al. New J Chem, 2004, 28 (1): 156-160.
[114] Bruno S M, Ferreira R A S, Almeida Paz F A, et al. Inorg Chem, 2009, 48 (11): 4882-4895.
[115] Li Y J, Yan B. Inorg Chem, 2009, 48 (17): 8276-8285.
[116] Wang D M, Zhang J H, Lin Q, et al. J Mater Chem, 2003, 13 (9): 2279-2284.
[117] Lenaerts P, Driesen K, Van Deun R, et al. Chem Mater, 2005, 17 (8): 2148-2154.
[118] Ueba Y, Banks E, Okamoto Y. J Appl Polym Sci, 1980, 25 (9): 2007-2017.
[119] Chauvin A S, Bünzli J C G, Bochud F, et al. Chem-Eur J, 2006, 12 (26): 6852-6864.
[120] Tang B, Jin L P, Zheng X J, et al. J Appl Polym Sci, 1999, 74 (11): 2588-2593.
[121] Wang L H, Wang W, Zhang W G, et al. Chem Mater, 2000, 12 (8): 2212-2218.
[122] Pei J, Liu X L, Yu W L, et al. Macromolecules, 2002, 35 (19): 7274-7280.
[123] Ling Q D, Yang M J, Wu Z F, et al. Polymer, 2001, 42 (10): 4605-4610.
[124] Ling Q D, Yang M J, Zhang W G, et al. Thin Solid Films, 2002, 417 (1-2): 127-131.
[125] Gulino A, Lupo F, Condorelli G G, et al. J Mater Chem, 2009, 19 (21): 3507-3511.
[126] Ma Y F, Wang H P, Liu W S, et al. J Phys Chem B, 2009, 113 (43): 14139-14145.
[127] Rieter W J, Taylor K M L, Lin W. J Am Chem Soc, 2007, 129 (32): 9852-9853.
[128] Ai K, Zhang B, Lu L. Angew Chem Int Ed, 2009, 48 (2): 304-308.
[129] Massue J, Quinn S J, Gunnlaugsson T. J Am Chem Soc, 2008, 130 (22): 6900-6901.
[130] Choi J, Kim J C, Lee Y B, et al. Chem Commun, 2007, (16): 1644-1646.
[131] Pal S, Jagadeesan D, Gurunatha K L, et al. J Mater Chem, 2008, 18 (45): 5448-5451.
[132] Yu S Y, Zhang H J, Yu J B, et al. Langmuir, 2007, 23 (14): 7836-7840.
[133] Marques A C, Almeida R M. J Non-Cryst Solids, 2007, 353 (27): 2613-2618.
[134] Daiguebonne C, Kerbellec N, Guillou O, et al. Inorg Chem, 2008, 47 (5): 3700-3708.
[135] Taniguchi H, Kido J, Nishiya M, et al. Appl Phys Lett, 1995, 67 (8): 1060-1062.
[136] Hasegawa Y, Wada Y, Yanagida S, et al. Appl Phys Lett, 2003, 83 (17): 3599-3601.
[137] Nakamura K, Hasegawa Y, Kawai H, et al. J Phys Chem A, 2007, 111 (16): 3029-3037.
[138] Lin S, Feuerstein R J, Mickelson A. J Appl Phys, 1996, 79 (6): 2868-2874.
[139] Kuriki K, Kobayashi T, Imai N, et al. IEEE Photo Tech Lett, 2000, 12 (8): 989-991.
[140] Kobayashi T, Nakatsuka S, Iwafuji T, et al. Appl Phys Lett, 1997, 71 (17): 2421-2423.
[141] Li H, Inoue S, Ueda D, et al. Electrochem Solid State Lett, 1999, 2 (7): 354-356.
[142] Amao Y, Okura I, Miyashita T. Chem Lett, 2000, 29 (8): 934-935.
[143] Amao Y, Okura I, Miyashita T. Bull Chem Soc Jpn, 2000, 73 (12): 2663-2668.
[144] Kauffman D R, Shade C M, Uh H, et al. Nature Chem, 2009, 1 (6): 500-506.
[145] Blair S, Kataky R, Parker D. New J Chem, 2002, 26 (5): 530-535.
[146] Wolfbeis O S. J Mater Chem, 2005, 15 (27-28): 2657-2669.
[147] Wong K L, Law G L, Yang Y Y, et al. Adv Mater, 2006, 18 (8): 1051-1054.

# 第6章

## 富勒烯及其衍生物的合成与应用

长期以来，石墨和金刚石这两种由碳六元环和正四面体组成的材料被认为是最基本和最稳定的碳的同素异形体，而其他碳材料诸如微孔碳（非石墨碳）、玻璃碳、碳纤维和炭黑则被认为是由金刚石或石墨结构微小碎片颗粒混合而成，直到富勒烯、碳纳米管、碳纳米球的发现，人们才知道碳的五元环和七元环也可以稳定存在于碳同素异形体结构中，从而人们对微孔碳、玻璃碳、碳纤维和炭黑结构有了全新的认识。

富勒烯（fullerene）是一种碳的同素异形体，可以看成是由碳组成的五边形和六边形连接而成的一系列封闭多面体化合物，具有球状、椭球状或管状等不规则形状的结构。富勒烯与石墨结构类似，但石墨的结构中只有六元环，形成无限平面结构，而富勒烯中既有六元环也有五元环，形成曲面球形结构。$C_{60}$ 是富勒烯家族的最重要成员，1985 年，由 Kroto、Smalley 和 Curl 在研究星际空间碳团簇分子的形成机理时，发现了这个富勒烯，由于其表面结构与足球非常相似，又被称为足球烯[1]。

富勒烯由于其独特的结构和化学物理性质，已对化学、物理、材料科学产生了深远的影响，在应用方面显示了诱人的前景。随着研究的不断深入，碳原子簇将要给人类带来巨大的财富。

## 6.1 富勒烯的结构与性质

最稳定且含量最丰富的富勒烯是具有完全对称性的 $C_{60}$，它由 12 个五元环和 20 个六元环组成的球形 32 面体，每个五元环均与 5 个六元环共边，而 20 个六元环则将 12 个五元环彼此均匀隔开，外形状如足球，直径约为 7.1Å，属 $I_h$ 对称点群，球棍模型结构如图 6-1 所示。

$C_{60}$ 分子中所有碳原子的化学环境相同，每个碳原子与周围 3 个碳原子形成 3 个 σ 键，剩余的轨道共同组成一个大的 π 键。$C_{60}$ 分子中的成键杂化方式不同于石墨中的 $sp^2$ 杂化和金刚石中的 $sp^3$ 杂化，它为 $sp^{2.2}$ 杂化。两个六边形间的 [6，6] 键长 1.388Å，六边形和五边形间的 [6，5] 键长 1.432Å，分子晶体为面心立方结构。

$C_{60}$ 具有比苯更弱的芳香性[2]；相对于石墨的生成热为 415～490kcal/mol（1cal＝4.1840J，下同）；电子亲和势（electron affinity，EA）为 2.4eV；第一电离能（ionization potential，IP）为 7.92eV。

$C_{60}$ 苯溶液中 $^{13}$CNMR 谱在 143.2 处给出唯一信号。红外光谱呈现四个由 $t_{1u}$ 振动产生的 1400cm$^{-1}$、1180cm$^{-1}$、580cm$^{-1}$ 和 510cm$^{-1}$ 吸收，其中 510cm$^{-1}$ 强度最大，$C_{60}$ 有 174 个振动模式，只有这四个在红外区。电子光谱有三个强吸收峰在 220nm、270nm、340nm 处。

$C_{70}$ 是由 25 个正六边形和 12 个正五边形构成的 37 面体，比 $C_{60}$ 在轴向上更长一些，外观呈橄榄球状。$C_{70}$ 只有 $D_{5h}$ 对称性，是唯一一个符合 IPR 规则的异构体，$C_{70}$ 分子由两个

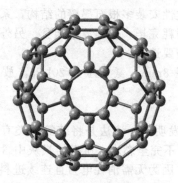

图 6-1  $C_{60}$ 结构模型

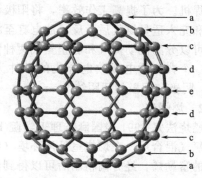

图 6-2  $C_{70}$ 分子层状结构

$C_{60}$ 半球帽端，中间桥联赤道区 10 个碳原子组成，5 种类型碳原子（标记为 a~e）组成九层，如图 6-2 所示，由 4 种 [6, 6] 键和 4 种 [6, 5] 键连接而成，前者短于后者。最短的 C—C 键出现在分子两极曲率较大处，具有最高 π 键级的 $C_a$—$C_b$ 以及 $C_c$—$C_c$ 也是易发生化学反应的位置。

# 6.2 富勒烯的合成

1990 年，Krätschmer 和 Huffman 等人首先报道了富勒烯的直流电弧放电宏量合成 $C_{60}$ 和 $C_{70}$ 方法[2]。随后，科学家探索了大量的合成富勒烯的方法，极大地推动了富勒烯的研究。目前，工业界已经能够提供吨级的 $C_{60}$ 产品。人们可以根据研究的需要，选择富勒烯的合成方法，下面介绍几种主要的合成方法。

## 6.2.1 电弧放电合成法

电弧放电合成方法是最早宏量合成 $C_{60}$ 和 $C_{70}$ 的方法，并且一直是实验室合成不同种类富勒烯和金属富勒烯的方法。该方法具有设备简单、操作方便等优点，并可以按照需要进行改造。电弧放电可分为直流电弧放电和交流电弧放电两种，前者的使用较广泛。

图 6-3 示意了一种功能比较齐全的电弧放电装置。该装置由以下几个部分组成：①真空水冷套，设抽真空口、冷却水进出口、气体进出口、压力检测口和观察窗口等；②阴阳电极系统，配置了阴极旋转电机和阳极移动电机系统；③真空系统，包括机械真空泵、管道和真空阀门等；④气体供给系统，包括气体钢瓶、管道和调节阀等；⑤电源，电流可调直流或交

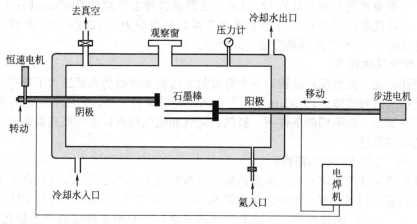

图 6-3  电弧放电装置示意图

流弧焊机。为了提高工作效率，将阳极设计成可以一次性安装多根石墨棒的结构，系统抽好真空和充入适量氦气后，反复放电直至将全部石墨棒消耗完毕，收集放电烟灰。另外，放电过程可以分为流动氦气和静止氦气两种情况，可根据需要选择。

一个典型的电弧放电合成的条件为：石墨棒直径 8mm，氦气压力 20kPa，放电电流 60A，阴极和阳极的间距约 5mm。

### 6.2.2　燃烧法

燃烧法是 1991 美国麻省理工学院 Howard[3] 等人发明的，该法是将苯等烃类有机物蒸气和氧气混合后，在燃烧室低压环境（约 5.32kPa）下不完全燃烧，所得的炭灰中含有较高比例的富勒烯，经分离精制后可以得到纯富勒烯产物。因为无需消耗电力且连续进料容易等优点，苯燃烧法的工业化生产具有较明显的成本优势，已成为国际上工业化生产富勒烯的主流方法。目前已能够形成吨级甚至是数十吨级的生产能力，大大地降低了富勒烯的价格，为富勒烯的大规模工业化应用奠定了基础。

燃烧法所用的有机烃燃料的种类较多，最初使用苯和甲苯等化工原料，后期用石油代替，降低了原料的成本，生产工艺更有竞争力。

燃烧法合成富勒烯的原理虽然简单，但合成装置的工艺参数非常多，且可调范围宽。在选定了燃烧所用的燃料后，需要调节的参数有以下几种，它们为碳氧比、燃烧炉压力、稀释气体种类、火焰离燃烧喷嘴的距离、火焰温度、气体流速等。下面对这几种参数对合成的影响做一个简单的介绍。

#### 6.2.2.1　C/O 比例

日本先锋公司的 Takehara 等人[4]对燃烧法的 C/O 比例进行了研究。在一定的条件下，随着 C/O 原子比从 1.00 增加 1.30，收集的烟灰的量逐渐增加，然而，烟灰中富勒烯的含量则逐渐下降，综合烟灰的量和富勒烯在烟灰中的比例，C/O 为 1.108 时，富勒烯的产量达到最大。美国麻省理工学院 Howard 等人[5]系统地研究了 C/O 原子比对于合成富勒烯的影响。在一定的条件下，富勒烯在烟灰中的产量对 C/O 比作图呈抛物线形状，当 C/O 原子比为 0.959，富勒烯在烟灰中的最大质量分数可达到 20%。比利时核磁共振研究实验室的 Hammida 等[6]的研究与 Howard 的结果相似，当 C/O 比为 1.05 时，碳转化为富勒烯的最大转化率为 0.22。

#### 6.2.2.2　燃烧炉内压力的影响

剑桥大学的 Goel 等[7]的研究表明，相同气体流速和稀释气体条件下，富勒烯含量随着反应炉内压力的下降而升高，在一定的条件下，反应炉内压力为 1.60kPa 时，富勒烯产率达到最大，富勒烯质量占烟灰量的 12.44%。美国麻省理工学院的 Christopher J. Pope 等研究显示，富勒烯随着反应炉内压力的下降而升高，炉内压力 2.66kPa 时，火焰区温度可达 2300K，碳转化为 $C_{60}$ 产率达到最大值（3.8%）。

#### 6.2.2.3　稀释气体种类

如上所述，为了控制反应进程，一个有效的方法就是使燃烧在低压力下进行，另一个有效的方法是引入稀释气体。Howard 等人[5]引入不同的稀释气体，研究了它们对富勒烯产率的影响，结果显示，在不同的条件下，氦气、氮气和氩气均可以适当提高富勒烯的产率，其中以氦气的效果最佳。

#### 6.2.2.4　火焰离燃烧喷嘴的距离

火焰离燃烧喷嘴的距离对反应体系的温度分布和反应物种之间的反应时间有着重要的影响，进而影响富勒烯的产率。伊利诺斯大学 Silwestrinia 等人[8]研究了 96% $CH_4$＋4% $C_2H_2$ 和 50% $N_2$＋50% $O_2$ 体系发现，火焰离喷嘴的距离与烟灰中富勒烯的产率呈抛物线形状，火焰离喷嘴的距离为 0.95cm 时，富勒烯的产率达到最高。Howard 等人[5]的研究结果也发现了这一抛物线形的依赖关系，当火焰离喷嘴 0.95cm 处富勒烯的产率达到最高。美国麻省理工学院的 Goel 等[7]优化出的最佳距离为 0.72cm。

#### 6.2.2.5　气体流速

美国麻省理工学院的 Howard 等人[5]研究表明，稀释气体为 25%（摩尔分数）氢气，燃烧炉内压力为 5.32kPa，C/O 比为 0.99 时，富勒烯产率在 0.35～0.49m/s 范围内随着燃烧气体流速的增加而增大。比利时核磁共振实验室的 Hammida 等人[6]的研究结果显示，C/O 比为 1.0 时，燃烧气体流速 0.45m/s 时，富勒烯中 $C_{60}$ 的产率达到最大值。

#### 6.2.2.6　火焰温度

日本先锋公司的 Takehara 等人[4]研究表明，富勒烯占烟灰量随着火焰温度的增加而增大，但烟灰的产量却在减小，当温度过高时，几乎不生成烟灰。高温有利于富勒烯的形成，但不利于烟灰的形成。

#### 6.2.3　等离子体合成方法

电弧放电方法虽然简便易行，但其缺点是不能进行连续的合成，工作效率比较低。Eletskii 等人[9]发展出来气体放电等离子体炬高温加热碳黑的连续合成富勒烯的方法。使用微米尺寸的炭黑颗粒，并用 He 和 Ar 做载气，通过实验参数的调节，该方法得到的烟灰中富勒烯的含量可以达到 2%。另外，由于炭黑颗粒处在微米量级，蒸发所需的能量成本较低，加之可以连续进料，合成效率有很大的提高。图 6-4 是等离子体合成方法装置的示意图。

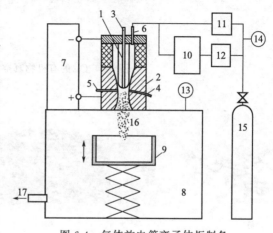

图 6-4　气体放电等离子体炬制备
富勒烯的装置示意图

1—阴极；2—阳极；3～6—进口通道；7—电源；
8—水冷腔体；9—可移动的烟灰收集器；
10—碳黑进料器；11，12—气流控制器；
13，14—压力计；15—气体钢瓶；
16—等离子体炬；17—排空口

#### 6.2.4　有机物真空闪速分解方法

以上介绍的合成方法分别取得了合成富勒烯的成功，但这些方法主要是基于物理学的方法。化学家一直在探索通过化学手段合成富勒烯，尽管目前还未完全取得成功，但已取得了非常大的进展。通过选取和设计合成特定的富勒烯前体物，然后将其进行真空闪速分解，可以选择性地合成不同种类的富勒烯。Scott 等人[10]通过 7 步有机合成反应合成了化合物 **31**（图 6-5），然后在 1100℃进行真空闪速分解合成出 $C_{60}$。由于化合物 **31** 结构通过失去苯环上的氢和氯后，恰好能够形成 $C_{60}$ 的闭合球笼，因此，在所得到的"烟灰"中只提取出了 $C_{60}$，而不存在 $C_{70}$ 等其他富勒烯，说明该合成方法具有很好的定向选择性。因此，可以将其称为"合理的化学合成"方法。

#### 6.2.5　表面催化合成方法

Scott 等人的合成方法虽然称为"合理的化学合成"，但由于最后一步真空闪速分解过程中 $C_{60}$ 的产率并不高，还不能成为有竞争力的合成方法。为此 Otero 等人[11]发展出表面催化合成方法，它们合成出骨架结构与 **31** 相同的化合物，只是没有 3 个氯原子。将该化合物在高真空条件下，吸附于金属铂的（111）晶面上，在 750℃下加热，吸附的分子通过金属铂的脱氢作用除去化合物中的氢，而留下来的碳通过一系列化学过程最终几乎全部转化为 $C_{60}$ 分子。利用本方法，还可以合成氮取代的富勒烯 $C_{57}N_3$，其原理示意于图 6-6。

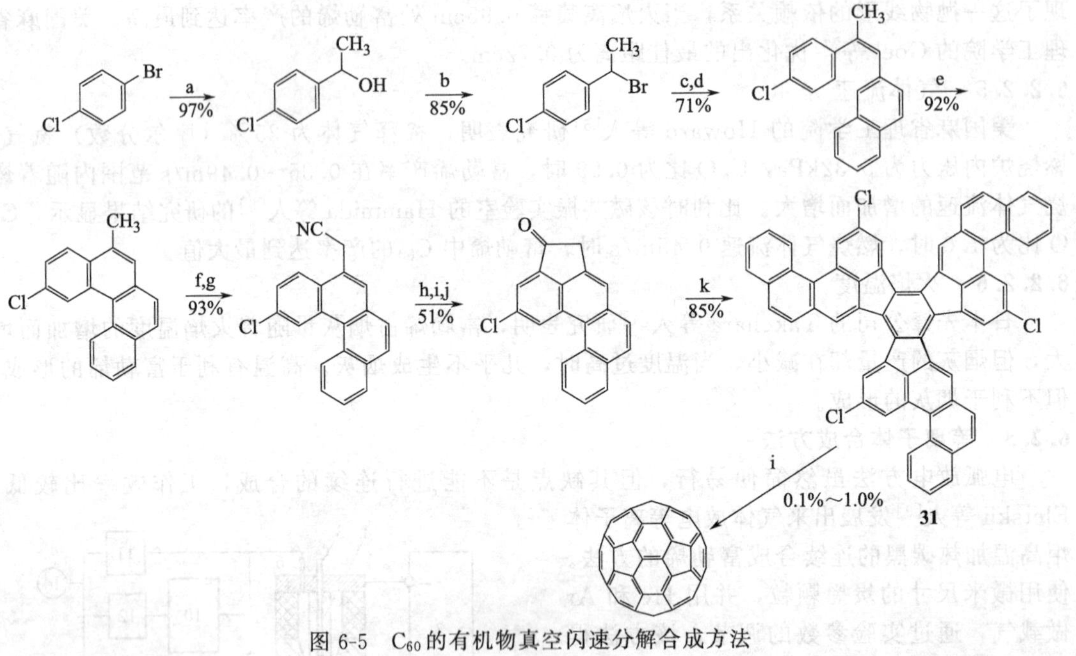

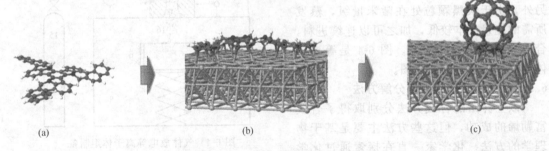

图 6-5    C$_{60}$的有机物真空闪速分解合成方法

图 6-6    C$_{60}$的表面催化合成方法

(a)                        (b)                        (c)

值得指出的是，从"化学合理"角度，表面催化合成方法是非常理想的，因为该方法可能实现高达100%的转化率和选择性。C$_{60}$的生成过程是一种单分子反应的过程，只要不发生吸附于表面的分子间的反应，就可以实现100%的转化率和选择性，吸附分子在金属表面上多重吸附位点使得它不易在表面上移动的性质有助于实现这一理想的目标。

### 6.2.6    金属富勒烯的合成

金属富勒烯是富勒烯家族中的重要成员，它是将金属或金属原子簇内嵌到富勒烯的碳笼中而形成的一种特殊的富勒烯。目前金属富勒烯主要是通过改造的电弧放电方法合成。与空心富勒烯的合成方法相比，主要的差别在于阳极的组成及前处理。合成金属富勒烯时，将石墨棒钻孔并按比例填入金属氧化物和石墨的混合粉末，在管式炉中氮气保护下焙烧，然后在电弧炉中进行原位活化，即在阴阳极紧密接触时，通以大电流加热含有金属氧化物的阳极石墨棒至高温，使金属氧化物向碳化物转化。对原位活化后的石墨棒进行正常的放电，即可得到含金属富勒烯的烟灰，通过进一步的提取分离，可以得到不同种类的金属富勒烯异构体。

Liu 等人利用改进的电弧放电方法合成了多种金属富勒烯。包括含 Gd 系列双金属富勒烯和 Sm 系列单金属富勒烯，并通过 X 射线单晶衍射确定了 Gd$_2$C$_2$@C$_{92}$ 和 Sm$_2$@C$_{104}$ 的结构[12,13]。

通过引入氮气和氨气，Dorn 和 Chuch 等人高产率地合成了三金属氮化物金属富勒烯，

$M_3N@C_{2n}$（$M = Sc$，$Y$，$La\text{-}Lu$），并进行了全面的结构表征及物理和化学性质的研究[14~16]。

# 6.3　富勒烯的衍生

富勒烯的化学衍生随着富勒烯的宏量合成而迅速发展起来。通过各种有机化学反应对富勒烯进行化学修饰，可以得到具有重要价值的新的富勒烯衍生物。这一研究已成为富勒烯化学的重要分支。最初，人们认为富勒烯这类结构稳定的纯碳分子可能是相当化学惰性的，然而，随着对富勒烯化学反应活性的深入了解，人们逐渐认识到富勒烯具有十分活泼的化学性质，可以参与多种化学反应过程，生成许多结构多样的富勒烯衍生物。这些衍生物展现出潜在的应用前景。

富勒烯独特的笼形结构决定了它具有特殊的化学性质。这里以最具代表性的 $C_{60}$ 介绍富勒烯的基本化学反应性质，最后介绍几例金属富勒烯的化学衍生反应。

富勒烯的球形结构及骨架碳原子间的连接方式决定了它的特殊的化学行为。在 $C_{60}$ 分子中，两个六边形共用的 C—C 键为双键，而六边形和五边形共用的 C—C 为单键。因此，可以认为 $C_{60}$ 是融合五径向烯和环己三烯亚单位构建的共轭 π 体系。由于曲面造成的价键张力，在分子内只能测到微弱的环电流，因而 $C_{60}$ 更加倾向于烯烃的反应特性。在球形的 $C_{60}$ 内，高度角锥化的 $sp^{2.28}$ 杂化的碳原子在分子内引起了大量的张力能，导致 $C_{60}$ 在热力学上比石墨和金刚石的稳定性要差。$C_{60}$ 是个电负性的分子，它易于还原而不易被氧化，有三重简并的最低空轨道和五重简并的最高占据轨道。由以上的结构特点，预期富勒烯的化学衍生有以下基本特征。①$C_{60}$ 的反应性符合适度定域有缺电子性的多烯烃，化学反应的主要类型是对 6-6 双键的加成，特别是亲核加成、自由基加成、环加成和形成 $\eta^2$ 迁移金属配合物，此外，还有各种形式氢化、卤化及路易斯酸复合物形成的反应。②加成反应的驱动力是富勒烯笼中张力的解除。富勒烯中角锥化张力导致饱和的四面体杂化 $sp^3$ 碳原子的反应，在大多数情况下，对 $C_{60}$ 的加成反应是放热的，后续加成决定于连接到富勒烯上的试剂分子大小及数目，在一定程度上放热有所减少。高度加成的产物最终变得不稳定，或根本不形成，这是由于新的张力如加成试剂的立体排斥或平面环己烷的引入而迅速增加的缘故，这些张力因素取决于加成试剂的数目。③加成反应的区域化学是由富勒烯骨架上形成最少的 5-6 键决定的，对典型的环加成反应和无空间排斥作用试剂的有利模式是 1，2（加成到 6-6 双键上）加成，因为这种情况下没有不利的 5-6 双键在富勒烯骨架上形成，每个 5-6 双键的引入大约耗费 5.5kcal/mol 能量。较大体积的加成试剂与 $C_{60}$ 反应时为 1，4 加成模式，这样可以避免重叠作用，但却需引入 5-6 双键。

以下分类介绍富勒烯的化学衍生反应。

## 6.3.1　环加成反应

环加成反应是富勒烯外部衍生化反应研究最多的一种反应，它可以分为 ［2+1］、［2+2］、［2+3］和 ［2+4］环加成反应类型。根据 ［60］富勒烯反应的 Bredt 规则[17]，富勒烯 ［6，6］闭环加成和 ［5，6］开环加成可以避免引入 ［5，6］双键，使碳笼部分保持 5 径向烯和环己三烯的能量优势结构，而每增加一个 ［5，6］双键要升高 35.59kJ/mol 能量[18]。

### 6.3.1.1　［2+1］环加成

卡宾、乃春或碳负离子对 $C_{60}$ 双键加合，形成亚甲基富勒烯、富勒烯氮丙啶和富勒烯环氧乙烷等富勒烯三元环衍生物。

Bingle 反应：碱催化下富勒烯与溴代丙二酸酯类化合物反应，温和条件下较高产率地得到定向 6-6 闭环产物，反应过程见 Scheme 1[18]。

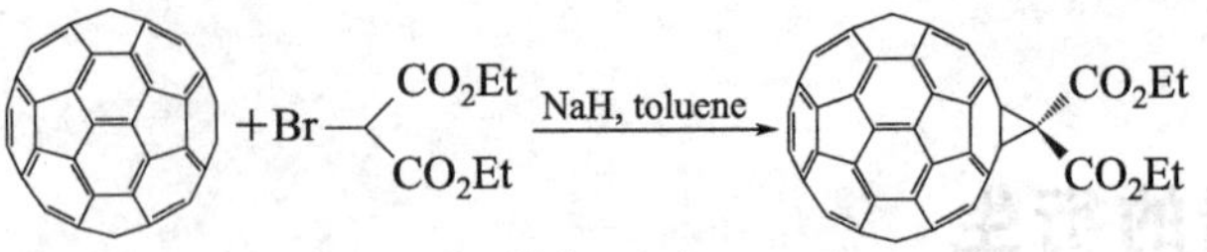

Scheme 1

卡宾加成：多卤化物在催化剂锌粉、镁粉或氢氧化钠存在下，在离子液体中经超声波超声与 $C_{60}$ 反应，也可以得到高产率的单一 [6，6] 环加成产物，如 Scheme 2 所示[19]。

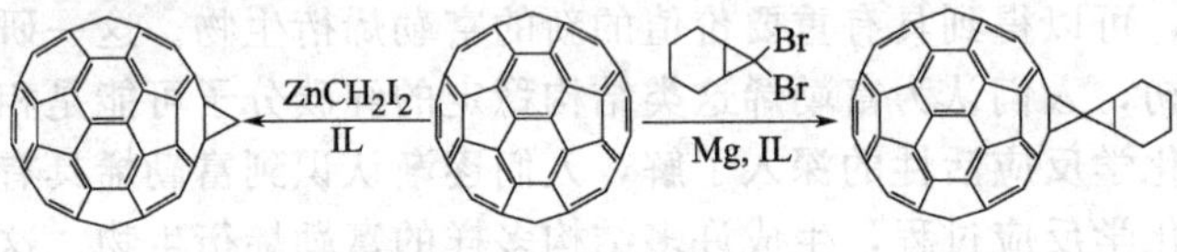

Scheme 2

与重氮化合物反应：与前面介绍的 Bingle 反应和卡宾反应不一样，重氮化合物与富勒烯除得到 [6，6] 闭环产物外，同时还会产生 [6，5] 开环产物，这是该反应的以下两条反应路径决定的：①重氮化合物受热分解为单线态卡宾，与 $C_{60}$ 反应得 [6，6] 闭环亚甲基加成物；②重氮化合物直接与 $C_{60}$ 发生 1,3-偶极环加成得富勒烯吡唑啉，然后释放 $N_2$ 得 [6，6] 闭环和 [6，5] 开环两种衍生混合物，见 Scheme 3[20]。有时不稳定的 [6，5] 开环物会重排至热力学更稳定的 [6，6] 闭环物，如 $C_{60}$ 与含给电子取代基（对二芳基氨基苯基）腙经甲醇钠催化所得重氮物的反应产物中只检测到 [6，6] 闭环物，见 Scheme 4[21]。

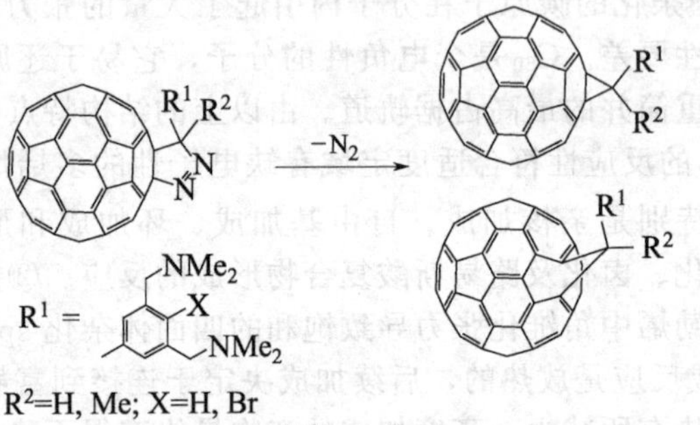

$R^1 =$

$R^2=H, Me; X=H, Br$

Scheme 3

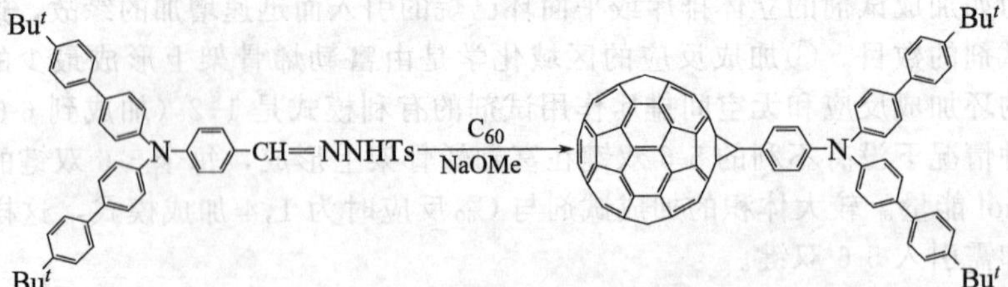

Scheme 4

富勒烯氮丙啶：叠氮化物热分解放氮得到类似于卡宾的氮宾（乃春），与 $C_{60}$ 发生 [6，6] 闭环加成；同时，叠氮化物也可以直接与 $C_{60}$ 经 1,3-偶极环加成得富勒烯三唑啉中间体，再受热分解放出氮气得富勒烯 [6,5] 开环异构体，受热或可转换为热力学更稳定的 [6,5] 闭环异构体。Scheme 5 表示叠氮化物 4,4′-二甲基-2,2′-二嘧啶与 $C_{60}$ 发生环加成反应得到 [6,5] 开环衍生物。

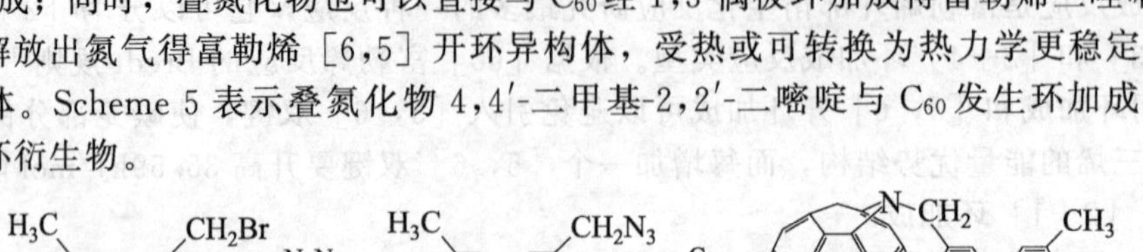

Scheme 5

臭氧[22]或 H₂O₂[23]能氧化 C₆₀得高产率、单加成的富勒烯环氧乙烷，前者有富勒烯臭氧化物中间体生成，后者需甲基三氧化铼的催化，见 Scheme 6。

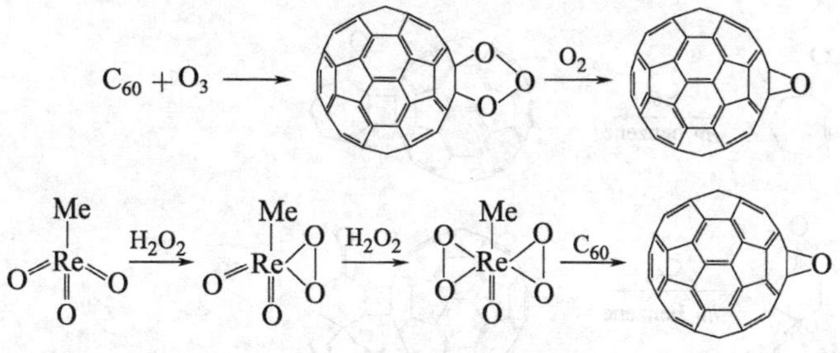

Scheme 6

### 6.3.1.2  [2+2] 环加成

富电子炔类、烯类、三唑衍生物等能够与 C₆₀的活性 [6,6] 双键发生 [2+2] 环加成，得到富勒烯 [6，6] 闭环产物。

与炔类物加成：两例炔胺光照反应如 Scheme 7 所示[24,25]，Scheme 8 中两个加成产物可由其前体炔与 C₆₀加热反应产生[26]。

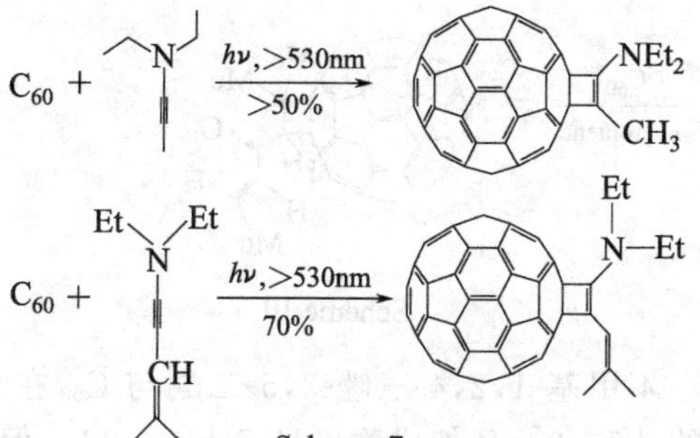

Scheme 7

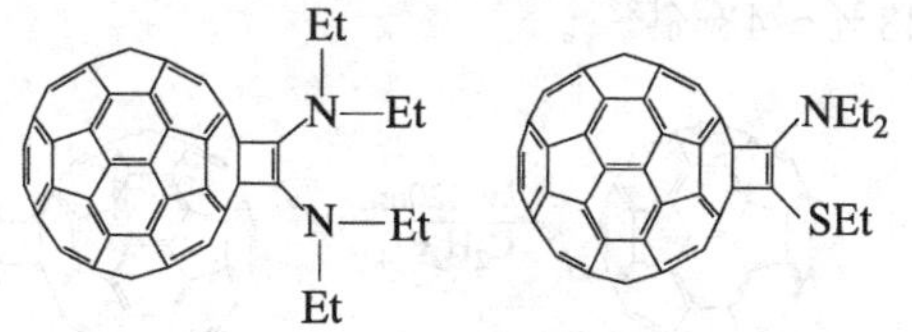

Scheme 8

与烯烃的反应：Scheme 9 所示反应示例[27,28]中，都经历了光激发 C₆₀至更易被还原的三重态，与基态富电子烯类之间形成（双自由基或两极性离子）中间体，发生 C—C 键旋转后环闭合，得到热力学更加稳定的反式 [2+2] 环加成产物[29]。

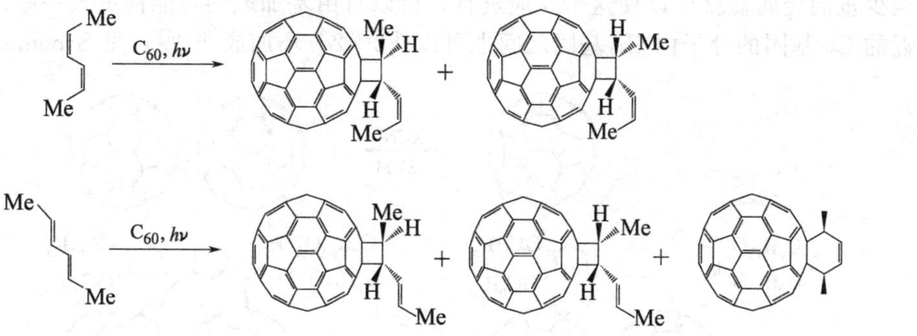

Scheme 9

与烯酮的反应：C₆₀与环烯酮的反应是非常普遍的，反应例[30,31]见 Scheme 10，发生环加成反应的主要是含取代基较多的双键，这类反应产率低，反应机理为光激发烯酮产生三重态双自由基中间体，然后加成到处于基态的富勒烯上[32]。

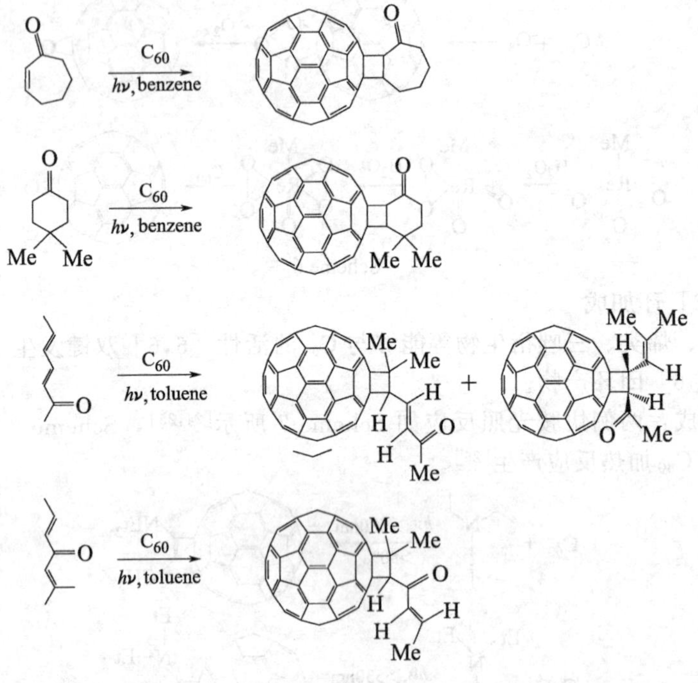

Scheme 10

与三唑衍生物的反应：4-甲基-1,2,4-三唑-3,5-二酮与 $C_{60}$ 在 1,1,2,2-四氯乙烷中，用 420nm 光照得到 5%产率的 [2+2] 环加成物，见 Scheme 11，但是该反应对 1,2-二氢取代富勒烯的产率可以提高到 23%～43%[33]。

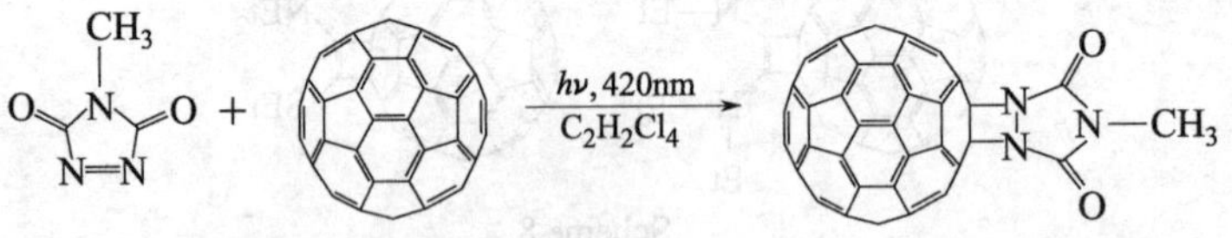

Scheme 11

$C_{60}$ 的聚合：[2+2] 环加成反应在合成上的重要应用之一是制备 $C_{60}$ 二聚体[34]，采用高频振荡研磨技术，以 KCN 为催化剂，固相中 $C_{60}$ 之间形成哑铃形富勒烯二聚体 $C_{120}$，由于加入很少量的金属盐就可以使这个反应进行，所以自由基加成的可能性更大一些。另外，含有邻近的 $C_{60}$ 基团的分子内 $C_{60}$ 基团之间也可以 [2+2] 环加成[35,36]，见 Scheme 12。

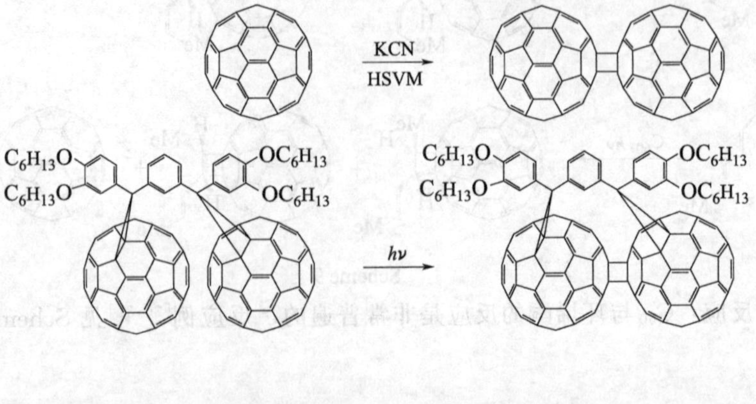

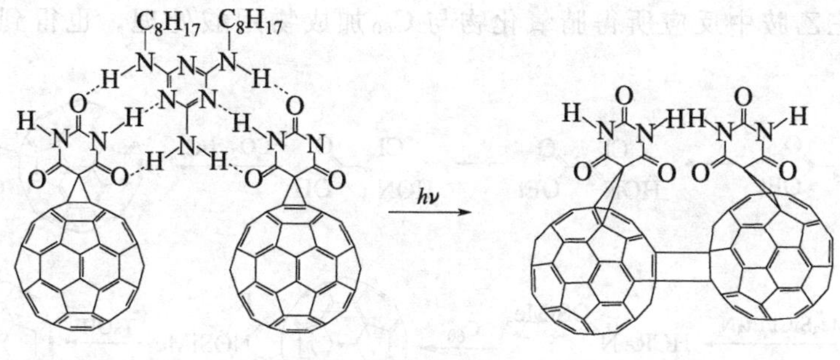

Scheme 12

### 6.3.1.3 [2+3]环加成反应

该类型反应除主要以 1,3-偶极子形式与 C$_{60}$ 的加成得富勒烯五元环衍生物外，腈氧化物、异氰化物、二酮、叠氮和重氮化物等也可以发生 [2+3] 环加成反应。

1,3-偶极子：1,3-偶极子主要有甲亚胺叶立德、羰基叶立德和硫代羰基叶立德三种，α-氨基酸与醛经脱羧和失水得甲亚胺叶立德，亚胺叶立德与 C$_{60}$ 加成可高产率制备富勒烯吡咯烷衍生物[37]，用这种方法可以把具有光敏活性的金属卟啉[38]或黄酮类染料[39]基团引入富勒烯结构之中，例见 Scheme 13。

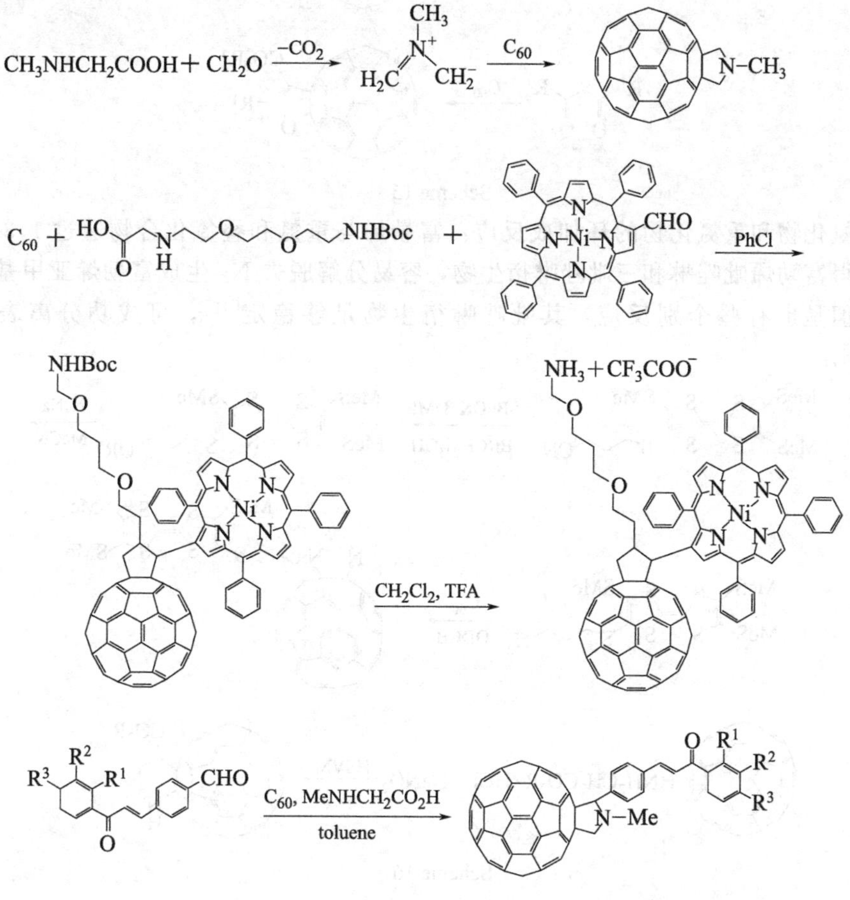

Scheme 13

与腈氧化物反应：羟基亚胺氯化物脱氯化氢或硝基烷烃化合物脱氢得腈氧化物，进一步与 C$_{60}$ 反应得富勒烯异噁唑啉衍生物，Scheme 14 所示一例为氯氧亚胺乙酸受热脱 HCl 和 CO$_2$ 得腈氧化物雷酸，雷酸再与 C$_{60}$ 加成得目标产物，另一例为硝基烷烃衍生物与三甲基硅基氯在三乙胺中反应所得腈氧化物与 $C_{60}$ 加成物用酸处理，也得到富勒烯异噁唑啉衍生物。

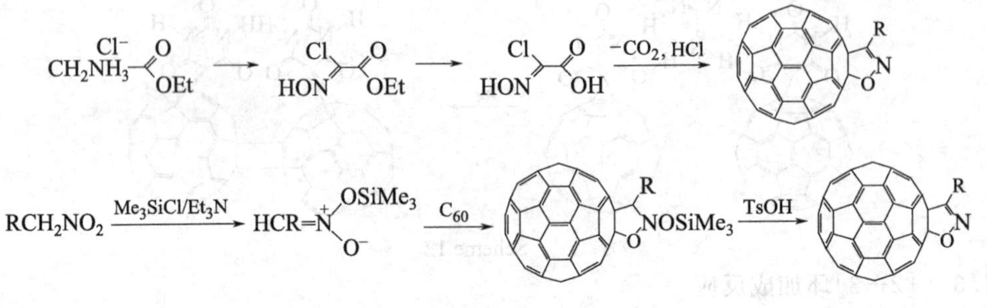

**Scheme 14**

与异氰化物和 $\beta$-二酮类物反应：异氰化物、$\beta$-二酮类物质与 $C_{60}$ 发生 [2+3] 环加成反应高产率地得到富勒烯吡咯啉衍生物和二氢呋喃衍生物[40]，例见 Scheme 15。

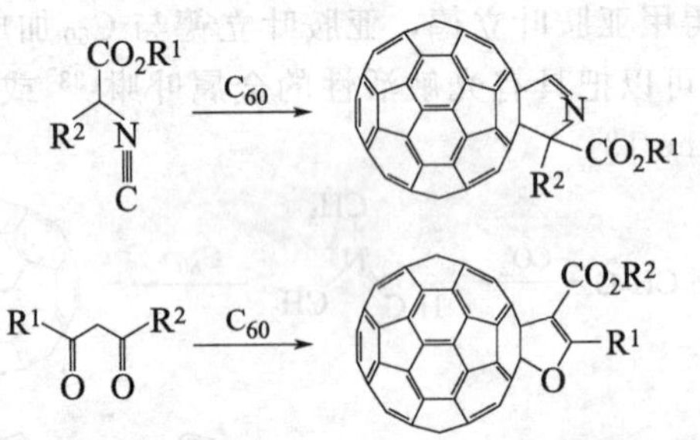

**Scheme 15**

与叠氮化物和重氮化物的环加成反应：富勒烯与重氮和叠氮化合物通过 1,3-偶极环加成分别制得富勒烯吡唑啉和三吡唑啉衍生物，容易分解脱去 $N_2$ 生成富勒烯亚甲基和氮丙啶衍生物，但是也有些个别反应，其吡唑啉衍生物足够稳定[41]，可成功分离表征，例见 Scheme 16。

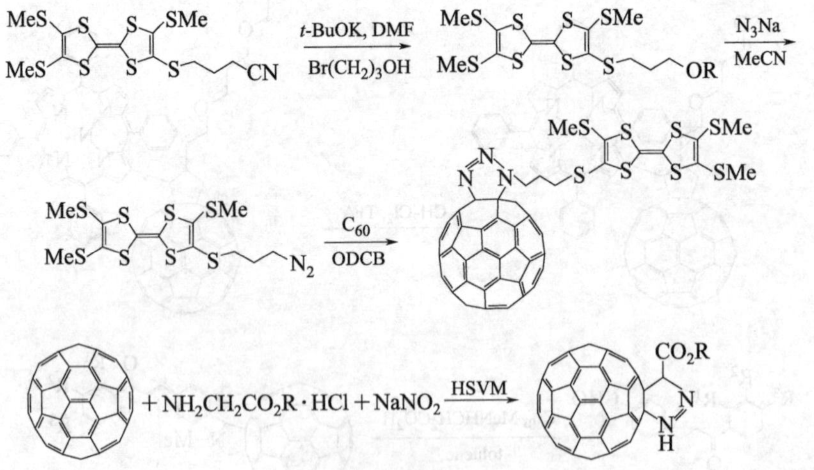

**Scheme 16**

#### 6.3.1.4 [2+4] 环加成

缺电子性的 $C_{60}$ 可以其 [6,6] 双键与 1,3-丁二烯、环丁二烯、环戊二烯、环庚二烯、杂环苯、杂二烯、多环芳香化合物等二烯体发生 [2+4] 环加成反应，产率基本在 60% 以上，例见 Scheme 17[42~45]。

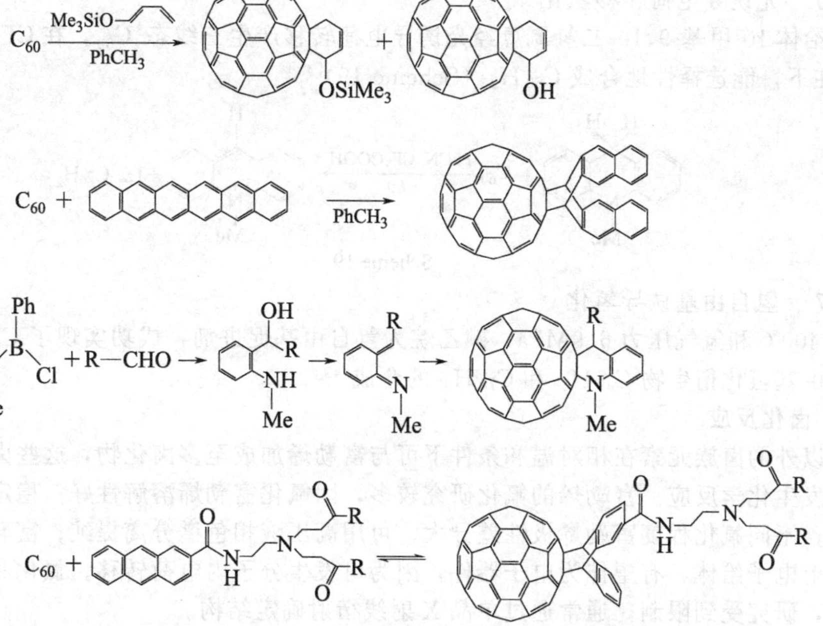

Scheme 17

### 6.3.2 氢化反应

富勒烯氢化物在电池、催化剂以及储氢材料方面有着潜在的应用前景，$C_{60}H_{36}$ 含氢量高达 4.8％（质量分数），1mol 的 $C_{60}H_{36}$ 完全分解就可以产生 18mol（标准状况下约 40L）氢气，因此它以一种潜在的新型储氢材料而备受瞩目。

#### 6.3.2.1 Birch 还原

金属锂和叔丁醇在液氨中可以还原 $C_{60}$ 至异构体众多的主产物 $C_{60}H_{36}$，36 个氢原子使 $C_{60}$ 分子上每个环戊烯非共轭，产物的 H NMR 谱展示为化学位移从 4.2 到 2.5 的宽信号峰[46]。

#### 6.3.2.2 Benkeser 还原——改进的 Birch 还原

是简单快速的、改进的 Birch 还原法，以乙二胺、1,3-丙二胺、1,2-丙二胺、正丙胺和二乙三胺代替液氨为溶剂，叔丁醇为质子源，锂、钠、钾协同作用，制得 $C_{60}H_{36}$。

#### 6.3.2.3 金属锆化物氢化

金属锆化物和富勒烯加成得到的中间产物经水解可得富勒烯低氢化合物 $C_{60}H_{2n}$（$n=1$，2，3）的混合物（Scheme 18），并用高效液相色谱以 60％的产率分离得到了 $C_{60}H_2$。

$$(\eta^5\text{-}C_5H_5)_2Zr(H)Cl + C_{60} \xrightarrow{\quad C_6H_6 \quad}$$

$$[(\eta^5\text{-}C_5H_5)_2Zr(H)Cl]_n C_{60}H_n \xrightarrow{\quad HCl/H_2O \quad} C_{60}H_{2n}$$

Scheme 18

#### 6.3.2.4 硼氢化还原

$BH_3$ 的 THF 溶液与 $C_{60}$ 富勒烯的甲苯溶液反应，再经酸水解可得 10％～30％产率的 $C_{60}H_2$，其 H NMR 谱图在 5.93 处有一个尖峰。

#### 6.3.2.5 直接固态氢化

钯的氢化物和 $C_{60}$ 在 400～500℃反应可得低产率的 $C_{60}H_2$ 和热力学稳定的 $C_{60}H_4$；金属间化合物 $LaNi_5$、$LaNi_{4.65}Mn_{0.35}$、$CeCo_3$、V、Pd 或 Pt 催化，200～400℃以及高压氢条件下，可成功制备 $C_{60}H_{24}$～$C_{60}H_{60}$，甚至 $C_{70}H_{30}$～$C_{70}H_{68}$ 这样高度氢化的富勒烯衍生物[47]。

#### 6.3.2.6　光诱导电荷转移氢化

氢给体 10-甲基-9,10-二氢氮蒽经光诱导电荷转移产生三线态$^3C_{60}^*$，在 $CF_3COOH$ 和 Ph-CN 存在下，能选择性地合成 $C_{60}H_2$（Scheme 19）[48]。

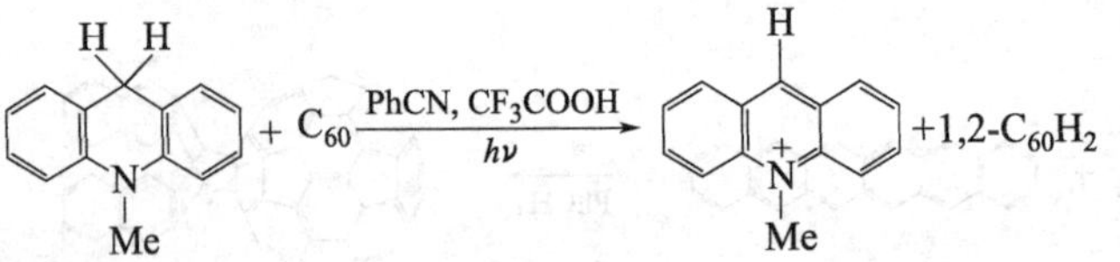

Scheme 19

#### 6.3.2.7　氢自由基诱导氢化

在 400℃和氢气压力 6.9MPa、碘乙烷为氢自由基促进剂，成功实现了 $C_{60}$ 和 $C_{70}$ 混合物的氢自由基氢化衍生物 $C_{60}H_{36}$ 和 $C_{70}H_{36}$ 的合成[49]。

### 6.3.3　卤化反应

碘以外的卤族元素在相对温和条件下可与富勒烯加成至多卤化物，这些卤化产物还可以进一步发生化学反应。富勒烯的氟化研究较多，因氟化富勒烯溶解性好；稳定性高，可用质谱表征；不同氟化程度富勒烯极性差异大，可用高压液相色谱分离提纯；富勒烯氟化物的球壳上接上电子给体，有望作为电子器件，因为可发生分子内电荷转移。氯化和溴化富勒烯溶解性差，研究受到限制，通常通过单晶 X 射线衍射确定结构。

#### 6.3.3.1　氟化反应

氟化试剂的选择经历了从氟化程度高的 $F_2$、$XeF_2$ 到危险性小、专一性强、氟化程度可控的金属氟化物（过渡金属、稀土金属或混合金属）的转变。$C_{60}$ 氟化产物从 $C_{60}F_2$ 到 $C_{60}F_{48}$，颜色逐渐变浅，色谱保留时间由小变大再变小[50]，几种主要的 $C_{60}$ 氟化物合成路径见 Scheme 20[51~54]。

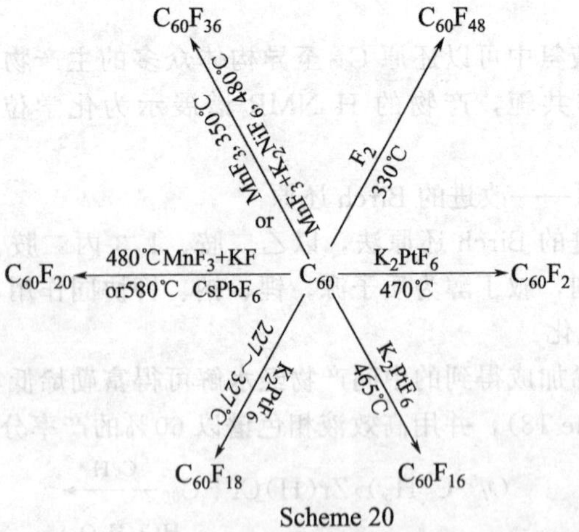

Scheme 20

到目前为止，大约已经有一百多种富勒烯氟化物得到分离，Troshin[55]用碱金属氟化物、$MnF_2$、$MnF_3$ 和 $CoF_3$ 的二元或三元混合物作为氟化试剂，使 $C_{60}F_{18}$ 和 $C_{60}F_{20}$ 产率分别提高到 25％和 4％，并首次用硅胶色谱柱成功分离之，使批量分离富勒烯氟化物成为可能。$C_{60}F_{18}$ 结构独特，可发生环加成、亲电取代反应，并能形成给-受体化合物，具有光导材料潜在价值。

通过氟原子取代其他卤化富勒烯中卤素原子也可以得到富勒烯氟化物，且由于空间位阻存在，氟原子数目和位置受到限制，可能得到特定构型的富勒烯氟化物[56]。大富勒烯 $C_{70}$、$C_{74}$、$C_{76}$、$C_{78}$、$C_{82}$、$C_{84}$ 氟化物也有合成表征，结构清楚的 $C_{70}F_{38}$、$C_{74}F_{38}$、$C_{84}F_{40}$、$C_{84}F_{44}$ 等。这些化合物都具有若干个独立的苯环单元，氟加在相邻连续的碳原子上，每个五边形上加有三个氟原子等共同结构特征。

全氟烷基化富勒烯是另一类特殊的富勒烯氟化物，具备优良的疏水、疏油性，并且能形成具有磁性的化合物，有望作为模块设计合成新型富勒烯基功能材料。全氟烷基化试剂一般选用 $CF_3I$、$C_2F_5I$ 或者 $CF_3COOAg$ 等，这些物质受热给出 $\cdot CF_3$ 自由基，进而与富勒烯加成。目前，已经有 $C_{60}(CF_3)_n$ ($n=2\sim12$)、$C_{70}(CF_3)_m$ ($m=2\sim18$) 被合成，且很多物种被分离至异构体纯并借助单晶 X 射线衍射表征，结构清楚。

除此之外，$C_{76}$、$C_{78}$、$C_{84}$、$C_{90}$ 分别以其异构体混合物或不同碳笼混合物为原料和三氟甲基碘甲烷在 520℃进行了三氟甲基化反应，得到了 21 个新化合物，分别做了 X 射线单晶衍射、碳或氟核磁研究，在 2008 年 J Am Chem Soc 上做了 19 页的长篇报道[57]。

### 6.3.3.2　氯化反应

富勒烯氯化相对较易进行，氯化试剂由产物选择性不高、组分复杂的氯气和 ICl 发展到无机氯化物如 $SbCl_5$、$MoCl_5$、$VCl_4$、$PCl_5$、$KICl_4$、$VOCl_3$ 和 $POCl_3$ 等，这些物质受热分解放出氯气，本身变为低价物，放出的氯气与富勒烯发生加成反应。目前已经得到 $C_{60}Cl_{16}$、$C_{60}Cl_{24}$、$C_{60}Cl_{28}$、$C_{60}Cl_{30}$、$C_{70}Cl_{16}$、$C_{70}Cl_{28}$、$C_{76}Cl_{18}$、$C_{80}Cl_{12}$，以上这些化合物全部借助单晶 X 射线衍射表征，它们结构中都存在若干稳定的苯环结构，可以抵消 Cl—Cl 接触所产生的不稳定因素。氯化富勒烯还可以进一步衍生化至一些新颖的、具有独特结构的富勒烯衍生物，比如 $C_{60}Cl_6$ 的衍生化反应，这方面研究较多，Scheme 21 是几种主要的 $C_{60}$ 氯化物合成示意图。

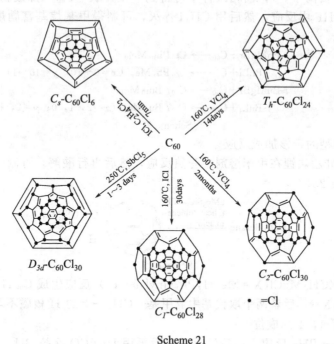

Scheme 21

### 6.3.3.3　溴化反应

有机溶剂中直接用液溴处理富勒烯就可以达到溴化目的，但是由于这类物质溶解性和热稳定性较差，目前只有 $C_{60}Br_6$、$C_{60}Br_8$、$C_{60}Br_{24}$、$C_{70}Br_{10}$、$C_{78}Br_{18}$ 得到单晶 X 射线晶体学表征。

### 6.3.4　亲电加成

可以通过电化学法选择性地把 $C_{60}$ 还原二价自由基阴离子，然后再与 $CH_3I$ 反应，可得选择性亲电加成物 $Me_2C_{60}$，其结构推测为 1,2-加成或 1,4-加成物[58]。

还可以先用碱金属还原 $C_{60}$ 至自由基阴离子，然后再与 $CH_3I$ 反应，这种方法制备的甲基富勒烯衍生物种类多、产品不易控制，甲基取代基为 2 到 32 个不等，6 个或 8 个取代基的衍生物是主要产物[59]。

### 6.3.5 亲核加成反应

缺电子性的富勒烯碳笼对亲核加成和取代极其敏感，中性或带电荷的亲核试剂都容易和富勒烯发生亲核加成。

#### 6.3.5.1 与中性亲核试剂的加成

富勒烯很容易和各种胺反应，生成 H 和 $NR^2$ 的顺式多加成产物，和正丙胺可以生成十二加成物，和立体位阻大的吗啉可以生成六加成物，这些衍生物都是水溶性的。对于体积最小的甲胺和二甲胺，最多可以加成十四个氨基，其中 1、2 和 6 衍生物是主要产物[60]，产物还具有荧光性质。

$N,N'$-二甲基乙烯二胺、哌嗪以及 Scheme 23 所示的哌嗪类似物 [$R^1$，$R^2=Me$，Me；$(CH_2)_2$；$(CH_2)_3$] 与富勒烯反应，可以高产率地得到 1,2-单加成物，也检测到二加成物[61]。

#### 6.3.5.2 与负离子亲核试剂的反应

有机金属试剂如烷基锂、格氏试剂、叶立德试剂、胺类化合物、氰负离子等亲核试剂与 $C_{60}$ 可以发生 [6，6] 键上的 1,2-加成或空间位阻引起的 1,4-加成[62]。氰负离子与 $C_{60}$ 液相中生成 $C_{60}(CN)_n$ 负离子[63]，固相条件下可得到"哑铃状" $C_{60}$ 二加成物[64]。有机锂或格氏试剂与 $C_{60}$ 在 THF 中反应，然后用 $CH_3I$ 淬灭，可制得甲基烷基富勒烯衍生物，反应方程式见 Scheme 22。

$$PhMgBr+C_{60} \longrightarrow C_{60}Ph_{10}Me_{10}$$
$$PhLi+C_{60} \longrightarrow C_{60}Ph_xMe_y \ (x=0\sim10,\ y=10\sim1)$$
$$t\text{-}BuMgBr+C_{60} \longrightarrow C_{60}t\text{-}Bu_{10}Me_{10}$$
$$t\text{-}BuLi+C_{60} \longrightarrow C_{60}t\text{-}Bu_xMe_y \ (x=2,\ 1,\ 0;\ y=2,\ 1)$$

Scheme 22

#### 6.3.5.3 其他类型的亲核加成反应

$C_{60}$ 与三甲基硅乙炔锂在甲苯溶剂中受热反应，然后再行酸解，可制得稳定的单加成产物[65]，见 Scheme 23。

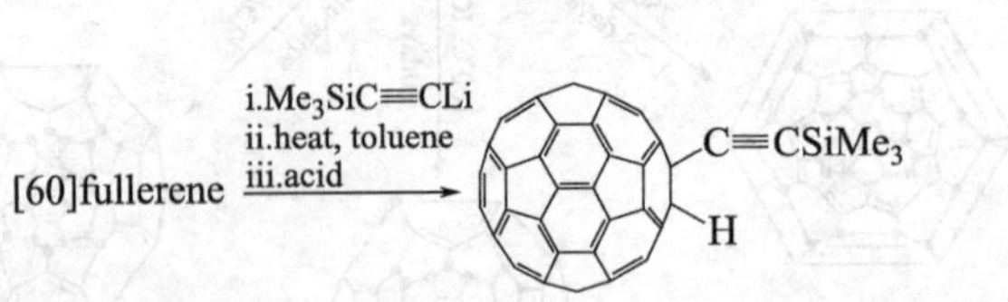

Scheme 23

$C_{60}$ 与 $Me_2SiXCH_2MgCl$（X=Me，H，Ph，vinyl，$o\text{-}i\text{-}Pr$）反应生成 $C_{60}H(CH_2SiMe_2X)$ 以及 $C_{60}(CH_2SiMe_2X)_2$，后者两个取代基中亚甲基—$CH_2$—上的 H 核磁不等同，表明两个取代基很可能采取了 1，4-加成位[66]。

$C_{60}$ 与 $Ph_2PLi+BH_3$ 反应，用酸淬灭，然后再用 DABCO 除掉 $BH_3$，可得 1,2-加成物 $C_{60}HPPh_2$[67]。

$C_{60}$ 或 $C_{70}$ 在 KOH 存在下甲苯溶剂中受热，可得富勒醇。$C_{60}$ 在 NaOH 水溶液中，以叔丁基氢氧化铵为相转移催化剂，可制得 26 个羟基加成物[68]。

$C_{60}$ 或 $C_{70}$ 与 NaOMe/MeOH 反应产物中，质谱负离子谱检测到了 $C_{60}(OMe)_n$（$n=1,3,5,7$）的存在[69]。

通常，碱催化下硝基烷烃与缺电子烯烃发生 1,4-加成 Y-硝基取代物，然而，对于 $C_{60}$，硝基烷烃对 [6,6] 键进行了氧化还原型加成，以中等产率得到了双官能团 $\beta$-羟基肟类化合物[70]，见 Scheme 24。

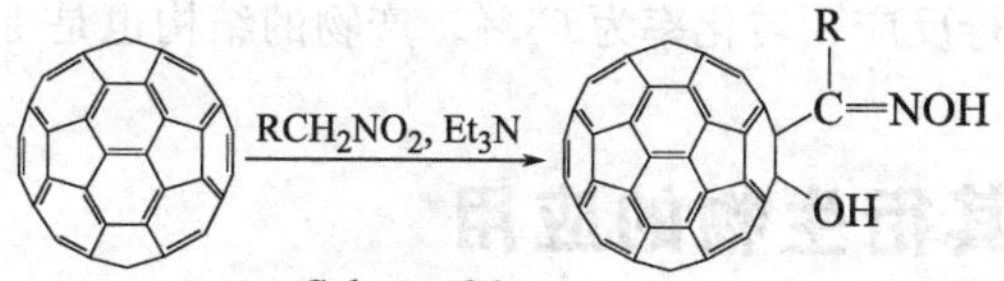

Scheme 24

### 6.3.6 自由基反应

电子加成到富勒烯笼上形成富勒烯自由基阴离子，$C_{60}$ 极易与自由基反应，又被喻为"吸收自由基的海绵"。这类物质广泛使用 ESR 研究分析，一种自由基加成到富勒烯碳笼上形成一种富勒烯衍生物自由基，富勒烯碳笼的强吸电子作用使得这些富勒烯自由基很快形成，所以这方面的研究很多，内容多侧重于物理有机性质研究，而不是新衍生物的合成。独特的结构赋予了它特殊的物理、化学和生物性质。$C_{60}$ 是一个优良的电子接受体。

最初富勒烯自由基是由光照含叔丁基过氧化物的 $C_{60}$ 苯溶液，发现生成了 $C_{60}(Ph)_n$ ($n=$ 1~15)。当 $n=3$ 和 5 时，该自由基加成物在 50℃还是稳定的，$C_{60}$ 与苄基自由基[71]的加成也体现了这个特点，现在普遍认为是加成发生在 $C_{60}$ 五元环上，从而形成了烯丙基型以及环戊二烯型自由基。碳笼中未配对的电子高度定域在五元环，否则将向五元环引入双键，在能量上较为不利。

光辐照含二叔丁基过氧化物的 $C_{60}$ 苯溶液可制得加成 34 个甲基的 $C_{60}$ 衍生物，若改用叔丁基溴、叔丁基汞或二叔丁基酮，可制备 $t$-$BuC_{60}$。

光辐照 $C_{60}$ 和 MeSSMe 的苯溶液，可制得 $MeSC_{60}·$ 含硫自由基；含 P、B、F、Pt、Pd、Re 的富勒烯自由基也都有合成。

### 6.3.7 金属富勒烯的衍生反应简介

金属富勒烯由于在碳笼内部存在金属或金属原子簇，它们向碳笼转移电荷，因此，碳笼的电荷分布不同于空心富勒烯，影响了化学反应的性质。其中，最明显的就是金属富勒烯表现出较强的区域选择性。以下简要介绍几种较为重要的金属富勒烯衍生反应。

1993 年，Bingel 报道了 $\alpha$-卤代碳负离子与 $C_{60}$ 的 Michael 加成反应，得到亚甲基富勒烯衍生物。Bingel 反应已经成为合成含有环丙烷单元的富勒烯衍生物的重要方法。这一反应按 Scheme 25 所示的机理进行，也可以用于合成含磷富勒烯衍生物。

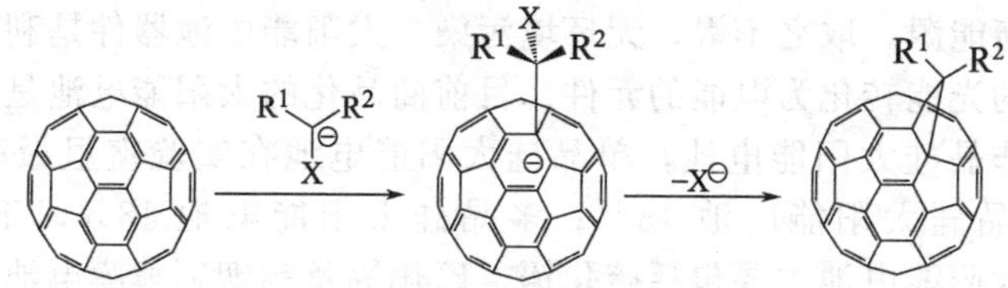

Scheme 25

三烷基膦与缺电子炔烃生成两性离子中间体，这种中间体能与富勒烯化合物发生加成反应。Yang 等用 $Dy@C_{82}$ 与三苯基膦和丁炔二酸二甲酯反应，反应发生在 [6,6] 键，得到的产物是 [6,6] 键断裂的七元环单加成产物[72]。而 Cheng 等用 $C_{60}$ 与三苯基膦和丁炔二酸二甲酯反应，反应虽然发生在 [6,6] 键，但仅发生 [6,6] 键的 π 键断裂，生成同时含有膦叶立德单元的环丙烷富勒烯衍生物[73]。

Shu 等利用光化学方法高选择性地合成了 $Sc_3N@C_{80}$ 的二苄基衍生物 $Sc_3N@C_{80}$ $(CH_2C_6H_5)_2$，通过核磁共振波谱分析和单晶 X 射线衍射给出产物的确切结构。在 365nm 波长的紫外线作用下，$Sc_3N@C_{80}$ 和苄基溴的混合物在低于室温的条件下非常容易反应，转化率可达 82%，并且双加成产物的选择性非常高。结构分析结果表明，两个苄基以 1,4-加成

方式与 $Sc_3N@C_{80}$ 六边形相联。密度泛函理论计算也支持了以上测定的结构。以 $Lu_3N@C_{80}$ 作原料，在同样的条件下进行反应，转化率为 63%，产物的结构也是 1,4-双加成产物[74]。

# 6.4    富勒烯及其衍生物的应用

时至今日，有关富勒烯分子的基本结构、物理和化学性质的研究达到很深度的理解，富勒烯在实际的功能材料化的应用越来越引起人们的重视。富勒烯及其衍生物在超导、磁性、发光等方面表现出优越的性能，显示了作为功能材料的广阔应用前景。下面概述富勒烯在一些领域中的应用。

## 6.4.1    有机超导体

$C_{60}$ 分子本身是不导电的绝缘体，因为其中所有的电子都被紧紧地键合在一起。但当碱金属嵌入 $C_{60}$ 分子之间的空隙后，由于碱金属与 $C_{60}$ 分子之间的相互作用，会使碱金属的最外层电子形成一个导电带，从而使其导电性能发生有趣的变化。研究发现，随着碱金属掺入量的增加，$C_{60}$ 与碱金属的系列化合物从绝缘体变成半导体，再变成超导体，最后重新变回绝缘体。例如纯的 $C_{60}$ 是绝缘体，$fcc$ 结构的 $C_{60}$ 是半导体，$K_3C_{60}$ 是超导体，而 $K_6C_{60}$ 是绝缘体。更为有意思的是，这种 $C_{60}$ 掺杂碱金属的化合物具有很高的超导临界温度，是又一类有前途的有机高温超导体。

## 6.4.2    有机软铁磁体

和超导性一样，铁磁性是物质世界的另一种奇特的性质。铁磁体就是指具有磁性的化合物，在低于临界温度时具有磁化作用。实验结果表明，一些 $C_{60}$ 化合物也展现出优良的铁磁性。美国加州大学的 Allemand 等人在 $C_{60}$ 化合物溶液中，加入过量的强给电子有机物四（二甲氨基）乙烯（TDAE）进行还原反应，得到了 $C_{60}(TDAE)_{0.86}$ 的黑色微晶沉淀。在室温下，其电导率为 $10^{-2}S/cm$。经磁性研究后表明是一种不含金属的软铁磁性材料，居里温度为 16.1K。鉴于有机铁磁体在磁性记忆材料中的重要应用背景，研究和开发高居里温度的 $C_{60}$ 有机铁磁体，特别是以廉价的碳材料制成磁铁代替价格昂贵的金属磁铁是非常引人注目的。

## 6.4.3    有机太阳能电池材料

太阳能是理想新能源，取之不竭，无环境污染。太阳能电池器件是利用光照时 PN 结产生的光电压把吸收的光能转化为电能的元件。目前商品化的太阳能电池是用无机半导体材料单晶硅、多晶硅和非晶硅太阳能电池，单晶硅太阳能电池在实验室里最高能量转换效率为 23%；规模生产单晶硅太阳能电池 15%；多晶硅太阳能电池 18%，工业规模生产产品 10%。其它材料的太阳能电池主要包括硫化镉、碲化镉及铜铟硒薄膜电池等，目前能量转换效率最高（28%）的是基于 Ⅲ～Ⅴ 族化合物砷化镓（GaAs）的太阳能电池。

由于硅电池制备成本较高，镉、砷有剧毒，会对环境造成严重污染，染料敏化太阳能电池和塑料太阳能电池以下优点备受关注：①可制备在柔性衬底上；②可采用印刷或打印的方式实现工业化生产；③可大面积制备，成本低，无污染。

基态非简并态的共轭聚合物与富勒烯之间有光诱导电子转移发生[75]，P 型共轭聚合物与 N 型富勒烯复合物可有效提高 Jsc 值[76]，设计和合成具有 P 型性质的共轭聚合物骨架，同时又具有 N 型富勒烯侧链的双功能聚合物，同时进行电子和空穴传输，扩大给体与受体之间的相互作用面积，有效禁阻相分离与富勒烯的簇效应，是该领域研究的目标。富勒烯稠合体直接作为光敏材料用于太阳电池，电荷分离态寿命长，但转换率偏低。

富勒烯连接于环戊二烯噻吩的桥环碳原子上化合物 [图 6-7(a)]、双噻吩通过一个可折

叠的长烷链与富勒烯相连化合物［图 6-7(b)］[77]、双噻吩富勒烯吡咯稠合体［图 6-7(c)］[78]
均非常适合电致聚合用于太阳电池材料，聚合物给体骨架和富勒烯支链都能在一定程度上保持
其原有的电子和电化学特征，双噻吩易得更长聚合物，可折叠烷链阻隔基态给体-受体作用。

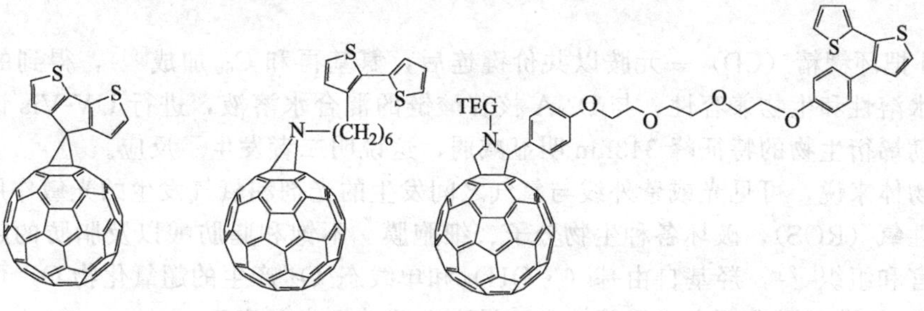

图 6-7　富勒烯电致聚合单体

良好的溶解性能是薄膜用于 PV 或其他电化学材料的一个重要的条件，设计带有足够数
量侧链的富勒烯，同时又具有良好溶解性的双功能聚合物非常具有挑战性。有两种方法：①
直接连接富勒烯到具有特定功能的溶解性良好的共轭聚合物上；②对两种单体进行共聚，一
种含有富勒烯部分，一种可以提高溶解性。

酞菁修饰 $C_{60}$ 所得衍生物[79]，富勒烯偶氮噻吩稠合体均作为光敏层进行了太阳能电池
组装实验，这类物质波长吸收范围宽，电荷分离态寿命长，但是光电转换效率低（0.37%）。

由于电荷分离仅出现在平面的几何界面，光激发远离异质结，使得载流子在到达电极之
前极易重新复合；另一方面，仅有一小部分的入射光子被异质结界面所吸收，所以实际装置
的光电转换效率远小于 1。

MEH-PPV 与 $C_{60}$ 所组成的太阳能电池光电转换效率低，主要是因为 $C_{60}$ 与 MEH-PPV
的相容性不好，出现了相分离与富勒烯的簇效应，影响了电子空穴对的传输。富勒烯衍生物
PCBM 与 MEH-PPV 的相容性很好，PCBM 在光敏复合层中形成微相细丝状的网络，适合
电子空穴对的传输，光电转换效率达到 2.5%，室温条件下的太阳光足够支持一个小型的计
算器运转[80]。另外，复合物薄膜的不同形态与光电转换效率也有关系，MDMO-PPV：
PCBM 在不同溶液中形成的薄膜转换效率不同，最高达 3.0%[81]。

### 6.4.4　富勒烯在药物化学中的应用

富勒烯及其衍生物独特的性质有望在生物医药领域得到广泛应用，富勒烯具有细胞毒
性[82]、抗病毒活性[83]和药理学[84]特性，并且能促使 DNA 选择性断裂[85]。水溶性富勒烯
衍生物的高产率合成加速和拓宽了这个领域的应用范围，这方面研究取得了可喜成果[86]。

对人体免疫病毒酶（HIV-1）的抑制，是抗病毒疗法的一个可行的目标，也是治疗爱滋
病的关键。HIVP 病毒酶的线形圆筒状活性部位与 $C_{60}$ 半径相近。$C_{60}$ 分子以疏水作用堵住病
毒活性中心的洞口阻其营养供给，还可以向碳笼引入能够与 HIV 天冬门氨酸发生静电和氢
键作用的氨基或羧基，有明显的抗 HIV 活性[87]。

在光的作用下，富勒烯衍生物可以使 DNA 发生专一性裂解[88]，从而使细胞凋亡。最
初认为是三线态富勒烯在光的作用下产生的单线态氧（$^1O_2$）参与了这种选择性切割，但很
快被实验否定。An 等人[89]合成了一种低聚核苷酸-富勒烯化合物，能使 DNA 在位于
低聚核苷酸-富勒烯末端的鸟嘌呤位置发生专一性断裂；在不利于单线态 $^1O_2$ 生存的 $H_2O$ 介
质中或者是加入单线态 $^1O_2$ 淬灭剂 $NaN_3$ 的情况下，该化合物仍然具备切割 DNA 的能力，
目前倾向于认为这种选择性切割可能涉及 DNA 鸟嘌呤与富勒烯间发生了光诱导的电子
传递。

　　Bergamin 等人[90]通过 1,3-偶极环加成合成了结构新颖的富勒烯衍生物，同时含有低聚核苷酸和微摩尔浓度下具有抗癌活性的 TMI 两种有用的官能团，TMI 对 DNA 的凹槽 AT 部位表现出很强的亲和力和选择性；低聚核苷酸链增加该衍生物的水溶性和对 DNA 的靶向选择性。

　　Samal 把环糊精（CD）一元胺以共价键连后，氨基再和 $C_{60}$ 加成[91]，得到的化合物具有很高的水溶性和生物兼容性，与 DNA 核苷酸链的混合水溶液，进行 UV-Vis 谱测试，发现代表富勒烯衍生物的特征峰 343nm 明显减弱，这说明二者发生了反应。

　　对生物体来说，可见光或紫外线与氧气之间发生的光剂和氧气发生的光敏作用可以产生大量的活性氧（ROS），破坏各种生物分子、细胞膜、不饱和脂肪酸以及脂肪的超氧化，损害生物器官和组织[92]，羟基自由基（·OH）和单线态 $^1O_2$ 产生的超氧化物 $O_2^-$ 可改变细胞整体组成[93]，进而引发梗塞或局部缺血，导致一些神经衰弱疾病。

　　$C_{60}$ 本身被誉为"自由基海绵"[94]，水溶性的多羟基富勒烯衍生物对消除由黄嘌呤和黄嘌呤氧化酶产生的超氧基 $O_2^-$ 有很好的效果，富勒醇减小了 $C_{60}$ 固有的生物毒性，当富勒醇的浓度为 50mg/L 时，对 $O_2^-$ 的清除率可达 80%，富勒烯羧基、磺酸基、脂肪氨基衍生物以及富勒烯环糊精包合物均具备这种清除自由基的能力[95]，但是环糊精衍生物是通过环糊精主体而非 $C_{60}$ 与自由基发生加成反应。

　　富勒烯可以插入生物膜内体现抗菌活性，富勒烯羧基化合物的抗菌活性研究很多，已在 20 种不同的菌株上进行了试验。服用一定量的富勒烯的羧基化合物可以阻止由链球菌 A-20 导致的死亡[96]。另外一些富勒烯抗菌活性体是富勒烯缩氨酸衍生物[97]，而缩氨酸物质本身不具有抗菌作用。这类化合物既有亲脂性，也有缩氨酸表现出来的水溶性和静电作用，具有很强的抗菌性质[98]。

## 参 考 文 献

[1]　Kroto H W, Heath J R, Obrien S C, et al. Nature, 1985, 318: 162-163.
[2]　Krätschmer W, Lamb L D, Fostiropoulos K, et al. Nature, 1990, 347: 354-358.
[3]　Pope C J, Howard J B. Tetrahedron, 1996, 52 (14): 5161-5178.
[4]　Takehara H, Fujiwara M, Arikawa M, et al. Carbon, 2005, 43 (2): 311-319.
[5]　Howard J B, Lafleur A L, Makarovsky Y, et al. Carbon, 1992, 30 (8): 1183-1201.
[6]　Hammida M, Ntonio A, Fonseca, et al. $C_{60}$, $C_{60}O$, $C_{70}$ and $C_{70}O$ fullerene formations in premixed benzene oxygen flame. Pittsburgh USA: Pittsburgh Pa Combustion Institute, 1998.
[7]　Goel A, Howard J B, Rainey L C, et al. Proc Comb Inst, 2000, 28: 1397-1404.
[8]　Silwestrinia M, Merchan W, Richterb H, et al. Proc Comb Inst, 2005, 30: 2545-2552.
[9]　Dubrovsky R, Bezmelnitsyn V, Eletskii A. Carbon, 2004, 42: 1063-1066.
[10]　Scott L T, Boorum M M, McMahon B J, et al. Science, 2002, 295 (5559): 1500-1503.
[11]　Otero G, Biddau G, Sanchez-Sanchez C, et al. Nature, 2008, 454 (7206): 865-869.
[12]　Yang H, Lu C X, Liu Z Y, et al. J Am Chem Soc, 2008, 130 (51): 17296-17300.
[13]　Mercado B Q, Jiang A, Yang H, et al. Angew Chem Int Ed, 2009, 48 (48): 9114-9116.
[14]　Stevenson S, Rice G, Glass T, et al. Nature, 1999, 401 (6748): 55-57.
[15]　Fu W J, Xu L S, Azurmendi H, et al. J Am Chem Soc, 2009, 131 (33): 11762-11769.
[16]　Yang S F, Popov A A, Dunsch L. Angew Chem Int Ed, 2008, 47 (43): 8196-8200.
[17]　Taylor R, Walton D R M. Nature, 1993, 363 (6431): 685-693.
[18]　Matsuzawa N, Dixon D A, Fukunaga T. J Phys Chem, 1992, 96 (19): 7594-7604.
[19]　Bingle C. Chem Ber, 1993, 126: 1957-1959.
[20]　Zhu Y H, Bahnmueller S, Ching C B, et al. Tetrahedron Lett, 2003, 44 (29): 5473-5476.
[21]　Ohno T, Moriwaki K, Miyata T. J Org Chem, 2001, 66 (10): 3397-3401.
[22]　Murray R W, Iyanar K. Tetrahedron Lett, 1997, 38 (3): 335-338.
[23]　Heymann D, Bachilo S M, Weisman R B, et al. J Am Chem Soc, 2000, 122: 11473-11479.
[24]　Zhang X J, Romero A, Foote C S. J Am Chem Soc, 1993, 115: 11025-11027.
[25]　Zhang X J, Fan A, Foote C S. J Org Chem, 1996, 61: 5456-5461.

[26] Zhang X J, Foote C S. J Am Chem Soc, 1995, 117: 4271-4275.
[27] Vassilikogiannakis G, Chronakis N, Orfanopoulos M. J Am Chem Soc, 1998, 120: 9911-9920.
[28] Bildstein B, Schweiger M, Angleitner H, et al. Organometallics, 1999, 18: 4286-4295.
[29] Nair V, Sethumadhavan D, Nair S M, et al. Synthesis-Stuttgart, 2002, 12: 1655-1657.
[30] Schuster D I, Cao J R, Kaprinidis N, et al. J Am Chem Soc, 1996, 118: 5639-5647.
[31] Vassilikogiannakis G, Orfanopoulos M. J Org Chem, 1999, 64: 3392-3393.
[32] Jensen A W, Khong A, Saunders M, et al. J Am Chem Soc, 1997, 119: 7303-7307.
[33] Ulmer L, Siedschlag C, Mattay J. Eur Org Chem, 2003, 19: 3811-3817.
[34] Taylor R, Barrow M P, Drewello T. Chem Commun, 1998, (22): 2497-2498.
[35] Knol J, Hummelen J C. J Am Chem Soc, 2000, 122: 3226-3227.
[36] McClenaghan N D, Absalon C, Bassani D M. J Am Chem Soc, 2003, 125: 13004-13005.
[37] Maggini M, Scorrano G. J Am Chem Soc, 1993, 115: 9798-9799.
[38] Guldi D M, Zilbermann I, Anderson G A, et al. J Mater Chem, 2004, 14: 303-309.
[39] Torre M D L, Marcorin G L, Pirri G, et al. Tetrahedron Lett, 2002, 43: 1689-1691.
[40] Ohno M, Yashiro A, Eguchi S. Chem Commun, 1996, (3): 291-292.
[41] Wang G W, Li Y J, Peng R F, et al. Tetrahedron, 2004, 60: 3921-3925.
[42] Arce M J, Viado A L, An Y Z, et al. J Am Chem Soc, 1996, 118: 3775-3776.
[43] Mack J, Miller G P. Fullerene Sci Tech, 1997, 5: 607-614.
[44] Martin N, Martinez-Grau A, Sanchez L, et al. J Org Chem, 1998, 63: 8074-8076.
[45] Takaguchi Y, Sako Y, Yanagimoto Y, et al. Tetrahedron Lett, 2003, 44: 5777-5580.
[46] Haufler R E, Conceicao J, Chibante L P F, et al. J Phys Chem, 1990, 94: 8634-8636.
[47] Zhang J P, Wang N X, Yang Y X, et al. Carbon, 2004, 42: 675-676.
[48] Fukuzumi S, Suenobu T, Kawamura S, et al. Chem Commun, 1997, (3): 291-292.
[49] Attalla, M I, Vassallo A M, Tattam B N, et al. J Phys Chem, 1993, 97: 6329-6331.
[50] Boltalina O V, Darwish A D, Street J M, et al. J Chem Soc Perkin Trans, 2002, 2: 251-256.
[51] Boltalina O V, Lukonin A Y, Street J M, et al. Chem Commun, 2000, (17): 1601-1602.
[52] Avent A G, Boltalina O V, Lukonin A Y, et al. J Chem Soc Perkin Trans. , 2000, 2: 1359-1361.
[53] Avent A G, Clare B W, Hitchcock P B, et al. Chem Commun, 2002, (20): 2370-2371.
[54] Troyanov S I, Troshin P A, Boltalina O V, et al. Angew Chem Int Ed, 2001, 40 (12): 2285-2287.
[55] Troshin P A, Kornev A B, Peregudov A S, et al. J Fluorine Chem, 2005, 126: 1559-1564.
[56] Denisenko N I, Troyanov S I, Popov A A, et al. J Am Chem Soc, 2004, 126 (6): 1618-1619.
[57] Kareev I E, Popov A A, Kuvychko I V, et al. J Am Chem Soc, 2008, 130: 13471-13489.
[58] Caron C, Subramanian R, Dsouza F, et al. J Am Chem Soc, 1993, 115: 8505-8506.
[59] Bausch J W, Prakash G K S, Olah G A, et al. J Am Chem Soc, 1991, 113: 3205-3206.
[60] Seshadri R, Govindaraj A, Nagarajan R, et al. Tetrahedron Lett, 1992, 33: 2069-2070.
[61] Davey S N, Leigh D A, Moody A E, et al. Chem Commun, 1994, (4): 397-398.
[62] Kitagawa T, Tanaka T, Murakita H, et al. J Org Chem, 1999, 64: 2-3.
[63] Khairallah G, Peel J B. Chem Commun, 1997, (3): 253-254.
[64] Wang G W, Komatsu K, Murata Y, et al. Nature, 1997, 387: 583-586.
[65] Anderson H L, Faust R, Rubin Y, et al. Angew Chem Int Ed, 1994, 33: 1366-1368.
[66] Nagashima H, Terasaki H, Kimura E, et al. J Org Chem, 1994, 59: 1246-1248.
[67] Yamago S, Yanagawa M, Nakamura E. Chem Commun, 1994, (19): 2093-2094.
[68] Li J, Takeuchi A, Ozawa M, et al. Chem Commun, 1993, (16): 1784-1785.
[69] Wilson S R, Wu Y H. J Am Chem Soc, 1993, 115: 1033-1034.
[70] Ohno M, Yashiro A, Tsunenishi Y, et al. Chem Commun, 1999, (9): 827-828.
[71] Krusic P J, Wasserman E, Keizer P N, et al. Science, 1991, 254: 1183-1185.
[72] Li X F, Fan L Z, Liu F, et al. J Am Chem Soc, 2007, 129: 10636-10637.
[73] Chuang S C, Santhosh K C, Lin C H, et al. J Org Chem, 1999, 64: 6664-6669.
[74] Shu C Y, Slebodnick C, Xu L S, et al. J Am Chem Soc, 2008, 130 (52): 17755-17760.
[75] Sariciftci N S, Smilowitz L, Heeger A J, et al. Science, 1992, 258: 1474-1476.
[76] Yu G, Gao J, Hummelen J C, et al. Science, 1995, 270: 1789-1791.
[77] Yassar A, Hmyene M, Loveday D C, Synth Met, 1997, 84: 231-232.
[78] Cravino A, Zerza G, Neugebauer H, et al. J Phys Chem B, 2002, 106: 70-76.
[79] Loi M A, Denk P, Hoppe H, et al. J Mater Chem, 2003, 13: 700-706.
[80] Shaheen S E, Brabec C J, Sariciftci N S, et al. Appl Phys Lett, 2001, 78: 841-843.
[81] Rispens M T, Meetsma A, Rittberger R, et al. Chem Commun, 2003, (17): 2116-2118.
[82] Tokuyama H, Yamago S, Nakamura E. J Am Chem Soc, 1993, 115: 7918-7919.
[83] Friedman S H, Decamp D L, Sijbesma R P, et al. J Am Chem Soc, 1993, 115: 6506-6509.
[84] Sijbesma R, Srdanov G, Wudl F, et al. J Am Chem Soc, 1993, 115: 6510-6512.

[85] Boutorine A S, Tokuyama H, Takasugi M, et al. Angew Chem Int Ed, 1994, 33: 2462-2465.
[86] Da Ros T, Prato M. Chem Commun, 1999, (8): 663-669.
[87] Marcorin G L, Da Ros T, Castellano S, et al. Org Lett, 2000, 2: 3955-3958.
[88] Tokuyama H, Yamago S, Nakamura E. J Am Chem Soc, 1993, 115: 7918-7919.
[89] An Y Z, Chen C B, Anderson J L, et al. Tetrahedron, 1996, 52: 5179-5189.
[90] Bergamin M, Da Ros T, Spalluto G, et al. Chem Commun, 2001, (1): 17-18.
[91] Samal S, Geekeler K E. Chem Commun, 2000, (13): 1101-1102.
[92] Kamat J P, Devasagayam T P A, Priyadarsini K I. Toxicology, 2000, 155: 55-61.
[93] Berlett B S, Stadtman E R. J Biol Chem, 1997, 272: 20313-20316.
[94] Krusic P J, Wasserman E, Keizer P N, et al. Science, 1991, 254: 1183-1185.
[95] Guldi D M, Asmus K D. Rad Phys Chem, 1999, 56: 449-456.
[96] Bosi S, Da Ros T, Spalluto G. Eur J Med Chem, 2003, 38: 913-923.
[97] Bianco A, Da Ros T, Prato M. J Pept Sci, 2001, 7: 208-219.
[98] Pellarini F, Pantarotto D, Da Ros T. Org Lett, 2001, 3: 1845-1848.

# 第7章

# 金属-有机骨架配位聚合物 (MOF) 的合成、结构及其应用

## 7.1 前言

　　金属-有机骨架配位聚合物是有机配体和金属离子之间通过配位键形成的具有高度规整的无限网络结构的聚合物[1]，其实就是将晶体工程概念引入到超分子建筑的设计中而延伸出来的一个分支，它是有机配体和过渡金属通过配位键、氢键或其他分子间弱作用力自组装而形成的一维、二维或三维结构的聚合物。从结构上看，金属-有机骨架配位聚合物具有许多新颖的拓扑结构类型和配位模式，它们内部的一维、二维或三维结构是独立成网，但在许多配位聚合物晶体中，这些彼此独立的网又相互交错穿插，呈现出许多新型、美丽而壮观的结构，具有重要的理论研究价值和潜在的应用价值，对它们的研究可以大大丰富结构化学和配位化学的内容。金属-有机骨架配位聚合物是一类具有巨大应用价值的新型骨架固体材料。从应用上看，在非线性光学材料、磁性材料、超导材料、分子与离子交换、吸附与选择性催化等多方面都有极好的应用前景。在制备时可在较大的范围内选择更合适的金属离子和有机配体，使之更符合特定性能的要求。金属-有机骨架配位聚合物的制备是现代化学分子设计的重要对象，为制备具有特定性能的配位聚合物材料，可通过分子设计对配位中心的金属离子（模板，templating）、多齿有机配体（构件，building block）和辅助配体进行选择，然后进行自组装，实现有目的的设计合成。

　　20 世纪 90 年代以来，金属-有机骨架配合物在超分子和材料化学领域得到了迅速发展，由于其结构可以调控、修饰，热稳定性较好，具备了一般有机化合物与无机物的特点，结合了复合高分子和配位化合物两者的特性，表现出了其在分子识别、多相催化、选择性吸附、化学传感、气体储存、离子交换等方面的独特性质。因而，在磁性材料、非线性光学材料、超导材料及催化等诸多方面有极好的应用前景[2~4]。结构新颖和性能优良的配位化合物源源不断地被设计出来[5~7]，取得了许多令人鼓舞的成果。

## 7.2 金属-有机骨架配合物的研究进展

　　自 20 世纪以来，人们对于骨架金属-有机功能配合物的合成与性能已进行了相当多的研究，并取得了一系列的成果。他们利用不同的合成方法、不同的有机配体、不同的金属离子，合成了大量不同结构和性能的骨架配位聚合物。根据其配体的不同，可分为羧酸类配合物、含氮杂环类配合物、混合配体类配合物、有机膦配体构筑的骨架配位聚合物等。

### 7.2.1 羧酸类骨架配合物

　　羧酸根与过渡金属有很强的配位及螯合作用，而且配位方式很多，因此被广泛地应用于

金属-有机骨架配位聚合物的合成中。尤其有机酸类配体，可以合成类分子筛型含微孔结构的有机多酸配位聚合物，而且通过调整多羧酸配体的结构及尺寸的大小可以合成含有孔洞形状、大小迥异的类分子筛化合物，所以近年来在这方面的研究受到高度重视。

最简单的羧酸为一元酸，一元酸一般不能作为桥连配体，但两个氧原子有多变的配位方式，也可以起到桥连的作用，组成多变的结构（图7-1）。到目前为止，仅由一元酸为配体构成的配位聚合物还很有限。

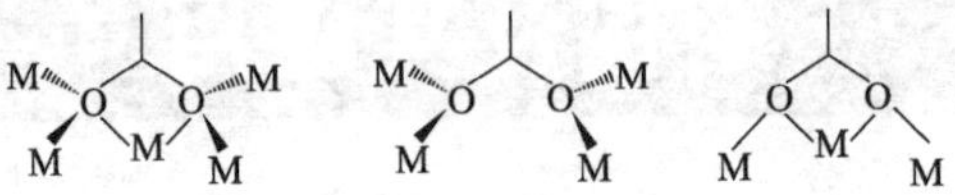

图 7-1  羧酸的特殊配位方式

再复杂一点的羧酸类配体有草酸，草酸具有多种几何配位形式，为金属中心提供刚性的和更佳的配位方式，从而使其更易形成一维链和高维骨架，并且通过自身的桥连形式使其具有很有效的转移磁相互作用的能力。草酸负离子作为刚性的二齿配体可以通过桥连金属中心形成扩展的结构[8]；草酸离子有着特别的性质，可以作为较短的连接体在顺磁性金属离子之间作为电子效应的中介，从而引起大量关注。同时草酸部分可以作为金属离子之间的桥连体将结构从零维到三维扩展开来。二维蜂巢形结构是草酸类化合物最常具有的结构，这种结构通常具有较大的孔道[9]。

目前研究主要集中于对苯二甲酸、均苯三酸、羧基取代的苯氧乙酸等芳香羧酸配体体系（图7-2）。其中最为出色的当属 Yaghi 小组。他们合成的 MOF（metal-organic framework，金属-有机骨架结构）系列配位聚合物几乎可以说是记录了整个晶态孔材料发展的历史。这些配位聚合物的孔穴是非常大的（纳米数量级），热稳定性和 Langmuir 表面积也更接近或超过了分子筛。与此同时，Yaghi 等人还发展了"次级结构单元"（secondary building block）概念以及"网络合成"（reticular synthesis）方法，在一定程度上实现了有目的地设计和合成类分子筛材料。他们以网络合成的方法，通过合理的二级结构单元来构筑预想中的配位聚合物孔材料，在一定程度上实现了有目的设计、合成类分子筛材料。

1996 年，Yaghi 等以 Co、Ni 和 Zn 的醋酸盐和 1,3,5-间苯三甲酸（$H_3BTC$）为原料，用水热的方法合成了具有 $SrSi_2$ 结构的三维骨架配合物 $M_3(BTC)_2(H_2O)_{12}$。在这个结构中，结点为金属离子，联结桥是 BTC[10]。图 7-3（a）是该水合晶体的无孔二维结构。当加热去水后，可得到能吸收气体 $NH_3$ 的三维骨架结构 [图 7-3（b）]。

1999 年，Yaghi 小组用对苯二甲酸为配体，合成得到了孔径在 12.94Å 的 MOF-5[$ZnO_4$ (BDC)(DMF)$_8C_6H_5Cl$][11]，消除了多年来存在于微孔分子筛领域的"微孔分子筛的有效直径能否突破12Å"的疑问，这被认为是晶态孔材料发展中的第一次飞跃。MOF-5 具有简单立方拓扑结构，是以八面体次级结构单元 [$Zn_4O(CO_2)_6$ 簇] 作为六连接节点（node），BDC 作为链接（linker）将节点桥连在一起形成的三维配位聚合物网络结构。MOF-5 在空气中可稳定存在到 300℃，并且在客体分子完全除去后，仍能够保持晶体完好。MOF-5 可以吸附氮气、氩气和多种有机溶剂分子，吸附曲线与绝大多数微孔分子筛的相类似，属于 I 型吸附等温线，吸附过程是可逆的并且在脱附过程中没有滞后现象。MOF-5 的骨架空旷程度约为 55%～61%，比表面积高达 2900cm$^2$/g。传统的晶态微孔分子筛比表面积最大也只有 500cm$^2$/g，但它们的分子量通常要比 MOF-5 大。

2002 年，Yaghi 等又在 Science 上报道了其后续工作。通过调控官能团的拓展程度，利用一系列对苯二甲酸的类似物成功地合成了孔径跨度从 3.8Å 到 28.8Å 的 IRMOF（isoreticular metal-organic framework）系列类分子筛材料（图7-4）[12,13]。

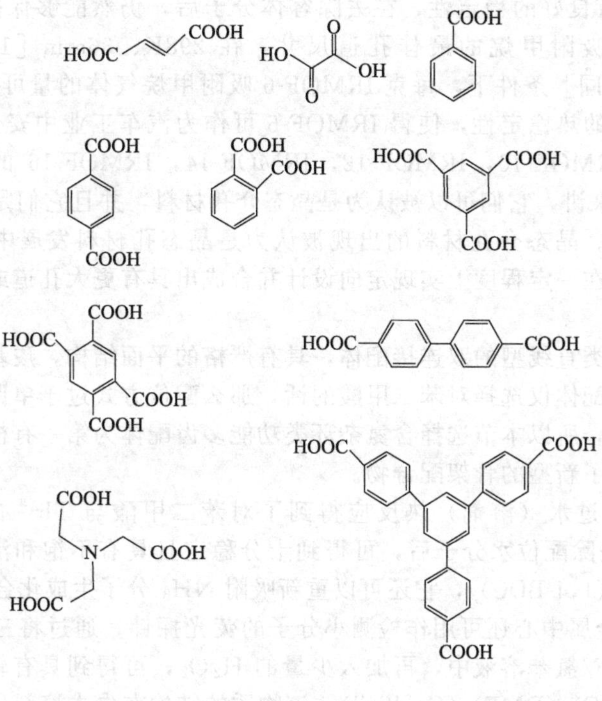

图 7-2 用于构筑配位聚合物的代表性含氧杂环类配体

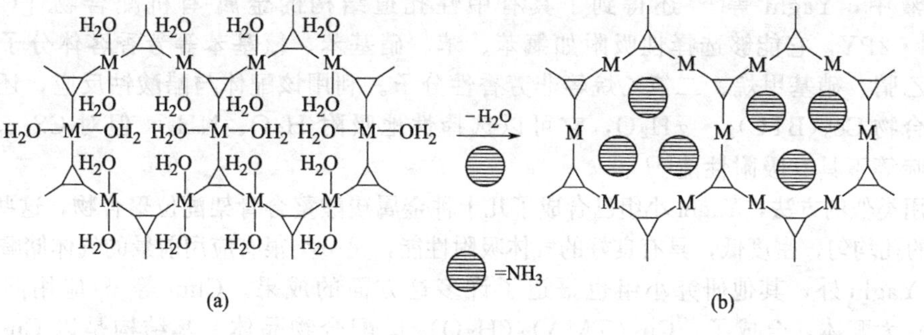

图 7-3 $M_3(BTC)_2(H_2O)_{12}$ 水合晶体的无孔二维结构 (a) 及去水并吸收 $NH_3$ (b)

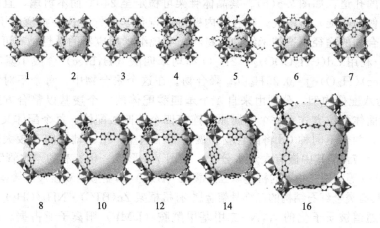

图 7-4 孔径跨度从 3.8Å 到 28.8Å 的 IRMOF 系列类分子筛材料[12,13]

IRMOF 系列具有良好的稳定性，在去除客体分子后，仍然能够保持原来的晶体结构。其中 IRMOF-6 具有吸附甲烷的最佳孔道尺寸，在 298K、36atm [155cm$^3$（STP）/cm$^3$，1atm=101325Pa，下同] 条件下，每克 IRMOF-6 吸附甲烷气体的量可达到 240cm$^3$。较大的甲烷吸附量和良好的热稳定性，使得 IRMOF-6 可作为汽车工业中安全的甲烷存储材料。另外，IRMOF-8，IRMOF-10，IRMOF-12，IRMOF-14，IRMOF-16 的孔径尺寸超过了 20Å。从孔径尺寸上来讲，它们可以被认为是晶态介孔材料，并且它们是所有已见报道的晶体材料中密度最低的。晶态介孔材料的出现被认为是晶态孔材料发展中的第二次飞跃。所以，网络合成法可以在一定程度上实现定向设计并合成出具有更大孔道或孔穴结构的类分子筛材料。

对苯二甲酸是一类直线型的双连接配体，具有严格的平面结构，羧基处在完全相同的化学环境中。如果有机配体仅选择对苯二甲酸的话，那么配位方式过于单调，合成新颖结构的骨架配合物概率较小，所以本节选择含氮杂环类功能多齿配体为第一有机配体，对苯二甲酸为协同配体，合成出了新型的骨架配合物。

Yaghi 等[14]还通过水（溶剂）热反应得到了对苯二甲酸与 Tb$^{3+}$ 的配合物 Tb$_2$(1,4-BDC)$_3$(H$_2$O)$_4$，在去除配位水分子后，可得到十分稳定且具有不饱和活性金属中心的 1-D 孔道结构化合物 Tb$_2$(1,4-BDC)$_3$，它还可以重新吸附 NH$_3$ 分子生成化合物 Tb$_2$(1,4-BDC)$_3$(NH$_3$)$_4$。该不饱和金属中心还可用作检测小分子的荧光探针。通过将三乙胺扩散到硝酸锌和间苯二甲酸的 DMF/氯苯溶液中，再加入少量的 H$_2$O$_2$，可得到具有较高热稳定性的 3-D 配合物 Zn$_4$O(1,3-BDC)$_3$(DMF)$_8$(C$_6$HSCl)，该物质的结构在失去溶剂分子及交换客体分子或加热到 300℃ 以上时均能够保持稳定。此外，通过将吡啶扩散到硝酸钴和 1,3,5-苯三酸的乙醇溶液中，Yaghi 等[15]还得到了具有中性孔道结构的金属-有机配合物 [Co$_3$(BTC)(PY)$_6$]·2PY，它能够选择性吸附如氯苯、苯、硝基苯、氰基苯等芳香客体分子，但却不能吸附乙腈、硝基甲烷、二氯乙烷等非芳香性分子。利用该配体与醋酸钴反应，还可得到骨架性化合物 Co$_3$(BTC)$_2$·$x$H$_2$O，它可以选择性地吸附 H$_2$O、NH$_3$，但对 CS$_2$、H$_2$S、乙腈、吡啶等不具有吸附性能[10]。

利用类似的方法，Yaghi 小组已合成了几十种金属羧酸螯合骨架配位聚合物，这些骨架配位聚合物的孔均匀，密度低，具有良好的气体吸附性能，是一类很有应用前景的气体储藏材料。

除 Yaghi 外，其他研究小组也报道了许多这方面的成果。Chui 等[16]应用间苯三甲酸（TMA）为配体，合成了 [Cu$_3$(TMA)$_2$(H$_2$O)$_3$]$_n$ 配合物晶体。其结构是以 Cu$_2$(O$_2$CR)$_4$ 为构造单位（R 为苯环），如图 7-5(a)，相互连接成三维网结构，产生孔径约为 1nm、具有四重轴对称性的孔道，如图 7-5(b)。其晶体骨架可稳定至 240℃ 而不坍塌，且配位水分子可为其他配体（例如吡啶）所取代，即孔道内壁可进行化学修饰。这一报道已引起极大关注，由形成骨架配合物的途径制造纳米级的孔材料，实现纳米反应器的设想是有可能实现的。

许洪彬[17]利用 Cd(CH$_3$COO)$_2$·2H$_2$O 和均苯四酸（H$_4$btec）合成了具有三维孔道结构的{[Cd$_2$(btec)(H$_2$O)$_2$]·0.25H$_2$O}$_n$ 聚合物。在这个聚合物中，每个不对称单元有两种 Cd$^{2+}$，一种为八配位构型，分别由来自 4 个苯四酸配体的一个羧基以螯合方式键合，另一种为扭曲的八面体配位方式。每个金属原子连接四个苯四酸配体，每个配体又桥连了六个金属中心，其中，两个不同种 Cd 将配合物扩展为三维构型，沿 $c$ 轴方向有较大的孔道，孔道直径为 9.3Å×4.7Å，其中嵌有大量水分子，如图 7-6 形成一条特有的"水管"。

2005 年，Liu 等利用三角形的桥连苯三羧酸根（BTC）和变形的双核羧酸簇构筑嵌段通过溶剂热反应得到具有类金红石结构的三维骨架金属-有机框架 Zn(BTC)·NH$_2$(CH$_3$)$_2$·DMF，网络结构中的一维通道被质子化的 $N$,$N'$-二甲基甲酰胺（DMF）阳离子所占据。该化合物可以选择性地吸收 H$_2$ 和 CO$_2$，因此可能在气体分离中发挥作用[18]。

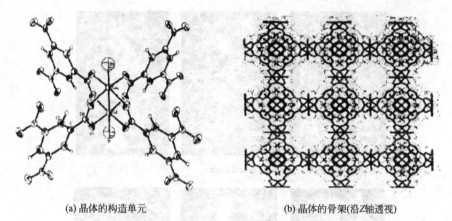

(a) 晶体的构造单元                    (b) 晶体的骨架(沿Z轴透视)

图 7-5  ［Cu₃(TMA)₂(H₂O)₃］ₙ 配合物晶体

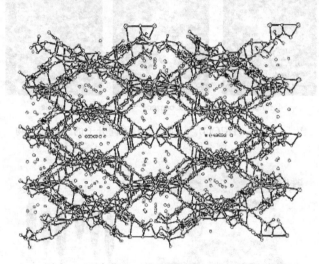

图 7-6  配合物的三维孔道结构 (沿 c 轴方向)

除了多为刚性配体的芳香羧酸外, 以脂肪酸为代表的柔性配体在合成骨架配合物中也发挥着不可或缺的作用。北大 Wang 等人用甲酸为配体得到了 $Mn_3(HCOO)_6$ 的三维配位聚合物[19], 该配合物有很好的热稳定性和灵活的开放型骨架结构, 可以容纳不同的溶剂分子作为客体分子 (其结构见图 7-7), 构成了一系列新的骨架配合物, 同时该化合物还表现出长程磁有序。

Kurmoo 等以 $Co(NO_3)_2 \cdot 6H_2O$、反式-1,4-环己烷二羧酸盐 (chdc) 等为原料在水热条件下合成了骨架的、能进行客体交换的材料 $Co_5(OH)_8(chdc) \cdot 4H_2O$, 结构分析表明, 该聚合物中存在着四面体-八面体-四面体交替排列的 $Co_3^{(oct)}Co_2^{(tet)}(OH)_8$ 层, 层与层间通过 chdc 柱层连接起来, 非配位水位于 chdc 柱层间的一维通道中 (图 7-8)。对该聚合物加热或抽真空时, 将经历 $Co_5(OH)_8(chdc) \cdot 4H_2O \longrightarrow Co_5(OH)_8(chdc) \cdot 2H_2O \longrightarrow Co_5(OH)_8(chdc)$ 的过程。在整个失水过程中, 其结构并不坍塌; 且不论是否含水, 该骨架聚合物在 60.5K 以下都表现出磁性[20]。这种柱层连接也有效地避免了网络互穿。

河北大学周秋香等[21]利用 $NdCl_3 \cdot xH_2O$、己二酸、4,4'-bipy 按摩尔比 1:1:2 水热合成了骨架配位聚合物 $[Nd_2(C_6H_8O_4)_3(H_2O)_2]_n \cdot n(4,4'-bipy)$, 该九配位聚合物是由 $[Nd_2(C_6H_8O_4)_3(H_2O)_2]$ 单元自组装而成的, Nd 与 Nd 原子之间以己二酸根配体中羧基为桥, 相互连接形成一个三维骨架结构, 4,4'-bipy 存在于所形成的孔道中, 由己二酸根相互

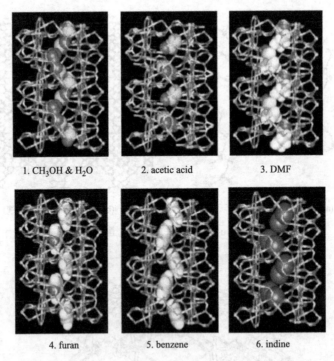

1. CH$_3$OH & H$_2$O　　　　2. acetic acid　　　　3. DMF

4. furan　　　　5. benzene　　　　6. indine

图 7-7　Mn$_3$(HCOO)$_6$ 孔道中前有不同分子的三维配合物

图 7-8　Co$_5$(OH)$_8$(chdc)·4H$_2$O 的柱层结构及其简化图

连接形成的孔道大小为 1.03nm×1.18nm，每个单胞体积为 31377nm$^3$，而孔道中由 4,4'-bpy 所占有的体积为 1.135nm$^3$，有效孔道占总体积的 33.6%。使得形成的骨架配位聚合物具有一定的应用价值。

许洪彬[17]运用 La$_2$O$_3$、Zn(CH$_3$COO)$_2$·2H$_2$O 和亚氨基二乙酸（H$_2$IDA）合成了具有孔道结构的 [LaZn(HIDA)(IDA)$_2$·0.5H$_2$O]$_n$ 配位聚合物，该聚合物中每个 Zn 原子由来自一个 IDA 配体的一个 N 原子和两个 O 原子以螯合方式配位，形成一个五元环，配体 IDA 表现出典型的 $fac$-NO+O（apical）的三齿配位方式，同时 Zn（Ⅱ）由另一个完全一样的 IDA 配体以相同的螯合方式配位形成的八面体配位方式。每个 La$^{3+}$ 中心被来自 8 个 IDA 配体的 10 个氧原子配位，邻近的 La（Ⅲ）离子由 IDA 配体以两种不同的方式桥连起来。一种是以一个 IDA 配体一个羧基中的双 O 原子方式，La—Zn—La 有共享一条边的方式连接起来。另一种桥连方式是单 O 原子方式，通过来自一个 N 原子质子化的 HIDA 配体的一个羧基中的一个氧原子连接起来。Zn$^{2+}$ 和 La$^{3+}$ 就这样通过共享 IDA 配体的羧基氧原子连接成"之"字形无机链，八面体配位的 Zn$^{2+}$ 交替位于链的两侧。质子化的 HIDA 配体以螺旋的配位方式将一维的无机链进一步连接成二维层状结构，邻近的无机链之间的距离为0.88nm，同时层状结构中还有孔道，其中嵌有水分子。

### 7.2.2　含氮杂环类骨架配合物

自从对金属有机配位聚合物研究以来，研究最多、成果最显著的就是含N杂环配体的配位聚合物。含N杂环类配体种类繁多，构型多样（如图7-9所示），主要有4,4′-联吡啶(4,4′-bipy)、吡嗪（pyz）、嘧啶（pym）及其衍生物。用该类配体构筑的配位聚合物已经有很多报道，这些配位聚合物大都是通过吡啶及其衍生物与过渡金属盐反应获得。尽管人们对羧酸类配体构筑骨架聚合物的研究已经很广泛，但是含有多个配位点的含氮配体在合成骨架聚合物领域也备受青睐。

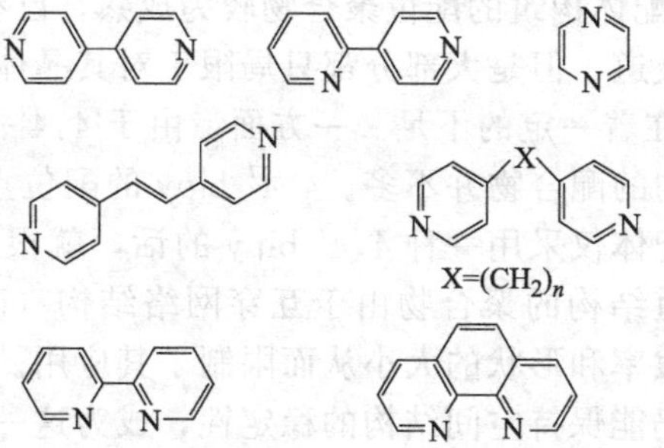

图7-9　用于构筑配位聚合物的代表性含氮杂环类配体

在种类繁多的含N杂环类配体中，4,4′-bipy由于具有较强的配位能力、较好的几何构型受到广泛的青睐。4,4′-bipy与金属离子在自组装过程中能形成各种一维、二维及三维空间结构的配合物[22~27]，构筑了许多拓扑结构，这些不同结构的配合物大多有较大的孔洞、空穴或管道，能包合一些体积大的有机分子作为客体分子，表现出特殊的包合现象。4,4′-bipy配合物的这种特殊的包合现象可用于物质的分离提纯、化学反应的催化及离子间的交换[28~30]。

4,4′-bipy能与Cu、Zn、Co、Ag等重金属盐反应生成多种配位聚合物[31~34]。

Michael教授合成出了具纳米孔（nanoporosity）网络结构的聚合物 $[Cu(4,4′-bipy)_2](SiF_6)$，$[Zn(4,4′-bipy)_2](SiF_6)$，它们具有很高的稳定性，在300℃以上除去客体或交换客体后仍具有相当好的稳定性，且仍能保持晶体状态[35]。

南开大学顾文等将 $Ni(ClO_4)_2 \cdot 6H_2O$ 和 $Co(ClO_4)_2 \cdot 6H_2O$ 分别与4,4′-联吡啶、1,4,7-三氮杂环壬烷（tacn）反应，得到了两种配合物。这两种配合物由4,4′-联吡啶桥连过渡金属形成一维链状结构。单齿配位的吡啶环上的未配位氮原子与配位水形成了氢键，将链连接成二维铁轨形结构。此结构再通过未配位的4,4′-联吡啶、配位水、氢氧根之间形成的氢键而连接成三维网状结构。未配位的4,4′-联吡啶、甲醇、氢氧根离子、高氯酸根离子被包合在网状结构中。所以在这种网络中，展示出一定的包合现象[36]。

Felloni通过控制反应物的摩尔比，将4,4′-bipy与硝酸钴反应获得了3种空间结构不同的配合物，分别为一维线性结构、二维层状结构以及三维空间网络结构，整个结构由氢键作用和π-π堆积作用支撑[22]。

Fujita发现Cd（Ⅱ）与4,4′-联吡啶反应生成的聚合物 $\{[Cd(4,4′-bipy)_2](NO_3)_2\}_n$ 具有很好的催化活性，能加速氨基甲硅烷基化反应[37]。在该聚合物中，每个Cd（Ⅱ）与4个4,4′-联吡啶配位，而每个4,4′-联吡啶又通过2个N原子与2个Cd（Ⅱ）键合，形成二维平面结构，Cd（Ⅱ）位于4个N原子形成的正方形的中心。

Kondo等[38]利用 $M^{2+}$ （Co，Ni，Zn）的硝酸盐与4,4′-bipy在丙酮/乙醇溶液中反应，

合成了三维的配位聚合物 $\{[M_2(4,4'\text{-bipy})_3(NO_3)_4](H_2O)\}_n$，该配位聚合物可以吸附 $CH_4$、$N_2$、$O_2$ 等气体分子，而且在相同温度、压力下吸附甲烷的量为最多。

Yaghi 等[39]用水热合成的方法得到了 $Ag(4,4'\text{-bipy})NO_3$，在该聚合物中，2 个联吡啶分子以对称的方式与 Ag（Ⅰ）离子配位，形成直线链，相邻的长链之间通过 Ag—Ag 键以近乎垂直的方式与其相连，进而形成三维骨架配位聚合物。该聚合物中的 $NO_3^-$ 可以与 $PF_6^-$、$MoO_4^{2-}$、$BF_4^-$ 及 $SO_4^{2-}$ 进行交换。

含 4,4'-bipy 的配位聚合物都具有笼效应，这与骨架型的网络结构有关，因而在催化和分离方面有很好的应用前景[40]。

其潜在应用主要源于聚合物结构所含的孔的大小和形状，而这些是由配体和金属离子控制的。目前对 4,4'-bipy 为配体构筑的配位聚合物较为成熟，已有很多关于 4,4'-bipy 与各种金属盐反应得到的配合物报道，但是大部分都只局限于对其晶体结构的解析。文献中报道的 4,4'-bipy 作为有机配体存在着一定的不足。一方面，由于 4,4'-bipy 作为刚性配体的长度的限制，使得获得大孔道结构的配合物并不多。4,4'-bipy 的配位点不多，配位方式比较单一。如果合成配合物时，有机配体仅采用一种 4,4'-bipy 的话，就很难获得结构新颖的骨架配合物，另一方面，有些大孔道结构的聚合物由于互穿网络结构（interpenetration）、晶体堆积或结构的不稳定影响了空隙率和形状的大小从而限制了其应用。怎样获得大孔道结构的配合物，并在客体分子移除后仍能保持空间结构的稳定性，成为这一领域的难题。

以 4,4'-bipy 类衍生物为配体构筑的配位聚合物除吡啶外，其实吡啶的衍生物或其他含氮的配体在构筑骨架有机配位聚合物中也发挥了巨大作用。4,4'-bipy 类的含氮衍生物也是较为常见的配体，人们通过选择不同的含氮衍生物为配体，来控制得到的配合物的孔洞大小，来避免互穿网络结构的形成，获得了各种新颖的拓扑结构。

1999 年，日本的 Biradha 和 Fujita 等人通过设计不利于互穿网络的有机配体，使用了一种 panel-like 配体（图 7-10），从而解决了互穿网络现象的发生[41]。

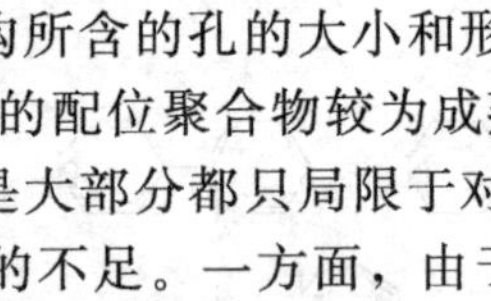

图 7-10　panel-like 配体的结构[41]

到 2000 年，Biradha 和 Fujita 等人又使用了一种新配体（图 7-11），以其 o-xylene 溶液与 Ni 盐的甲醇溶液反应，得到了一种具有非互穿网络的平方格子网络结构的单晶聚合物 $[\{[Ni(L_2)_2(NO_3)_2]\cdot 4(o\text{-xylene})\}]$[42]，这个聚合物的配体比常用配体 4,4'-bipy 长得多。

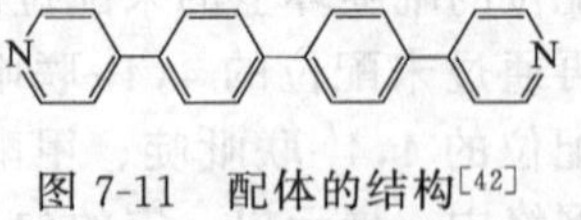

图 7-11　配体的结构[42]

该聚合物具有特殊重要性的平方格子网状结构，因为它的空间大并且可预测，所容纳的客体分子具有选择性。格子堆积能形成较大长方形孔道，孔道的均匀性和较小的层间距使得该聚合物在即使客体分子除去后，仍具有很高的热稳定性。

Bunz 和 Loye 等人报道的通过在 2 个吡啶基团之间引入刚性且位阻较大的基团而得到的配体 L（图 7-12），实际上可以看作类似 4,4'-bpy 的近似直线形的双齿刚性有机配体。利用配体 L 和硝酸铜通过分层扩散缓慢反应的方法得到配合物 $[Cu(L)_2(NO_3)_2]$[43]。这是一个具有二维方格状结构的配位聚合物，其中每个方格的大小为 2.5nm×2.5nm。但是从图 7-13 的堆积图可以看出，由于二维层状结构并不是完全对齐地排列，而是以 ABAB 方式堆积，因此堆积之后形成的孔道结构的孔径是 1.6nm×1.6nm，也就是说，晶体堆积使其孔道大小减小了许多。

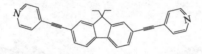

图 7-12 配体的结构[43]

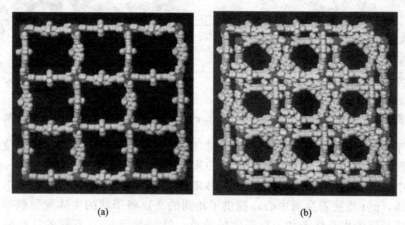

(a)                                (b)

图 7-13 [Cu(L)$_2$(NO$_3$)$_2$] 的单层正方形格子结构图 (a)：
每个氟原子朝每个格子的相反方向旋转了近 90°，形成一边的长链平行、垂直
于格子的平面；四个正方形格子的堆积图 (b)：格子以 ABAB 方式堆积，
形成一个 16Å×16Å 的大的孔道[43]

Hong 等人[40,44]用 tpst 配体得到了具有高对称立方体金属纳米笼结构的 [Ni$_6$(tpst)$_8$Cl$_{12}$]·24DMF·13H$_2$O 和金属纳米管结构 [Ag$_2$(tpst)$_4$(ClO$_4$)$_2$(NO$_3$)$_5$(DMF)$_2$]$_n$。由于这两个化合物的内孔都是纳米尺寸级的，它能容纳多个客体溶剂分子。

Igor 等[45]由 Ni$_9$(HOOCCMe$_3$)$_4$($\mu_3$-OH)$_3$(OOCCMe$_3$)$_{12}$ 和 3-(3,5-二甲基吡唑)-6-(3,5-二氨基-1,3,4-噻重氮基)-1,2,3,4,5-四嗪(L) 合成了微骨架一维材料。根据 X 单晶衍射，这个具有纳米尺寸的管道材料由堆积的阳离子 Ni（Ⅱ）八核环状配合物 [Ni$_8$($\mu$-OH$_2$)$_4$($\mu$-OOCCMe$_3$)$_4$($h_2$-OOCCMe$_3$)(OOCCMe$_3$)$_{10}$L$_4$]$^+$ 和有规则地排列在管道旁边的三甲基乙酸盐组成，管道内充满了形成内含化合物的氰化甲烷。

Su 等人[46]在 2004 年用一种新的含氮双齿长链配体（nbpy$_4$）分别与 Co(NO$_3$)$_2$ 和 Cd(NO$_3$)$_2$ 合成得到了具有很大尺寸的一维梯状结构和稀有的多互锁的三维梯状结构。

Zaworotko 教授[47]合成出了具纳米孔（nanoporosity）网络结构的聚合物 [Cu(4,4'-bipy)$_2$](SiF$_6$)，[Zn(4,4'-bipy)$_2$](SiF$_6$)，它具有很高的稳定性，在 300℃ 以上除去客体或交换客体后仍具有相当好的稳定性，且仍能保持晶体状态。

隋爱香等利用二价钴和咪唑合成各种具有沸石骨架的配位聚合物 [Co(im)$_2$·xG][x=0，0.4 or 0.5；G=客体分子，其中客体分子为 MB（甲基-1-丁醇）] 的孔道大小为 9.4Å×3.9Å，骨架稳定，而且能够实现溶剂分子的交换。合成了一系列具有四连接网络结构的二价金属咪唑配位聚合物，得到了各种类沸石网络结构类型的骨架配位聚合物，并通过配体取代基的改变和结构定向试剂的选择使得孔洞率大大增加[47]。

Kepert 等利用 Fe（Ⅱ）(NCS)$_2$ 与反式-4,4'-偶氮吡啶（azpy）在乙醇中反应得到具有柔性的骨架聚合物 [Fe$_2$(azpy)$_4$(NCS)$_4$·EtOH]$_n$（图 7-14），该聚合物不仅可以与客体分子进行可逆的交换，而且客体分子会诱导中心 Fe（Ⅱ）的电子发生自旋跃迁，间接影响配

位聚合物中磁核的磁性变化，使该聚合物具有磁性。此外，当加热 $[Fe_2(azpy)_4(NCS)_4 \cdot EtOH]_n$ 使其失去客体分子时，伴随着结构对称性的改变，这与许多经典的骨架聚合物是不同的[48]。

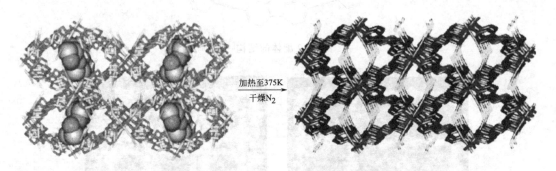

图 7-14 $[Fe_2(azpy)_4(NCS)_4 \cdot EtOH]_n$ 的晶体结构图及失去客体分子后的框架

Zhang 等[49]利用 5-(4-吡啶基)-1,3,4-氧二唑-2-硫醇和具有典型八面型配位的 (Co-Ni) 在不同的条件下水热合成了一系列的骨架配位聚合物 $\{[M(pyt)_2(H_2O)_2](solvents)\}_n$。在这些化合物中，多面配位的 pyt 的阴离子配体随着 $\mu$-$N_{py}$, $N_{oxa}$ 的键合方式的不同而呈现硫代酰胺异构体，pyt 连接着金属中心，提供了相同的 2-D 格子状的主体配位框架，并以平行的方式堆积成最终的水晶格子和 1-D 开放的管道，特别对于 Co，不同的反应路径和中介导致形成四种类似的包含各种客体溶剂分子的化合物。而且在其中的一个化合物中含不同寻常的水簇。

### 7.2.3 混合配体类骨架配合物

由于这类配体同时含有配位原子 N、O，而氧原子比较容易与硬金属离子配位，氮原子比较容易与软的过渡金属离子配位，因此这类配体可以同时与稀土金属、过渡金属等不同的离子配位，从而形成具有特殊功能的材料。吡啶酸类配体是典型含 N 和羧基的多功能配体 (图 7-15)。这类配体由于同时具有不同功能的配位原子 N 和 O，因此可以结合不同的金属离子，呈现出各种各样的配位方式和拓扑结构。

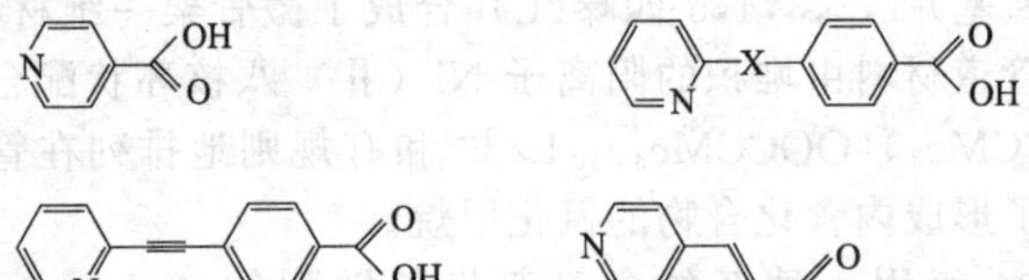

图 7-15 用于构筑配位聚合物的代表性吡啶酸类配体

通过对合成新型含氮配体和对已有含氮配体进行修饰，同时引入适合的第二羧酸配体，可以预期得到一些具有特殊性质的新型功能材料。Rao、Kitagawa、Yaghi 等在这方面做了出色的工作[28,50~53]，合成出大量功能性骨架材料配位聚合物和具有互穿结构的配位聚合物。2000 年，Seo 用含氧和氮的手性配体 1 合成了单一手性的金属-有机骨架材料 POST1，首次发现这种材料可选择性地吸附旋光性的金属配合物并能旋光选择性地催化酯化反应。此结构属于二维层状，层与层之间由分子间力堆积成三维骨架结构，当去掉溶剂后结构塌陷，塌陷的结构暴露在水或乙醇蒸气中可恢复其三维骨架结构[54]。

Zhu 等[55]运用顺,顺-1,3,5-环己烷三羧酸盐（CTC）和 1,3-丙二胺（PDA）合成了一种新的三维骨架有机结构配位聚合物 Cd(CTC)(HPDA)·(H$_2$O)，X 单晶衍射显示两个镉原子中心通过六个不同的羧酸盐基团配位构建成一个双核八面体二级构筑单元（SBU），这些八面体 SBU 通过 CTC 的环己胺环的相互连接，产生了四边形的尺寸为 10Å×17Å 管道。在这种结构中，双核八面体 SBU 可以被定义为 6-连接点。CTC 连接三个 SUB，可以作为 3-连接点。因此，该配合物最终的结构是一个金红石拓扑双结点的（3，6）网络。而且，该聚合物在室温下的固相中在 364nm 处存在着强烈的荧光性，在 240nm 处为激发点。

Liao 等[56]以碳酸锰、对苯二甲酸和 4,4'-联吡啶为原料，以乙醇/水为溶剂，采用水（溶剂）热法得到了含有大小为 11.598Å×10.922Å 1-D 孔道的 3-D 网状结构配位聚合物 [Mn(1,4-BDC)(4,4'-bipy)]$_n$（图 7-16）。

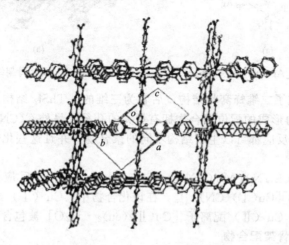

图 7-16　[Mn(1,4-BDC)(4,4'-bipy)]$_n$ 中由 4,4'-联吡啶连成的 3-D 网状结构

Moumita 等运用 Co 和 4,4'-联吡啶及甲酸溶液合成了具有三维孔道结构的配位聚合物 [{Co(HCO$_2$)$_2$(H$_2$O)(4,4'-bipy)}·3H$_2$O]$_n$，该化合物包含了由甲酸盐和 4,4'-联吡啶配体连接的 [Co(HCO$_2$)(H$_2$O)]$^+$，Co 原子几乎处于八面体的环境，通过被来自两个桥连的两个反式 N 原子和四个氧原子（其中两个来自桥连的甲酸盐，一个来自终端的甲酸盐配体，第四个来自终端的水配体）环绕。这个聚合物形成的通道被水分子所占据，水热研究表明这个三维框架并没有因为通道中的水分子消除而破坏，室温下有磁性[56]。

### 7.2.4　有机膦配体构筑的骨架配合物

大多数被研究过的二价过渡金属-有机膦酸盐是二维层状结构，直接合成的骨架配位聚合物的报道不多。2002 年，James、徐兴玲等利用 1,3,5-三(二苯基膦)苯（tripho）与三氟甲基磺酸银反应，得到了具有纳米孔径的骨架配位聚合物 [Ag$_4$(tripho)$_3$(CF$_3$SO$_3$)$_4$]。在该聚合物中，每个配体通过 Ag—P 键连接 3 个金属离子，而每个 Ag 周围有的是 2 个 P 配位，有的是 3 个 P 配位 [图 7-17(a)]，这种相互作用形成了由 18 个 Ag 和 12 个 tripho 组成的具有六边形孔洞的三维网状、类似沸石 MCM-41 的结构。孔洞的有效直径约为 1.6nm，但由于配位 P 原子周围有苯环存在，所以避免了相互贯穿结构的发生。这些孔洞中可以填充水、乙醇、乙醚等溶剂分子，并且当这些客体分子被加热除去时，该骨架聚合物的骨架结构并未坍塌 [图 7-17(b)]，表明 [Ag$_4$(tripho)$_3$(CF$_3$SO$_3$)$_4$] 具有较好的稳定性[57]。

### 7.2.5　含有 CN 的有机配体的骨架配合物

1995 年 Moore 报道了 Ag 分别同 1,3,5-三氰基苯和 1,3,5-三(对氰基苯基乙炔基)苯形成的两种配位聚合物[58]。前者中 Ag 是三角平面构型，同三个配体连接，同时每个配体也

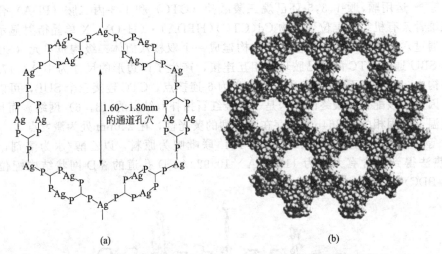

图 7-17　$[Ag_4(tripho)_3(CF_3SO_3)_4]$ 的六边形孔洞（a）及其骨架结构（b）

同三个 Ag 配位，形成了二维蜂窝状结构，后者为三维的 α-ThSi$_2$ 结构，由于第二配体比第一配体的长度长，使得形成的配位聚合物拥有更大的孔径。另外 $C(CN)^{3-}$ 与 Cr，Mn，Fe，Co，Ni，Cu 等金属盐反应都可以生成结构不同的聚合物，并且这些化合物的磁学性质也被进行了相应的研究。

张蓉仙等[59] 将 $(Et_4N)_3Mn(CN)_6$ 和 $Cu(en)_2(ClO_4)_2$ 反应得到了三维配合物 $\{[Cu(II)(en)_2 \cdot H_2O][Cu(I)(CN)_4]\}_n$，在该化合物中，Cu（I）离子通过氰基桥连形成蜂窝状的骨架结构，Cu（II）配离子 $[Cu(II)(en)_2 \cdot H_2O]$ 被包含在骨架通道的中央。

### 7.2.6　含两种配体的骨架配合物

两种配位能力相近的多齿配体可与同一种或几种过渡金属配位形成聚合物。一般而言，配体的配位能力具有如下顺序：

$$I^- < Br^- < F^- < OH^- < C_2O_4 \sim H_2O < NCS^- < Py \sim NH_3 < en < bipy < NO_2^- < CN^- < CO_2^-$$

常见的双配体组合有：Py、bipy、Pyz、Pym 等分别与 $N(CN)^-$ 组合共同与中心离子配位形成聚合物。如 4-苯甲酰吡啶和 $N(CH_2NH)_2^{2-}$ 同 Mn（II）反应生成一维链状聚合物[60]（如图 7-18）。

二维聚合物 $[\{Cu(bipy)(H_2O)Pt(CN)_4\}_2] \cdot 2H_2O$ 是双齿配体 bipy 和 $CN^-$ 同两个过渡金属 Cu（II）和 Pt（III）作用而形成的[61]。经测定，这类双配体型配位聚合物多数显示出了新颖的磁性能或铁磁性能，这主要是由于它们无限延展的结构和通过共价键连接两个相邻金属原子所产生的超交换偶合性质所致[61,62]。该类配位聚合物在磁性材料方面有较高的实用价值。

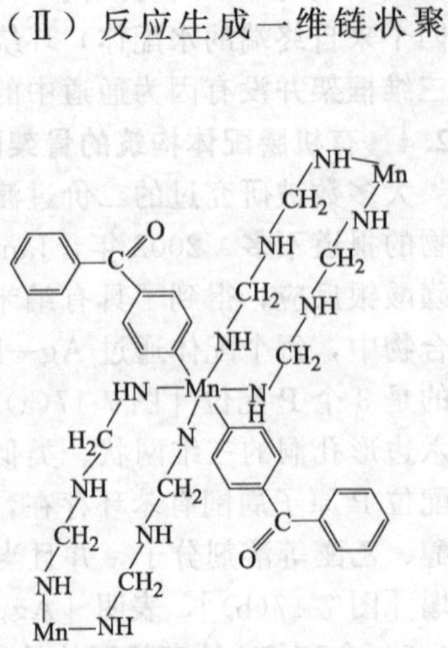

### 7.2.7　含双中心的骨架配合物

在两种以上的金属与配体组装的方面，日本的 M.Ohba 做了很多工作，在《J.A.C.S》、《J.C.S》、《Angew. Chem.》等刊物上发表了一系列论文，其中有许多是关于 $Fe(CN)_6$ 与 Cu，Mn，Ni，Cr 等其他金属反应的聚合物。

图 7-18　4-苯甲酰吡啶和 $N(CN)^-$
同 Mn（II）反应生成产物
的结构[60]

由两种金属与相应的配体组装而成的配位聚合物是近年来发展的一种新趋势,其合成步骤与单一金属不同,先将其中一种金属与有机配体合成离子化合物即含金属的配体 (metal-containing ligand),然后再以此作为 "配合物配体"(complex ligand) 与另一种金属盐反应合成所需要的配位聚合物。在这方面,YuBin,Dong,Mark,D. Smith 等人做的工作比较多,他们所用的配体主要是吡嗪、吡啶的羰基化物与 Cu(Ⅱ)/Ag(Ⅰ),Cu(Ⅱ)/Hg(Ⅱ) 等离子的盐反应组装而形成三维空间网络结构聚合物。通常先制成 Cu(Ⅱ) 配合物配体,再与 $AgNO_3$、$AgBF_4$ 或 $HgI_2$ 溶液作用生成高分子配合物。一般先成一链,再由氢键连接成二维、三维网,如配合物 $Ag[Cu(2\text{-pyrazinecarboxylate})_2](H_2O)(Na)$ 以线性链为特征,由水分子交叉耦合成二维阴离子平面网,进一步被层间 $Ag \cdots NO_3^- \cdots Cu$ 耦连成新型骨架三维网络结构[64~67]。此类聚合物也都具有很好的磁性能,这主要源于通过适当的通道连接的相邻不同金属中心间的相互作用。这类聚合物是具有较好应用前景的分子磁体。

目前,金属-有机骨架配合物已成为化学、物理、生物等众多交叉学科研究的热门领域,由于这类材料具有结构多样化、比表面积大等特点,使其表现出来在光、电、磁性等方面独特的性能,因此,在非线性光学材料和传感器、离子电导、磁性材料等研究领域有相当广泛的应用前景和重要的理论研究价值。

# 7.3　金属-有机骨架配位聚合物（MOF）的合成方法

### 7.3.1　合成原则

MOF 由两个核心部分组成:连接器和连接体。它们都是组成 MOF 的构件,也就是起始反应物。连接器和连接体决定着配位点的配位数和它们的几何构型。金属离子在构建 MOF 中起到多变的连接器的作用,根据它们氧化态以及配位数的不同,可以得到不同的立体几何构型:直线形、T 或 Y 形。配位聚合物依据不同的立体几何构型可以形成四面体、平面方形、四方锥、三角双锥、八面体、三棱柱、五角双锥等配位环境。例如,具有 $d^{10}$ 电价子结构的 AgI 和 CuI 可以通过改变反应条件（溶剂、平衡离子和配体）能够得到不同配位数和几何构型的配位聚合物。具有配位数从 7 到 12 的镧系离子可以产生新颖的网络拓扑结构。不同结构的连接体能够提供各种连接点,可以调节配位键的强度和方向。各种不同的连接体和连接器通过配位键结合在一起,可以形成具有不同结构的网络框架结构[68]。

### 7.3.2　骨架配位聚合物的合成方法

MOF 的合成方法与配合物的合成方法基本一样,目前培养 MOF 单晶的方法主要包括溶液法、分层扩散法、水热合成、溶剂热法和模板法等。

溶液法主要是利用反应物分子的自组装原理,将反应物按照一定摩尔比溶解在溶剂中,通过静置得到 MOF 单晶。相对而言,这个方法比较简便,但是也需要选择合适的反应配比和反应温度等条件,特别是需要在静止环境中静置,这样有利于分子有序的堆积,得到质量较好的晶体。

溶剂热法固体合成反应是在一个密闭的高压容器内进行的。在反应体系中加入适量极性的低沸点溶剂,如:水 (hydrothermal,水热法),甲醇 (methothemal,醇热法) 等。反应温度在溶剂沸点之上,部分溶剂汽化,使反应体系处于高压状态。可以根据实验需要选用具有不同沸点、不同极性及带有不同官能团的有机溶剂或混合溶剂,以得到多种高维且热力学稳定的网络骨架。其具体做法:将反应物按一定的摩尔比放入 Teflon 衬里的不锈钢高压釜内并放入一定量的溶剂密封,将反应釜置入烘箱内,在加热条件下自动升压进行反应,然后过滤,用水、乙醇洗涤后干燥得到产物。

扩散合成法包括界面扩散、蒸气扩散和凝胶扩散。一般主要采用的是界面扩散法，就是在常温常压下，将不良溶剂缓慢扩散到澄清透明溶液中，使配合物缓慢析出的过程。但是，在选择惰性溶剂时既要考虑配合物在其中的溶解度要小，另外还要考虑惰性溶剂与反应液溶剂或者是用于溶解沉淀的溶剂（即良性溶剂）之间要能够互溶，否则惰性溶剂扩散到反应液后会出现分层现象，而不会有配合物析出。选择何种溶剂以及溶剂之间的配比也是我们要探讨的。对于反应物一经混合即生成沉淀的反应，扩散法可以较好地控制反应速度，有利于晶体缓慢地生成。其具体做法：将适当的金属盐、配体分别溶解在不同的溶剂中，小心地将一种溶液放置在另一种溶液上，密封放置一段时间，当一种溶液慢慢扩散进另一种溶液时，会在界面附近生成产物。

有些配体本身很难或者不能用常规的方法合成，只有在合适的金属离子或有机分子、离子存在的条件下才能合成得到，这就是模板合成。这些金属离子或有机分子、离子被称为模板剂。模板剂主要通过与金属离子的作用将要形成环的分子和离子固定在金属离子周围，起到定向的作用；将反应部位聚集到合适的位置；由于与金属离子间的配位和静电作用，改变了配位原子的电子状态，从而使得反应更容易发生。

在骨架配合物的自组装反应中，往往采用加入一些有机分子或离子（如有机胺类）来达到合成所需配合物的目的。

# 7.4　金属-有机骨架配合物合成的影响因素

目前已知的影响骨架金属-有机配合物的合成因素很多。不仅与其中心金属离子、配体、溶剂、阴离子、反应物配比，甚至反应体系的酸碱度有关，还跟模板和合成方法相关。其中配体和金属离子的影响是决定性的。整体结构可由配体分子的几何形状和金属离子的配位倾向预先加以预测；但是其他细微的控制因素也会对网络的拓扑结构起着复杂的影响。下面分别对几种重要的因素加以讨论。

## 7.4.1　中心金属离子对配合物的影响

金属离子是配位聚合物构成的一个重要组成部分，在配位聚合物的形成中起着极为重要的作用，对于配位聚合物的最终结构具有决定作用。通过选择不同的金属离子可对组装过程进行调控。在自组装领域中选择不同配位构型的金属离子，可以得到具有不同拓扑结构的超分子网络结构。金属离子能在预先指定的几何形状和配体产生所谓的"集结模板效应"，形成具有多种结构的化合物。中心离子的电荷越高，则吸引配位体的数目越多；中心离子的半径越大，在引力允许的条件下，其周围可容纳的配位体越多，即配位数也就越大。金属离子可以选择 d、ds 区过渡金属和 f 区内过渡金属离子。

## 7.4.2　配体对配合物的影响

配体是具有构件作用的一些有机分子或离子。在众多配体中，既有刚性的，又有柔性的，配体本身又是电子给体或电子受体，有着平衡整个配位聚合物电荷的作用。因此，有机配体对配位聚合物的合成起着至关重要的作用，配体种类的不同不仅影响到配合物的合成，而且还影响到配位网络的空间结构问题，控制着金属-金属之间的距离和晶体结构维数。目前对这一方面的研究焦点主要集中在对有机配体的选择和设计合成上，有机配体在金属原子中心起着间隔或桥连的作用，这要求配体含有两个或两个以上的给电子原子。配体对配合物的合成、配合物的空间结构及稳定性的影响可分为：配体给体基团的性质（N、O、S、P等）、配位齿的数目、配体配位点间的距离、配位配位点间的连接基团、配体异构、配体的模板效应、电负性、酸碱性、配位方式等。有机配体的多样性、配体和中心金属离子配位方式的多样性，构建了空间结构多样的配位聚合物。为了能够得到目标配合物，在选择有机配体时，我们通常需要考虑以下几个方面：①有机配体的结构要尽可能与目标配合物的结构骨架相一致；②有机配体与金属离子合成的目标配合物，除了要保持有机配体的结构，同时还要使该配位聚合物具有特殊的性质功能；③合成高维数的配位聚合物应避免选择一些端接配体，而选用一些桥连和对称性高的多齿配体，以及选择合适的溶剂或模板剂；④所选择的有机配体要尽量能够与金属离子合成高质量的单晶，有利于用 X-ray 单晶衍射技术来测定其结构。易于形成孔道结构的配体有芳香多羧酸、含氮类等。

### 7.4.3　溶剂对配合物的影响

绝大多数对自组装的研究都是在溶液中进行的，溶剂自身也能进入到金属配位的空间，对于反应过程发挥重要作用或填充满晶格孔隙。溶剂的性质及结构上的微小变化都可能导致自组装体系结构的重大改变。溶剂分子对骨架的建造有着巨大的影响。它不仅可作为客体分子填充在化合物孔洞中，避免产生太大的空间，还可作为客体分子诱导形成具有不同结构和功能的化合物。此外还可以通过和金属离子配位来改变化合物的空间结构。另外，对于水性溶剂，pH 值控制着体系中的质子数，直接影响着配体的结构和配位能力，对于对 pH 敏感的配体，如草酸、对苯二酚、对苯二甲酸等的影响尤其显著。

### 7.4.4　阴离子对配合物的影响[69]

阴离子不仅能够起到平衡电荷的作用，同时也将对其拓扑产生重要影响。某种程度上，阴离子的配位能力将在很大程度上决定最终网络结构的形成。

阴离子通过与金属离子配位而影响网络结构。首先，当阴离子对金属离子的配位能力较强时，它可以通过与金属离子配位占据金属离子的配位点，从而使得与金属离子配位的配位数目发生改变，导致由金属和配体构成的重复单元的大小和对称性都发生变化，进而具有不同结构。

阴离子体积对网络结构的影响：在不参与配位的情况下，阴离子往往作为客体占据网络结构内的空穴并对网络结构起到平衡电荷和支持的作用，因此阴离子体积的变化会引起网络内自由空间的变化而导致网络结构的自发调整。

阴离子模板效应对网络结构的影响：少数情况下，阴离子对配聚物结构的形成还具有模板作用。通常，在合成多核封闭体系（分子三角形、分子五角星以及笼状化合物）时，经常使用阴离子作为模板。而在构筑配聚物的过程中，阴离子的模板效应主要表现在通过诱导配体异构从而形成不同的网络结构。

### 7.4.5　酸碱度对配位聚合物的影响

反应体系的酸碱度对组装过程有着重要的影响。它可以使有机配体表现出各种灵活的配位模式，产生不同结构的化合物。较高的酸度可产生共价键和氢键协同作用的化合物。较高的碱度可避免小的溶剂分子配位到金属中心，产生共价键连接多维的配位化合物。此外控制反应体系的酸碱度，使配体中功能基团的质子可逆地脱掉，可以实现化合物可逆地转变。

### 7.4.6　有机或无机模板分子对配位聚合物的影响

有机胺离子（如乙二胺、三乙胺、二甲胺、芳胺等）、无机阴离子、中性客体分子（如联吡啶）都可以在配位化合物的形成中起到模板效应作用。在反应体系中加入大的离子，利用大离子的模板效应，也是构筑含有孔洞结构的配合物常用的方法。

### 7.4.7　反应物配比对配合物的影响

在合成配位聚合物时，改变反应体系中配体与中心离子的比例，可能引起金属离子配位数的变化，因此，控制中心离子与配体的比例对最终的结构也是很重要的。

### 7.4.8　反离子对配合物的影响

中心离子的电荷控制着晶体中反离子的排列数，反离子的作用主要依赖于其给电子性，对于强给予体，会阻止或限制聚合或使链、层间产生交联，因而，对配位聚合物产生不良的影响。在合成配位聚合物时，所选择的配体大多数具有对称结构，但是也有不对称结构的配体，应用不对称配体可以合成不对称的骨架结构，从而满足分离和催化的特殊用途。

### 7.4.9　合成方法对骨架配合物的影响

骨架配合物合成的方法很多，常见的有溶液生长法、扩散法、溶剂热法。不同的合成方法，对配合物的自组装过程有着重要的影响。溶液生长法是将配体和金属一同溶解于某一溶剂中，随着溶剂的挥发，配合物从溶液中析出。主要使用于分子量较小而且易溶解于常见溶剂中的配体。这种方法比较简单，对实验的条件要求比较低，但是要求配体的溶解性要好，和金属混合后不能立即出现沉淀。而且使用这种方法难以合成较高维数结构的骨架配合物。扩散法主要适用于溶解性好，但是和金属离子混合后会立即出现沉淀的配体。使用扩散法最好用特制的扩散管，也可以用一根一端封口的长玻璃管，将金属溶液放在下部，中间放一段纯溶剂，然后将配体的溶液放在上部，注意放金属溶液时不要沾在玻璃壁上。扩散法的操作较溶液生长法要复杂，且所需反应时间较长，但因反应速率较慢，形成的配合物的形状很规则，有助于配合物结构的测试。水热法由于反应是在高温密闭系统中进行的，这使溶液的黏度下降，有利于反应物的扩散、输运和传递，提高了反应速率，而且许多有机配体在这种条件下不会发生分解。水热和溶剂热的另一个特点是由于水热和溶剂反应的可操作性和可调变性，将成为衔接合成化学和合成材料的物理性质之间的桥梁。特别适用于合成特殊结构、特种凝聚态的新化合物以及制备具有规则取向和晶型完美的晶体材料。一般来讲，在常温常压的水溶液合成中，金属离子易和水配位，产生含较多水分子的化合物，而水热反应则使金属离子和配体的作用加强，减小了与水分子的竞争，容易得到一些高维的化合物[70]。

除了上述因素对骨架配合物的合成有影响外，体系的温度、压力等也对骨架配合物的合成有一定影响。

# 7.5　金属-有机骨架配合物的性能及应用

骨架配位聚合物通常是指由过渡金属离子或金属簇与有机配体利用分子组装和晶体工程的方法得到的具有单一尺寸和形状的空腔的配位聚合物，它比其他骨架的无机材料（如沸石）有很多优越性，如：非寻常的孔形状、温和的合成技术和更好地控制孔的尺寸及形状的潜力。并且骨架金属-有机配合物具有在分子识别、多相催化、选择性吸附、化学传感、气体储存、离子交换等方面的独特性质，因而在非线性光学材料、磁性材料、超导材料、分子与离子交换、吸附与选择性催化等多方面都有极好的应用前景。

### 7.5.1　分子识别

所谓分子识别就是底物或客体分子存储和受体分子读取分子信息的过程。骨架配合物中的空腔是有一定大小和形状的，只有那些立体（形状和尺寸大小）和作用力（静电、氢键、疏水作用等）互补的底物分子才能结合到空腔中。因此，骨架配合物具有分子识别的功能。这种识别将会在分子探针、分子器件和手性分离等方面得到应用。近十几年，由过渡金属离子导向自组装构建了许多三维立体结构的超分子结构，如方形、螺旋型和套索型等。这些结构的超分子通过静电引力或者疏水作用吸引客体分子，即主-客体相互作用，从而使其具有分子识别能力[68,71~81]。上述主-客体作用的强弱主要取决于主体孔尺寸的大小和电荷的多少。

### 7.5.2　离子识别与离子交换

与客体分子一样，不同的离子也具有不同的尺寸和形状。因此，配位聚合物的孔道结构对离子同样可能具有识别作用。另外，这些阴离子通常情况下都存在于配位聚合物的孔道中，并通过氢键等弱相互作用与骨架相连接。这些通过非共价键型弱相互作用结合的阴离子可能被其他阴离子交换。这一类配位聚合物可能具有离子交换的性能。

### 7.5.3　非线性光学性质[82]

骨架配合物与无机材料相比较，最实质性的差别在电光机理上。骨架配合物材料的电光效应主要来自极易移动和极化的非定域的 π 电子。π 电子在分子内部易于移动并且不受晶格振动的影响，因此，聚合物材料不仅非线性光学效应比无机材料明显，而且响应速度也快得多。由于配位聚合物中存在大量的金属离子，致使体系中产生很多低的电子能级，这就增加了电子迁移的概率，从而增加了体系的非线性光学效应。像所有的偶数阶光学效应一样，二阶非线性光学效应只存在于具有非对称中心的材料中。

### 7.5.4　磁性、荧光性和生物活性

过渡金属具有空的 d 轨道，由过渡金属构成的骨架配合物很大部分具有磁性。金属元素采用杂化轨道接受电子以达到 16 或 18 电子的稳定状态。当配合物需要价层 d 轨道参与杂化时，d 轨道上的电子就会发生重排，有些元素重排后可以使电子完全成对，这类物质具有反磁性。相反，当价层 d 轨道不需要重排，或重排后还有单电子时，生成的配合物就具有顺磁性。而有稀土金属作为中心离子构成的骨架配合物则具荧光性和一定的生物活性。这是因为稀土金属元素具有未充满的 4f 轨道，由此而产生多种多样的电子能级，因而具有良好的荧光性，同时稀土金属具有微量元素的性质，由此具有一定的生物活性。例如：2000 年，Real 等合成了配合物 $[Fe(bpb)_2(NCS)_2] \cdot 0.5CH_3OH[bpb=1,4-双（4-吡啶）丁二炔]$。它是三面相互垂直网络结构，通过测定该配合物的自旋状态随温度的变化，发现它存在自旋交叉现象[83]。2005 年，Kitagawa 等利用金属-有机-多金属簇作为桥连单元连接金属离子，其在组成上类似于聚金属氧酸盐，这样既可以得到骨架结构又可以通过簇和金属的耦合作用而表现出良好的磁学性质。他们选择萘并二羧酸为起始原料，得到了一个三维变磁骨架 MOFs $[Co(1,4-napdc)]_n$(napdc=napthalene-1,4-dicarboxylic acid)。该配合物在 2K 时观察到磁滞回线[84]。

### 7.5.5　储存气体功能

能源和环境污染是 21 世纪人类面临的几大难题之一，氢气是一种理想的高效清洁能源。但是，储藏、运输等问题一直制约着氢能的利用。为此科学家一直在努力寻找能够储藏包括氢气在内的气体储藏材料。骨架金属-有机配合物由于表面积大、孔大小分布均匀、孔隙率高等特点，因而可储存气体（如甲烷、氢气等）和溶剂分子（如氰化甲烷、水等），从而为研究开发具有使用价值的气体储藏材料提供基础。2004 年，Yaghi 课题组合成了具有刚性双羧酸配体连接的 $Zn_{40}(CO_2)_6$ 四面体簇形成的立方框架结构，在 77K 和 1atm 下，该结构可逆吸附氢气的重量比为 1.6%[85]。同一年，Dybtsev 等人报道了一个包含锰和甲酸的新微孔金属有机材料，它具有稳定的骨架结构、高的热稳定性以及高选择性吸附气体等特点（高选择性地吸附 $H_2$ 和 $CO_2$，对 $N_2$、Ar 等其他气体没有吸附作用）[86]。2006 年，Li 等人报道了 298K 和 10MPa 下基于 MOFs 的氢气吸附能力可达重量比的 1.8%[87]。另外，2005 年，Yaghi 等人系统地研究了在室温下一系列 MOFs 存储 CO 的能力，结果表明在 CO 的存储方面 MOFs 也具有潜在的应用前景[88]。

### 7.5.6　骨架 MOFs 的催化性能和不对称分离功能

在催化性能方面，从理论上讲，具有柔性的金属-有机微孔材料应该比普通的催化剂更能有效地催化化学反应，但是到目前为止应用于催化方面的金属-有机骨架材料报道很少。稀土元素是有效的催化剂，尽管现在已合成出了许多含稀土元素的金属-有机 MOFs，但对其催化活性方面的研究工作却也很少。Evans 等利用镧系元素的硝酸盐或高氯酸盐与有机配

体 2,2'-二乙氧基-6,6'-二磷酸-1,1'-双萘进行配位反应，得到了一系列骨架配合物［Ln(L-H$_2$)(L-H$_3$)(H$_2$O)$_4$］· $x$H$_2$O(Ln＝La,Ce,Pr,Nd,Sm,Gd,Tb,$x$＝9~14)[89]。虽然这些孔道结构失去溶剂后骨架会发生扭曲，但仍可以保留其基本的配位环境。通过进一步研究发现 Sm 配合物对醛的氰硅烷化和酸酐开环反应具有催化作用，该配合物还可以依据底物醛的分子大小来调节孔尺寸的大小。Perles 等用对苯二酸钠和稀土元素钪合成得到骨架配合物［Sc$_2$(C$_8$H$_4$O$_4$)$_3$］，该配合物对硫醚的氧化反应表现出催化活性，而且其催化性能优于 Sc$_2$O$_3$ 和 Sc$_2$(C$_4$H$_4$O$_4$)2.5(OH)。用它作硫醚氧化反应的催化剂有很多优点，例如易回收，可重复利用至少 4 次，催化剂用量低于 1%（摩尔分数）等[90]。Schlichte 等合成了配合物 Cu$_3$(BTC)$_2$(H$_2$O)$_3$ · $x$H$_2$O 用来研究 Cu$_3$(BTC)$_2$ 的催化机理[91]。Schlichte 等发现，在催化剂存在下产率达到 57%（ee 值为 88.5%），但是无催化剂情况下，产率低于 10%。他们通过对该反应的催化机理研究，发现主要是由于醛配位到活性中心铜原子而导致了反应产率的提高。

金属-有机骨架材料与传统的沸石相比，可以在比较温和的条件下合成，通过修饰有机配体还可以改变骨架材料的物理和化学性质，合理地选择构筑模块也可以得到手性 MOFs[92]。2000 年，Seo 等用光学纯的金属-有机簇合物作为次级构筑模块，构建了一种纯手性金属-有机骨架材料，第一次发现手性 MOFs 具有对映体选择分离和催化功能[53]。他们以光学纯的有机构筑模块与锌离子反应得到骨架材料 D-POST，用它对外消旋体［Ru(2,2'-bipy)$_3$]Cl$_2$ 进行分离，对映体过量值达到了 66%。把它用于外消旋的醇进行酯交换反应时，发现对映体过量值约为 8%。这个值虽然小，但它是出现金属-有机骨架材料以来，首次发现 MOFs 的不对称选择和催化性质，因此具有相当重要的意义，为以后进一步提高对映选择性分离和催化奠定了基础。2005 年，Wu 等利用 ($R$)-6'-二氯-2,2'-二羟基-1,1'-双萘-4,4'-联吡啶与 CdCl$_2$ 合成得到一种纯手性金属-有机骨架配合物［Cd$_3$Cl$_6$L$_3$］· 4DMF · 6MeOH · 3H$_2$O[93]。该骨架配合物与 Ti(O$i$Pr)$_4$ 共同作为 ZnEt$_2$ 与芳香醛加成反应的活性催化剂，反应的产率一般都在 90% 以上，对映体过量值也都在 90% 左右。

### 7.5.7　骨架 MOFs 纳米空间的聚合反应

考虑到骨架 MOFs 孔道的特征和特性，因此对于构建独特纳米尺寸的反应孔洞，利用骨架 MOFs 的孔道至关重要。特别是应用骨架 MOFs 纳米孔道进行聚合反应是吸引人的概念，能够多级控制聚合反应（立体化学，区域选择性，分子量，螺旋等），有利于新材料的制备。MOFs 的功能纳米空间聚合反应包括三个步骤：第一步是包裹单聚体到 MOFs 主体中；第二步是通过几种机理之一发生聚合反应；最后一步是在 MOFs 中合成聚合物并脱离主体框架。一般来说，聚合方法可以分为三类：加成聚合反应，缩聚反应和聚加成反应，所有这些反应都可以在 MOFs 的纳米孔道中发生。通过对骨架 MOFs 骨架中的聚合反应研究发现，苯乙烯的自由基可以在规则稳定的一维 {M$_2$(tp)$_2$(TEA)}$_n$(tp＝1,4-benzenedicarboxylate，TEA＝triethylenedi amine；M＝Cu$^{2+}$；Zn$^{2+}$；channel sizes＝7.5Å×7.5Å) 孔道中发生聚合反应[94]。在这个体系中，在没有孔道结构塌陷的情况下聚合反应发生了 71% 的转化，合成的聚苯乙烯完全包裹在纳米孔道中。

# 7.6　展望

设计和合成具有无限伸展结构的骨架配位聚合物是近年来一个热门研究课题，但该领域仍然存在着一些问题：①固体中构筑块的定位和立体化学很难控制；②移去微孔中的客体分子时通常会导致主体框架的坍塌；③结构中穿插现象降低了孔隙率，甚至导致致密结构的产生；④在溶剂中浸泡时框架结构通常不稳定而易分解；⑤与无机沸石相比其热稳定性较低，在高于 300℃ 时大多框架结构主体会被破坏[68]。因此，今后要求合成化学家不断地去探索和研究新的合成策略，例如：采用不同的溶剂体系、新的模板，应用较大的簇单元或不同种类的簇单元等。此外，计算方法在结构导向剂的设计与筛选方面的应用，也已经成为人们研究的新热点，为指导骨架材料的设计、合成开拓了一条崭新的道路。因此，设计切实可行的骨架材料合成方法，进一步对骨架 MOFs 的结构和性能关系进行研究，发现结构组成与性能之间的规律及其影响因素，开发新型功能骨架材料是今后要走的道路。展望未来，MOFs 在以下几个领域将形成新的研究热点。

### 7.6.1　功能骨架和客体分子协作

迄今为止，功能客体与骨架框架的性质（非线性光学、磁性、自旋交叉和发光性质）几乎都是独立研究，客体分子的性质没有起到相应的作用。下一步的研究将集中在功能骨架和客体分子的协作性质上。在限定的微孔中，具有主-客体协作性质的骨架配位就是所谓的第三代骨架配合物[95]。

### 7.6.2　低维薄层化合物

虽然骨架配合物具有纳米尺寸的孔道和孔穴，但它们很难找到相应的溶剂来溶解，所以制备骨架配合物薄层相当困难。因此，制备二维样品的新方法将是未来一个研究的重点。

### 7.6.3　介孔尺寸的化合物

在骨架配合物这个领域，下一个挑战是如何获得具有介孔尺寸的配位聚合物。最终的目标是能够控制孔道的排列，为各种纳米设备预定骨架模块。因此需要有小的纳米晶体来充当井、线、棒和点[96~99]。

### 7.6.4　各向异性

对映体选择性吸附和不对称手性催化的手性骨架的合成是一个挑战，对此领域的研究甚少。制备这类功能性手性骨架，手性模板分子和光学异构现象的纯有机配体的选择非常重要[53,93,100]。

### 7.6.5　氧化还原性骨架

设计和合成氧化还原活性的骨架配合物是一个诱人的领域。氧化还原性骨架在整个骨架没有分解的情况下，骨架的氧化性和还原性可以通过客体分子来完成。如果一个中性的开放框架被氧化，在孔中可能存在抗衡阴离子，可以应用到离子交换材料，同时会影响其他性质，例如磁性等[101~104]。

### 7.6.6　纳米尺寸 MOFs 的制备与应用

最近，通过控制配合物的生长，合成得到了具有纳米和微米尺寸的骨架配合物和骨架配合物的胶囊[105]，对这种具有纳米孔道结构的纳米配合物材料的研究将成为骨架配合物研究的下一个热点，该领域的文献报道不断在增加，Lin 等对不同结构和形貌的纳米配合物的合成与应用作了总结[106]。

# 参 考 文 献

[1]　Battern S R, Robson R. Angew Chem Int Ed, 1998, 37: 1460-1494.
[2]　Meng X R, Song Y L, Hou H W, et al. Inorg Chem, 2003, 42: 1306-1315.
[3]　贾超，原鲜霞，马紫峰. 化学进展, 2009, 21 (9): 1954-1962.
[4]　Sun C Y, Liu S X, Liang D D, et al. J Am Chem Soc, 2009, 131: 1883-1888.
[5]　Rodriguez-Albelo L M, Ruiz-Salvador A R, Sampieri A, et al. J Am Chem Soc, 2009, 131: 16078-16087.
[6]　Dong Y B, Wang H Y, Ma J P, et al. Cryst Growth Des, 2005, 5 (2): 789-800.
[7]　Wu T, Yi B H, Li D. Inorg Chem, 2005, 44: 4130-4132.
[8]　Eddaoudi M, Kim J, Wachter J B, et al. J Am Chem Soc, 2001, 123: 4368-4369.
[9]　Evans O R, Lin W B. Cryst Growth Des, 2001, 1 (1): 9-11.

[10] Yaghi O M, Li H, Groy T L. J Am Chem Soc, 1996, 118: 9096-9101.

[11] Li H, Eddaoudi M, OKeeffe M, et al. Nature, 1999, 402: 276-279.

[12] Juergen E, Judith A K H, Yaghi O M. Science, 2005, 309: 1350-1354.

[13] Rosi N L, Eddaoudi M, Yaghi O M. Cryst Eng Commun, 2002, 4 (68): 401-404.

[14] Reineke T M, Eddaoudi M, Fehr M, et al. J Am Chem Soc, 1999, 121: 1651-1657.

[15] Yaghi O M, Li G M, Li H L. Nature, 1995, 378: 703-706.

[16] Chui S S Y, Samuel M F L, Jonathan P H, et al. Science, 1999, 283: 1148-1150.

[17] 许洪彬. [硕士论文]. 长春: 东北师范大学, 2004.

[18] Xie L H, Liu S X, Gao B, et al. Chem Commun, 2005, (18): 2402-2404 .

[19] Wang Z M, Zhang B, Fujiwara H, et al. Chem Commun, 2004, (4): 416-417.

[20] Kurmoo M, Kumagai H, Hughes S M. Inorg Chem, 2003, 42: 6709-6722.

[21] 周秋香, 王延吉. 光谱学与光谱分析, 2005, 25: 730-733.

[22] Felloni M, Blake A J, Champness N R. J Supramol Chem, 2002, 2: 63-174.

[23] Wang X L, Qin C, Wang E B. Cryst Growth Des, 2006, 6 (2): 439-443.

[24] Lawandy M A, Huang X Y, Wang R J, et al. Inorg Chem, 1999, 38: 5410-5414.

[25] Tong M L, Chen H J, Chen X M. Inorg Chem, 2000, 39: 2235-2238.

[26] Hao N, Shen E H, Li Y H, et al. Inorg Chem Commun, 2004, 7: 510-512.

[27] Woodward J D, Backov R V, Abboud K A, et al. Polyhedron, 2006, 25: 2605-2615.

[28] Wachter J, OKeeffe M, Yaghi O M, et al. Science , 2002 , 295: 469-472.

[29] Ryo K, Susumu K, Yoshiki K. Science, 2002, 298: 2358-2361.

[30] 孙为银. 配位化学. 北京: 化学工业出版社, 2004: 156-158.

[31] Wen L L, Dang D B, Duan C Y, et al. Inorg Chem, 2005, 44: 7161-7170.

[32] Noro S I, Kitaura R, Kondo Mi, et al. J Am Chem Soc, 2002, 124: 2568-2583.

[33] Liu Y H, Lu Y L, Wu H C, et al. Inorg Chem, 2002, 41: 2592-2597.

[34] Sun D F, Ma S Q, Ke Ya X, et al. Chem Commun, 2005, (21): 2663-2665.

[35] Zaworotko M J. Angew Chem Int Ed, 2000, 39: 3052-3054.

[36] 顾文, 谢承志, 边贺东等. 南开大学学报: 自然科学版, 2002, 35 (4): 90-95.

[37] Fujita M, Kwon Y J, Washizu S, et al. J Am Chem Soc, 1994, 116: 1151-1152.

[38] Kondo M, Okubo T, Asami A, et al. Angew Chem Int Ed, 1997, 36: 1725-1727.

[39] Yaghi O M, Li H L. J Am Chem Soc, 1996, 118: 295-296.

[40] Hong M C, Zhao Y J, Su W P, et al. J Am Chem Soc, 2000, 122: 4819-4820.

[41] Biradha K, Aoyagi M, Fujita M. J Am Chem Soc, 2000, 122: 2397-2398.

[42] Biradha K, Hongo Y, Fujita M. Angew Chem Int Ed, 2000, 39 (21): 3843-3845.

[43] Smith M D, Bunz U H F, Loye H C, et al. Angew Chem Int Ed, 2002, 41: 583-585.

[44] Hong M C, Zhao Y J, Su W P, et al. Angew Chem Int Ed, 2000, 39: 2468-2470.

[45] Igor L E. Inorg Chim Acta, 2002, 334: 334-342.

[46] Su C Y, Goforth A M, Smith M D, et al. Chem Commun, 2004, 19: 2158-2159.

[47] 隋爱香, 徐兴玲, 唐宗薰. 大学化学, 2006, 21: 3-9.

[48] Halder G J, Kepert C J, Moubaraki B, et al. Science, 2002, 298: 1762-1765.

[49] Zhang Z H, Tian Y L, Guo Y M. Inorg Chim Acta, 2007: 360 (8): 2783-2788.

[50] Vaidhyanathan R, Natarajan S, Rao C N R. Inorg Chem, 2002, 41 (17): 4496-4501.

[51] Maji T K, Ohba M, Kitagawa S. Inorg Chem, 2005, 44 (25): 9225-9231.

[52] OKeeffe M, Adam J M, Yaghi O M. Science , 2005, 310: 1166-1170.

[53] Kim J, O'Keeffe M, Yaghi O M. Science , 2003, 300: 1127-1129.

[54] Seo J S, Whang D, Lee H, et al. Nature, 2000, 404: 982-986.

[55] Jin Z, Zhu G S, Zou Y C, et al. J Mol Struct, 2007: 871 (1-3): 80-84.

[56] Ma C B, Chen C N, Liu Q T, et al. New J Chem, 2003, 27: 890-892.

[57] Xu X, Nieuwenhuyzen M, James S L. Angew Chem Int Ed, 2002, 41: 764-767.

[58] Gardner G B, Venkaraman D, Moore J S. Nature, 1995, 374: 792-795.

[59] 张蓉仙, 马敏, 董振益. 化学研究与应用, 2003, 15: 36-39.

[60] Escuer A, Mautner F A, Sanz N, et al. Inorg Chem, 2000, 39: 1668-1673.

[61] Falvello L R, Garde R, Tomas M. J Clust Sci, 2000, 11 (1): 125-133.

[62] Jensen P, Batten S R, Fallon G D, et al. J Solid State Chem, 1999, 145: 387-393.

[63] Dong Y B, Smith M D, zur Loye H C. Inorg Chem, 2000, 39: 1943-1949.

[64] Dong Y B, Smith M D, zur Loye H C. Angew Chem-Int Edit, 2000, 39 (23): 4271.

[65] Dong Y B, Smith M D, zur Loye H C. Solid State Sci, 2000, 2 (3): 335-341.

[66] Kamiyama A, Noguchi T, Kajiwara T, et al. Angew Chem Int Ed, 2000, 39 (17): 3130 -3132.

[67] Smith H Y, Yan S P, Wang G L. Inorg Chem, 2000, 39: 2239-2242.

[68] 韩银锋. [博士论文]. 南京: 南京大学, 2008.

［69］　杜淼，卜显和. 无机化学学报，2003，19：1-6.
［70］　蒯海伟，桑海云. 高校理科研究，2006，23：66-67.
［71］　Kitagawa S, Kitaura R, Noro S. Angew Chem Int Ed，2004，43：2334-2375.
［72］　Yaghi O M, O'Keeffe M, Ockwig N W, et al. Nature，2003，423：705-714.
［73］　James S L. Chem Soc Rev，2003，32：276-288.
［74］　Kitagawa S, Uemura K. Chem Soc Rev，2005，34：109-119.
［75］　Maspoch D, Ruiz-Molina D, Veciana J. Chem Soc Rev，2007，36：770-818.
［76］　Férey G.. Chem Soc Rev，2008，37：191-241.
［77］　游效曾. 分子材料——光电功能化合物. 上海：上海科学技术出版社，2001.
［78］　Uemura T, Horike S, Kitagawa S. Chem-Asian J，2006，1 (1-2)：36-44.
［79］　Férey G, Mellot-Draznieks C, Serre C, et al. Acc Chem Res，2005，38：217-225.
［80］　Balzani V, Gómez-López M, Stoddart J F. Acc Chem Res，1998，31：405-414.
［81］　Stang P J, Olenyuk B. Acc Chem Res，1997，30：502-518.
［82］　李胜利. 安徽大学学报：自然科学版，2004，28：57-61.
［83］　Moliner N, Muñoz C, Létard S, et al. Inorg Chem，2000，39：5390-5393.
［84］　Maji T K, Kaneko W, Ohba M, et al. Chem Commun，2005，36：4613-4615.
［85］　Rowsell J L C, Millward A R, Park K S, et al. J Am Chem Soc，2004，126：5666-5667.
［86］　Dybtsev D, Chun H, Yoon S H, et al. J Am Chem Soc，2004，126：32-33.
［87］　Li Y W, Yang R T. J Am Chem Soc，2006，128：726-727.
［88］　Millward A R, Yaghi O M. J Am Chem Soc，2005，127：17998-17999.
［89］　Evans O R, Ngo H L, Lin W B. J Am Chem Soc，2001，123：10395-10396.
［90］　Perles J, Iglesias M, Martín-Luengo M Á, et al. Chem Mater，2005，17：5837-5842.
［91］　Schlichte K, Kratzke T, Kaskel S. Micropor Mesopor Mat，2004，73：81-88.
［92］　Kesanli B, Lin W B. Coord Chem Rev，2003，246：305-326.
［93］　Wu C D, Hu A G, Zhang L, et al. J Am Chem Soc，2005，127：8940-8941.
［94］　Uemura T, Kitagawa K, Horike S, et al. Chem Commun，2005，48：5968- 5970.
［95］　Kitagawa S, Kondo M. Bull Chem Soc Jpn，1998，71：1739-1753.
［96］　Uemura T, Hoshino Y, Kitagawa S, et al. Chem Mater，2006，18：992-995.
［97］　Uemura T, Kitagawa S. J Am Chem Soc，2003，125：7814-7815.
［98］　Uemura T, Ohba M, Kitagawa S. Inorg Chem，2004，43：7339-7345.
［99］　Masaoka S, Tanaka D, Kitahata H, et al. J Am Chem Soc，2006，128：15799-15808.
［100］　Bradshaw D, Prior T J, Cussen E J, et al. J Am Chem Soc，2004，126：6106-6114.
［101］　Choi H J, Suh M P. J Am Chem Soc，2004，126：15844-15851.
［102］　Suh M P, Moon H R, Lee E Y, et al. J Am Chem Soc，2006，128：4710-4718.
［103］　Moon H R, Kim J H, Suh M P. Angew Chem Int Ed，2005，44：1261-1265.
［104］　Shimomura S, Matsuda R, Tsujino T, et al. J Am Chem Soc，2006，128：16416-16417.
［105］　Champness N R. Angew Chem Int Ed，2009，48：2-4.
［106］　Lin W B, Rieter W J, Taylor K M L. Angew Chem Int Ed，2009，48：650-658.

# 第8章
# 无机-有机杂化材料的制备与应用研究进展

## 8.1 引言

随着科学技术的发展，人们对材料的要求也越来越高，将不同种类的材料通过一定的工艺方法制成复合材料，可以使它保留原有组分的优点，克服缺点，并显示出一些新的性能。无机-有机杂化材料综合了无机材料和有机材料的优良特性，是一种均匀的多相材料，其中至少有一相的尺寸至少有一个维度在纳米数量级，纳米相与其他相间通过化学（共价键、配位键）和物理（氢键等）作用，在纳米水平上复合。无机-有机杂化材料具有纳米材料的小尺寸效应、表面效应、量子尺寸效应等性质。另外，这种材料的形态和性能可在相当大的范围内调节，使材料的性能呈现多样化。因此，无机-有机杂化材料在力学、热学、光学、电学、催化、食品包装、生物、环保等领域中展现出广阔的应用前景[1]。近年来，该研究已成为高分子化学和物理、物理化学及材料科学等多门学科交叉的前沿领域，受到各国科学家的重视。

多金属氧酸盐（polyoxometalate，缩写为 POM）是一类含有氧桥的多核配合物，兼有有机和无机基块的性能，同时也是一类优秀的受体分子，能够与许多有机分子尤其是具有强给电子能力的、含大 $\pi$ 共轭体系的有机体结合形成具有新型功能特性的杂化材料，通过特定的物理和化学修饰，还可以获得特定功能的无机-有机杂化材料。多金属氧酸盐-有机杂化材料在催化、导电、光致变色、磁性、非线性光学材料[2]以及生物制药等领域具有潜在的应用前景，越来越受到人们的关注，已经成为无机-有机杂化材料研究领域的一个热点。

本书对无机-有机杂化材料进行了简单分类，主要以多金属氧酸盐-有机杂化材料为例，综述了无机-有机杂化材料的制备方法、性能及其应用。

## 8.2 无机-有机杂化材料的分类

根据无机-有机两相间的结合方式和组成材料的组分可分为以下三种类型[3]。

类型Ⅰ：有机分子或聚合物简单包埋于无机基质中，此时无机、有机两组分间通过弱键，如范德华力、氢键、静电作用或亲水-疏水平衡相互作用，如大多数掺杂有机染料或酶等的凝胶即属于此类。

类型Ⅱ：无机组分与有机组分之间通过形成分子水平的杂化，存在强的化学键如共价键、离子键或配位键，所以有机组分不是简单包裹于无机基质中。以共价键结合的无机-有机杂化材料主要是无机前驱体与有机功能性官能团共水解与缩合。无机组分与有机组分彼此带有异性电荷，可以形成离子键而得到稳定的杂化材料体系。以配位键结合的无机-有机杂化材料基体与粒子以孤对电子和空轨道相互配位的形式产生化学作用构成杂化材料。

类型Ⅲ：在上述类型Ⅰ和类型Ⅱ杂化材料中加入掺杂物（有机的或无机的）时，掺杂组分嵌入无机-有机杂化基质中得到。

　　另外，有机组分在无机-有机杂化材料中可以扮演多种角色，主要有以下四种作用：①起电荷平衡、空间填充和结构导向作用；②作为有机配体同金属原子配位，形成配位阳离子；③作为有机配体直接和无机骨架连接，起柱撑作用；④通过与骨架上的杂原子配位连接无机骨架。

# 8.3　无机-有机杂化材料的制备方法

　　无机-有机杂化材料最初是通过溶胶-凝胶法制备的[4]。随着科学家们研究的深入与技术的突破，制备方法也越来越多并越来越完善。目前无机-有机杂化材料的制备方法主要有溶胶-凝胶法、水热合成法、离子热合成法、共混法和自组装等方法。

### 8.3.1　溶胶-凝胶法

　　溶胶-凝胶法（sol-gel process）始于 1846 年 Ebelmen 发现正硅酸乙酯在空气中水解形成凝胶，是目前制备无机-有机杂化材料最常用的也是最完善的方法。溶胶-凝胶法制备杂化材料的原理是以金属烷氧化物或金属盐为前驱体，经水解脱醇和脱水及缩合形成溶胶（sol），然后经溶剂挥发或加热使溶胶转化为空间网状结构的凝胶（gel）。

　　张铁锐等采用溶胶-凝胶法利用四乙氧基硅烷和胺丙基三乙氧基硅烷的共水解制备出包埋 12-钨磷酸的光致变色无机-有机杂化薄膜，在红外光谱中可以清楚看出 $PW_{12}O_{40}^{3-}$ 阴离子的 Keggin 结构，多酸阴离子与 $R-NH_3^+$ 离子之间有强的相互作用共存于硅胶网络骨架中。Zhang 等以石英为基片通过溶胶-凝胶法合成了铈取代杂多钨酸盐的超薄膜，复合膜中可观测到固体中无法观测到的谱带[5]。

　　Nogami 等[6]采用溶胶-凝胶法，经过四乙氧基硅烷（TEOS）、γ-(甲基丙烯酰氧) 丙基三甲氧基硅烷（GPTMS）、三磷酸甲基酯 [$PO(OCH_3)_3$]、羟基膦乙酸（HPA）的水解和缩合作用制得一种新型的无机-有机杂化硅磷酸纳米复合膜。这种杂化膜具有良好的质子导电性，在空气中的热稳定温度达到 200℃。这是由于在杂化体系中产生了具有一定耐受能力的无机 $SiO_2$ 骨架结构。具有柔韧性和均一性的透明膜有一定的湿度，这决定了它的传导能力，因此随着湿度的增加其导电性能也增强。

　　与其他方法相比，溶胶-凝胶法制备的优点有：①反应在液相中进行，有机物与无机物混合得相当均匀，达到亚微米级甚至分子级复合；②最终材料是无机物和有机物的互穿网络结构，从而加强了无机物和有机物之间的键合能力；③室温或略高于室温的温和的制备温度允许引入有机小分子、低聚物或高聚物而最终获得具有精细结构的有机-无机杂化材料；④制得纯度高，组分计量比准确等；⑤反应物各种组分的比例可以精确控制。溶胶-凝胶法的缺点是整个溶胶-凝胶过程所需要的时间比较长，常常是几天或几周；其次凝胶中存在大量微孔，在干燥过程中又将会逸出许多气体及有机物并产生收缩，在制备膜材料时会使膜材料易脆裂，很难获得大面积或较厚的杂化膜材料。因此，如何采取有效措施减少或消除凝胶的收缩是今后制备研究中不可忽视的课题。尽管如此，溶胶-凝胶法仍然是目前应用得最多的方法之一。在溶胶-凝胶反应过程中，前驱体将经历复杂的水解、缩合和缩聚过程。这些反应过程，特别是溶胶阶段水解和缩合过程的不同将直接影响生成的无机-有机杂化材料的结构和性能。在今后的研究阶段中，对微观溶胶-凝胶反应过程进行探索，并将反应过程与材料的宏观性能进行联系，改变反应过程的条件与参数，指导和控制材料的制备，这对无机-有机杂化材料的发展具有重要意义。

### 8.3.2　水热合成法

　　水热合成法（hydrothermal method）是指在一定的温度（100～1000℃）和压强

（1MPa～1GPa）下利用溶剂中的反应物所进行的特定化学反应，其包括有通常所说的溶剂热反应。反应一般在特定类型的密闭的容器或高压釜中进行。在水热合成中，水处于亚临界和超临界状态，物质在水中的物性和化学反应性能均异于常态，反应活性很高。在多酸合成化学中，水热合成由于具有独特的优点，曾经合成出无数的新奇结构化合物。在水热条件下，原料的溶解性得到增加，一些溶解性降低的原料和前躯体将更好地反应，有利于晶体的生长，对于中间态及平衡时间长的物种（如含 W 系列的化合物）的制备是有利的。但它的不足之处也逐渐显露，有些产物的产量低，有时只产生几粒且很难重复，所以有的文章没有性质报道，原因之一是不能得到可重复的样品，为文章的科学性埋下隐患。其次，得到的产品大多数难溶于水和有机溶剂，为应用的开展造成困难。例如，在药物应用上需要可溶性、生物利用度高、产率高的多酸化合物。当然，产物的难溶性正在开拓，例如，碳糊电极的测定已为难溶的多酸化合物开辟了道路。但无论怎样，可重复是科学的底线，这是不能含糊的[7]。

吉林大学的冯守华院士等在水热合成方面做了大量科研工作。在无机-有机纳米复合及螺旋结构的合成研究中，他们在大量无机-有机杂化材料水热合成的基础上，从简单的反应原料出发合成出具有螺旋结构的无机-有机杂化材料 $[M(4,4'\text{-bipy})_2][(VO_2)HPO_4]_2$（M＝Co,Ni）[8]。王恩波教授等采用水热法制备了一系列的多酸-有机杂化材料。图 8-1 表示的是他们用水热法合成的一种二维网络结构的有机-无机杂化钒酸盐配合物 $[Co(2,2'\text{-bipy})_2V_3O_{8.5}]$（2,2'-bipy＝2,2'-联吡啶）。该化合物由左旋和右旋的两条链组成，这两条链由钒氧砌块相互作用缠绕形成螺旋结构[9]。

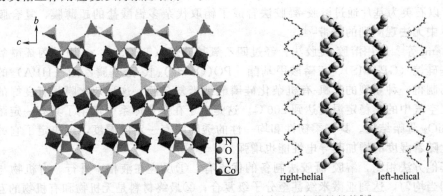

right-helial　　left-helical

图 8-1　$[Co(2,2'\text{-bipy})_2V_3O_{8.5}]$ 及其存在的螺旋链结构[9]

杨国昱等采用水热法成功合成出一系列含有 $\{Ni_6PW_9\}$ 次级结构单元和刚性羧酸连接基团的新型多金属氧酸盐-有机骨架结构（POMOFs）杂化材料和具有混合价的 Cu-8 sandwich 型配合物，由于羧酸盐的不同，可分别生成 1D，2D，3D 的 POMOF 化合物。研究结果表明，二-/三-/六-缺位的杂多阴离子在水热条件下可转化为单缺位的 Keggin 型杂多阴离子[10,11]。他们还对过渡金属氧簇、稀土氧簇及主族元素氧簇，分别采用了三种不同的合成策略：缺位位点的"结构导向"策略、"协同配位"策略和"簇单元构建"策略。这三种策略都可以归结为"结构导向"作用，也就是由"缺位位点的诱导"到"配体的诱导"，再到"簇单元的诱导"，进而构建一系列相应的新型化合物。他们认为，包含高核过渡金属簇的多阴离子有很好的磁特性及多样的拓扑性质，因而在合成此类多阴离子时，POM 前躯体与过渡阳离子的物质的量之比十分重要。当然，不同的过渡金属阳离子、反应温度及有机胺的种类等都会影响到整个化合物的组成和结构。

由于水热与溶剂热化学的可操作性和可调变性，它将成为衔接合成化学和合成材料的物理性质之间的桥梁。总体来看，水热与溶剂热合成化学的研究重点仍然是新化合物的合成、新合成方法的开拓、新理论的建立[12]。

### 8.3.3　离子热合成法

　　近年来，离子液体（ILs）在许多领域都受到广泛的关注。离子液体表现出一系列使它们能适合于作为无机和无机/有机杂化材料制备中介质的特性。它们是一种使无机前驱体具有相当好的溶解性的极性溶剂。一般由有机阳离子和无机阴离子组成。离子液体被称为"绿色溶剂"、"绿色介质"，主要源于它具有如下的特点：第一，离子液体具有非挥发性；第二，溶解能力强且可调控；第三，黏度大；第四，密度大，易于分离；第五，液程宽，化学稳定性高；第六，电化学稳定性高，电化学窗口宽；第七，可循环使用[13]。许多但不是所有的 ILs 在温度升高后都具有很好的热稳定性。它可以被用来作为溶剂和模板制备各种类型的固体物质，其中最有趣、最重要的用途之一是最近发展起来的在金属有机骨架结构（即配位聚合物）上的应用。所制得的材料提供广阔的应用前景，特别是在天然气存储方面。通常这些材料的制备采用溶剂热法，如乙醇、二甲基甲酰胺作为有机溶剂。但是采用离子热合成这些材料在过去一段时间里也有所报道。配体聚合物的低热稳定性往往导致了离子模板从材料

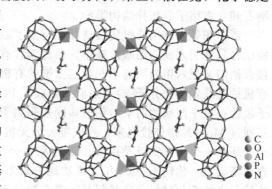

图 8-2　[MIAH]⁺ 和[EMim]⁺ 作为共模板的铝磷酸盐网络结构示意图[16]

中除去离开多孔材料的若干问题[14]。通常，在结构没有毁坏的情况下，IL 阳离子就被除掉是不可能的。但是使用深共晶溶剂制备多孔材料后再除掉 IL 阳离子是有可能的。最近的研究结果很好地证明了这一点[15]。采用离子热合成法制得的许多材料都是具有相对应的三维固体。在离子热合成中，离子液体不仅被用来作为溶剂，而且在固体的形成中潜在作为结构导向剂模板。它与溶剂为水的水热合成法相似。

　　Yu[16]等利用离子热合成法，通过将离子液体[EMim][Br] 和有机芳香胺 1-甲基咪唑（MIA）作为共模板制备铝磷比率为 6/7 的开口式铝磷酸盐新型网络结构杂化材料。在其结构中，[EMim]⁺ 阳离子和质子化的 [MIAH]⁺ 阳离子共存于三方位通道的交叉点上（如图8-2）。

### 8.3.4　共混法

　　共混法（blending method）也称纳米微粒填充法（nanoparticle filling process），是有机物（聚合物）与无机纳米粒子的共混，该方法是制备杂化材料最简单的方法，适合于各种形态的纳米粒子。共混法的工艺流程可以简单归结为以下三步：①制备纳米粒子；②合成聚合物；③均匀混合两种物系。根据共混方式，共混法大致分为以下五种：①溶液共混；②乳液共混；③溶胶-凝胶共混；④熔融共混；⑤机械共混。Li 等[17]用共混法制备了掺杂钨磷酸（PWA）的聚乙烯醇（PVA）膜。室温下，膜的电导率为 $10^{-3}$ S/cm。通过红外光谱和 X 射线衍射，可以发现 PWA 已经包埋在 PVA 中，膜的含水率、电导率和甲醇透过系数随着膜中 PWA 含量的上升而增大。随后制备了掺杂 PWA 的磺化聚醚醚酮（SPEEK）的复合膜，做了同样的测试，得到类似的结论。

　　共混法操作方便、工艺简单、容易控制粒子的形态和尺寸分布，其难点在于粒子分布不均匀，易发生团聚，不利于材料的均匀化。为防止无机纳米粒子的团聚，与有机物共混之前，必须对其表面做改性处理或加入增溶剂进行改进。

### 8.3.5　自组装法

　　自组装是多酸合成化学的传统理念，2005 年，《科学》杂志（Science）在期刊创刊 125

周年时，曾提出 21 世纪的 25 个重大科学问题，其中"我们能够使化学自组装走多远"是 25 个 21 世纪重大科学问题中仅有的一个化学问题，其重大意义不言而喻。自组装法（self assembly method）制备无机-有机杂化材料的基本原理是体系自发地向自由能减少的方向移动，形成共价键、离子键或配位共价键，得到多层交替无机-有机膜。自组装的复合聚合物的结构中不仅包含金属离子与有机配体间作用的配位键，还包含分子间弱的相互作用如氢键、π-π 相互作用、范德华力和其他的静电力等。因此，制备的无机-有机杂化材料具有丰富的构型，如一维的直链、螺旋链；二维的蜂巢型、石墨型、方格型和砖墙型等；三维的金刚石和立方格子等拓扑结构类型。

彭中华等人利用自组装法选择性合成了双功能有机亚胺六钼酸盐。这种方法是将两个功能团轻易地引入到六钼酸盐簇中，因此为含有 POM 主链的杂化材料的合成铺平了道路[18]。接着他们又把六钼酸阴离子和含三重键的有机胺共轭分子通过 Mo≡N 键连接起来，合成了有机桥链共轭杂化分子[19]。他们又合成了 POM 和有机 π 共轭桥链连接的无机-有机杂化分子哑铃：位于两端的两个六钼酸盐同多阴离子球和一个含三重键及芳环的棒状结构的末端氨基通过 Mo≡N 键连接起来，形成哑铃形无机-有机杂化分子。其中，哑铃的柄可以分别由两个苯环和一个三重键以及由三个苯环和两个三重键形成的长度不同的共轭体系组成[20,21]。在此基础上，他们于 2005 年又成功地合成第一例 POM 和过渡金属簇通过有机 π 共轭桥链连接起来的杂化材料。这些都是非常有趣的无机-有机杂化分子体系[22]。

Xu 等还第一次合成出一种含有以金属含氧簇合物作为侧链悬垂物的共轭聚合物（图 8-3）[23]。并通过利用共价键将六钼酸盐簇合物植入到聚对苯乙炔主链上[24]。Cabuil 等人通过利用 $[POM(RSH)_2]^{4-}$ 的—SH 基团将二缺位 Keggin 结构的 γ-SiW$_{10}$ 键连于金属纳米粒子周围，制备了界面功能化的 γ-SiW$_{10}$-Au 无机-有机杂化纳米粒子[25]。

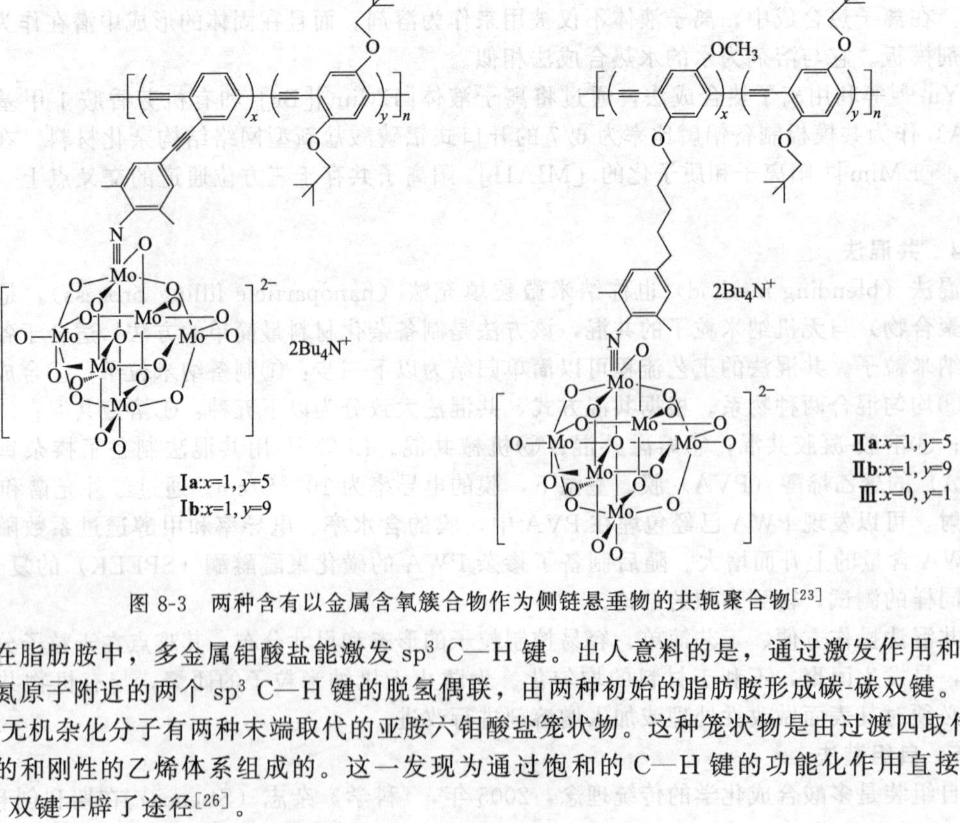

图 8-3　两种含有以金属含氧簇合物作为侧链悬垂物的共轭聚合物[23]

在脂肪胺中，多金属钼酸盐能激发 sp$^3$ C—H 键。出人意料的是，通过激发作用和六钼酸盐氮原子附近的两个 sp$^3$ C—H 键的脱氢偶联，由两种初始的脂肪胺形成碳-碳双键。这种有机-无机杂化分子有两种末端取代的亚胺六钼酸盐笼状物。这种笼状物是由过渡四取代物、共轭的和刚性的乙烯体系组成的。这一发现为通过饱和的 C—H 键的功能化作用直接阐述 C—C 双键开辟了途径[26]。

与溶胶-凝胶法、水热法、共混法等制备方法相比，自组装法合成无机-有机纳米杂化材料具有有序结构，可从分子水平上控制无机粒子的形状、尺寸、取向和结构，更便于精确调控纳米材料的结构和形态。但存在着操作流程和结构控制复杂等问题，从而限制了其应用。

### 8.3.6 其他方法

（1）插层法　该法的原理是利用许多如硅酸类黏土、磷酸盐类、石墨、金属氧化物、二硫化物、三硫化磷配合物和氧氯化物等具有典型的层状结构的无机化合物，在这些无机物中插入各种有机物。插层法是制备高性能杂化材料的方法之一，根据有机高聚物插入层状无机物中形式的不同，可分为以下三种：熔体插层法、溶液插层法、插层聚合法。该法原料来源极其丰富廉价，而且由于纳米粒子的片层结构在杂化材料中高度有序，使得杂化材料具有很好的阻隔性和各向异性，但是其中插层聚合法受单体浓度、反应条件、引发剂（自由基聚合时）品种和用量等因素的影响。

（2）微波法　利用微波"内加热"，物体的各个深度均被加热，加热速度快，且加热均匀。在强电磁场的作用下，可望产生一些用普通加热法难以得到的高能态原子、分子和离子，从而引发一些在热力学上较难进行甚至不能进行的反应。Jhung 等[27]采用微波法合成了多孔无机-有机杂化材料 $Ni_{20}(C_5H_6O_4)_{20}(H_2O)_8$，与常规电加热合成需要几小时或者几天相比，微波辐射大大加快了结晶速度（仅需要几分钟）。

（3）LB 膜技术（Langmuir-Blodgett technique）　首先是由 Langmuir 及 Blodgett 提出的，其制备无机-有机杂化材料的原理是：利用具有疏水端和亲水端的两亲性分子在气-液界面的定向性质，在侧向施加一定压力的条件下，形成分子的紧密定向排列的单分子膜，再通过一定的挂膜方式均匀地转移到固定衬基上，制备出纳米微粒与超薄有机膜形成的无机-有机层交替的杂化材料。

最近几年各种具有磁性或光性质的金属分子配合物的 LB 膜被合成出来。①多金属氧酸盐（POM）的 LB 膜是利用具有能沿着分散于水中的有机表面活性剂的正电荷单分子层的吸附性质制备出来的。利用 POM 制得具有磁性、电致变色或发光性质的 LB 膜是一个很好的选择。②Mn-12 单分子磁体 LB 膜由 $Mn_{12}$ 二十二碳烷酸的苯甲酸酯衍生物混合制备而成。这些磁性膜在磁化强度低于 5K 下具有明显的滞后环线。③合成分别含有 4220 个和 3062 个 Fe 原子的两种铁蛋白的磁性 LB 多层结构。磁测量手段表明这些分子具有超顺磁性。因此这些膜在磁化强度低于 5K 下时也具有明显的滞后环线。

（4）电解聚合法　利用电能来制备杂化材料。Josowicz 等[28]以 1,4-苯醌（BQ）和氯化磷腈三聚体为原料制备了 PPBQ 杂化材料，反应机理是电化学反应-化学反应-电化学反应-化学反应（ECEC）机制。根据 XPS、$^{31}P$-NMR，FT-IR 等分析结果表明，产物是一种无机-有机复合结构。外观为无定形多孔结构，具有对化学试剂稳定、不导电、不燃烧的特点。

# 8.4　无机-有机杂化材料的研究进展

### 8.4.1　水热法制备无机-有机杂化材料

#### 8.4.1.1　一维结构无机-有机杂化材料

王恩波教授等合成了 $[Cu_2(I)(2,2'\text{-bipy})_2(4,4'\text{-bipy})][Cu_{1.5}(I)(2,2'\text{-bipy})(4,4'\text{-bipy})]_2[H_3W_{12}O_{40}]$（2,2'-bipy=2,2'-联吡啶，4,4'-bipy=4,4'-联吡啶）。该配合物是第一个由钨磷酸盐砌块 $[H_2W_{12}O_{40}]^{6-}$ 和带有混合配体的过渡金属配合物片段组成的具有 1D 结构的物质。并且还合成了一种含有杂多酸离子和同多酸离子的链式的有机-无机杂化物 $\{Cu(II)(2,2'\text{-bipy})\}_6[(Mo^V Mo_5^{VI}O_{22})][(PMo_{12}^{VI}O_{40})] \cdot H_2O$（bipy=2,2'-联吡啶）。

　　Wang[29]等在水溶液中合成含有镧系（Ⅲ）阳离子的具有 1D 无限延展结构的有机-无机杂化物：$[Sm(H_2O)_6]_{0.25}[Sm(H_2O)_5]_{0.25}H_{0.5}\{Sm(H_2O)_7[Sm(H_2O)_2(DMSO)(\alpha-SiW_{11}O_{39})]\}\cdot$ $4.5H_2O(DMSO=$二甲亚砜）（如图 8-4），$[Dy(H_2O)_4]_{0.25}[Dy(H_2O)_6]_{0.25}H_{0.5}\{Dy(H_2O)_7$ $[Dy(H_2O)_2(DMSO)(\alpha-GeW_{11}O_{39})]\}\cdot 5.25H_2O$。这些杂化物含有单缺位 Keggin 型硅钨酸盐和锗钨酸盐。

图 8-4　$[Sm(H_2O)_6]_{0.25}[Sm(H_2O)_5]_{0.25}H_{0.5}\{Sm(H_2O)_7[Sm(H_2O)_2$
$(DMSO)(\alpha-SiW_{11}O_{39})]\}$ 的 1D 链式结构图[29]

　　最近 Wang[30]等采用该方法合成 1D 无限长链的有机-无机配合物 $[Cu(I)(en)_2(H_2O)]_2$ $\{GeW_{12}O_{40}[Cu(II)(en)_2]\}\cdot 2.5H_2O$，并利用 IR、UV 光谱、TG 分析和单晶 X 射线衍射对其进行表征。结构分析显示 $[GeW_{12}O_{40}]^{4-}$ 杂多阴离子通过 W—Ot—Cu_3 桥与 $[Cu_3(en)_2]^{2+}$ 取代基体相连，形成 1D 长链结构。并且，这种配合物在室温固体状态下显示光致发光性。他们由 Keggin 型杂多阴离子与过渡金属配合物水热合成三种有机-无机杂化物：$[Mn(2,2'-bipy)_3]_{1.5}$ $[BW_{12}O_{40}Mn(2,2'-bipy)_2(H_2O)]\cdot 0.25H_2O(1)$，$[Fe(2,2'-bipy)_3]_{1.5}[BW_{12}O_{40}Fe-(2,2'-bipy)_2$ $(H_2O)]\cdot 0.5H_2O(2)$ 和 $[Cu_2(phen)_2(OH)_2]_2H[Cu(H_2O)_2BW_{12}O_{40}Cu_{0.75}(phen)(H_2O)]\cdot$ $1.5H_2O(3)$。配合物 1 和 2 是同结构的，都具有单支撑的多金属氧酸盐簇结构，并且它们都含有一个由过渡金属配合物修饰的 $[BW_{12}O_{40}]^{5-}$ 阴离子。配合物 3 含有双支撑的多金属氧酸盐簇离子。在这种多金属氧酸盐簇中两个 $\{Cu_{0.75}(phen)(H_2O)\}^{0.75+}$ 断片支撑在多金属氧酸盐二聚体 $\{Cu(H_2O)_2(BW_{12}O_{40})_2\}^{8-}$ 上。它是第一个基于 Keggin 型多金属氧酸盐二聚体双支撑的多金属氧酸盐。牛景杨教授小组还合成了有机-无机杂化多金属氧酸盐 $[Ni(phen)(H_2O)_3]_2$ $[Ni(H_2O)_5][H_2W_{12}O_{40}]\cdot 6H_2O(phen=1,10-$菲咯啉）。该配合物含有两个支撑的 $[Ni(phen)(H_2O)_3]^{2+}$ 配位阳离子、一个支撑的 $[Ni(H_2O)_5]^{2+}$ 单元、一个偏钨酸盐杂多阴离子 $[H_2W_{12}O_{40}]^{6-}$ 以及六个结晶水分子[31]。

　　Li 等[32]利用水热法由 Keggin 型三缺位杂多金属阴离子 $[\alpha-A-PW_9O_{34}]^{9-}$ 与 Ce(Ⅲ) 或者 Er(Ⅲ) 离子在 $Cu^{2+}$ 和乙二胺（en）存在下，合成出两种有机-无机杂化钨磷酸盐：$[H_9\{Ce(\alpha-PW_{11}O_{39})_2\}Cu(en)_2]\cdot 6H_2O(1)$ 和 $H_7[Cu(en)_2\{Er(\alpha-PW_{11}O_{39})_2\}Cu(en)_2]\cdot$ $12H_2O(2)$。X 射线晶体学分析出它们是由 sandwich 型 $[Ln(\alpha-PW_{11}O_{39})_2]^{11-}[Ln=$ Ce(Ⅲ)，Er(Ⅲ)]杂多酸阴离子和 $[Cu(en)_2]^{2+}$ 阳离子结合产生的无数多个 1D 片段组装而成。这种由 sandwich 型 Ln 单取代的 POM 单元与过渡金属杂合阳离子组成的这种 1D 链结构是非常少见的。该课题组[33]还合成两种无机-有机杂化物：$[Ni(2,2'-bipy)_3]_2[\{Ni(en)_2\}$ $As_6V_{15}O_{42}(H_2O)]\cdot 9.5H_2O(1)$，$[Zn_2(dien)_3(H_2O)_2]_{1/2}\{[Zn_2(dien)_3]As_6V_{15}O_{42}$ $(H_2O)\}\cdot 2H_2O(2)$。配合物 1 中含有 $[\{Ni(en)_2\}As_6V_{15}O_{42}(H_2O)]^{4-}$ 和 $[Ni(2,2'-bipy)_3]^{2+}$ 阳离子组成的 1D 链。其中的链主体对手性个体阳离子具有分子识别能力。配合物 2 是由 $[As_6V_{15}O_{42}]^{6-}$ 杂多酸离子和新型的二核 $[Zn_2(dien)_3]^{4+}$ 连接而成的首个 1D 螺旋状的 As—V—O 胶簇链。

　　Yang 课题组[34]利用水热合成两种含有过渡金属单取代的多金属氧酸盐的新型有机-无机杂化材料：$[Ni(2,2'-bipy)_3]_3[Ni(H_2O)SiW_{11}O_{39}]\cdot 11H_2O$ 和 $[Cu(dien)(H_2O)]$

$[Cu(dien)(H_2O)_2]_2[CuSiW_{11}O_{39}] \cdot 5.5H_2O(2,2'-bipy = 2,2'-联吡啶，dien = 二亚乙基三胺)。并利用该方法合成两个镉取代的钒砷酸盐：$[Cd(enMe)_3]_2\{\alpha-[(enMe)_2Cd_2As_8V_{12}O_{40}(0.5H_2O)]\} \cdot 5.5H_2O$（1，enMe = 1,2-二氨基丙烷）和 $[Cd(enMe)_2]_2\{\beta-[(enMe)_2Cd_2As_8V_{12}O_{40}(0.5H_2O)]\}(2)$。采用元素分析、IR、TGA、UV-vis、电磁测量、单晶结构分析进行了表征，X 射线衍射分析显示出配合物 1 和 2 分别展示出孤立的一维无机-有机杂化结构。前者是从 $\alpha-\{As_8V_{14}O_{42}\}$ 壳体衍生而来的第一个二镉取代的钒砷酸盐，而后者是从 $\beta-\{As_8V_{14}O_{42}\}$ 壳体衍生而来的另外一种二镉取代的钒砷酸盐。变温磁化率测量表明在配合物 1 和 2 中 V(Ⅳ) 阳离子间出现了反铁磁相互作用。

Xu 教授[35] 等报道了一例由 $\beta-\{Sb_8V_{14}\}$ 单元通过 Sb—O 间构成的一维双链结构的 Sb—V—O 簇合物。他们将 Sb$^{Ⅲ}$ 原子作为帽原子与 Keggin 结构的杂多钼氧簇形成具有二帽 Keggin 结构的簇合物，先后报道了六例含有 $\{XMo_{12}Sb_2\}$(X＝P 和 Si) 结构单元的多金属氧酸盐[36]，其中三例是由配合物结构单元而成的一维链状结构（如图 8-5）。这三种化合物分别为：$[PMo_{12}Sb_2O_{40}][Cu(enMe)_2] \cdot 4H_2O(1)$，$[PMo_{12}Sb_2O_{40}][Ni(enMe)_2] \cdot 4H_2O(2)$ 和 $[PMo_{12}Sb_2O_{40}][Cu(en)_2] \cdot H_3O \cdot H_2O(3)$(enMe＝1,2-二氨基丙烷，en＝乙烯二胺)。由于引入了 Sb$^{Ⅲ}$ 原子，所以此类化合物都是高度还原的杂多蓝类化合物。

Liu 等[37] 采用水热法由 Keggin 型多金属氧酸盐、硝酸铜和 4,4'-联吡啶（4,4'-bipy）合成一维 (1D) 有机-无机配合物 $\{(H_3O)[Cu(Ⅰ)(4,4'-bipy)]_3[SiW_{12}O_{40}]\} \cdot 1.5H_2O(1)$。单晶 X 射线衍射显示饱和的 Keggin 型多氧阴离子和无数的 $[Cu(Ⅰ)(4,4'-bipy)]_n^{n+}$ 单元结构建构成一维 1D 的 Z 字形长链。在配合物 1 中的 Cu 原子是与 T 型几何三配位的，说明它们在所产生的化合物中是单价的。配合物 1 的 EPR 光谱信号进一步证实了这一结果。并且合成含有 Anderson 型杂多酸的两种有机-无机杂化物 $[Cu_2(bipy)_2(mu-ox)][Al(OH)_7Mo_6O_{17}](1)$ 和 $[Cu_2(bipy)_2(mu-ox)][Cr(OH)_7Mo_6O_{17}](2)$。晶体结构分析显示在这两种配合物中都存在着由 Anderson 型杂多离子和草酸桥链连接的双核 Cu 化合物构成的 1D 链（如图 8-6）[38]。

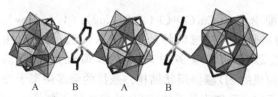
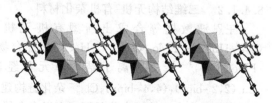

图 8-5　配合物 $[PMo_{12}Sb_2O_{40}]$
$[Cu(enMe)_2] \cdot 4H_2O$ 的 1D 链结构图[36]

图 8-6　配合物 $[Cu_2(bipy)_2(mu-ox)]$
$[Al(OH)_7Mo_6O_{17}]$ 的 1D 链示意图[38]

You 等[39,40] 水热合成两种含有 Anderson 型 $[TeMo_6O_{24}]^{6-}$ 阴离子的有机-无机杂化材料：$[(H_2O)_2Co(TeMo_6O_{24})][(C_{10}N_2H_{10})_2] \cdot 9.5H_2O(1)$，$[(C_{10}N_2H_9)Ni(H_2O)_3]_2[TeMo_6O_{24}] \cdot 8.5H_2O(2)$。配合物 1 中 $[TeMo_6O_{24}]^{6-}$ 离子胶簇与 $Co^{2+}$ 沿着中轴交替，形成带有两个 4,4'-bipy(4,4'-联吡啶) 垂饰配体的 1D 链结构。配合物 2 由 $[TeMo_6O_{24}]^{6-}$ 离子胶簇和 $[Ni(bipy)(H_2O)_3]^{2+}$ 基团组成，通过广泛的氢键相互作用进一步形成超分子结构[40]。

Wang 等[41] 合成 Zn(Ⅱ) 配体基团修饰的 Keggin 型钴钨酸盐有机-无机杂化材料 $[Zn(2,2'-bipy)_3]_3\{[Zn(2,2'-bipy)_2(H_2O)]_2[HCoW_{12}O_{40}]_2\} \cdot H_2O$。采用元素分析、IR、TG 分析和 X 射线单晶衍射进行表征。结构分析显示晶体结构由单支撑的 Keggin 型钴钨酸盐杂多阴离子 $\{[Zn(2,2'-bipy)_2(H_2O)]_2[HCoW_{12}O_{40}]_2\}^{6-}$、三个 $[Zn(2,2'-bipy)_3]^{2+}$ 阳离子和一个水分子组成。$[Zn(2,2'-bipy)_3]^{2+}$ 阳离子通过氢键的相互作用形成螺旋链。另外，该化合物是在空气中稳定，并在室温下发光激烈。

Zhou 等[42] 用水热法合成了链状有机-无机钼砷酸盐配合物 $[As(phen)]_2[As_2Mo_2O_{14}]$

(phen＝1,10'-菲咯啉)。第一次合成了这种由菲咯啉配体直接配合到 As 原子上的不常见的 1D (As/Mo/O) 链的配合物。并且，这些 1D 链可以进一步通过相邻链间菲咯啉基团的 π-π 相互重叠形成超分子层。

Li 等[43]采用水热法合成出一维的无机-有机配合物 $(C_2H_{10}N_2)[Mo_3O_{10}]$，利用单晶 X 射线衍射对其进行表征。这种配合物作为一种散装剂，利用直接混合法制备一种可再生的立体化学修饰的碳糊电极（钼 CPE）。随着 $BrO_3^-$、$IO_3^-$、$NO_2^-$ 和 $H_2O_2$ 的减少，复合材料大量修饰后的 Mo-CPE 不仅展示了良好的电化学催化活性，而且具有良好的稳定性和在湿滤纸表面简单的抛光的多重复性，这种多重复性质对于实际的应用具有重要的作用。

Lin 等[44]采用水热法合成了一种新型的有机-无机杂化材料 $[Cu(enMe)_2(H_2O)]$ $[\{Cu(enMe)_2\}\{Cu(enMe)_2(H_2O)W_{12}O_{40}H_2\}] \cdot nH_2O(n=0.33, enMe=1,2-二氨基丙烷)$。结构分析显示 $[\{Cu(enMe)_2\}\{Cu(enMe)_2(H_2O)W_{12}O_{40}H_2\}]^{2-}$ 显现出独特正弦曲线波的一维链结构。其结构是由修饰后的 Keggin 型簇和 $\{Cu(enMe)_2\}^{2+}$ 桥基团通过共享离子簇中的一个末端和一个双桥连氧原子构成。其在 $H_2O_2$ 分解中具有很好的催化活性。

Kortz 等[45]由 $Na_2WO_4$ 与 $(CH_3)_2SnCl_2$ 在 pH＝7 的水溶液中反应生成含有一个由二甲基锡基团稳定的六钨酸盐核组成的有机-无机杂多酸离子 $[\{((CH_3)_2Sn)_2(W_6O_{22})\}]^{4-}$。该配合物带有胍基阳离子，其通过结晶作用生成 $[C(NH_2)_3]_4[\{((CH_3)_2Sn)_2(W_6O_{22})\}] \cdot 2H_2O$。生成的这种配合物再通过变形的三角双锥型顺式—$(CH_3)_2SnO_3$ 基团形成 1D 结构。

王敬平教授等采用水热法合成出新型有机-无机硼钨酸复合材料 $[Cu(I)(2,2'-bipy)(4,4'-bipy)_{0.5}]_2[\{Cu(I)(2,2'-bipy)_2Cu(I)(4,4'-bipy)_2(\alpha-BW_{12}O_{40})\}](2,2'-bipy=2,2'-联吡啶, 4,4'-bipy=4,4'-联吡啶)$。利用元素分析、红外光谱（IR）、紫外光谱（UV）、粉末 X 射线衍射（PXRD）、热重分析（TGA）、单晶 X 射线衍射（XRD）、X 射线光电子衍射（XPS）以及荧光分析进行表征。结构分析显示出该配合物是通过交替方式由 $[\alpha-BW_{12}O_{40}]^{5-}$ 杂多阴离子和 $[Cu(I)(2,2'-bipy)]_2Cu(I)(4,4'-bipy)_2]^{3+}$ 阳离子构成的 1D 结构。

### 8.4.1.2　二维结构无机-有机杂化材料

王恩波教授等合成出新型有机-无机配合物 $(Cu_4Cl)-Cl-(2,2'-bipy)_4(4,4'-bipy)_3(4,4'-Hbipy)_2[PMo_{12}O_{40}]_2 \cdot 2H_2O$。该配合物最吸引人注意的特征是 Cu—Cl 键。它具有由 $\{PMo_{12}O_{40}\}^{3-}$ 杂多阴离子结构单元和经过悬挂着的杂多阴离子簇修饰过的一维的 $[Cu_4(2,2'-bipy)_4(4,4'-bipy)_5Cl]_n^{n-}$ 杂化链构建而成的 2D 栅格层状结构。悬挂的杂多阴离子处于层面的反方向。该配合物是第一个以多金属氧酸盐簇作为悬垂体的 2D 结构的配合物[46]。

杨国昱教授等合成了 $[Co(enMe)_2]_3[As_6V_{15}O_{42}(H_2O)] \cdot 2H_2O$。该配合物是第一个以 $[As_6V_{15}O_{42}]^{6-}$ 为砌块的 2D 网状结构［如图 8-7(a)］。并合成由 sandwich 型金属四取代的钨酸盐和过渡金属配合物组成的 2D 结构配合物 $[Cu(dien)(H_2O)]_2\{[Cu(dien)(H_2O)]_2[Cu(dien)(H_2O)_2][Cu_4(SiW_9O_{34})_2]\} \cdot 5H_2O$（1；dien＝二亚乙基三胺），$[Zn(enMe)_2(H_2O)]_2\{[Zn(enMe)_2]_2[Zn_4(HenMe)_2(PW_9O_{34})_2]\} \cdot 8H_2O$（2；enMe＝1,2-二氨基丙烷）和 $[Zn(enMe)_2(H_2O)]_4[Zn(enMe)_2]_2(enMe)_2\{[Zn(enMe)_2]_2[Zn_4(HSiW_9O_{34})_2]\}\{[Zn(enMe)_2(H_2O)]_2[Zn_4(HSiW_9O_{34})_2]\} \cdot 13H_2O(3)$。配合物 1 中的 $[Cu_4(SiW_9O_{34})_2]^{12-}$ 阴离子与 Cu 化合物连接而成 2D 结构。配合物 2 中的无机-有机杂多阴离子 $[Zn_4(HenMe)_2(PW_9O_{34})_2]^{8-}$ 与 Zn 化合物连接形成 2D 结构。而配合物 3 则具有独特的 2D 网状结构，它含有带有两种桥链基团结构：Zn 化合物和 1,2-二氨基丙烷配体的 $[Zn_4(PW_9O_{34})_2]^{10-}$ 阴离子[47]。最近他们利用该方法制得两种新型 Keggin 型多金属氧酸盐配合物 $\{[Cu_2(4,4'-bipy)_2][PW_{10}(VI)W_2(V)O_{40}]\}[Cu_2(obpy)_2]_4 \cdot 2H_2O$ 和 $\{[Cu_4(2,2'-bipy)_4(4,4'-bipy)_3][SiW_{12}O_{40}] \cdot 2H_2O(4,4'-/2,2'-bipy=4,4'-/2,2'-联吡啶, Hobpy=6-羟基-2,2'-联吡啶)$。通过表征发现这两种配合物具有基于 π-π 堆积和氢键连接的超分子结构［如图 8-7(b)][48]。

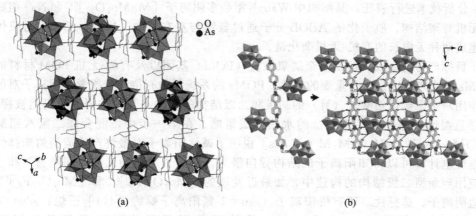

图 8-7　[Co(enMe)$_2$]$_3$[As$_6$V$_{15}$O$_{42}$(H$_2$O)]·2H$_2$O 沿着 [111] 方向的 2D 结构（a）

及{[Cu$_2$(4,4'-bipy)$_2$][PW$_2^V$W$_{10}^{VI}$O$_{40}$]}$_\infty$1D 杂化链（b）（左）

和由其通过氢键形成的 2D 超分子层（b）（右）[48]

Yang 课题组[49]利用该方法制得无机-有机杂化钨酸盐：{[Ni(dap)$_2$(H$_2$O)]$_2$[Ni(dap)$_2$]$_2$[Ni$_4$(Hdap)$_2$(α-B-PW$_9$O$_{34}$)$_2$]}·H$_2$O（dap=1,2-二氨基丙烷）和含有六核 Cu 簇的 sandwich 型多金属氧酸盐的杂化材料 [Cu(enMe)$_2$]$_2${[Cu(enMe)$_2$(H$_2$O)]$_2$[Cu$_6$(enMe)$_2$(B-α-SiW$_9$O$_{34}$)$_2$]}·4H$_2$O（enMe=1,2-二氨基丙烷）[如图 8-8(a)]。该配合物分子含有 10 个 Cu 离子：其中的六个通过两个 CuO$_6$ 正八面体，两个 CuO$_5$ 以及两个 CuO$_3$N$_2$ 正方锥形边边共享和两个 {B-α-SiW$_9$O$_{34}$} 单元间被包裹形成新型无机-有机杂化 Cu-6 簇。另外的两个 Cu 离子形成两个 [Cu(enMe)$_2$(H$_2$O)]$^{2+}$ 配合物，进一步与用来作为修饰体的两个{B-α-SiW$_9$O$_{34}$}单元通过 Cu—O—W 桥链连接。这两个 Cu 原子形成 [Cu(enMe)$_2$]$^{2+}$，起到电荷补偿和空间填料的作用[49,50]。

Xu 小组[51]合成一例以 Co(dien)$^{2+}$ 为帽的四帽 ξ-Keggin 结构 {[Co(dien)]$_4$[(As$^V$O$_4$)Mo$_8^V$W$_4^{VI}$O$_{33}$(μ$_2$-OH)$_3$]}·2H$_2$O，它也是首例钼钨混配型的多金属氧酸盐。他们还合成两例由 Sb···O 弱键构成的二维无机层状结构：[H$_4$PMo$_7^V$Mo$_5^{VI}$O$_{40}$Sb$_2^{III}$](im)$_2$·2H$_2$O（im=咪唑）[52][如图 8-8(b)] 和 [SiMo$_8^{VI}$Mo$_4^V$O$_{40}$Sb$_2$](H$_2$en)$_2$(en)$_{0.5}$·(H$_2$O)$_{8.5}$[53]。

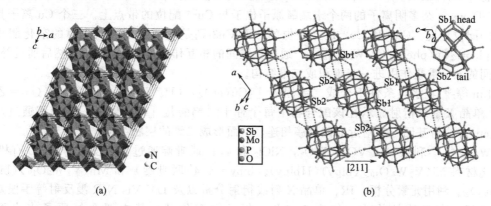

图 8-8　[Cu(enMe)$_2$]$_2$[Cu(enMe)$_2$(H$_2$O)]$_2$[Cu$_6$(enMe)$_2$(B-α-SiW$_9$O$_{34}$)$_2$]·4H$_2$O

沿着 b 轴的晶体填充图（a）及[H$_4$PMo$_7^V$Mo$_5^{VI}$O$_{40}$Sb$_2^{III}$](im)$_2$·2H$_2$O

中 {PMo$_{12}$Sb$_2$} 的 2D 无机层的球棍图（b）[52]

Liu 等[54]合成一种超分子配合物 Na$_3$(HABOB)(H$_2$ABOB)[MnMo$_9$O$_{32}$]·5.5H$_2$O（ABOB=吗啉胍），并利用元素分析、IR 光谱、漫反射光谱、室温磁矩、单晶 X 射线衍射

以及 TG 分析技术进行表征。其结构中 Waugh 型杂多阴离子 $[MnMo_9O_{32}]^{6-}$ 和 $Na^+$ 组成二维层状无机骨架结构。质子化的 ABOB 分子通过氢键与左右旋的 $[MnMo_9O_{32}]_6$ 对映体相连，构建成两种无限长的有机-无机杂化链。

对于目标产物的合成，新型多金属氧酸盐（POM）基团以及有机-无机 POM 材料的设计，POMs 的水热合成是一个重要的挑战。POMs 的系统氟化有待充分探索。阳离子对的结构导向作用对多聚氟代钼酸盐（Ⅵ）的初级和二级结构的影响在目前的研究中仍然被探讨。Patzke 最近报道了杂化氟代钼酸盐的水热合成策略。在第一步中，混合碱二氟八钼酸盐 $[(M,M')Mo_8O_{26}F_2 \cdot nH_2O; M,M' = K, Cs]$ 说明了碱性阳离子对最终产物类型的选择性控制。根据静电计算可以得知阳离子的结构导向潜力。阳离子对作为结构"间隔器"和"剪刀"被应用到新型二级结构的构建中，如最近发现的 $[Mo_6O_{18}F_6]^{6-}$ 和 $[Mo_7O_{22}F_3]^{5-}$ 氟代钼酸盐阴离子。选择性二环有机阳离子（asn=1-氮阳离子螺旋 [4,4] 壬烷；adu=1-氮阳离子-4，9-二噁螺旋 [5,5] 十一烷）的使用得到新型的有机-无机氟代钼酸盐 $asn_2Na_4Mo_6O_{18}F_6 \cdot 6H_2O$，$adu_3Na_3Mo_6O_{18}F_6 \cdot 3H_2O$ 和 $adu_4NaMo_7O_{22}F_3 \cdot 4H_2O$。并且针对这三种化合物在构建 POM 材料时作为建筑砌块的潜力，其在层状有机-无机结构的形成中有机阳离子的转向效应也被进行了比较[55]。

Peng 教授[56]等利用水热法，通过将不同长度的刚性配体植入到多金属氧酸盐（POM）系统中，形成四种含有 POMs 修饰的多孔 Cu—N 配体聚合链的无机-有机杂化材料 $\{[Cu(4,4'-bipy)]_3[HGeMo_{12}O_{40}]\} \cdot 0.5H_2O$，$Cu(4,4'-bipy)\{[Cu(4,4'-bipy)]_2[W_6O_{19}]\} \cdot 4H_2O[Cu(bpe)]\{[Cu(bpe)]_2[GeMo_{12}O_{40}(VO)_2]\}[bpe = 二（4-吡啶基）乙烯] 和 $[Cu_2(phnz)_3]_2[SiW_{12}O_{40}]$(phnz=吩嗪)。

Sato 等[57]在 150℃ 下，水热合成杂化配合物 $[(H_5O_2)(H_2bipy)(bipy)_4][NaMo_8O_{26}] \cdot 2H_2O$(bipy=4,4'-联吡啶)。其结构包含有两个基团：一个是由钠离子通过内部连接形成的无限长的 $\beta-[Mo_8O_{26}]$ 簇链；另外一个是由双重质子化的 bipy 离子和它的中性分子构建而成的二维网络结构。该中性分子与水分子通过氢键作用连接在一起。网络结构的堆积为 $Na-\beta-[Mo_8O_{26}]$ 链提供了合适的一维通道。

Cheng 等[58]由 Wells-Dawson 杂多阴离子簇与金属有机复合亚单元水热合成有机-无机杂化物 $[Cu(phen)_3][Cu(phen)_2Cu(phen)_2(P_2W_{18}O_{62})] \cdot 2H_2O$。晶体结构分析显示 Wells-Dawson 杂多阴离子的两个末端氧原子位于与 $Cu^{2+}$ 配位的带点上。三个 Cu 离子具有不同的配位环境：Cu1 和 Cu2 是五配位的，而 Cu3 则是六配位的。双支撑的杂化阴离子 $[Cu(phen)_2Cu(phen)_2(P_2W_{18}O_{62})]^{2-}$ 通过氢键间的相互作用聚合到 1D 中。然后通过补偿、面面间的 π-π 重叠作用进一步堆积成二维结构。

Lin 等[59]在水热条件下合成二维固体 $[\{Cu(en)_2\}_4(H_4W_{12}O_{42})] \cdot 9H_2O$（en=乙二胺）。单晶 X 射线衍射显示在该配合物中每个仲十二钨酸盐 $[H_4W_{12}O_{42}]^{8-}$ 簇都通过八个 $\{Cu(en)_2\}^{2+}$ 桥基团与它附近的四个簇相连，从而形成二维的层状结构。

Wang[60,61]利用 $NH_4VO_3$，$WO_3$，$NiCl_2$ 和 4,4'-联吡啶通过水热反应合成 2D 有机-无机杂化材料 $Ni(V_2W_4O_{19})(bipy)(Hbipy)_2$(bipy = 4,4'-联吡啶) 和 $Mn(V_2W_4O_{19})(bipy)(Hbipy)_2$。利用元素分析、IR、单晶 X 射线衍射分析以及 UV-Vis-NIR 漫反射等手段对其进行表征。在晶体结构中，每个 Ni(Ⅱ) 都是六配位的，其中两个氧原子来自两个 $[V_2W_4O_{19}]^{4-}$ 离子，两个氮原子来自两个双齿吡啶配体，另外两个氮原子来自两个质子化的末端吡啶配体。

Kortz 等[62]在水溶液介质中，在不同 pH 的情况下，由 $(CH_3)_2SnCl_2$ 与 $Na_2MoO_4$ 反应生成三种不同配合物 $[\{(CH_3)_2Sn\}(MoO_4)](1)$，$[\{(CH_3)_2Sn\}_4O_2(MoO_4)_2](2)$ 和 $[\{(CH_3)_2Sn\}\{Mo_2O_7(H_2O)_2\}] \cdot H_2O(3)$。这三种配合物都是由 $(CH_3)_2Sn^{2+}$ 基团与钼酸

盐离子延展连接形成的有机-无机杂化物，其中心的 Sn(Ⅳ) 的配位数从 5～7 间变化。其中的配合物 2 和 3 是 2D 结构。最近他们[63]在水溶液中、pH 为 3 时，以胍盐阳离子 $[C(NH_2)_3]^+$ 作为结晶剂，$(CH_3)_2SnCl_2$ 和 $Na_9[B-\alpha-XW_9O_{33}]$ 以 3∶1 的摩尔比进行反应，选择性地得到二聚 $[\{(CH_3)_2Sn(H_2O)\}\{(CH_3)_2Sn\}(B-\beta-XW_9O_{33})_2]^{8-}$ [1，X＝As(Ⅲ)；2，X＝Sb(Ⅲ)]。众所周知，该反应产生的重要产物是单聚的 $[\{(CH_3)_2Sn(H_2O)_2\}_3(B-\beta-XW_9O_{33})]^{3-}$。杂多阴离子 1 和 2 都含有一个八面体反式—$(CH_3)_2SnO_4$ 基团。这种反式基团桥链有两个三缺位的 Keggin 型 $[B-\beta-XW_9O_{33}]^{9-}$ 亚单体，进一步由两个结构非等效的 $\{(CH_3)_2Sn\}^{2+}$ 官能团修饰：一个是扭曲的八面体反式—$(CH_3)_2SnO_4$ 连接基团，一个是三角双锥顺式—$(CH_3)_2SnO_3$ 侧基。在二聚中心对称的组合体中，每个 $[B-\beta-XW_9O_{33}]^{9-}$ 亚单体都通过两个 Sn—O(W) 键连接到三个 $\{(CH_3)_2Sn\}^{2+}$ 官能基团上。杂多阴离子 1 和 2 通过形成分子间的 Sn—O—W 桥链，聚合结晶成同结构的 2D 杂化材料 $[C(NH_2)_3]_8[\{(CH_3)_2Sn(H_2O)\}_4\{(CH_3)_2Sn\}(B-\beta-XW_9O_{33})_2]\cdot10H_2O$ [1a，X＝As(Ⅲ)；2a，X＝Sb(Ⅲ)]。

Ma 等[64]利用 Keggin 型多金属氧酸盐砌块与 Cu(Ⅱ)/Cu(Ⅰ) 以及氟康唑配体 1-(2,4-二氟苯基)-1,1-二 [1$H$-1,2,4-三氮唑-1 甲基] 甲醇（Hfcz）水热合成 2D 网络结构的无机-有机杂化材料：$[Cu_4(Ⅱ)(fcz)_4(H_2O)_4(SiMo_{40})]\cdot6H_2O$，$(Et_3NH)_2[Cu_2(Ⅰ)(Hfcz)_2(SiW_{12}O_{40})]\cdot2H_2O$，$(Et_3NH)_2[Cu_2(Ⅰ)(Hfcz)_2(SiW_{12}O_{40})]\cdot H_2O$ 和 $[Cu_4(Ⅰ)(Hfcz)_4(SiMo_{12}O_{40})]$。

Wang 等[65]合成出 $[\{Cu(Ⅰ)(4,4'-bipy)\}_3H_2(\alpha-BW_{12}O_{40})\}]\cdot3.5H_2O$。该杂化物具有由 $[\alpha-BW_{12}O_{40}]^{5-}$ 杂多阴离子和—Cu(Ⅰ)-4,4'-bipy—线性链阳离子构成的 2D 延展结构，其中一个 $[\alpha-BW_{12}O_{40}]^{5-}$ 杂多阴离子作为一种四配位基的无机配体提供三个末端氧原子和一个二桥氧原子（如图 8-9）。

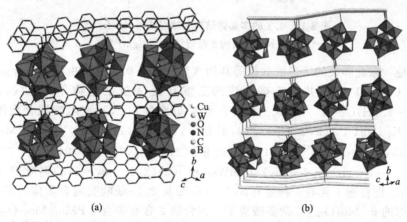

图 8-9　杂化物的 2D 片状结构多面体/球棍图（a）及杂化物的 2D 结构多面体/线形图（b）[65]

### 8.4.1.3　三维结构无机-有机杂化材料

（1）手性结构　1993 年，Zubieta 等人在《Science》上报道了一例利用水热法制备的手性双螺旋结构配合物 $(Me_2NH_2)K_4[V_{10}O_{10}(H_2O)_2(OH)_4(PO_4)_7]\cdot4H_2O$。其为合成具有螺旋结构的手性多酸化合物掀开了崭新的一页，表明在生命创生期的地球上，在高温高压下，DNA 结构是最稳定的核酸盐高级结构[66]。

王恩波课题组利用手性的脯氨酸也合成出对映异构体纯相的多氧钨酸盐配合物 $KH_2[(C_5H_8NO_2)_4(H_2O)Cu_3][BW_{12}O_{40}]\cdot5H_2O$（L 和 D）（如图 8-10）[67]。直接合成原手性多酸阴离子簇，它可以进一步与金属或有机配体作用，合成新结构的手性多金属氧酸盐配合物。

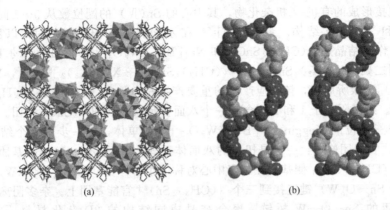

(a)　　　　　　　　　　　(b)

图 8-10　$KH_2[(C_5H_8NO_2)_4(H_2O)Cu_3][BW_{12}O_{40}]\cdot 5H_2O$ 的 3D 开放式框架图 (a) 及
分别在 D 型和 L 型中左右螺旋结构 (b)[67]

他们还通过金属锌 $Zn^{2+}$ 与 $[Mn^{IV}Mo_9O_{32}]^{6-}$ 反应实现了手性的传递，得到了三维手性拓展结构[68]（如图 8-11）。

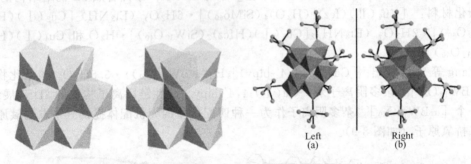

图 8-11　L-1 的多面体结构和球棍结构（Left）及
D-1 的多面体结构和球棍结构（Right）[68]

　　(2) 其他　东北师大的王恩波教授等利用水热法第一次合成了由饱和 Keggin 型杂多酸离子与三核 Cu（Ⅰ）通过共价连接形成的三维有机-无机杂化物 $[Cu_5Cl(4,4'\text{-bipy})_5]$ $[SiW_{12}O_{40}]\cdot 1.5H_2O$[69]。并合成三种带有 $4,4'$-联吡啶和 $2,2'$-联吡啶混合配体的有机-无机杂化材料 $K[\{Cu(I)(2,2'\text{-bipy})\}(4,4'\text{-bipy})\{Cu(I)(2,2'\text{-bipy})\}_{0.5}]_2[Mo_8O_{26}](1)$，$[Cu(I)(4,4'\text{-bipy})]_3[PMo_{10}^{VI}Mo_2^VO_{40}\{Cu(II)(2,2'\text{-bipy})\}](2)$ 和 $[Cu(I)(2,2'\text{-bipy})$ $(4,4'\text{-bipy})_{0.5}]_2[Cu(I)(4,4'\text{-bipy})]_2[SiW_{12}O_{40}](3)(2,2'\text{-bipy}=2,2'$-联吡啶，$4,4'\text{-bipy}=4,4'$-联吡啶)。配合物 1 含有一种带有 $4,4'$-联吡啶及 $2,2'$-联吡啶混合配体的 Cu（Ⅰ）配位阳离子双支撑的 $\beta\text{-}[Mo_8O_{26}]^{4-}$ 杂多酸离子。配合物 2 含有带有 $[PMo_{10}^{VI}Mo_2^VO_{40}]^{5-}$ 砌块帽的 $\{Cu(II)(2,2'\text{-bipy})\}^{2+}$ 离子。这种砌块由 $\{Cu(4,4'\text{-bipy})\}_n^{n+}$ 线性阳离子链形成新型的网状结构。其结构中含有带有二价 Cu 帽的多金属氧酸盐砌块。配合物 3 的结构是由一维杂化 Z 字形 $\{Cu(4,4'\text{-bipy})\}_n^{n+}$ 链连接形成 3D 网络结构[70]。

　　An 等利用过渡金属-氨基酸配合物形成功能化的多金属氧酸盐 $H_4[Na(H_2O)_2]_2[Cu_6Na$ $(gly)_8(H_2O)_2][BW_{12}O_{40}]_2\cdot 13H_2O(1)(gly=甘氨酸)$。这种配合物是一种由 $[BW_{12}O_{40}]^{5-}$ 砌块、六核 $[Cu_6Na(gly)_8]$ 配体簇以及 $Na^+$ 构成的 3D 骨架结构。该配合物的 $[BW_{12}O_{40}]^{5-}$ 杂多酸离子仍然保留着带有 $T_d$ 点体系的 Keggin 型结构[71]。

　　王恩波课题组合成出一系列由 Keggin 型 $[AlW_{12}O_{40}]^{5-}$ 杂多阴离子和过渡金属有机亚基胺结合而成的新型有机-无机杂化物 $\{Ag_3(2,2'\text{-bipy})_2(4,4'\text{-bipy})_2\}\{Ag(2,2'\text{-bipy})_2\}$

{Ag(2,2′-bipy)}[AlW$_{12}$O$_{40}$]·H$_2$O(1)，[Ag(phen)$_2$]$_3$[Ag(phen)$_3$][AlW$_{12}$O$_{40}$]·H$_2$O
(2)和{Co(2,2′-bipy)$_3$}$_3${Co(H$_2$O)(2,2′-bipy)$_2$[AlW$_{12}$O$_{40}$]}$_2$·H$_2$O(3)(phen=1,10-菲咯
啉)。配合物 1 的结构中一个突出的方面是五个晶体上独立的 Ag 中心存在着四种类型的配位
构型 [如图 8-12(a)]。在配合物 2 中三聚 {[Ag(phen)$_2$]$_3$}$^{3+}$ 胶簇是第一个延展到一维波像阵
列，然后进一步延展到有 [AlW$_{12}$O$_{40}$]$^{5-}$ 存在的三维的超分子网络结构 [如图 8-12(b)]。配合
物 3 最突出的结构特点是在邻近的单支撑 {Co(H$_2$O)(2,2′-bipy)$_2$[AlW$_{12}$O$_{40}$]}$^{3-}$ 阴离子中三个
水分子呈线性排列，导致相互间存在弱作用力的三维超分子的形成[72]。

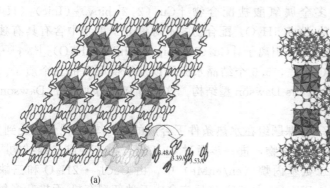
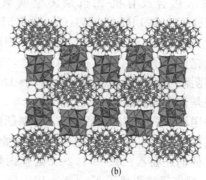

图 8-12　{Ag$_3$(2,2′-bipy)$_2$(4,4′-bipy)$_2$}{Ag(2,2′-bipy)$_2$}{Ag(2,2′-bipy)}[AlW$_{12}$O$_{40}$]
的 3D 超分子网状图 (a) 及[Ag(phen)$_2$]$_3$[Ag(phen)$_3$][AlW$_{12}$O$_{40}$]
的 3D 超分子网状图 (b)[72]

最近他们又利用水热法合成三种有机-无机杂化材料 H[Cu(Ⅰ)(dafo)$_2$]$_3$
{[Cu(Ⅰ)(dafo)$_2$]$_2$P$_2$W$_{18}$O$_{62}$}·AH$_2$O(1)，[Cu(Ⅰ)(dafo)$_2$]$_3$PMo$_{12}$O$_{40}$(2)和[Cu(Ⅰ)
(dafo)$_2$]$_4$SiW$_{12}$O$_{40}$(3)(dafo=4,5-二氮芴-9-酮)。配合物 1 是一种由 Dawson 型 P$_2$W$_{18}$O$_{62}^{6-}$
单元和铜配合物结构单元双支撑之间通过弱的相互作用形成的 3D 超分子网状物。而配合物
2 则是由含有多金属氧酸盐（POM）阴离子的超分子网状结构通过 π-π 重叠和氢键间的相互
作用形成的。配合物 3 具有与 2 类似的结构单元，只是这些单元是以不同的形式形成的。它
们结构间的区别显示出 POMs 在最终产物的网状结构中是主要的因素[73]。他们还合成了 3D
配合物 {K$_3$H$_2$[Cu(Gly)$_2$]$_3$BW$_{12}$O$_{40}$}·10H$_2$O(Gly=甘氨酸)。该配合物含有 K$^+$ 阳离子和
Cu-甘氨酸配体混合物构成的正方格子层。[BW$_{12}$O$_{40}$]$^{4-}$ 阴离子在正方格子中作为模板，并
与 K 原子连接以达到电荷平衡。K 原子与不同层中的 [BW$_{12}$O$_{40}$]$^{4-}$ 相连形成 3D 结构。

Cao 等[74]采用水热法合成新型配合物 [Cu(2,2′-联吡啶)$_2$]$_2$[H$_2$V$_{10}$O$_{28}$]·(2,2′-联吡
啶)·H$_2$O。其结构是由杂多阴离子形成的超分子层。这种超分子层被支撑在由单个的
[H$_2$V$_{10}$O$_{28}$]$^{4-}$ 簇通过 C—H…O 氢键间弱的相互作用形成的柱形 Cu 化合物上，进一步形成
具有两种"客体"联吡啶存在于通道中的三维微孔骨架。最近他们[75]通过改变配体，调节
pH 值以及引入低价的金属（V$^{5+}$），在水热条件下原位合成多核铜簇和多金属氧酸盐：
[Cu$_6$(PO$_4$)$_2$(H$_2$O)$_2$(bipy)$_6$](H$_3$O)[P$_2$W$_{18}$O$_{62}$](bipy=2,2′-联吡啶，1)，[Cu$_6$(PO$_4$)$_2$
(H$_2$O)$_4$(phen)$_6$](H$_2$O)$_2$[P$_2$W$_{18}$O$_{62}$](phen=1,10-菲咯啉，2)，[Cu$_2$Cl(phen)$_4$]
[PW$_{12}$O$_{40}$](3)，[Cu$_4$(HPO$_4$)$_2$(H$_2$O)$_4$(phen)$_4$](H$_3$O)$_2$[PV$_3$W$_9$O$_{40}$](4)和
[Cu$_4$(HPO$_4$)$_2$(H$_2$O)$_2$(bipy)$_4$](H$_2$O)$_2$[PVW$_{11}$O$_{40}$](5)。且水热合成基于 Keggin 型多金属
氧酸盐砌块的杂化物 [Cu$_2$(bipy)$_2$(Hbipy)(H$_2$O)](PW$_{12}$O$_{40}$)(bipy=4,4′-联吡啶)，该杂
化物具有金刚石网状结构，其中的三褶层相互连通[76]。

Niu 等[77]合成新型的钨锑酸盐有机-无机杂化物 Na[Cu(2,2′-bipy)(H$_2$O)]$_2$

$\{Cu(2,2'\text{-bipy})\}_2(B\text{-}\alpha\text{-}SbW_9O_{33})\cdot 2H_2O$。X 射线电子衍射显示，其含有被植入到三缺位的 $B\text{-}\alpha\text{-}[SbW_9O_{33}]^{9-}$ 骨架结构中的两个 $[Cu(2,2'\text{-bipy})]^{2+}$ 和两个 $[Cu(2,2'\text{-bipy})(H_2O)]^{2+}$ 杂多酸离子。以及合成一种基于 Dawson 型钨酸盐簇 $\{SbW_{18}O_{60}\}$ 类的新型有机-无机杂化物 $[Cu(2,2'\text{-bipy})_3]_2[Cu(2,2'\text{-bipy})_2Cl][Cu(2,2'\text{-bipy})_2]H_6[(SbW_4W_{14}O_{60})\text{-}W(V)\text{-}O(VI)]\cdot H_2O$[78]。采用该方法也合成有机-无机多金属氧酸盐配合物 $[Co(2,2'\text{-bipy})_3]H[Al(OH)_6(Mo_6O_{18})]\cdot 17H_2O$[79]。

他们由 $Cu(CH_3COO)_2\cdot 4H_2O$，$Y(NO_3)_3$，$V_2O_5$，$K_9BW_{11}O_{39}$，$2,2'$-联吡啶以及 $\gamma$-吡啶甲酸水热合成有机-无机杂多金属氧酸盐配合物 $[Cu_2(2,2'\text{-bipy})_2(Inic)_2(H_2O)_2][Y(Inic)_2(H_2O)_5]H_3[V_2W_{18}O_{62}]\cdot 5.5H_2O$。配合物的不对称分子单元中含有具有独立晶系的 $[V_2W_{18}O_{62}]^{6-}$，一个双核的 Cu 阳离子 $[Cu_2(2,2'\text{-bipy})_2(Inic)_2(H_2O)_2]^{2+}$，一个九配位的钇阳离子 $[Y(Inic)_2(H_2O)_5]^+$，5.5 个结晶水分子以及平衡电荷的三个质子。其中的杂多阴离子仍然保留着经典的 Wells-Dawson 型结构。这种带有 V 杂原子的 Dawson 型阴离子还是首次被报道[80]。

中国科学院福建物构所的 Yang 课题组在水热条件下合成的 $Ln_{36}$ 轮形化合物受到关注，该簇连接在一起组成一个二维层状化合物，进一步通过 CuX 化合物连接成三维结构[81,82]。同时，他们还在乙二胺和 1,2-二氨基丙烷（en/enMe）中，由 $CuCl_2\cdot 2H_2O$ 和三缺位的 Keggin 型多氧酸阴离子 $Na_9[A\text{-}\alpha\text{-}PW_9O_{34}]\cdot 7H_2O$ 反应合成五种新型有机-无机杂多氧钨酸盐[83]，并由三缺位的 $Na_9[\alpha\text{-}A\text{-}PW_9O_{34}]\cdot 7H_2O/Na_{12}[\alpha\text{-}P_2W_{15}O_{56}]\cdot 18H_2O$ 与 $NiCl_2\cdot 6H_2O$ 合成出两种新型无机-有机杂化 sandwich 型钨磷酸盐：$[H_2en][Ni(en)_2]_2[\{(\alpha\text{-}B\text{-}PW_9O_{34})_2Ni_4(H_2O)_2\}\{Ni(en)_2(H_2O)\}_2]\cdot 5H_2O$（1）和 $[Ni(en)_2][Ni(en)_2(H_2O)_2][\{(\alpha\text{-}B\text{-}PW_9O_{34})_2Ni_4(Hen)_2\}\{Ni(en)_2(H_2O)\}_2]\cdot 10H_2O$（2）（en=乙二胺）。配合物 1 是由经过 Ni-有机胺基团修饰后的无机杂多阴离子 $[Ni_4(H_2O)_2(\alpha\text{-}B\text{-}PW_9O_{34})_2]^{10-}$ 组成，而配合物 2 则是由经过 Ni-有机胺基团修饰后的无机-有机杂化杂多阴离子 $[(\alpha\text{-}B\text{-}W_9O_{34})_2Ni_4(Hen)_2]^{8-}$ 组成。并以三缺位的 Keggin 型杂多阴离子为配体水热合成出两种锗钨酸盐无机-有机杂化物 $[Ni(en)_2]_{0.5}[\{Ni_6(mu_3\text{-}OH)_3(en)_3(H_2O)_6\}(B\text{-}\alpha\text{-}GeW_9O_{34})]\cdot 3H_2O$ 和 $[\{Ni_6(mu_3\text{-}OH)_3(dap)_3(H_2O)_6\}(B\text{-}\alpha\text{-}GeW_9O_{34})]\cdot H_3O\cdot 4H_2O$（en=乙二胺和 dap=1,2-二氨基丙烷）。单晶 X 射线衍射分析出这两种配合物都含有六-Ni(II) 取代的 Keggin 单元 $[\{Ni_6(mu_3\text{-}OH)_3(L)_3(H_2O)_6\}(B\text{-}\alpha\text{-}GeW_9O_{34})]$（L=en 或 dap）。磁化率测量显示这两种配合物中的六-Ni(II) 簇中有铁磁耦合作用存在[84]。

Li 等[85] 利用 $Na_2MoO_4\cdot 2H_2O$，$H_3PO_4$，$CuCl_2\cdot 2H_2O$，$o$-菲咯啉和 $SrCl_2$ 水溶液水热反应合成篮状混合价聚合钼磷酸盐杂化物 $[Cu(phen)(H_2O)_3][\{Cu(phen)(H_2O)_2\}\{Cu(phen)(H_2O)_3\}\{Sr\subset P_6Mo_4^VMo_{14}^{VI}O_{73}\}]\cdot 3H_2O$。单晶 X 射线衍射分析显示这种四电子还原的篮状杂多阴离子 $[Sr\subset P_6Mo_4^VMo_{14}^{VI}O_{73}]^{10-}$ 含有新型四缺位 $\gamma$-Dawson 型单元和一个"把柄"形 $[Cu(phen)(H_2O)_x]$（$x$=1~3）结构单元修饰的 $\{P_4Mo_6\}$ 断片。电化学分析显示该配合物修饰的碳糊电极（CPE）对过氧化氢的还原具有很好的电催化活性。

吉林大学 Xu 等[86] 水热合成两种钼磷酸盐（$H_3$dien）$_4[Mo_{12}O_{24}(OH)_6(HPO_4)_4(PO_4)_4]\cdot 10H_2O$[M=Co 或 Ni；dien=二亚乙基三胺]。这两种配合物都是三维超分子网络结构。并且合成两种有机胺和钒酸盐类有机-无机杂化物（$H_2$dien）$_4[H_{10}V_{18}O_{42}(PO_4)](PO_4)\cdot 2H_2O$（1）（dien=二亚乙基三胺）和（Him）$_8[HV_{18}O_{42}(PO_4)]$（2）（im=咪唑）。配合物 1 含有带有钒酸盐类 $[H_{10}V_{18}O_{42}(PO_4)]^{5-}$ 的质子化的二亚乙基三胺，并由其连接成三维网络结构。而配合物 2 则是由质子化的咪唑和钒酸盐 $[HV_{18}O_{42}(PO_4)]^{8-}$ 组成。在这两种配合物中存在钒酸盐与不同有机胺间的氢键作用。

Liu 等[87]最近在水热条件下，合成两种含有多核 Cu(Ⅱ) 配位阳离子的新型 3D 杂化材料 $[Cu_2(phen)_4Cl][Cu_2(phen)_3(H_2O)Cl][P_2W_{18}O_{62}] \cdot H_2O$ 和 $[Cu_7(phen)_7(H_2O)_4Cl_8]$ $[P_2W_{18}O_{62}] \cdot 6H_2O$(phen=1,10-菲咯啉)。

Xue 等[88]合成了两种无机-有机复合多氧钨酸盐 $[Cu(en)_2(H_2O)]_2[Cu(en)_2(H_2O)_2]$ $\{[Cu(en)_2]_3[Cu_4(GeW_9O_{34})_2]\} \cdot 10H_2O$ (en = 乙二胺) 和 $(H_2en)\{[Zn(en)_2]_4$ $[Zn_4(Hen)_2(GeW_9O_{34})_2]\} \cdot 10H_2O$，并利用单晶 X 射线衍射对其结构进行了分析。

You 等[89]由 $\{Cu(4,4'\text{-bipy})\}^+$ (bipy = 联吡啶) 和同多钼酸盐阴离子 [三角形-$Mo_8O_{26}]^{4-}$ 水热合成一种三维 (3D) 延展性固体 $[Cu(Ⅰ)(4,4'\text{-bipy})]_4[\delta\text{-}Mo_8O_{26}]$。在该配合物中六个 Cu 原子与 [三角形-$Mo_8O_{26}]^{4-}$ 相连形成无机平板面，进而再与 $4,4'$-bipy 连接形成 3D 网状结构。这种配合物所具有的多形态体现在分子式相同，但是可以具有完全不同的结构。

Hundal 等[90]采用两种不同合成方式制得含有 Keggin 型 $[PW_{12}O_{40}]^{3-}$ 和 $[Cu_3(BTC)_2$ $(H_2O)_3]_n$ 离子配合物的两种 3D 杂化材料 $[Cu_3(C_9H_3O_6)_2(H_2O)_3]Na_3PW_{12}O_{40} \cdot nH_2O$ (1) 和 $[Na_6(BTCH_2)_3(H_2O)_{15}][PW_{12}O_{40}]$(2)。配合物 1 采用水热合成，利用 HKUST-1 和 $Na_3[(PW_{12}O_{40})]$ 为前驱体。而配合物 2 则在室温下，从含有 $[Cu_3(BTC)_2(H_2O)_3]_n$ 和 $Na_3[(PW_{12}O_{40})]$ 盐的水溶液中获得。

Cao 等[91]由 Wells-Dawson 簇和 Cu(Ⅱ) 配合物合成一种杂多钨酸盐 $[\{Cu(enMe)_2$ $(H_2O)\}\{Cu(enMe)_2\}_3P_2W_{18}O_{62}] \cdot nH_2O$(enMe=1,2-二氨基丙烷，$n=0.81$)。单晶 X 射线衍射显示出所制得的配合物中的 Wells-Dawson 簇的一个末端和三个桥链氧原子配位到 Cu(Ⅱ) 原子上，并且形成一种独特的四支撑多金属氧酸盐结构。在水电解质中它的循环伏安特征显示出它的涂炭修饰电极具有很好的稳定性。并且它在顺丁烯二酸酐的环氧化作用中有很好的催化活性。

东北师大的 Xu 教授等[92]水热合成无机-有机杂化材料 $[\{Cu(Ⅱ)(pda)(H_2O)Cu_2(Ⅰ)(bipy)_3\}[GeMo_{12}O_{40}]_n \cdot 2nH_2O$(pda=1,2-丙二胺，bipy=4,4'-联吡啶)。杂化材料上的 Cu(Ⅰ/Ⅱ) 配合物具有不常见的内消旋-螺旋状链式结构。各种不同的交织链通过 Cu—O-t (O-t=来自杂多阴离子的末端氧原子) 的共价键进一步与 Keggin 型杂多阴离子连接形成 3D 网状结构。并且他们还合成两种 sandwich 型配合物 $Na\text{-}gn[Cu(im)_4(H_2O)_2]_{1.51}[Cu(im)_4$ $(H_2O)]_n[\{Cu(im)_4\}\{Na(H_2O)_2\}_3\{Cu_3(im)_2(H_2O)\}(XW_9O_{33})_2]_{2n} \cdot (xH_2O)_n$ [im=咪唑，X=Bi(1)，Sb(2)，$x$=42.5(1)，40(2)]。这两种配合物的基本网状结构是由 sandwich 型的 $[\{Na(H_2O)_2\}_3\{Cu_3(im)_2(H_2O)\}(XW_9O_{33})_2]^{9-}$ (X = Bi 或 Sb) 阴离子和 $[Cu(im)_4]^{2+}$ 阳离子组成的。在中心带上的 $Cu^{2+}$ 和 $Na^+$ 与 α-$[XW_9O_{33}]^{9-}$ 单体、咪唑以及水分子配位，部分 $Cu^{2+}$ 被 im 配体修饰形成 $\{CuO_4(im)\}$、$\{CuO_4(H_2O)\}$ 和 $\{NaO_4(H_2O)_2\}$ 基团。在这些基团中交替连接形成一个含有六个 α-$[XW_9O_{33}]^{9-}$ 单体的六元环。其相邻的阴离子进一步被 $[Cu(im)_4]^{2+}$ 连接形成新型的阴离子链。这在 sandwich 型铋钨酸盐 (-亚锑酸盐) 体系中还是第一次被观测到。两种 Cu 类配合物的隔离和 $Na^+$ 被用来作为抗衡离子，使得配合物 1 和 2 三维堆积形成一种笼状结构[93]。并且合成 Keggin 型 Co(Ⅱ)/Ni(Ⅱ) 中心核杂多钼酸盐 $(C_3H_5N_2)_6[(CoMo_{12}O_{40})\text{-}Mo(Ⅲ)] \cdot 10H_2O$ 和 $(NH_4)_3$ $(C_4H_5N_2O_2)_3[(NiMo_{12}O_{40})\text{-}Mo(Ⅱ)]$。这两种配合物是常见的 α-Keggin 型结构，其中含有由边共享的正八面体形成的四个 $Mo_3O_{13}$ 单元。这四个 $Mo_3O_{13}$ 单元中每个单元都通过顶点相连，$Co^{2+}$ 或 $Ni^{2+}$ 处在其中心位置。磁测量显示中心的 $Co^{2+}$ 和 $Ni^{2+}$ 处于高自旋态（$S$ 分别为 3/2 和 1），具有顺磁性。循环伏安法实验显示，配合物 1 中具有准可逆的单电子氧化还原的 $Co^{3+}/Co^{2+}$ 对，以及因 Mo 中心而引起的两个四电子的氧化还原可逆过程。而配合物 2 中只显示出在 pH=0.5 的 $H_2SO_4$ 溶液中，中心 Mo 的两个四电子氧化还原过程[94]。

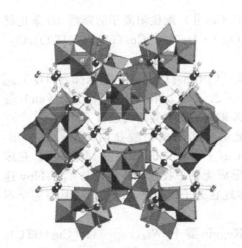

图 8-13　$[\{Sn(CH_3)_2(H_2O)\}_{24}$
$\{Sn(CH_3)_2\}_{12}(A\text{-}XW_9O_{34})_{12}]^{36-}$
的结构示意图[97]

Kortz 等[95]首次证实了多缺位的杂多酸离子 $[H_2P_4W_{24}O_{94}]^{22-}$ 与亲电子试剂起反应。这种前驱体杂多酸离子与二氯二甲基锡在酸性水溶液介质中反应生成有机-无机杂化物 $[\{Sn(CH_3)_2\}_4(H_2P_4W_{24}O_{92})_2]^{28-}$。且由两个 $[H_2BW_{13}O_{46}]^{9-}$ 离子簇与新型的二维平面六聚体 $[\{(CH_3)_2Sn\}_6(OH)_2O_2]^{8+}$ 有机氢化锡基团连接形成二甲基锡杂多阴离子 $[\{((CH_3)_2Sn)_6(OH)_2O_2(H_2BW_{13}O_{46})_2\}]^{12-}$[96]。另外，他们利用有机锡连接 $XW_9$（X＝P，As）得到了新颖的球形十二聚体簇 $[\{Sn(CH_3)_2(H_2O)\}_{24}\{Sn(CH_3)_2\}_{12}(A\text{-}XW_9O_{34})_{12}]^{36-}$[97]（如图 8-13）。

北京理工大学的 Hu 教授等[98]水热合成一类有机-无机杂化网络结构配合物，$\{[Ln(H_2O)_4(pdc)]_4\}[XMo_{12}O_{40}]\cdot 2H_2O$（Ln＝La，Ce，Nd；X＝Si 和 Ge；$H_2pdc$＝吡啶-2,6-二羧酸）。单晶 X 射线衍射显示所有的六种配合物都是同结构的。每个都包含有一个沸石类四位连接的三维阳离子网状结构 $\{[Ln(H_2O)_4(pdc)]_4\}^{4+}$，其中球形的 Keggin 型 $[XMo_{12}O_{40}]^{4-}$ 被用来作为模板。

Ma 等[99,100]水热合成钒取代的多金属氧酸盐 $[Cu(phen)_2]_2PVW_{11}O_{40}$ 的无机-有机配合物。该配合物是由 Keggin 型阴离子 $PVW_{11}O_{40}^{4-}$ 与两个 $[Cu(phen)_2]^{2+}$ 单体配位形成。一个 $[Cu(phen)_2]^{2+}$ 单体与其中的末端氧进行配位，另一个 $[Cu(phen)_2]^{2+}$ 与杂多阴离子中的桥链氧进行配位。循环伏安法显示该配合物具有很好的电催化活性，这不仅仅是因为 $IO_3^-$、$NO_2^-$ 和 $H_2O_2$ 的还原作用，而且还因为 L-半胱氨酸的氧化作用。由于在室温、固态下，出现了配体向 Cu 以及 O 向 V 的电荷转移，该配合物也显示强烈的发光性质。他们还合成两种 Keggin 型多金属氧酸盐 $[Co(phen)_3]_2[SiW_{12}O_{40}]\cdot 6H_2O$ 和 $(ppy)_6H_4SiMo_{12}O_{40}\cdot 0.4H_2O$[phen＝1,10'-菲咯啉，ppy＝4-(5-苯基吡啶-2-yl) 吡啶]。这两种配合物都是由有机配体分子与无机 Keggin 型阴离子形成超分子结构，再由这种超分子相互连接进一步形成 3D 网状结构。

Peng 教授等[101,102]在水热条件下合成两种有机-无机杂化多金属氧酸盐 $[Cu(2,2'\text{-}bipy)_2]_2[(H_mXMo_{10}Mo_2O_{40})\text{-}Mo(VI)\text{-}O(V)]\cdot 2H_2O$（X＝P，$m$＝11；X＝Si，$m$＝22）。这两种配合物都是由 Keggin 型杂多阴离子簇与 $[Cu(2,2'\text{-}bipy)_2]^{2+}$ 通过弱的共价键形成层状框架结构，再通过超分子间的相互作用形成的 3D 网状结构。同时他们还合成两种新型超分子组合体十六钒酸盐衍生物 $H[Cd(phen)_3]_2\{[Cd(H_2O)(phen)_2](V_{16}O_{38}Cl)\}\cdot 2.5H_2O(1)$（phen＝1,10'-菲咯啉）和 $H_2[Cd(bipy)_3][Cd(H_2O)(bipy)_2]\{[Cd(H_2O)(bipy)_2](V_{16}O_{38}Cl)\}\cdot 1.5H_2O(2)$（bipy＝2,2'-联吡啶）。单个的垂饰 $[CdL_2]$（L＝phen，1 和 L＝bipy，2）被用来修饰十六钒酸盐。配合物 1 和 2 被用来作为固体块状修饰基团，通过直接混合法生成块体修饰碳糊电极（CPEs）（1-CPE 和 2-CPE）。他们还利用 Keggin 型多金属氧酸盐（POMs）作为初始原料，水热条件下合成出两种含有经过 Cu(I) 过渡金属和 N-配体有机基团修饰的 Keggin 型 POMs 六支撑三维（3D）有机-无机杂化物 $\{[Cu(4,4'\text{-}bipy)]_3[PW_{12}O_{40}]\}[4,4'\text{-}bipy]\cdot 2H_2O$ 和 $\{[Cu(4,4'\text{-}bipy)]_3[HSiW_{12}O_{40}]\}[4,4'\text{-}bipy]\cdot 2H_2O$。

最近他们通过使用相同的 Keggin 多金属氧酸盐模板和相同的双（三氮唑）配体与 Cu(II) 的摩尔比，水热合成四种有机-无机杂化配合物 $[Cu_4(I)(bte)_4(SiW_{12}O_{40})](1)$，$[Cu_2(II)(bte)_4(SiW_{12}O_{40})] \cdot 4H_2O(2)[bte=1,2-二(1,2,4-三氮唑-1-yl)乙烷]$，$[Cu_4(I)(btb)_2(SiW_{12}O_{40})] \cdot 2H_2O(3)$ 和 $[Cu_2(II)(btb)_4(SiW_{12}O_{40})] \cdot 2H_2O(4)[btb=1,4-二(1,2,4-三氮唑-1-yl)丁烷]$。双（三氮唑）配体与 Cu(II) 的摩尔比对这一系列配合物的结构有重要的影响。单晶 X 射线衍射分析，配合物 1 的结构是由四核环连接链和聚合的 $[Cu(bte)]^+$ 链构建而成，$SiW_{12}$ 阴离子再插入到其结构中形成三维（3D）结构。配合物 2 具有 $(4(4).6(2))$ 二维格子板。这些格子板将形成的离散的 $SiW_{12}$ 阴离子夹在中间，如"汉堡"。配合物 3 具有类似通道的 $[Cu_2(btb)]^{2+}$ 聚合链，并且更进一步地由 $SiW_{12}$ 阴离子连接构建成一个 3D 网络结构。配合物 4 是一种具有四配位基 $SiW_{12}$ 阴离子的带有六角通道的 $[6(6)]3DCu-btb$ 网络结构（如表 8-1）。他们还直接利用 $Li_3[AsMo_{12}O_{40}] \cdot nH_2O$ 作为原材料，水热合成两种具有二氧钒根帽的 Keggin 型多金属氧酸盐无机-有机杂化物：$[M(2,2'-bipy)_2(H_2O)]_2[AsMo_{12}O_{40}(VO)_2](M=Co$ 或 $Zn)$。

**表 8-1　配合物 1~4 中 L（L=bte 和 btb）与 Cu 离子的晶体图，配位数和类型[102]**

| 配合物 | 晶体图 | 配位数和 L 的类型 | 配位数和 Cu 离子的类型 |
|---|---|---|---|
| 1 | | a-type　b-type<br>c-type　d-type | |
| 2 | | | |
| 3 | | | |
| 4 | | | |

Ma 等[103] 水热合成出五种有机-无机杂化物 $[Co_2(fcz)_4(H_2O)_4][\beta-Mo_8O_{26}] \cdot 5H_2O(1)$，$[Ni_2(fcz)_4(H_2O)_4][\beta-Mo_8O_{26}] \cdot 5H_2O(2)$，$[Zn_2(fcz)_4(\beta-Mo_8O_{26})] \cdot 4H_2O(3)$，$[Cu_2(fcz)_4(\beta-Mo_8O_{26})] \cdot 4H_2O(4)$ 和 $[Ag_4(fcz)_4(\beta-Mo_8O_{26})](5)$（fcz=氟康唑 [2-(2,4-二氟苯基)-1,3-二(1H-1,2,4-三氮唑-1-yl)丙醇-2-ol]）。在配合物 1 和 2 中，金属阳离子由氟康唑连接在一起形成铰链结构，此时 $[\beta-Mo_8O_{26}]^{4-}$ 阴离子作为抗衡离子。在

配合物 3 中 Zn(Ⅱ) 阳离子由氟康唑配体桥链连接而成。在配合物 4 中，Cu(Ⅱ) 阳离子与氟康唑配体桥链连接形成 2D (4,4) 网状结构，这些网状结构再由 [β-Mo$_8$O$_{26}$]$^{4-}$ 离子连接形成 3D 骨架结构 [图 8-14(a)]。在配合物 5 中，Ag$^+$ 阳离子和 [Ag$_2$]$^{2+}$ 单元与氟康唑配体桥链连接形成 2D Ag-fcz 层，这些层状物进一步与 [β-Mo$_8$O$_{26}$]$^{4-}$ 阴离子连接形成复杂的 3D 结构 [图 8-14(b)]。

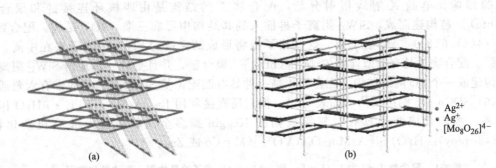

图 8-14　[Cu$_2$(fcz)$_4$(β-Mo$_8$O$_{26}$)]·4H$_2$O 的 3D 超分子图 (a) 及 [Ag$_4$(fcz)$_4$(β-Mo$_8$O$_{26}$)] 的 3D 超分子图 (b)[103]

渤海大学的 Wang 教授等[104]在水热条件下合成基于咪唑和多金属氧酸盐 (POMs) 的无机-有机杂化超分子配合物：(H$_2$bbi)$_2$[Mo$_8$O$_{26}$] 和 (H$_2$bbi)$_2$[SiW$_{12}$O$_{40}$]·2H$_2$O[bbi=1,1'-(1,4-丁烷)双 (咪唑)]。[Mo$_8$O$_{26}$]$^{4-}$ 和 [SiW$_{12}$O$_{40}$]$^{4-}$ 分别通过氢键作用与 H$_2$bbi 连接形成 3D 网状结构。

Li 等[105]由 Anderson 型杂多阴离子和铜化合物经混合配体形成两种配合物 (H$_3$O$^+$)[Cu(C$_6$NO$_2$H$_4$)(phen)(H$_2$O)]$_2$[Al(OH)$_6$Mo$_6$O$_{18}$]·5H$_2$O 和 (H$_3$O$^+$)[Cu(C$_6$NO$_2$H$_4$)(phen)(H$_2$O)]$_2$[Cr(OH)$_6$Mo$_6$O$_{18}$]·5H$_2$O。这两种配合物是同晶型的。它们是一种负载在 Anderson 型杂多阴离子上的、由铜化合物与 1,10-邻菲咯啉和吡啶-4-羧酸配体混合物形成的三维超分子有机-无机杂化物。而且，这两种配合物在室温下都显示出光致发光特性，并解释了金属离子 (Cu$^{2+}$ 或 Cu$^{2+}$/Cr$^{3+}$) 的电性质。

Halligudi 等[106,107]先将同多阴离子和杂多阴离子固载到胺类-功能化的介孔二氧化硅 (SBA-15) 上得到无机-有机杂化材料。再用这种杂化材料为催化剂，在丁腈溶剂中功能氧化 30% 的金刚烷水溶液。其具有很高的催化活性，主要生成 1-金刚烷醇。该课题组首先合成 12-钼钒磷酸 H$_{3+x}$PMo$_{12-x}$V$_x$O$_{40}$ (x=0~3)·nH$_2$O，例如 H$_4$[PMo$_{11}$VO$_{40}$]·32.5H$_2$O，H$_5$[PMo$_{10}$V$_2$O$_{40}$]·32.5H$_2$O 和 H$_6$[PMo$_9$V$_3$O$_{40}$]·34H$_2$O (分别为 V$_1$PA，V$_2$PA 和 V$_3$PA)，再将钼钒磷酸通过有机官能团的连接负载在介孔硅，如 MCM-41、MCM-48 和 SBA-15 上，形成无机-有机杂化材料。固载到胺类-功能化的 SBA-15 后的 V$_2$PA 在蒽的选择性氧化反应中具有很高的活性，生成的 9,10-蒽醌能达到 100% 的选择性。

### 8.4.2　离子热法制备无机-有机杂化材料

第一个采用离子热法合成的有机-无机杂化材料是利用 1-丁基-3-甲基咪唑四氟硼酸盐 (BMImBF$_4$) 作溶剂得到的 Cu(bpp)BF$_4$[bpp=1,3-二 (4-吡啶基) 丙烷][108]。BF$_4^-$ 阴离子被掺杂到延展的一维配位聚合物中作为一种电荷补偿物，而 BMIm$^+$ 则仍然留在溶液中。第一个三维配位聚合物 (MOF) 有机-无机杂化材料也是利用相同的离子液体作为溶剂和电荷补偿被合成出来。其结构为 Cu$_3$(tpt)$_4$(BF$_4$)$_3$·(tpt)$_{2/3}$·5H$_2$O [tpt=2,4,6-三羧甲基氨基甲烷 (4-吡啶基)-1,3,5-三嗪]，其具有大的通道 (直径大约为 5Å)，且被非配位自由的 tpt、H$_2$O 和 BF$_4^-$ 填满[109]。Liao 等[110]也利用离子液体 EMImBr 作为溶剂，通过微波加热采用离子热合成法得到金属阳离子-有机骨架结构的 EMIm-Cd(BTC)(EMIm=1-乙基 3-甲基咪唑；BTC＝1,3,5-苯三羟酸酯）。

Lin 等[111]也利用 EMImBr 作为溶剂合成出（EMIm）$_2$Ni$_3$-（TMA）$_2$（OAc）$_2$。与之前不同的是，此时的离子液体是作为结构导向剂（SDA）和电荷平衡物。这可能是由于不同阴离子使得离子液体具有不同的特点。憎水的离子液体越多（如 BF$_4^-$ 和 Tf$_2$N$^-$），在最后合成得到的材料中被掺杂进入作为模板的有机阳离子可能越少[112]。Lohmeier 等[113]也采用离子热法，利用由氯化胆碱和四氢-2-嘧啶酮组成的深共晶溶剂（DES）合成一种新型的丙烯-1,3-镓磷二铵配合物（C$_3$H$_{12}$N$_2$）$_6$[Ga$_{12}$P$_{16}$O$_{64}$]·4.3H$_2$O。最近 Cheetham 等[114]采用离子热法，由 1-乙基-3-甲基溴化物（emim-Br）和三氟甲磺酰亚胺（emim-Tf$_2$N）合成含全氟羧酸配体的两种无机-有机骨架结构的杂化材料 Co（Ⅱ）四氟代琥珀酸盐［emim］$_2$[Co（H$_2$O）$_2$（O$_2$CCF$_2$CF$_2$CO$_2$）$_2$]和［emim］$_2$[Co$_3$（O$_2$CCF$_2$CF$_2$CF$_2$CO$_2$）$_4$（H$_2$O）$_4$]（如图 8-15）。Dietz[115]等也利用适量的四烷基鏻阳离子与 Keggin 型或 Lindqvist 型多金属氧酸盐（POM）阴离子配合产生一类新型离子液体（ILs）。通过表征发现它们具有与之前所报道的无机-有机 POM-IL 杂化物相同的导电性和黏性，但是热稳定性从本质上得到提高。

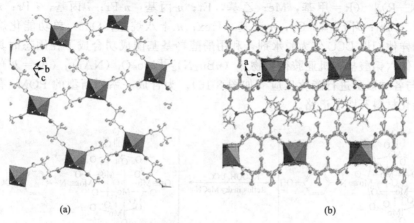

图 8-15　在 $bc$ 面上的格子网（a）及沿着 $b$ 轴
［emim］$_2$[Co$_3$（O$_2$CCF$_2$CF$_2$CF$_2$CO$_2$）$_4$（H$_2$O）$_4$] 的结构示意图（b）[114]

### 8.4.3　共混法制备无机-有机杂化材料

Nomiya 等[116～118]通过共混法合成一种改性过的有机硅的新型 Dawson 型多金属氧酸盐（POM）[$α_2$-P$_2$W$_{17}$O$_{61}${CH$_2$＝C（CH$_3$）COO（CH$_2$）$_3$Si}$_2$O]$^{6-}$。并且由单缺位的 Dawson 型多金属氧酸盐（POM）[P$_2$W$_{17}$O$_{61}$]$^{10-}$ 与 $N$-三甲氧基硅基丙基-$N$,$N$,$N$-三甲基氯化铵（[Me$_3$N（CH$_2$）$_3$Si（OMe）$_3$]Cl）以 1∶2 的摩尔比在水/乙腈混合酸性溶液中反应生成 Bu$_4$N$_4$[$α_2$-P$_2$W$_{17}$O$_{61}${Me$_3$N$^+$（CH$_2$）$_3$Si}$_2$O]·CH$_3$CN，产率为 77.1%（4.21g 规模级）。同时还合成含有负载在单缺位的 Dawson 型多金属氧酸盐（POM）上的有机硅衍生物的三种烯烃[$α_2$-P$_2$W$_{17}$O$_{61}${（RSi）$_2$O}]$_6$（R={CH$_2$＝C（CH$_3$）COO（CH$_2$）$_3$}，{CH$_2$＝CHCOO（CH$_2$）$_3$} 和 {CH$_2$＝CH}）。在酸性的 MeOH/H$_2$O 混合液中，有机硅前驱体 RSi（OCH$_3$）$_3$ 与 K$_{10}$[$α_2$-P$_2$W$_{17}$O$_{61}$]·19H$_2$O 以 2∶1 的摩尔比，Me$_2$NH$_2$ 与盐能作为在聚合物骨架结构上 POM 固载的前驱体。

清华大学的 Wei 等[119,120]利用共混法合成了三种刚性杆共轭的有机-无机哑铃状纳米杂化物（Bu$_4$N）$_4$[O$_{18}$Mo$_6$N（C$_6$H$_4$）NMo$_6$O$_{18}$]，（Bu$_4$N）$_4$[O$_{18}$Mo$_6$N（C$_{12}$H$_8$）NMo$_6$O$_{18}$] 和 (Bu$_4$N$_3$)$_4$[O$_{18}$Mo$_6$N（C$_{14}$H$_{12}$）NMo$_6$O$_{18}$]。这三种配合物是一种长度大约为 2～3nm，在杆上具有不同的取代元素，终端为多金属氧酸盐（POM）的笼状结构。前驱体为八钼酸盐，适量的芳香胺盐酸盐 $N$,$N'$-二环己基碳二亚胺（DCC）为脱水剂。最近他们同样利用 DCC

作为脱水剂，由八钼酸盐离子和 1-萘基胺氢氯化物反应首次合成一种六钼酸盐萘基亚胺的衍生物 $(Bu_4N)_2[Mo_6O_{18}N(Naph-1)]$。紫外-可见光谱分析显示，其最低能量的电子跃迁发生在 383nm，与文献报道的 $[Mo_6O_{19}]^{2-}$ 以及其他单取代苯基亚氨基六钼酸盐相比有明显的红移。并且，配合物的循环伏安研究显示可逆还原波在 $-0.53V$，这相对于 $[Mo_6O_{19}]^{2-}$ 的可逆还原波向阴极转移。配合物另一个有趣的特征是这些胶簇阳离子通过 C—H···O 氢键作用形成超分子 1D 链。

Wei 等[121~123]由 $(n-Bu_4N)_2[Mo_6O_{19}]$ 和适量的 o-茴香胺的乙腈溶液通过回流反应得到有机-无机杂化材料：$(n-Bu_4N)_2[Mo_6O_{17}(NAr)_2]$ $(Ar=o-CH_3OC_6H_4)$。X 射线衍射分析显示两个末端 o-茴香胺配体以末端形式分别与六钼酸盐中的一个 Mo 原子相连，展示出 Mo≡N 三键近乎线性的配位模型。两个 o-茴香胺芳香环以顺式位连在六钼酸盐簇上的，使得在该阴离子中芳香环的 π-π 键重叠在一起。在晶体结构中，该配合物沿着 α 轴通过 π-π 重叠和 C—H···O 氢键间的相互作用聚集形成 1D 双链。最近他们由 $[Bu_4N]_4[\alpha-Mo_8O_{26}]$ 与适量的脂肪胺盐酸盐在无水乙腈中反应合成纯度和产率都很高的六钼酸盐 $(Bu_4N)_2$ $[Mo_6O_{18}(N—R)]$ （R=甲基，Me；乙基，Et；n-丙基，n-Pr；i-丙基，i-Pr；n-丁基，n-Bu；t-丁基，t-Bu；环己基，Cy；n-己基，Hex；n-十八烷基，Ode）单功能化烷基酰亚胺衍生物。同样他们以 DCC 作为脱水剂，利用酚醛羟基基团成功合成了在固态时具有氢键的超分子组装体六钼酸盐有机亚胺衍生物 $[(nBu_4N)_2][Mo_6O_{18}(NAr)]$ （Ar=p-羟基-o-甲苯基），它能与各种羧酸进行酯化反应（如图 8-16）。为合成一系列新型的 POMs 有机衍生物和相应的杂化材料开辟了道路。

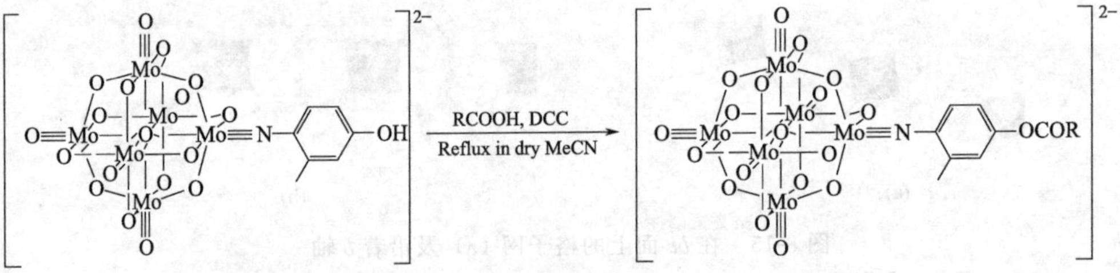

图 8-16　带有羧酸的 $[(nBu_4N)_2][Mo_6O_{18}(NAr)]$ 的酯化作用[123]

### 8.4.4　自组装法制备无机-有机杂化材料

Xu 等[124]采用逐层自组装法，由聚乙烯醇 (PVA)、Dawson 型磷钨酸阴离子 $[P_2W_{18}O_{62}]^{6-}$ $(P_2W_{18})$ 以及聚烯丙胺盐酸盐 (PAH) 合成了 $P_2W_{18}/PVP$ 无机-有机复合多层膜，发现该薄膜同时具备电致变色与光致变色的性能。并考察了在水和 $N,N$-二甲基甲酰胺溶液中钼单取代的 Keggin 型多金属氧酸盐 $[XW_{11}MoO_{40}]^n$ （X=P，Si，Ge；n=3，4）的电化学性质。这三种离子簇在两种介质中显示不同的电化学性质。

Akutagawa 等[125]合成了由多金属氧酸盐冠醚配合物与超分子阳离子组合而成的有机-无机复合分子材料。Douvas 等[126]采用层层自组装法合成有机-无机杂化膜，这种膜包含有 Keggin 结构多金属氧酸盐 （POM：12-钨磷酸 $H_3PW_{12}O_{40}$） 和覆盖在经过 3-氨基丙基三乙氧基硅烷 (APTES) 修饰的硅表面的 1,12-二氨基十二烷 (DD)，是一种作为电子设备的分子材料。

Hiskia 等[127]通过层层 (LBL) 自组装法，由多金属氧酸盐 (POM) $SiW_{12}O_{40}^{4-}$ 和聚乙烯亚胺合成制得具有有机光致变色和光催化的多层结构膜。Xue 等[128]采用自组装法制备得到无机-有机复合材料 $NaH_3(C_6H_5NO_2)_4[GeW_{12}O_{40}] \cdot 7H_2O$。Wang 等[129]也合成出两个以多金属氧酸盐为模板的有机-无机杂化多孔骨架 $[Cu_2(H_2O)_2(bpp)_2Cl][PW_{12}O_{40}] \cdot 20H_2O[bpp=1,3-$二(4-吡啶基)丙烷] 和 $[Cu_2(H_2O)_2(bpp)_2Cl][PMo_{12}O_{40}] \cdot 20H_2O$，

并利用元素分析、耦合等离子体分析、红外光谱和单晶 X 射线衍射等技术对其进行了表征。

吉林大学的 Wu 等[130]将 4-(4-吡啶亚乙烯基) 苯基功能基团引入到表面活性剂包裹的多金属氧酸盐配合物（SEC）形成一种末端基团修饰的有机-无机杂化配合物 SEC-1。这种配合物作为基本的构建部分在有机相中由金属离子（$ZnCl_2$）的配位和辅助剂媒介作用，合成尺寸控制的纳米组装体。

Cronin 等[131~134]采用自组装法合成了 Mn-Anderson-$C_6$ 和 Mn-Anderson-$C_{16}$。它们是含有大型多金属氧酸盐（POM）阴离子簇，以及分别含有 $C_6$ 和 $C_{16}$ 烷基链的一类无机-有机复合分子，这一合成表明在乙腈和水混合溶剂中表面活性剂具有两亲性。通过激光散射和透射电镜技术说明利用 POM 簇作为极性头基团时，两性复合分子能慢慢组装成薄膜状囊泡。空心泡囊具有典型的双层结构，在结构中亲水的 Mn-Anderson 簇向外，而疏水烷基链长在内，从而形成憎溶剂层。由于 POM 极性头具有刚性，两个烷基"尾巴"不得不充分地弯曲以形成囊泡。与一些传统的表面活性剂相比，囊泡更难形成。这是第一次利用具有极性头基团的亲水性 POM 离子作为表面活性剂。同时还自组装合成一种非对称的 Mn-Anderson 多金属氧酸盐簇 $[N(C_4H_9)_4]_3[MnMo_6O_{18}(C_4H_6O_3NO_2)(C_4H_6O_3NH_2)][N(C_4H_9)_4^+=TBA^+]$，并且利用 X 晶体射线和电喷雾电离质谱(ESI-MS)对其进行表征。还将高度离域的芘（pyrene）芳香环体系植入到 Mn-Anderson 簇中生成一种与多金属氧酸盐母体簇的基本物理性质不同的有机-无机杂化结构单元。通过这种 $[Mn-Anderson(Tris - pyrene)_2]^{3-}$[Tris＝三（羟甲基）氨基甲烷]结构单元与 TBA 阳离子自组装生成一种纳米孔结构$[N(C_4H_9)_4]_3[MnMo_6O_{18}\{(OCH_2)_3CNH—CH_2—C_{16}H_9\}_2]·2DMF·3H_2O$。结构具有纳米尺寸的溶液可及的 1D 通道。这种材料尽管只是由非常弱的 CH…O＝Mo 氢键间相互作用构建而成，但是其稳定性可达到 240℃。由 $[Mn-Anderson(Tris - pyrene)_2]^{3-}$ 两种类型离子（这两种离子只是指向 Mn-Anderson 型簇的芘"臂"的相对方位不同）构建成的网状结构似乎完全改变了结构单元中施体和受体的性质。并且由四丁基铵（TBA）与二甲基二八癸基铵（DMDOA）反应形成新型多金属氧酸盐（POM）组合体。在该组合体中 POM 核心由亲水性的烷基链共价功能化，并且被 DMDOABr 表面活性剂包裹，从而合成出被表面活性剂包裹的含有亲水性材料的 POM。

Ramanan 等[135]在次苯基联铵离子（$p$，$m$-，和 $o$-）的同分异构体中自组装合成三种新型有机-无机杂化固体。在这一合成过程中钼磷酸盐固态组装体的结构中非键间的相互作用起着重要作用。Wang 等[136]也利用自组装法合成两种以多金属氧酸盐为模板的有机-无机杂化多孔网状材料：$[Cu_2(H_2O)_2(bpp)_2Cl][PM_{12}O_{40}]$ 及带 20 个结晶水的 $[Cu_2(H_2O)_2(bpp)_2Cl][PM_{12}O_{40}]·20H_2O(1,M＝W;2,M＝Mo;bpp＝1,3-双(4-吡啶)丙烷)$。大连理工大学的 Duan 教授[137]利用 $\{[Ho_4(dpdo)_8(H_2O)_{16}BW_{12}O_{40}](H_2O)_2\}^{7+}$ 纳米笼作为辅助砌块合成镧系多金属氧酸盐 POM 的有机网络结构。

Ma 教授等[138]通过层接层自组装方法制备了一种包含混合齿顶杂多酸盐 $K_{10}H_3[Eu(SiMo_9W_2O_{39})_2]$ 和联吡啶钌 $Ru(bipy)_3^{2+}$ 的无机-有机复合膜。利用 XPS 光电子能谱和 UV 光谱对复合膜进行了表征。复合膜的紫外特征吸收峰随着层数的增加而线性增强，说明膜的生长过程是层层均一、线性生长的。利用原子力显微镜图像对膜的表面形貌进行了研究，结果显示，膜的表面是光滑和均匀的。复合膜呈现了 $Ru^{2+}$ 和 $Eu^{3+}$ 的特征光致发光性和双功能电催化活性。其对 $IO_3^-$、$H_2O_2$、$BrO_3^-$、$NO_2^-$ 的还原和 $C_2O_4^{2-}$ 的氧化均具有良好的催化活性。这种复合膜作为双功能催化剂和荧光探针在生物化学，荧光传感器等领域具有潜在的应用。

Konishi 等[139]合成了含有杯[4]芳烃-$Na^+$ 配合物和 Keggin 型多金属钨酸盐（$Na_3PW_{12}O_{40}$）的两种孔状有机-无机组装体。Maatta 和他的同事利用无水吡啶作溶剂制得一系列的有机亚胺衍生物[140~143]，例如二茂铁亚氨基配合物，如图 8-17(a)[141]和双酰亚胺桥联的六钼酸盐，如图 8-17(b)[142]。

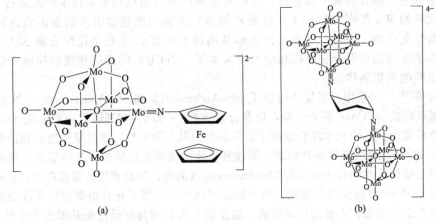

图 8-17  二茂铁亚氨基配合物（a）[140] 和双酰亚胺桥联的六钼酸盐（b）[142]

Zhang 等[144]采用离子自组装（ISA）由 Preyssler 型多金属氧酸盐（POM）铕取代的衍生物 $[EuP_5W_{30}O_{1.10}]_{12}$ 和功能有机表面活性剂合成一系列功能纳米结构有机-无机复合材料，并研究了有机表面活性剂对 POM 阴离子的结构、光致发光性、电化学以及电致变色性能的影响。Han 等[145]为了探讨网络连接和阴离子、阳离子类型的关系，采用自组装法制得了由不同的多金属氧酸盐（POM）阴离子和卤素取代的吡啶阳离子上组成的超分子化合物。

Alizadeh 等[146]合成了 12-钼磷酸盐 $[C_5H_{10}NO_2]_3[PMo_{12}O_{40}]\cdot4.5H_2O$。其结构中含有 $[PMo_{12}O_{40}]^{3-}$ 和与之连接的 $C_5H_{10}NO_2^+$ 阳离子、氢键键合的水分子。L-脯氨酸（$C_5H_{10}NO_2$）仍然保留着手性。Keggin 型单元具有类似于 DNA 结构的 Z 字形结构。最近他们又合成一种固相消旋的 3D 层状有机-无机杂化材料 $[D/L\text{-}C_6H_{13}O_2NH]_3$ $[(PO_4)W_{12}O_{36}]\cdot4.5H_2O$。采用元素微量分析、单晶 X-射线衍射、红外光谱、拉曼光谱以及质子核磁共振分光谱对其进行了表征。该配合物最独特的结构特点是它的三维无机无限隧道网状结构，这种结构使得沿着中轴方向有弱的范德华相互作用力。3D 层与层之间弱的相互作用提供了一个理想的条件来探究在主客体配合物中作为主体的潜力，同时考察了在中心带有空间群的晶体结构的外消旋作用。并且他们[147]合成了两种新型无机-有机复合膜 $[L\text{-}C_2H_5NO_2H]_3[H_2BW_{12}O_{40}]\cdot5H_2O(1)$ 和 $[CH_4N_2OH]_2[H_3BW_{12}O_{40}]\cdot5H_2O(2)$，其中的 $C_2H_5NO_2$ 和 $CH_4N_2O$ 分别是甘氨酸和尿素。并采用 CHN 微量分析、IR、UV 和 $^1$H-NMR 光谱对其进行表征。根据分析结构，配合物 1 中的分子结构包含有通过范德华力和氢键与 $C_2H_6NO_2^+$ 阳离子连接的硼钨酸阴离子。三个 $[L\text{-}C_2H_5NO_2H]^+$ 基团对应一个 $[H_2BW_{12}O_{40}]^{3-}$，几乎可以肯定的是配合物 2 应该也是一样的。多金属氧酸盐和水中的 O 原子，与 L-甘氨酸和尿素中的 N 原子一样都参与了氢键连接。Keggin 型杂多阴离子 $\alpha\text{-}H_5$ $[BW_{12}O_{40}]\cdot19H_2O$ 的 UV 特征波段在 257nm。

Patzke 等[148]报道了一种多功能的有机基片/带有特殊缺位 Keggin 类型的 $[AsW_9O_{33}]^{9-}$ 离子多金属氧酸盐（POMs）的传导聚合物聚苯胺（PAni）。尽管具有很大应用潜力和多样结构的 POMs 为复合材料提供了几乎无限多的选择，但是迄今为止，只有极少数 POM 簇合物已被详细讨论研究。因此研究了 PAni 与 $[AsW_9O_{33}]^{9-}$ 中杂原子上孤对电子的出现与构建结构相联系的独特反应相互作用。

随着人们对多酸的生物学性质和在药物应用中的兴趣不断增强，如何根据生物学的特定需要将各种有机基团连接到多酸中成为当前的迫切需要。根据新的研究成果，将具有一定官能团的有机锡嫁接到多酸上，得到的多酸有机锡衍生物可以作为一个平台，通过有机锡侧链上的官能团与各种有机分子反应，可将各种功能的有机分子连接到多酸上。法国的 Hasenknopf 等人在该领域开展了一系列工作。①通过功能化的三氯氢化锡与缺位的 $\alpha_1$-和 $\alpha_2$-位的 $[P_2W_{17}O_{61}]^{10-}$ 反应来合成多酸的有机锡衍生物，首次得到了 $\alpha_1$-位的 $[P_2W_{17}O_{61}]^{10-}$ 有机锡衍生物。从 $^1H$、$^{13}C$ 和 $^{31}P$ NMR 光谱特征上可以看出胺类和醇类偶合到之前不知名的有机锡取代的衍生物中，使得非镜像异构体分离出来[149,150]。通过该方法得到的含羧基的多酸有机锡衍生物，其侧链可以作为一个连接体，将各种胺和醇分子连接到其酸部位上。②利用酰胺合成得到了含炔基和叠氮基团的 Dawson 和 Keggin 型多酸的有机锡衍生物。并以其为前体，首次利用铜催化 1,3-二极环加成反应，将各种亲酯性的、水溶的以及生物学相关的有机体连接到多酸的有机金属衍生物上。③通过 $\alpha_1$-和 $\alpha_2$-$[P_2W_{17}O_{61}\{Sn(CH_2)_2(CO_2H)\}]$ 的特定选择的单氧酰化，将其转化成无机内酯 $TBA_6[\alpha_1\text{-}P_2W_{17}O_{61}\{SnCH_2CH_2C(=O)\}]$ 和 $TBA_6[\alpha_2\text{-}P_2W_{17}O_{61}\{SnCH_2CH_2C(=O)\}]$。所得到的化合物可作为一种无机酰基活化试剂，通过亲核进攻其羰基部分可得到高度功能化的杂化酰胺和硫代酸酯衍生物[151]。多金属氧酸盐在材料科学、催化学以及生物学等方面的频繁使用，使得在这些领域中手性特性方面的研究也受到越来越广泛的关注[152]。

　　Li 教授等[153]在聚乙二醇（$PEG/H_2O$）中合成了有机-无机杂化材料 $Na_6[HO(CH_2CH_2O)_4H]_3\{Mo_{36}O_{108}(H_2O)_{14}(OH)_6[HO(CH_2—CH_2O)_3H]_2\}\cdot 75H_2O$。该配合物含有的 $\{Mo\text{-}36\}$ 簇是通过 PEG 片断共价修饰的结构基体。这些杂多阴离子由 $Na^+$ 离子连接在一起，形成一维链状结构。相邻链通过在杂多阴离子和游离水分子中的氢键堆积在一起形成三维超分子网络结构。并且还合成出两种有机-无机杂化配合物 1 和 2。单晶 X 射线衍射分析显示配合物 1 是一种由 Cu(I) 配体阳离子和 $2,2'$-联吡啶配体双支撑的新型 Lindqvist 型杂多阴离子，并且由芳香烃堆积形成三维（3D）超分子网状结构。配合物 2 是由 Mn(Ⅲ) 取代的 sandwich 型 $[AsW_9O_{33}]^{9-}$ 杂多阴离子和被用来作为电荷补偿离子的、离散的、质子化的吡啶-4-羧酸组成的。

　　如果在聚合物的溶液自组装体系中加入多金属氧酸盐，当聚合物溶胀时，聚合物网络变得疏松，作掺杂剂的多酸嵌入其中，并通过化学键或氢键与有机底物结合。Peng 教授等利用层层自组装技术，制备了光敏性的"重氮树脂/悬臂式多酸衍生物"的无机-有机纳米复合薄膜 $\{DR/SiW_{11}O_{39}CoH_2P_2O_7\}_n$ 与"壳聚糖（chitosan）/Keggin 型多金属氧酸盐"无机-有机纳米复合薄膜 $\{chitosan/\alpha\text{-}H_4SiW_{12}O_{40}\}_n$ 和 $\{chitosan/\alpha\text{-}H_3PMo_{12}O_{40}\}_n$。研究结果表明，上述各种无机和有机组分均被组装到复合膜中，且保持了原来的结构和性能。自组装复合膜的增长是一个线性均一的、层层增长的过程，复合膜表面是由粒径较为均匀的球状粒子均匀分布而成的，在较大范围内的光滑平坦，成膜组分的结构与化学性质在成膜之后依然保留在复合膜中。最近该课题组又合成了 $\{[Cu_2(phen)_2(OH)_2(H_2O)]_2[\alpha\text{-}SiW_{12}O_{40}]\}\cdot 8H_2O$(phen=1,10-菲咯啉) 和带有咪唑（Im）垂饰配体的 $(HIm)_6[SiW_{11}O_{39}NiIm]_{0.8}[SiW_{11}O_{39}Ni(H_2O)]_{0.2}\cdot 7H_2O$[154,155]。

　　Das 等[156]将由晶格水分子形成的"水管"结构固定在有机-无机杂化材料上。它含有一个 Anderson 型杂多酸、一个醋酸铜二聚体和 28 个晶格水分子。一旦相关的水晶体从母液中除去，水分子将会失去，以致"水管"的拆卸。并利用 $Na_2MoO_4\cdot 2H_2O$ 与 2-氨基嘧啶（2-Amp）在酸性水溶液中反应合成 $[2\text{-}AmpH]_4[Mo_8O_{26}]$ 有机-无机杂化材料。在较低的 pH 时，有机分子（2-Amp）形成为单一质子化的（$2\text{-}AmpH^+$），在该杂化物中作为阳离子用来稳定八钼酸盐阴离子。通过 N—H⋯O 和 C—H⋯O 氢键形成具有明显孔道的三维超分子。在这之中，质子化了的有机阳离子起着重要的作用。并且合成了 $[HMTAH]_2[\{Zn(H_2O)_5\}\{Zn(H_2O)_4\}\{Mo_7O_{24}\}]\cdot 2H_2O$(HMTAH＝质子化的六亚甲基四胺)。两种不同 Zn(Ⅱ) 水溶液配合物 $[Zn(H_2O)_5]^{2+}$ 和 $[Zn(H_2O)_4]^{2+}$，与七钼酸盐阴离子 $[Mo_7O_{24}]^{6-}$ 共价配合形成一种由 Zn 水溶液配合物支载，六亚甲基四胺阳离子稳定的多金

属氧酸盐阴离子 $\left[\{Zn(H_2O)_5\}\{Zn(H_2O)_4\}\{Mo_7O_{24}\}\right]^{2-}$。

Chen 等[157]采用传统自组装法制备得到基于在 Keggin 型多金属氧酸盐（POMs）$[SiW_{12}O_{40}]^{4-}$（$SiW_{12}$）的两种新型配合物 $[Na(H_2O)_3(H_2L)SiW_{12}O_{40}](H_2L)_2 \cdot 6H_2O(1)$ 和 $[Ce(H_2O)_3(HL)_2(H_2L)]_2[SiW_{12}O_{40}]_2 \cdot 10H_2O(2)$（$HL = C_6H_5NO_2 = $异烟酸），并利用常规手段对它们进行了表征。配合物 1 具有由 $SiW_{12}O_{40}{}^{4-}\{SiW_{12}\}$ 和 $[Na(H_2O)_3(HL)]$ 结合而成的 1D 右手螺旋结构。有趣的是，这些右手螺旋链通过氢键的连接形成一种新型手性层 [如图 8-18(a)]。通过采用与配合物 1 类似的合成方法，特别是将 $Ce^{3+}$ 阳离子代替 $La^{3+}$ 后得到具有 $SiW_{12}$ 和 $Ce^{3+}$ 配位阳离子的 3D 超级大分子配合物 2 [如图 8-18(b)]，它包含有沿轴线的一维渠道 [如图 8-18(c)]。并对配合物 2 的发光特性进行了研究。

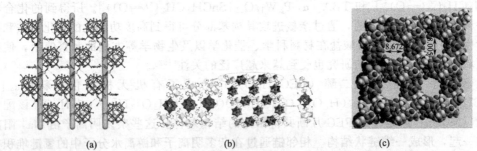

(a)　　　　　　　　　　(b)　　　　　　　　　　(c)

图 8-18　(a) $[Na(H_2O)_3(H_2L)SiW_{12}O_{40}](H_2L)_2$ 中手性层的球棍连接；
(b) $[Ce(H_2O)_3(HL)_2(H_2L)]_2[SiW_{12}O_{40}]_2$ 中 $ab$ 面上的 2D 超分子网状结构的多面体/
球棍连接图（左），3D 超分子网状结构（中）和 2D 超分子网状结构间的联系（右）；
(c) $[Ce(H_2O)_3(HL)_2(H_2L)]_2[SiW_{12}O_{40}]_2$ 沿着 $a$ 轴的 1D 渠道的空穴填充图[157]

### 8.4.5　插层法制备无机-有机杂化材料

Ito 等[158]利用十六烷基吡啶（$C_{16}py$）成功制备出含有 π 电子表面活性剂的多金属氧酸盐层状结晶。单晶 X 射线衍射分析显示出六钼酸盐（$Mo_6$）的单层结构和 $C_{16}py$ 的双层结构是交替堆叠的。在双层机构中 $C_{16}py$ 的十六烷基链相互交叉。吡啶环插入到 $Mo_6$ 的单层结构中，形成与 $Mo_6$ 阴离子连接的无机层。Hasenknopf 等[159]第一次报道了将氨基化合物插入到多金属氧酸盐 $[P_2V_3W_{15}O_{59}\{(OCH_2)_2C(Et)NHCOCH_3\}]^{5-}$ 中，并且酰胺残留的变化证明在有机配体和无机簇之间具有有效的电子效应。

### 8.4.6　微波法制备无机-有机杂化材料

Walczak 等[160]采用微波法以聚丙二醇为非离子模板、环氧乙烷的加聚物 $P_{123}$ 为结构导向剂合成 Nb-POMs 有机-无机杂化介孔材料。Chang 等[161]由具有相同 Cu(Ⅱ) 盐、均苯三酸、苯-1,3,5-三羧酸（BTC-$H_3$）混合物，在不同温度条件下采用微波法合成三种不同配合物 $[Cu_3(BTC)_2(H_2O)_3]$，$[Cu_2(OH)(BTC)(H_2O)] \cdot 2nH_2O$ 和 $[Cu(BTC-H_2)_2(H_2O)_2] \cdot 3H_2O$。Stock 等[162]采用微波法合成出稀土磷酸乙烷磺酸盐 $Ln(O_3PC_2H_4SO_3)$（$Ln = Ho, Er, Tm, Yb, Lu, Y$）。

### 8.4.7　LB 技术制备无机-有机杂化材料

Liu 等[163]用 Langmuir-Blodgett(LB) 技术制备了新型的有机-无机杂化分子膜并考察了其电化学性质。此膜含有 Keggin 型结构的多金属氧酸盐 $PW_{12}$ 以及一系列较长的柔曲间距的双亲分子。当带有正电荷的含 $PW_{12}$ 的双亲分子在水溶液面之下展开时，静电作用使得空气与溶液接触面产生杂化单分子层。这些单层膜随后被转移到固体负载物上并形成多层膜。紫外光谱、X 射线光电子能谱、原子力显微镜等技术可对其进行表征。他们用循环伏安法考察了此杂化多层膜的电化学活性，发现当膜附着在玻碳电极表面时，被修饰的电极对 $NO_2^-$ 的还原具有很强的活性。

Coronado 等[164~166]利用四硫富瓦烯和多金属氧酸盐簇的单分子层的交替组合形成 LB 复合膜。利用该合成路径得到了包括两种能够赋予 LB 膜特定意义的不同类型功能单位的多层结构。多金属氧酸盐的高磁矩和四硫富瓦烯的性质相结合使得电子具有不定域性。同时他们还利用杂多阴离子在有机表面活性剂正电荷单层上的吸附性能，制备了不同形式、大小和电荷的多金属氧酸盐的 LB 膜。对三个不同方面进行讨论。①含有易还原的多酸阴离子 $[P_2Mo_{18}O_{62}]^{6-}$ 的 LB 膜的电化学和电致变色性能。所施加电势的反复转换使得沉积在基片 ITO 上的这些 LB 膜的吸光度发生变化。这些变化取决于有色聚阴离子的减少。LB 膜的着色和漂白发生得很快，并且是可逆的。②磁性金属氧酸盐 LB 膜的制备，或者是基于 $Co_4O_{16}$ 簇上的磁簇以及基于九核 $M_9O_{36}$ 簇的多金属氧酸盐。③大的杂化金属氧酸盐 $[Na_3(NH_4)_{12}][Mo_{57}Fe_6(NO)_6O_{174}(OH)_3(H_2O)_{24}] \cdot 76H_2O$ 的 LB 膜的制备。使用 LB 技术制得具有如可作为磁存储器的有机薄膜。并介绍了含磁活性的过渡金属的多金属氧酸盐阴离子组合成二十二碳烷酸单层之间的离散簇层。

### 8.4.8　电解聚合法制备无机-有机杂化材料

Coronado 等[167]采用电解聚合法首次合成了含有金属性质低于 2K 的盐基团的多金属氧酸盐有机/无机复合膜：$[BEDO-TTF]_6K_2[BW_{12}O_{40}] \cdot 11H_2O$。其由多金属氧酸盐离子 $[BW_{12}O_{40}]^{5-}$ 和有机基团二（乙烯二氧代）四硫富瓦烯（BEDO-TTF）结合形成。结果证明，可以利用体积大、高电荷的多金属氧酸盐阴离子作为一种新基团盐的成分。盐基团具有金属特征，并且其为合成新型材料提供了可能。这种新型材料具有导电电子的共存甚至耦合以及磁矩的局部化。合成过程中包括了 BEDO-RIF 给予体与 Keggin 型多金属氧酸盐磁体的无机层，以及 $K^+$ 的结合。合成出了新型分子系列，与之前报道的带有 BEDO-RIF 给予体系列类似，但是我们合成的这种新型分子系列在温度降到很低时仍然具有金属特性的优点。他们还利用手性多金属氧酸盐 $[H_4Co_2Mo_{10}O_{38}]^{6-}$ 合成晶体或聚合薄膜形式的杂化材料。采用电解法合成含有这种多金属氧酸盐的两种旋光对应体二（乙烯联硫基）四硫杂富瓦烯（BEDT-TTF 或 ET）给予体的新型盐基团。这种盐在室温下具有半导体性质，电导率为 9S/cm，活化能为 40meV。

Fernandez-Otero 等[168]利用电能在乙腈溶剂中由多金属氧酸盐（POM）阴离子 $[SiCr(H_2O)W_{11}O_{39}]^{5-}$ 合成聚吡咯取代的杂化材料。Chen[169]在乙腈和含有聚阴离子的 1,2-二氯乙烷中电化学氧化制得一种新型有机-无机盐。这种有机-无机盐是由混合价的二苯并四硫富瓦烯（DBTTF）基团阳离子和球形 Keggin 型多金属氧酸盐阴离子 $[H_3BW_{12}O_{40}]^{2-}$ 合成。

Xu 等[170]将水溶性阳离子酞花青 Alcian 蓝（AB）和以 2 : 18 结合而成的钨磷酸（$P_2W_{18}$）阴离子分别以层层沉积法在经 α-氨丙基三乙氧基硅烷修饰的透光导电膜（ITO）涂层的玻璃电极或石英基片上，得到有机-无机复合膜。并且采用电泳沉积法将由阳离子表面活性剂双十八烷基二甲基氯化铵（DODA-Cl）包裹的 Keggin 型杂多酸阴离子 $H_3PMo_{12}O_{40}$ 在 ITO 基体上进行组装。原子力显微镜图显示出表面活性剂复合封装（SEC）的纳米颗粒为球形组装结构，颗粒大小均一。利用这种方法第一次制得了 SEC 薄膜，为多金属氧酸盐的无机-有机材料的开发利用提供新的途径。

# 8.5　无机-有机杂化材料的应用

无机-有机杂化材料的应用前景极为广阔，现对其一些应用做简要介绍。

### 8.5.1　结构材料

无机物的加入限制了聚合物链的移动，因此无机-有机杂化材料的力学及机械性能优良、韧性好、热稳定好，适于作耐磨及结构材料。制备出的聚酰亚胺（PI）/$SiO_2$ 杂化材料中 $SiO_2$ 质量分数高达 25%，材料的拉伸强度为 175MPa，热分解温度达 475℃，是一种性能优良的结构材料。Wu 等[171]采用 FT-IR 技术考察了含有表面活性剂包覆金属含氧簇合物（SECs）的有机-无机杂化液体晶体材料的热致相变行为。利用差示扫描仪的测量证实在加热过程中有四种相变。在振动光谱测定基础上，有证据表明，前两种相变与构象的增加以及在加热过程中包覆的烷基链中断有关。第三阶段的相变是由于覆盖在多金属氧酸盐（POMs）上的烷基链的全构象障碍。在第四种相变过渡时没有发现明显的 C—H 延伸或摇摆振动。发现第四个吸热峰对于 POMs 的电荷是敏感的，这种过渡温度随着 POM 电荷依次从 13，11，9 的下降，也分别下降为 185℃，177℃，164℃。有意思的是，第三个 SECs 相变过渡态的温度与 POM 电荷基本无关。并且将末端不饱和、表面活性剂包覆的多金属氧酸盐和甲基丙烯酸甲酯经共聚合作用合成多金属氧酸盐杂化物。这种杂化物具有可塑造的加工性能、聚合物高的透明度以及无机簇高的荧光性。所介绍的方法为在聚合物基体中制得无机-有机静电复合型材料提供了途径[172]。在药物传送和催化剂等潜在应用方面，对于纳米结构材料的制备和客体分子的包裹，纳米尺寸的笼状自组装结构能被用来作为被束缚的外围。Douglas 等在《Nature》上报道了通过控制病毒粒子空隙的 pH 依赖的闸口，两种多金属氧酸盐（仲钨酸盐和十钒酸盐）的矿化作用和在病毒内部阴离子聚合物的包裹。这些病毒颗粒的尺寸和形貌的差异为材料合成和分子诱捕提供了一种通用途径[173]。

### 8.5.2　电学材料

在杂化材料制备中，通过加入有机导电聚合物或无机成分可以得到具有电子性能的材料。有机导电聚合物如聚苯胺、聚吡咯、聚噻吩等具有优良的导电性和掺杂效应；而杂多酸具有强酸性和强氧化性，是优良的高质子导体，用杂多酸作掺杂剂可大幅度提高聚合物的导电性能。一般来说，杂多酸与聚合物形成复合材料后，杂多酸在聚合物中仍保持其原有骨架结构，只发生轻度畸变，但聚合物与杂多阴离子存在电荷相互作用，产生了新的共轭体系。吴庆银教授等制备了一系列取代型杂多酸-有机杂化材料，并测定了其质子导电性能[174~179]。大量的研究表明：不同杂多酸掺杂同一种聚合物，会得到电导率不同的复合材料。对聚苯胺来说，用含钨杂多酸作掺杂剂比用含钼杂多酸作掺杂剂的效果好，所制备出的复合材料电导率更高；而含钒的 11-钼磷酸（$H_4PMo_{11}VO_{40}$）作掺杂剂比不含钒的 12-钼磷酸（$H_3PMo_{12}O_{40}$）作掺杂剂所得到的复合材料的电导率高。而且从总体来看，含氢多的杂多酸对提高复合材料的电导率贡献更大。Carapuca 等利用含有一系列 α-Keggin 型多氧硅钨酸阴离子的四-$n$-丁基铵（TBA）复合盐制得新型玻碳修饰电极。这种复合盐通过采用液滴蒸发法得到微米厚涂层，进一步经过沉积处理被固载。这种阴离子复合盐包含有缺位阴离子化合物 $[(C_4H_9)_4N]_4H_4[SiW_{11}O_{39}]$ 和金属取代衍生物 $[(C_4H_9)_4N]_4H[SiW_{11}Fe^{III}(H_2O)O_{39}]$ 和 $[(C_4H_9)_4N]_4H_2[SiW_{11}Co^{II}(H_2O)O_{39}]$ · $H_2O$。王恩波教授等考察了在水和 $N,N$-二甲基甲酰胺溶液中钼单取代的 Keggin 型多金属氧酸盐 $[XW_{11}MoO_{40}]^n$（X＝P，Si，Ge；$n$＝3，4）的电化学性质。这三种离子簇在两种介质中显示不同的电化学性质。

### 8.5.3　光学材料

多金属氧酸盐通常具有可逆的氧化还原性质并且在还原态时呈现出不同程度的颜色，因此是一种比较重要的电致变色材料。王恩波教授等报道了一系列有序且稳定的多金属氧酸盐纳米光致发光和光致变色薄膜，在光学器件的发展中有潜在的应用。胡长文教授等制备的两种含有有机染料分子的 α-$SiW_{12}$/RB 和 α-$SiW_{12}$/RBG 纳米复合膜均显示出染料分子的特征荧光发射峰，从而为制备高发光品质和高亮度的无机-有机复合膜发光材料提供了一定的理论依据。

Su 等[180]使用时间密度泛函反应理论研究三羧甲基氨基甲烷（tris）有机锡取代的 Keggin 型钨酸盐 $[XW_9O_{37}(S_nR)_3]^{(11-n)-}$（X＝P，Si，Ge，R＝Ph；X＝Si，R＝PhNO_2，PhCtCPh）的偶极子极化率、二阶极化率和二阶非线性光学（NLO）性质。这种有机-无机杂化配合物具有相当大的分子二阶非线性光学响应，特别是对于含有静态二阶极化值（vec 值）为 $1569.66×10^{-30}$ esu 的 $[SiW_9O_{37}(SnPhCtCPh)_3]^{7-}$ 的杂化配合物。因此这种配合物有可能成为良好的二阶非线性光学材料。结构分析中 vec 值显示电荷沿着 $z$ 轴从杂多阴离子向有机部分的转移过程在 $[XW_9O_{37}(S_nR)_3]^{(11-n)-}$ 的 NLO 响应中起着重要的作用。计算得到的 vec 值随着杂化中心原子的重量变化，顺序为 Ge＞Si＞P。并且，在芳烃基上硝基的取代和有机锡 π 共轭的加长，尤其是后者，对于提高光学非线性有重要的作用。最近该课题组使用时间密度泛函反应理论对六钼酸盐的有机亚胺衍生物的偶极子极化、偶极矩、态密度以及二阶非线性光学（NLO）性质进行了研究。一系列有机-无机杂化复合材料都拥有相当大的分子二阶非线性光学响应，特别是 $[Mo_6O_{17}(NC_{16}H_{12}NO_2)(FeNC_{10}H_9)]^{2-}$ 和 $[Mo_6O_{17}(NC_{16}H_{12}NO_2)(NC_6H_2(NH_2)_3)]^{2-}$，它们的静态二阶极化率（$\beta$）分别为 $15766.27×10^{-30}$ esu 和 $6299.59×10^{-30}$ esu。因此它们有可能成为非常好的二阶非线性光学材料。

### 8.5.4　磁性材料

有人利用二茂铁衍生物 1-二茂铁基-3-苯基丙-2-烯-1-酮（FcBAK）与钼磷酸盐 $Na_2HPMo_{12}O_{40} \cdot xH_2O$ 经室温固相合成得到有机-无机杂化分子，通过元素分析、IR、ICP、AAS 和 TG 等表征手段确证产物的分子组成和结构为 $(FcBAK)_3HPMo_{12}O_{40} \cdot 2H_2O$。固体电子光谱及 ESR 谱表明，FcBAK 与钼磷酸之间发生了电荷转移作用，生成电荷转移型有机-无机分子配合物，该配合物的磁学行为表现出较强的铁磁性质，粉末样品的室温饱和磁化强度为 $0.41A \cdot m^2/kg$，矫顽力为 0.0105T，属于软磁性有机-无机分子复合材料。Coronado 等[181~184]报道了在对含有简并轨道金属离子的混合价簇进行交换时会产生强大的磁各向异性。他们还合成第一个单分子磁体（SMM）的多金属氧酸盐 $[ErW_{10}O_{36}]^{9-}$。它显示了频变的异相磁化强度和具有 55.8K 有效屏障的单一热激活弛豫过程。这种单一稀土离子多金属氧酸盐是二（酞菁）镧系 SMMs 的无机模拟，它们具有与稀土离子配位场非常相似的对称性（理想化的 D-4D），这为加工和合成化学性质稳定的单分子磁体提供了新途径。此外，不受核自旋影响和开放性被用来进行单分子量子比特的消相干研究。同时他们还合成出两类单分子磁体（SMMs）多金属氧酸盐 $[Ln(W_5O_{18})_2]^{9-}$（Ln(Ⅲ)＝Tb,Dy,Ho,Er）和 $[Ln(SiW_{11}O_{39})_2]^{13-}$（Ln(Ⅲ)＝Tb,Dy,Ho,Er,Tm,Yb），利用静态和动态测量法证明它们具有磁性特征。同时，他们利用 N-甲基吡啶盐[p-MepyNN+型]阳离子中的氮氧自由基与 $[Mo_8O_{26}]^{4-}$ 和 Keggin 型 $[SiW_{12}O_{40}]^{4-}$ 杂多阴离子结合，形成两种盐（p-MepyNN)_4[Mo_8O_{26}] \cdot DMSO（DMSO＝二甲亚砜）和（p-MepyNN)_4[SiW_{12}O_{40}] \cdot 6DMF（DMF＝二甲基甲酰胺），以及合成包裹有七核 Co 簇合物的杂化钨酸盐 $[Co_7(H_2O)_2(OH)_2P_2W_{25}O_{94}]^{16-}$（Co-7），对其结构以及磁性进行了讨论。

同时，与金属氧酸盐分子磁性有关的自旋量子为量子计算机的执行提供了最有希望的途径之一。半导体量子点的最近成果显示电子门控途径特别适合于一套通用量子逻辑门的实现。然而，可测量的量子比特数量较多，对于这种半导体量子点仍然是一个问题。与此相反，自上而下的化学方法则容许单个量子形成相同的单元，在这些单元中局部旋转显示量子比特。分子磁性产生了一系列与该属性相关的各种系统，但到目前为止，还没有在该自旋态下可以由一个电子门控制的分子。Coronado 等还合成出金属氧酸盐 $[PMo_{12}O_{40}(VO)_2]^{9-}$，这个化合物中能产生耦合中央核心电子的带有 $S＝1/2$ 两个局部旋转。通过对分子的氧化还原电位的电气操纵，核心的电荷是可以改变的。有了这个设置，可以输出双门和量子比特结果值。

$\{V_8O_{14}\}$ 簇合物可以由两个捆绑的 1,3,5-三脱氧顺环己六醇部分生成高自旋基态的钒氧簇合物，后者是簇合物内相互影响的强铁磁性引起的。多金属氧酸盐-有机导电性杂化物的实现意味着同时结合多金属氧酸盐簇合物和有机导体以及聚合物的器件是可能实现的。手性多金属氧酸盐导体也可用手性簇合物 $[H_4Co_2Mo_{10}O_{38}]$ 和（BEDT-TTF 或 ET）电结晶合成，同时拥有可流动锂离子的多金属氧酸盐材料的制备也已实现。

### 8.5.5 催化材料

自 20 世纪 70 年代日本在丙烯水合生产上用杂多酸催化剂成功地实现了工业化以来，多酸作为有机合成和石油化工中的催化剂已经备受人们的关注。之前有人采用自组装技术合成负载型多酸-有机胺-二氧化钛杂化催化剂 $Ks[Mn(H_2O)PW_{11}O_{39}\text{-}APS\text{-}TiO_2][APS = (C_2H_5O)SiCH_2CH_2CH_2NH_2]$。结果表明，该杂化催化剂很好地解决了非均相反应中负载型多金属氧酸盐易脱落的问题。此类光催化剂耐水性好，不易溶脱，可重复使用。Keggin 型多酸目前最广泛的应用就是作为工业催化剂，它可以广泛地用于氧化催化、酸催化以及光催化，如杂钨氧簇阴离子作为酸催化剂由烯烃和液相水反应工业生产 2-丁醇和叔丁醇，也常用作工业加氢脱硫（HDS）、加氢脱氮（HDN）以及化石燃料中加氢脱金属（HDM）催化剂。

Neumann 等[185,186]利用 sandwich 型多金属氧酸盐 $[ZnWZn_2(H_2O)_2(ZnW_9O_{34})_2]^{12-}$ 和枝状三脚架的有机铵盐反 [2-(三甲胺) 乙基-1,3,5-苯三羰化物] 或 1,3,5-反 [4-(N,N,N-三甲胺乙基羰基) 苯基] 均苯三阳离子的共结晶作用合成三维多孔的珊瑚状非晶型无机-有机杂化介孔材料。在这些材料中，有机阳离子分布在多金属氧酸盐阴离子周围。杂化材料的 BET 比表面积大约为 30～50m²/g，平均孔径大小为 36Å，这使得这些材料被分类为具有中等表面积的中孔材料。这种杂化材料在过氧化氢作为氧化剂的情况下，烯丙基醇的环氧化作用和二级醇氧化到酮是一种有效的选择性多相催化剂。这种多相杂化材料催化剂的活性和选择性与带有相同 $[ZnWZn_2(H_2O)_2(ZnW_9O_{34})_2]^{12-}$ 多金属氧酸盐的同相催化剂的活性和选择性类似。并且在单氧合酶酵素，如铁-卟啉-细胞色素 P-450 分子氧的非自由基活化作用中涉及 $O_2$ 的单氧原子插入到有机底物中，而其他氧气在电子给予体存在下被还原成水。另外，双氧合酶酵素在没有还原剂时催化插入的两个氧原子。带有由过渡金属配合物催化分子氧的烃类的氧化作用与其采用自由基途径还不如采用双氧合酶型反应途径，因此不能利用分子氧进行烯烃的环氧化作用。在双氧合酶模式中具有位阻的四 (2,4,6-三甲苯基) 钌卟啉配合物显示出之前所预测的能活化分子氧的作用。同时，还利用多金属氧酸盐 $\{[WZnRu_2(OH)(H_2O)](ZnW_9O_{34})_2\}^{11-}$ 作为非自由基分子氧活化的催化剂和烯烃的环氧化作用。多金属氧酸盐可以作为一种无机双氧合酶的催化剂。相对于有机金属配合物，利用多金属氧酸盐无机催化剂的好处是它们不易自我氧化分解，具有很好的稳定作用。并由氯化锡取代的多金属氧酸盐 $[PSn(Cl)W_{11}O_{39}]^{4-}$ 与反-(2-氨基乙基) 胺盐，以及聚 (丙烯) 亚胺 (DAR-Am) 四胺和八胺的树枝状物反应生成有机-无机杂化物。该课题组还合成了氨基酸多金属氧酸盐配合物。氯化锡取代的多金属氧酸盐 $[PSn(Cl)W_{11}O_{39}]^{4-}$ 的季铵盐与含有伯胺、仲胺和叔胺，以及叔膦的一系列 $n$-亲核试剂反应生成以锡为中心的 Lewis 酸碱加合物 $[PSn(Cl)W_{11}O_{39}]^{4-}$-$n$-亲核试剂；这种季铵盐与更具有亲核能力的仲胺如二异丙胺反应时，则会有副产物 $[PSnN[CH(CH_3)_2]_2W_{11}O_{39}]^{4-}$ 产生。Sn—Cl 中心与胺类主要是由 Sn—H 间的偶联作用连接在一起。

Mizuno 等将一个 N-辛基二氢咪唑阳离子断片通过共价键固定在 $SiO_2$（命为 1-$SiO_2$）上形成一种有机-无机杂化物。这种改性载体是一种很好的阴离子交换剂，它能催化活化多金属氧酸盐阴离子 $[\gamma\text{-}1,2\text{-}H_2SiV_2W_{10}O_{40}]^{4-}$（I），使其通过化学计量的阴离子交换作用固定在载体上。在过氧化氢是唯一的氧化剂的情况下，利用 I/1-SiO$_2$ 对烯烃和硫化物进行催化氧化。发现这种负载的催化剂在烯烃和硫化氢的氧化反应时，与均一的配合物 1 做催化剂相比，具有高的定向性、非对映选择性、区位选择性以及对过氧化氢具有很高的利用率，并且催化剂在本质上没有损失。在除去催化剂后，反应能立即停止，并且对除去催化剂后的滤液进行检测发现几乎不再有钒和钨存在。这种催化剂在环氧化作用和磺化氧化作用中由于不会有损失，所以可以重复使用[187]。

Bigi 等[188]将烷基胺十钨酸盐共价固定在硅胶上得到具有高供给效率的多相催化剂，其能在硫化物到亚砜的选择性氧化中激活 H$_2$O$_2$。Inumaru 等[189]合成出一种耐水的高活性固体酸催化剂 PW/C$_8$-AP-SBA。这种催化剂含有 Keggin 型多金属氧酸盐 H$_3$PW$_{12}$O$_{40}$，这种杂多酸连接在经有机物改性过的介孔硅的纳米疏水部分上。这种催化剂比 H$_3$PW$_{12}$O$_{40}$ 和 H$_2$SO$_4$ 液体酸催化剂的活性都要高，其中催化活性是 H$_2$SO$_4$ 的六倍。Kulesza 等利用循环伏安法和安培法对用钼磷酸盐（PMo$_{12}$）修饰后的多壁层的碳纳米管（CNTs）的电催化性质（在 0.5mol/dm$^3$ H$_2$SO$_4$ 中的溴酸盐的还原）进行表征。用 CNTs 修饰后的 PMo$_{12}$ 负电荷能吸附膜。通过对带正电荷的导电聚合物（噻吩或聚吡咯）结构的控制，从而控制有机-无机电网薄膜的增长。由于三维分布的 CNTs 的出现，膜的导电性和多孔性都有所提高。利用聚吡咯形成的杂化系统，比 PEDOT 形成的体系具有更高的溴酸盐催化电化学电流。同样，与经 PMo$_{12}$ 修饰的 CNTs 的 Nafion 膜稳定分散相比，后者相对于含有溴酸盐的体系具有更好的稳定性和相对高的灵敏度。

环氧衍生物是一类能被用来作为化学中间产物的重要的工业化学制品。烯烃的还原化催化作用提供了一种具有意义的生产技术。Mizuno 在 2003 年发表于《Science》上的文章报道了利用多金属氧酸盐做催化剂催化烯烃得到环氧化物。他们发现了一些可利用的生产环氧衍生物的绿色制备途径。利用双缺位 Keggin 型 [γ-SiW$_{10}$O$_{36}$]$^{8-}$ 多金属氧酸盐合成制得硅钨酸盐配合物 [γ-SiW$_{10}$O$_{34}$(H$_2$O)$_2$]$^{4-}$，并且利用过氧化氢（H$_2$O$_2$）控制温度在 305K 时对包括丙烯在内的各种烯烃的环氧化作用具有很高的催化活性。该催化剂对环氧化物的选择性达到甚至高于 99%，H$_2$O$_2$ 的利用率达到甚至高于 99%。这是因为这种催化剂在单相反应混合物中具有很高的空间选择性，并且易于回收[190]。

Dumesic 等在《Science》上报道了以多金属氧酸盐和金属金作为催化剂，CO 为燃料的电池。在室温下，利用金做催化剂催化氧化 CO 产生电流。反应速率比传统操作更快。传统的反应操作过程是在 500K 甚至更高温度下利用水煤气转化（WGS）将 CO 与 H$_2$O 反应生成 H$_2$ 和 CO$_2$。通过淘汰掉 WGS 反应，排除了在能量产生过程中去除和蒸发掉液态水的必要步骤，这便于方便携带应用。该过程可以利用含有由碳氢化合物催化重整而来的蒸汽的 CO 来生成被还原后的多金属氧酸盐配合物的水溶液。在多金属氧酸盐配合物被还原的过程中能产生能量，并且它在含有简易碳阳极的燃料电池中能被再次氧化[191]。

尽管许多酶能在水中较容易地、有选择性地使用氧气，这也是所有氧化剂和溶剂最让人熟悉和吸引人的地方，但是在使用分子氧的氧化过程中，选择水来合成催化剂的设计仍然是个使人气馁的任务。问题尤其是底物氧化作用是由 O$_2$ 的自由基引起的，这从本质上说非选择性是比较难控制的。另外，金属有机催化剂本质上是易于被 O$_2$ 中的自由基降解的，而它们的过渡金属离子活性中心常常与水起反应生成不溶物，得到无活性的氧化物或氢氧化物。而且，pH 值的控制经常要避免有机底物和产物的酸碱性降解。不同于金属-有机催化剂，通过 O$_2$ 的利用，多金属氧酸盐阴离子具有氧化稳定性，也是可逆的氧化剂。利用在水中的稳定性和内部 pH 的控制，发现杂化钨酸盐离子 [AlV$^V$W$_{11}$O$_{40}$]$^{6-}$ 作为主要成分的多金属氧酸盐的平衡组合体的自组装是由热力学控制的。在调节 pH 值为中性的设计操作中，这种系统对于木纤维（木质纤维素）的选择性去木质作用中易于发生 O$_2$ 的两步反应过程[192]。通过直接监测中心 Al 原子，发现多金属氧酸盐阴离子平衡反应中体系的 pH 值始终保持在 7 左右。

### 8.5.6　生物材料

已经应用于临床的骨修复材料主要是生物活性陶瓷和金属如钛及其合金制成的生物材料，它们能与生物骨结合，但与人体松质骨相比，弹性模量高且柔韧性较低。需要研究一种具有与天然生物骨相类似力学性能的生物活性材料。目前已通过溶胶-凝胶法分别用 PDMS、明胶、MPS 及 PTMO 与无机系统合成了生物活性的有机-无机杂化材料，材料通过在有机基体中引入 $Ca^{2+}$ 和特殊的功能化基团如 Si—OH 等获得生物活性。

### 8.5.7　絮凝材料

絮凝剂在污水处理中具有很重要的作用。无机絮凝剂具有一定的腐蚀性和毒性，对人类健康和生态环境会产生不利影响；有机高分子絮凝剂的残余单体具有"三致"效应（致畸、致癌、致突变），因而使其应用范围受到限制。由于天然有机和无机高分子絮凝剂各自存在的优缺点，使得复合絮凝剂成为发展方向。王莉等将聚合氯化铝（PAC）与壳聚糖（CTS）复合，制备了新型的无机-有机天然高分子复合絮凝剂 PAC-CTS。PAC 表现稳定，对高浓度、高色度及低温水都有较好的混凝效果，其形成的矾花大，易沉降，而且具有易生产、价廉、适用范围广等优点。壳聚糖是自然资源十分丰富的线型聚合物——甲壳质脱 N-乙酰基的衍生物，因其天然、无毒、对人体无任何损害而在水处理中展示了其独特的优越性。王莉等探讨了其组成、投加量以及废水 pH 值对城市废水和金属合成水样絮凝效果的影响。结果表明复合絮凝剂 PAC-CTS 兼有无机和有机絮凝剂的优点，是一种使用范围较广的新型絮凝剂。张海彦等研究了无机-有机复合絮凝剂 PAC-PDMDAAC 用于废水除磷，探索了其除磷的最佳配比范围和最佳用量。研究表明，在最佳条件下对模拟废水磷去除率为 94.4%，浊度去除率为 97%。将该复合絮凝剂应用于实际生活废水，对于实际废水的磷去除率为 95%，浊度去除率为 94.5%，达到国家含磷污水排放一级标准。

此外，无机-有机杂化材料还可做涂层材料、储氢材料[193]等。

# 8.6　展望

研究无机-有机杂化材料的最终目标是设计合成具有不同孔径、高度有序结构、有潜在应用价值的无机-有机聚合物材料。目前虽然已经能够通过一定的合成路线制备出热稳定性、力学性能、耐腐蚀等方面性能优良的杂化材料，应用和潜在应用领域广泛，但还有很多的工作有待拓展和深入探索。无机物与有机物的杂化机理、材料的结构与性能关系、杂化条件对材料功能的影响、如何有针对性精确控制材料结构等都有待于进一步研究。

相信随着科学技术的进步、科学研究的深入，无机-有机杂化材料的制备技术将日臻完善，无机-有机材料的性能将进一步提高并得以广泛应用。

## 参 考 文 献

[1] Portier J, Choy J H, Subramanian M A. Int J Inorg Mater, 2001, 3 (7): 581-592.
[2] Clemente-Leon M, Coronado E, Delhaes P, et al. Adv Mater, 2001, 13 (8): 574-577.
[3] 刘镇, 吴庆银, 钟芳锐. 石油化工, 2008, 37 (7): 649-655.
[4] Hench L L, West J K. Chem Rev, 1990, 90 (1): 33-72.
[5] Wang Z, Wang J, Zhang H J. Mater Chem Phys, 2004, 87 (1): 44-48.
[6] Lakshminarayana G, Nogami M. Electrochimi Acta, 2009, 54: 4731-4740.
[7] 王恩波, 李阳光, 鹿颖等. 多酸化学概论. 长春: 东北师范大学出版社, 2009.

[8] Shi Z, Feng S H, Gao S, et al. Angew Chem-Int Edit, 2000, 39 (13): 2325-2327.
[9] Xiao D R, Wang E B, An H Y, et al. J Mol Struct, 2004, 707 (1-3): 77- 81.
[10] Zheng S T, Zhang H, Yang G Y. Angew Chem-Int Edit, 2008, 47 (21): 3909-3913.
[11] Zhao J W, Wang C M, Zhang J, et al. Chem-Eur J, 2008, 14 (30): 9223- 9239.
[12] 徐如人, 庞文琴. 无机合成与制备化学. 北京: 高等教育出版社, 2001.
[13] Cooper E R, Andrews C D, Wheatley P S, et al. Nature, 2004, 430: 1012-1016.
[14] Morris R E. Chem Commun, 2009, (21): 2990-2998.
[15] Zhang J, Wu T, Chen S M, et al. Angew Chem Int Ed, 2009, 48 (19): 3486-3490.
[16] Xing H Z, Li J Y, Yan W F, et al. Chem Mater, 2008, 20 (13): 4179-4181.
[17] Li L, Wang Y X. Chin J Chem Eng, 2002, 10 (5): 614 -617.
[18] Xu L, Lu M, Xu B B, et al. Angew Chem Int Ed, 2002, 41 (21): 4129-4132.
[19] Lu M, Wei Y G, Xu B B, et al. Angew Chem Int Ed, 2002, 41 (9): 1566-1568.
[20] Xu B B, Peng Z H, Wei YG, et al. Chem Commun, 2003, 20: 2562-2563.
[21] Peng Z H. Angew Chem Int Ed, 2004, 43: 930-935.
[22] Kang J, Xu B B, Peng Z H. Angew Chem Int Ed, 2005, 44: 6902-6905.
[23] Xu B B, Lu M, Kang J, et al. Chem Mater, 2005, 17 (11): 2841-2851.
[24] Lu M, Xie B H, Kang J, et al. Chem Mater, 2005, 17 (2): 402-408.
[25] Mayer C R, Neveu S, Cabuil V. Angew Chem Int Ed, 2002, 41 (3): 501-506.
[26] Li Q, Wei Y G, Hao J, et al. J Am Chem Soc, 2007, 129 (18): 5810.
[27] Jhung S H, Lee J H, Forster P M et al. Chem-Eur J, 2006, 12 (30): 7899-7905.
[28] Li J, Josowicz M. Chem Mater, 1997, 9 (6): 1451-1453.
[29] Wang J P, Zhao J W, Duan X Y, et al. Cryst Growth Des, 2006, 6 (2): 507-513.
[30] Wang J P, Feng Y Q, Ma P T, et al. J Coord Chem, 2009, 62 (12): 1895-1901.
[31] Wang J P, Ren Q, Zhao J W, et al. J Coord Chem, 2008, 61 (2): 192-201.
[32] Li B, Zhao J W, Zheng S T, et al. J Clust Sci, 2009, 20 (3): 503-513.
[33] Zheng S T, Chen Y M, Zhang J, et al. Eur J Inorg Chem, 2006, (2): 397-406.
[34] Zhao D, Zheng S T, Yang G Y. J Solid State Chem, 2008, 181 (11): 3071-3077.
[35] Hu X X, Xu J Q, Cui X B, et al. Inorg Chem Comm 2004, 7 (2): 264-267.
[36] Shi S Y, Sun Y H, Chen Y, et al. Dalton Trans, 2010, 39 (5): 1389-1394.
[37] Cao J F, Liu S X, Ren Y H, et al. J Coord Chem, 2009, 62 (9): 1381-1387.
[38] Cao R G, Liu S X, Xie L H, et al. Inorg Chem, 2007, 46 (9): 3541-3547.
[39] Dai L M, You W S, Li Y G et al. Chem Commun, 2009, (19): 2721-2723
[40] Liu Y, Liu S X, Ji H M, et al. J Clust Sci, 2009, 20 (3): 535-543.
[41] Wang H, Cheng C G, Tian Y M. Chin J Chem, 2009, 27 (6): 1099-1102.
[42] Zhang Y A, Zhou B B, Su Z H, et al. Inorg Chem Commun, 2009, 12 (2): 65-68.
[43] Li C X, Zhang Y, O'Halloran K P, et al. J Appl Electrochem, 2009, 39 (7): 1011-1015.
[44] Lin B Z, Li Z, He L W, et al. Inorg Chem Commun, 2007, 10 (5): 600-604.
[45] Reinoso S, Dickman M H, Kortz U. Inorg Chem, 2006, 45 (26): 10422-10424.
[46] Yuan L, Qin C, Wang X, et al. Eur J Inorg Chem, 2008, (31): 4936-4942.
[47] Zheng S T, Wang M H, Yang G Y. Chem-Asian J, 2007, 2 (11): 1380-1387.
[48] Wang C M, Zheng S T, Yang G Y. J Clust Sci, 2009, 20 (3): 489-501.
[49] Zhao J W, Li B, Zheng S T, et al. Cryst Growth Des, 2007, 7 (12): 2658-2664.
[50] Zheng S T, Yuan D Q, Zhang J, et al. Inorg Chem, 2007, 46 (11): 4569-4574.
[51] Yu H H, Cui X B, Cui J W, et al. Dalton Trans, 2008, 37 (2): 195-197.
[52] Lu Y K, Xu J N, Cui X B, et al. Inorg Chem Commun, 2010, 13 (1): 46-49.
[53] Shi S Y, Wang Y, Cui X B, et al. Dalton Trans, 2009, (31): 6099-6102.
[54] Cheng H Y, Liu S X, Xie L H, et al. Chem Lett, 2007, 36 (6): 746-747.
[55] Michailovski A, Hussain F, Spingler B, et al. Cryst Growth Des, 2009, 9 (2): 755-765.
[56] Sha J, Peng J, Tian A X, et al. Cryst Growth Des, 2007, 7 (12): 2535-2541.
[57] Kobayashi H, Ikarashi K, Uematsu K, et al. Inorg Chim Acta, 2009, 362 (1): 238-242.
[58] Wang J, Li F B, Tian L H, et al. J Coord Chem, 2008, 61 (13): 2122-2131.
[59]  He L W, Lin B Z, Liu X Z, et al. Solid State Sci, 2008, 10 (3): 237-243.
[60] Wang C C. Asian J Chem, 2009, 21 (6): 4919-4926.
[61] Wang C C. Asian J Chem, 2009, 21 (6): 4755-4762.
[62] Reinoso S, Dickman M H, Reicke M, et al. Inorg Chem, 2006, 45 (22): 9014-9019.
[63] Reinoso S, Dickman M H, Kortz U. Eur J Inorg Chem, 2009, (7): 947-953.
[64] Li S L, Lan Y Q, Ma J F, et al. Dalton Trans, 2008, 37 (15): 2015-2025.
[65] Zhao J W, Song Y P, Ma P T, et al. J Solid State Chem, 2009, 182 (7): 1798-1805.
[66] Soghomonian V, Chen Q, Haushalter R C, et al. Science, 1993, 259 (5101): 1596-1599.

［67］ An H Y, Wang E B, Xiao D R , et al. Angew Chem Int Ed, 2006, 45：904-908.
［68］ Tan H Q, Li Y G, Zhang Z M, et al. J Am Chem Soc, 2007, 129：10066-10067.
［69］ Jin H, Qin C, Li Y G, et al. Inorg Chem Commun, 2006, 9 (5)：482-485.
［70］ Jin H, Qi Y F, Wang E B, et al. Cryst Growth Des, 2006, 6 (12)：2693-2698.
［71］ An H Y, Wang E B, Li Y G, et al. Inorg Chem Commun, 2007, 10 (3)：299-302 .
［72］ Yuan L, Qin C, Wang X L, et al. Dalton Trans, 2009, 38 (21)：4169-4175.
［73］ Meng J X, Wang X L, Wang E B, et al. Transit Met Chem, 2009, 34 (3)：361-366.
［74］ Li T H, Lu J, Gao S Y, et al. Chem Lett, 2007, 36 (3)：356-357.
［75］ Yang H X, Guo S P, Tao J, et al. Cryst Growth Des, 2009, 9 (11)：4735-4744.
［76］ Yang H X, Li L, Xu B, et al. Inorg Chem Commun, 2009, 12 (7)：605-607.
［77］ Wang J P, Ma P T, Li J, et al. Chem Lett, 2006, 35 (9)：994-995.
［78］ Wang J P, Ma P T, Zhao J W, et al. Inorg Chem Commun, 2007, 10 (5)：523-526.
［79］ Wang J P, Li S Z, Niu J Y. J Coord Chem, 2007, 60 (12)：1327-1334.
［80］ Wang J P, Li S Z, Shen Y, et al. Cryst Growth Des, 2008, 8 (2)：372-374.
［81］ Cheng J W, Zhang J, Zheng S T, et al. Angew Chem Int Ed, 2006, 45：73-77.
［82］ Sun Y Q, Zhang J, Chen Y M, et al. Angew Chem Int Ed, 2005, 44：5814-5817.
［83］ Li B, Zhao J W, Zheng S T, et al. Inorg Chem, 2009, 48 (17)：8294-8303.
［84］ Zhao J W, Zhang J, Song Y, et al. Eur J Inorg Chem, 2008, (24)：3809-3819.
［85］ Yu K, Li Y G, Zhou B B, et al. Eur J Inorg Chem, 2007, (36)：5662-5669.
［86］ Zhang X, Xu J Q, Yu J H, et al. J Solid State Chem, 2007, 180 (6)：1949-1956.
［87］ Zhang C D, Liu S X, Sun C Y, et al. Cryst Growth Des, 2009, 9 (8)：3655-3660.
［88］ Chen L L, Zhang L, Gao Y R, et al. J Coord Chem, 2009, 62 (17)：2832-2841.
［89］ Wang C L, Liu S X, Sun C Y, et al. J Coord Chem, 2008, 61 (6)：891-899.
［90］ Hundal G, Hwang Y K, Chan J S. Polyhedron, 2009, 28 (12)：2450-2458.
［91］ Cao X G, He L W, Lin B Z, et al. Inorg Chim Acta, 2009, 362 (7)：2505-2509.
［92］ Wang W J, Xu L, Gao G G, et al. Inorg Chem Commun, 2009, 12 (3)：259-262.
［93］ Liu H, Qin C, Wei Y G, et al. Inorg Chem, 2008, 47 (10)：4166-4172.
［94］ Gao G G, Xu L, Wang W J, et al. Inorg Chem, 2008, 47 (7)：2325-2333.
［95］ Hussain F, Kortz U, Keita B, et al. Inorg Chem, 2006, 45 (2)：761-766.
［96］ Reinoso S, Dickman M H, Matei M F, et al. Inorg Chem, 2007, 46 (11)：4383-4385.
［97］ Kortz U, Hussain F, Reicke M. Angew Chem Int Ed, 2005, 44 (24)：3773-3777.
［98］ Li C H, Huang K L, Chi Y N, et al. Inorg Chem, 2009, 48 (5)：2010-2017.
［99］ Li C X, Cao R, O'Halloran K P, et al. Electrochim Acta, 2008, 54 (2)：484-489.
［100］ Li C X, Zhang Y, O'Halloran K P, et al. J Appl Electrochem, 2009, 39 (7)：1011-1015.
［101］ Sha J Q, Peng J, Liu H S, et al. J Coord Chem, 2008, 61 (8)：1221-1233.
［102］ Tian A X, Ying J, Peng J, et al. Inorg Chem, 2009, 48 (1)：100-110.
［103］ Li S L, Lan Y Q, Ma J F, et al. Inorg Chem, 2007, 46 (20)：8283-8290.
［104］ Wang X L, Chen B K, Liu G C, et al. Solid State Sci, 2009, 11 (1)：61-67
［105］ Zhang S W, Li Y X, Liu Y, et al. J Mol Struct, 2009, 920 (1-3)：284-288.
［106］ Bordoloi A, Vinu A, Halligudi S B. Appl Catal A—Gen, 2007, 333 (1)：143-152.
［107］ Bordoloi A, Lefebvre E, Halligudi S B. J Catal, 2007, 247 (2)：166-175.
［108］ Jin K, Huang X Y, Pang L, et al. Chem Commun, 2002, (23)：2872-2873.
［109］ Dybtsev D N, Chun H, Kim K. Chem Commun, 2004, (14)：1594-1595.
［110］ Liao J H, Wu P C, Huang W C. Cryst Growth Des, 2006, 6 (5)：1062-1063.
［111］ Lin Z, Wragg D S, Morris R E. Chem Commun, 2006, (19)：2021-2023.
［112］ Parnham E R, Morris R E. Acc Chem Res 2007, 40 (10)：1005-1013.
［113］ Lohmeier S J, Wiebcke M, Behrens P. Z Anorg Allg Chem, 2008, 634 (1)：147-152.
［114］ Hulvey Z, Wragg D S, Lin Z J, et al. Dalton Trans, 2009, 38 (7)：1131-1135.
［115］ Rickert P G, Antonio M R, Firestone M A, et al. J Phys Chem B, 2007, 111 (18)：4685-4692.
［116］ Hasegawa T, Murakami H, Shimizu K, et al. Inorg Chim Acta, 2008, 361 (5)：1385-1394.
［117］ Hasegawa T, Kasahara Y, Yoshida S, et al. Inorg Chem Commun, 2007, 10 (12)：1416-1419.
［118］ Hasegawa T, Shimizu K, Seki H, et al. Inorg Chem Commun, 2007, 10 (10)：1140-1144.
［119］ Zhu Y, Wang L S, Hao J, et al. Cryst Growth Des, 2009, 9 (8)：3509-3518.
［120］ Zhu Y, Xiao Z C, Ge N, et al. Cryst Growth Des, 2006, 6 (7)：1620-1625.
［121］ Xia Y, Wu P F, Wei Y G, et al. Cryst Growth Des, 2006, 6 (1)：253-257.
［122］ Li Q, Wang L S, Yin P C, et al. Dalton Trans, 2009, 38 (7)：1172-1179.
［123］ Zhu L, Zhu Y L, Meng X G, et al. Chem-Eur J, 2008, 14 (35)：10923-10927.
［124］ Xu B B, Xu L, Gao G G, et al. Appl Surf Sci, 2007, 253 (6)：3190- 3195.
［125］ Akutagawa T, Endo D, Noro S I, et al. Coord Chem Rev, 2007, 251：2547-2561.

[126] Douvas A M, Makarona E, Glezos N, et al. ACS Nano, 2008, 2 (4): 733-742.
[127] Triantis T M, Troupis A, Chassiotou I, et al. J Adv Oxid Technol, 2008, 11 (2): 231-237.
[128] Yang W, Liu Y, Xue G L, et al. J Coord Chem, 2008, 61 (15): 2499-2505.
[129] Wang X L, Bi Y F, Chen B K, et al. Inorg Chem, 2008, 47 (7): 2442-2448.
[130] Zhang H, Li H L, Li W, et al. Chem Lett, 2006, 35 (7): 706-707.
[131] Zhang J, Song Y F, Cronin L, et al. J Am Chem Soc, 2008, 130 (44): 14408.
[132] Song Y F, Long D L, Kelly S E. et al. Inorg Chem, 2008, 47 (20): 9137-9139.
[133] Song Y F, Long D L, Cronin L . Angew Chem Int Ed, 2007, 46 (21): 3900-3904.
[134] Song Y F, McMillan N, Long D L, et al. Chem-Eur J, 2008, 14 (8): 2349-2354.
[135] Upreti S, Ramanan A. Cryst Growth Des, 2006, 6 (9): 2066-2071.
[136] Wang X L, Bi Y F, Chen B K, et al. Inorg Chem, 2008, 47 (7): 2442-2448.
[137] Dang D B, Bai Y, He C, et al. Inorg Chem, 2010, 49 (4): 1280-1282.
[138] Dong T, Ma H Y, Zhang W, et al. J Colloid Interface Sci, 2007, 311 (2): 523-529.
[139] Ishii Y, Takenaka Y, Konishi K. Angew Chem Int Ed, 2004, 43 (20): 2702-2705.
[140] Strong J B, Yap G P A, Ostrander R, et al. J Am Chem Soc, 2000, 122: 639-649.
[141] Stark J L, Young V G, Maatta E A. Angew Chem Int Ed, 1995, 34: 2547-2548.
[142] Stark J L, Rheingold A L, Maata E A. Chem Commun, 1995, (11): 1165- 1166.
[143] Strong J B, Haggerty B S, Rheingold A L, et al. Chem Commun, 1997, (12): 1137-1378.
[144] Zhang T R, Liu S Q, Kurth D G, et al. Adv Funct Mater, 2009, 19 (4): 642-652.
[145] Han Z G, Gao Y Z, Zhai X L, et al. Cryst Growth Des, 2009, 9 (2): 1225-1234.
[146] Alizadeh M H, Mirzaei M, Salimi A R, et al. Mater Res Bull, 2009, 44 (7): 1515-1521.
[147] Alizadeh M H, Eshtiagh-Hosseini H, Mirzaei M, et al. Pol J Chem, 2009, 83 (9): 1583-1589.
[148] Chimamkpam E F C, Hussain F, Engel A, et al. Z Anorg Allg Chem, 2009, 635 (4-5): 624-630.
[149] Bareyt S, Piligkos S, Hasenknopf B, et al. J Am Chem Soc, 2005, 127 (18): 6788-6794.
[150] Bareyt S, Piligkos S, Hasenknopf B, et al. Angew Chem Int Ed, 2003, 42 (29): 3404-3406.
[151] Boglio C, Micoine K, Derat E, et al. J Am Chem Soc, 2008, 130 (13): 4553-4561.
[152] Hasenknopf B, Micoine K, Lacote E, et al. Eur J Inorg Chem, 2008, (32): 5001-5013.
[153] Chen W L, Wang Y H, Li Y G, et al. J Coord Chem, 2009, 62 (7): 1035-1050.
[154] Wang T, Peng J, Liu H S, et al. J Mol Struct, 2008, 892 (1-3): 268-271.
[155] Liu H S, Gomez-Garcia C J, Peng J, et al. Dalton Trans, 2008, (44): 6211-6218.
[156] Shivaiah V, Chatterjee T, Srinivasu K, et al. Eur J Inorg Chem, 2007, (2): 231-234.
[157] Pang H J, Zhang C J, Chen Y G, et al. J Clust Sci, 2008, 19 (4): 631-640.
[158] Ito T, Yamase T. Chem Lett, 2009, 38 (4): 370-371.
[159] Li J, Huth I, Chamoreau L M, et al. Angew Chem-Int Ed, 2009, 48 (11): 2035-2038.
[160] Walczak K, Nowak I. Catal Today, 2009, 142: 293-297.
[161] Seo Y K, Hundal G, Jang I T, et al. Microporous Mesoporous Mat, 2009, 119: 331-337.
[162] Sonnauer A, Stock N. J Solid State Chem, 2008, 181: 3065-3070.
[163] Jiang M, Zhai X D, Liu M H. J Mater Chem, 2007, 17 (2): 193-200.
[164] Clemente-Leon M, Coronado E, Delhaes P, et al. Adv Mater, 2001, 13 (8): 574.
[165] Coronado E, Gimenez-Saiz C, Gomez-Garcia C J. Coord Chem Rev, 2005, 249 (17-18): 1776-1796.
[166] Coronado E, Mingotaud C. Adv Mater, 1999, 11 (10): 869.
[167] Coronado E, Gimenez-Saiz C, Gomez-Garcia C J, et al. Angew Chem-Int Edit, 2004, 43 (23): 3022-3025.
[168] Cheng S, Fernandez-Otero T, Coronado E, et al. J Phys Chem B, 2002, 106 (31): 7585-7591.
[169] Shi D M, Chen Y G, Pang H J, et al. Z Naturforsch B, 2007, 62 (2): 195-199.
[170] Wang Y Y. Xu L, Jiang N, et al. J Colloid Interface Sci, 2009, 333 (2): 771-775.
[171] Li W, Yi S Y, Wu Y Q, et al. J Phys Chem B, 2006, 110 (34): 16961-16966.
[172] Li H L, Qi W, Li W, et al. Adv Mater, 2005, 17 (22): 2688.
[173] Douglas T, Young M. Nature, 1998, 393 (6681): 152-155.
[174] Wu Q Y, Xie X F. Mater Chem Phys, 2003, 77 ( 3 ): 621 -624.
[175] Wu Q Y, Wang H B, Yin C S, et al. Mater Lett, 2001 , 50 ( 2-3 ) : 61- 65.
[176] Cui Y L, Mao J W, Wu Q Y. Mater Chem Phys, 2004, 85 (2-3): 416 -419.
[177] Cui Y L, Wu Q Y, Mao J W. Mater Lett, 2004 , 58 ( 19 ) : 2354 -2356.
[178] Wu Q Y, Sang X G, Deng L J, et al. J Mater Sci, 2005, 40 (7): 1771 -1772.
[179] Feng W Q, Wang J Q, Wu Q Y. Mater Chem Phys, 2005, 93 (1): 31-34.
[180] Guan W, Yang G C, Yan L K, et al. Inorg Chem, 2006, 45 (19): 7864-7868.
[181] AlDamen M A, Clemente-Juan J M, Coronado E, et al. J Am Chem Soc, 2008, 130 (28): 8874.
[182] AlDamen M A, Cardona-Serra S, Clemente-Juan J M, et al. Inorg Chem, 2009, 48 (8): 3467-3479.
[183] Clemente-Juan J M, Coronado E, Forment-Aliaga A, et al. Inorg Chem, 2004, 43 (8): 2689-2694.
[184] Lehmann J, Gaita-Arino A, Coronado E, et al. Nat Nanotechnol, 2007, 2 (5): 312-317.

[185] Vasylyev M V, Neumann R. J Am Chem Soc, 2004, 126 (3): 884-890.
[186] Neumann R, Dahan M. Nature, 1997, 388 (6640): 353-355.
[187] Kasai J, Nakagawa Y, Uchida S, et al. Chem-Eur J, 2006, 12 (15): 4176-4184.
[188] Bigi F, Corradini A, Quarantelli C, et al. J Catal, 2007, 250 (2): 222-230.
[189] Inumaru K, Ishihara T, Kamiya Y, et al. Angew Chem-Int Edit, 2007, 46 (40): 7625-7628.
[190] Kamata K, Yonehara K, Sumida Y, et al. Science, 2003, 300 (5621): 964-966.
[191] Kim W B, Voitl T, Rodriguez-Rivera G J, et al. Science, 2004, 305 (5688): 1280-1283.
[192] Weinstock I A, Barbuzzi E M G, Wemple M W, et al. Nature, 2001, 414 (6860): 191-195.
[193] Forster P M, Eckert J, Heiken B D, et al. J Am Chem Soc, 2006, 128 (51): 16846 -16850.

# 第9章

## 纳米材料的制备与应用

从广义上说，纳米材料是指颗粒尺寸在纳米级的超细材料，它的尺寸大于原子簇（小于1nm的原子聚集体）而小于通常的微粉。与普通的微粉相比，纳米材料具有独特的物理和化学效应，如量子尺寸效应、小尺寸效应、表面效应、宏观量子隧道效应等，在功能材料、传统材料改性、新型电子或光电子器件开发和催化领域具有广阔的应用前景。因此，狭义上讲，纳米材料应该是区别于微粉材料而具有纳米效应的材料。

随着科学技术的不断发展以及纳米科技的进步，纳米材料科学已经从简单的粉体制备向纳米材料组装、杂化及器件构建方向转变，纳米材料的形态已不满足于传统的零维颗粒和二维薄膜，正在向以其构建的各种组装体系，如空心球、核壳结构材料、介孔材料、表面修饰材料和层层自组装材料等研究领域转变。因此近期一般用纳米结构材料区别于传统的微粉材料和普通的纳米材料。纳米结构定义为以具有纳米尺度的物质单元为基础，按一定规律构筑或营造的一种新物系，包括一维、二维及三维的体系，或至少有一维的尺寸处在1~100nm区域内的结构。这些物质单元包括纳米微粒、稳定的团簇或人造原子(artificial atom)、纳米管、纳米棒、纳米线及纳米尺寸的孔洞。通过人工或自组装，这类纳米尺寸的物质单元可组装或排列成维数不同的体系，它们是构筑纳米世界中块体、薄膜、多层膜等材料的基础构件[1]。

本章选择纳米材料领域的几个热点方向，如零维纳米颗粒、一维纳米材料和核壳结构纳米材料等，介绍其基本概念、制备方法和主要应用领域。

## 9.1 零维纳米材料的制备与应用

零维纳米材料是指三维尺度均在纳米尺寸的材料，通常也称为纳米颗粒。在纳米颗粒中，由于载流子的运动受到三维的限制，使其已经失去了体材料特性，能量发生量子化，其电子结构由连续能带变为分裂能级，因此也有人把10nm以下纳米颗粒叫做量子点。对于纳米颗粒而言，其最突出的特性是电子能谱的量子尺寸效应，造成吸收光谱和光致发光的谱峰蓝移。在电学性质方面，由于在纳米颗粒中，电荷也会发生量子化，电子只能一个一个地通过，因而存在库仑阻塞效应。纳米颗粒的另一个重要特性是表面效应。当纳米颗粒的尺寸为5nm时，表面原子数占50%以上；随着纳米晶粒尺寸的进一步减小，其比表面积会越来越大，表面原子数越来越多，而当尺寸减小为2nm时，表面原子数占80%以上；表现为表面原子的配位不足，表面活性增强。由于纳米颗粒本身具有的这些量子尺寸效应、小尺寸效应、表面效应和宏观量子隧道效应，因而展现出许多特有的性质，在催化、滤光、光吸收、医药、磁介质及新材料方面有广阔的应用前景，纳米颗粒的这些奇特效应使其日益成为纳米科技领域的一个重要研究方向[2]。

### 9.1.1 零维纳米材料的制备方法

纳米材料制备的核心问题是如何利用现有的物理、化学的手段在纳米尺度对物质的组成、结构、尺寸及形貌进行调节，并进而实现对其物理、化学性质的人工剪裁，并达到表面洁净，形貌及尺寸、粒度分布可控，易于收集，有较好的稳定性、分散性，产率高等要求。纳米材料制备方法很多，按制备体系和形态分为固相法、液相法和气相法，按反应性质又分为物理法、化学法、综合法。不论采取何种方法，根据晶体生长规律，都需要在制备过程中增加成核、抑制或控制生长过程，使产物成为所需的纳米材料。下面简单介绍零维纳米材料的制备方法[3]。

### 9.1.1.1　溶胶-凝胶法

溶胶-凝胶法是指前驱物质（水溶性盐或油溶性醇盐）溶于水或有机溶剂中形成均质溶液，溶质发生水解反应生成纳米级的粒子并形成溶胶，溶胶经蒸发干燥转变为凝胶而制备纳米材料的方法。该法为低温反应过程，允许掺杂大剂量的无机物和有机物，可以制备出许多高纯度和高均匀度的材料，并易于加工成型。其优势在于从过程的初始阶段就可在纳米尺度上控制材料结构。该法具有在低温下制备纯度高，粒径分布均匀，能制得化学活性大、单组分或多组分分级混合物的优点。目前已为大多数科学工作者所熟悉，而且在工业上也获得了比较广泛的应用。例如此法常常被用来制备钛酸钡、钴蓝、氧化锌、碳酸锶等电子材料、发光材料或陶瓷材料等。

### 9.1.1.2　化学沉淀法

化学沉淀法是制备纳米颗粒的经典方法，其原理是在包含一种或多种金属离子的可溶性盐溶液中，加入沉淀剂（$OH^-$、$CO_3^{2-}$ 等）使其与金属离子形成难溶物质而析出，然后经热解或脱水得到纳米颗粒材料。用此方法可向具有氧化性的可溶性金属盐溶液中加入还原剂使金属离子还原为单质而析出，用于制备金、银、铜等活泼性较差的金属单质纳米颗粒[1~4]。如果在金属离子还原之前，在溶液中引入能够选择性吸附金属离子的纳米颗粒种子，然后再进行还原，则可以制备具有核-壳（core-shell）结构的复合纳米材料[5]。利用沉淀反应还可以将纳米颗粒材料沉积到固体材料表面，从而使固态材料获得某种或某些特殊性能。如利用均匀沉淀法制备的 $Cu/ZnO/Al_2O_3$ 复合物，可以大大提高甲醇重整制备氢气的转化率，并抑制一氧化碳的产生[6]。

### 9.1.1.3　微波合成法

溶液中纳米粒子成核和生长速度及其反应环境是影响最终粒子大小和粒径均匀程度的重要因素。微波作为一种快速而均匀的加热方法，能使反应速度提高 1~2 个数量级，且可避免液相温度和浓度的不均匀。在溶液体系中制备纳米颗粒时，可以保证整个体系在极短时间内均匀地形成晶核，而不让晶核继续生长，从而达到控制颗粒粒径的目的。例如，以柠檬酸三钠为还原剂、聚丙烯酰胺为稳定剂，与一定量的 Pt 盐溶液混合均匀，在微波高压条件下（最大压力为 115MPa）辐照 4min，可以得到粒径为 10nm 左右的 Pt 纳米颗粒。最近还有文献报道了用乙二醇作为稳定剂合成了 Pt、Rh、Ru 纳米颗粒，所得的胶体颗粒小、分布窄、浓度高、稳定性好、易于储存或后期处理。

### 9.1.1.4　微乳液法

微乳液法是通过两种互不相溶的溶剂在表面活性剂的作用下形成乳液，在微泡中经成核、聚结、团聚、热处理后得纳米粒子。微乳液通常由表面活性剂、助表面活性剂、溶剂和水（或水溶液）组成。在此体系中，两种互不相溶的连续介质被表面活性剂双亲分子分割成微小空间形成微型反应器，其大小可控制在纳米级范围，反应物在体系中反应生成固相粒子。由于微乳液能对纳米材料的粒径和稳定性进行精确控制，限制了纳米粒子的成核、生长、聚结、团聚等过程，从而形成的纳米粒子包裹有一层表面活性剂，并有一定的凝聚态结构。微乳液法能在极小微区内控制颗粒的生长，其特点是粒子的单分散和界面性好，Ⅱ～Ⅵ族半导体纳米粒子多用此法制备。例如 Haneda[7] 等通过油-水微乳液体系作为反应介质合成了具有可控尺寸和形貌的多功能性硅纳米晶。用该法制备纳米粒子的实验装置简单，能耗低，操作容易，具有以下明显的特点：①粒径分布较窄，粒径可以控制；②选择不同的表面活性剂修饰微粒子表面，可获得特殊性质的纳米微粒；③粒子的表面包覆一层（或几层）表面活性剂，粒子间不易聚结，稳定性好；④粒子表层类似于"活性膜"，该层基团可被相应的有机基团所取代，从而制得特殊的纳米功能材料；⑤表面活性剂对纳米微粒表面的包覆改善了纳米材料的界面性质，显著地改善了其光学、催化及电流变等性质。

### 9.1.1.5 超临界法[8,9]

超临界法是指以有机溶剂等代替水作溶剂，在水热反应器中，在超临界条件下制备纳米微粉的一种方法。在反应过程中，液相消失，这就更有利于体系中微粒的均匀成长与晶化，比水热法更为优越。超临界抽提法和超临界流体快速膨胀法是超临界流体法制备纳米材料的两个主要途径。由于在超临界状态时不存在气-液界面，在此状态下除去溶剂的过程不需要考虑表面张力或毛细作用的影响，因而很容易制得具有多孔结构、高比表面的金属氧化物或金属氢氧化物纳米颗粒。用此法制得的微球比表面积较高，是优良的催化剂载体和吸附剂。超临界流体快速膨胀法是利用超临界状态下流体良好的溶解性质，让其迅速膨胀而使得它的溶解能力降低，从而析出溶质微粒的方法。在此过程中可通过控制溶质浓度和操作温度等因素来控制微粒的大小。

### 9.1.1.6 溶剂热/水热法[10~12]

溶剂热/水热方法可以系统地控制纳米材料的形貌。水热/溶剂热的一个杰出的特征，就是当原材料施加在特殊的高温高压条件中，一些未预料的反应可以发生并形成特殊形貌的材料，这些物质或形貌在传统的反应体系是很难生成的。水热条件下晶体的结晶形貌与生长条件密切相关，在不同的水热条件下同种晶体可能得到不同形貌的结晶。因此，纳米材料的形貌可以通过改变实验的参数得以控制，比如可以通过选择溶剂、表面活性剂、有机金属和配位剂，控制反应温度，改变 pH 值等。当然水热和溶剂热还存在许多的不同点。例如：溶剂热的方法（使用非水作为溶剂）能有效地避免产物被氧化，对各种非氧化物纳米材料的合成是非常重要的。溶剂热反应是在密闭的容器中进行，由于加热在密闭容器中进行，使得容器内的压力增加，溶剂的温度有可能超过溶剂的沸点而达到超临界温度。然而水热的方法也有其优点，因为它使用环境友好的水作溶剂，在超临界时水在反应中有着特殊的功能，从而产生奇特效果。钱逸泰院士及其研究集体在非水介质中成功地合成出氮化镓、金刚石及其碳材料和硫属化合物的纳米晶[13]。徐甲强课题组利用乙醚为溶剂在 180℃ 直接合成出方块形氧化铟，省去了加热脱水过程，其小而均匀的颗粒对酒精显示出高的灵敏度和稳定性[14]。陈岱荣课题组在乙醇溶剂中辅助 PVP 合成出均匀的 $\gamma$-$Fe_2O_3$ 纳米盘，用还原的方法得到了形貌遗传的 $Fe_3O_4$ 纳米颗粒[15]。

### 9.1.1.7 化学气相沉积法（CVD）

CVD 是将原物质在特定温度、压力下蒸发到固体表面使其发生固体表面化学反应，形成纳米颗粒沉积物。这种方法发展相对较早，是一种相当成熟的方法[16]。它制得的微粒大小可控，粒度均匀，无黏结，已经具有规模生产价值。近年来，人们将 CVD 与其他物理技术成功结合，发展起了等离子体气相沉积法、激光诱导化学气相沉积法（LICVD）、高频气相沉积法（HFCVD）等，这些新型纳米材料制备技术的出现，使得化学气相沉积法适用范围更大，可以制备的纳米材料类型更多，材料的性能也更加优越。

### 9.1.1.8 机械球磨法

机械能直接参与引发化学反应是一种新思路。机械化学法的基本原理是利用机械能来诱发化学反应或诱导材料组织、结构和性能的变化，以此来制备新材料。作为一种新技术，它能明显降低反应活化能、细化晶粒、极大提高粉末活性和改善颗粒分布均匀性及增强其与基体之间界面的结合，促进固态离子扩散，诱发低温化学反应，从而提高了材料的密实度、电、热学等性能，是一种节能、高效的材料制备技术。通过高能球磨，应力、应变、缺陷和大量纳米晶界、相界产生，使系统储能很高，粉末活性大大提高。目前已在很多系统中实现了低温化学反应，成功合成出新物质。该法既可以制备纳米级的单质金属材料，也可以制备大多数金属碳化物、金属间化合物、金属氧化物、硫化物及其复合材料和氟化物等。贾殿增课题组采用机械球磨法，通过一步固相反应成功制备了氧化物纳米晶(CuO)和硫化物纳米晶(CuS、ZnS、CdS、PbS)等。近期该课题组又在 PEG 辅助下通过室温的固相反应制备出均匀的 $ZnSnO_3$ 纳米晶，显示出较好的酒敏性能[17]。然而该方法也具有一些很难克服的缺点，如产品纯度低、粒度分布不均匀、球磨过程易于引入杂质等，只能适用于对材料要求不高、需求量大的纳米材料的制备。

### 9.1.1.9　等离子体法

等离子体法是利用在惰性气氛或反应性气氛中通过直流放电使气体电离产生高温等离子体，从而使原料溶液化合蒸发，蒸气达到周围冷却形成超微粒。等离子体温度高，能制备难熔的金属或化合物，产物纯度高，在惰性气氛中，等离子法几乎可制备所有的金属纳米材料。由于其制备过程中不涉及复杂的化学反应，因此在控制合成不同形貌结构的纳米材料时具有一定的局限性。

与沉淀法、溶胶-凝胶法、水热/溶剂热等其他液相方法相比，等离子体法的一个显著优点是可以制备合金型的纳米颗粒。合金纳米颗粒制备可以分成 3 类：①纳米颗粒和母材合金的成分几乎一样，如 Fe、Co、Ni 系统的合金；②纳米颗粒与母材合金有负的成分偏离，如 Fe-Cu 合金；③纳米颗粒与母材合金有正的成分偏离，如 Fe-Si 合金。在合成第②、③类合金的纳米颗粒时，由于随着纳米颗粒的形成，母材的成分会发生变化，所以应当考虑成分控制的手段。此外，通过改变气氛或使用化合物原料还可以合成多种化合物的纳米颗粒。

### 9.1.2　单分散纳米晶的合成

1993 年，Murray 等人[18]以金属有机化合物 $Me_2Cd$ 为镉源，$(TMS)_2S$ 和 TOPSe 分别为硫源和硒源，在三正辛基氧化膦(TOPO)溶剂中采用热注入(hot-injection)的方法成功得到了微量的 CdS/CdSe 单分散半导体量子点，开创性地引领大家进入了一个单分散纳米晶合成的精彩世界。随后，各研究组相继发展了该方法[19~33]。Alivisatos组[19]通过使用不同的表面活性剂以及控制单体浓度的方式不仅得到了 CdSe 量子点，还得到了 CdSe 纳米棒，实现了 CdSe 纳米晶的各向异性生长和晶粒形貌的调控。紧接着，该研究组利用溶液生长法，将表面活性剂包覆纳米晶制得了一系列稳定的无机纳米晶[20]。如果同时使用两种金属前驱物如乙酰丙酮铂和羰基铁，在混合有机溶剂中反应可以得到合金 FePt 的单分散纳米晶，Fe 和 Pt 之间的原子比还可以通过控制两种金属前驱物的摩尔比实现[21,22]。铁磁性金属氧化物及复合氧化物单分散纳米晶同样可采用类似方式制得。2005 年，Hyeon组[23]在有机溶剂中共回流铁晶种和油酸铁并通过控制实验参数成功获得了粒径在 $6\sim15nm$ 范围内可控的 $Fe_3O_4$ 单分散纳米晶，实现了纳米晶尺寸的精确调控。Sun组[24,25]则分别使用乙酰丙酮铁和乙酰丙酮钴以及乙酰丙酮铁和乙酰丙酮锰为前驱物实现了铁酸钴和铁酸锰单分散纳米晶的合成。Peng组[26]通过在十八烯中热解油酸铁的方式也成功制得单分散铁磁性氧化物纳米晶。

归纳来说，合成单分散纳米晶的一般思路为：选择合适的金属前驱物和有机溶剂，在适当的条件下反应。目前，常用的反应前驱物为金属羰基化合物、乙酰丙酮盐、醇盐等金属有机化合物；溶剂有油酸、油胺、十二硫醇、丙烯酸羟丙酯(HPA)等。该方法虽然实现了系列金属、化合物半导体、铁磁性金属氧化物单分散纳米晶的合成，但由于此类方法成本高、产量较低，很难实现工业化生产。因此，发展通用的纳米晶合成方法是当前纳米科技领域研究的热点和难点之一。2005 年，针对这一重要的问题，李亚栋研究组在前人工作的基础上[34]，利用物质相界面转移与分离原理，发展出一种普适性的通用合成方法（liquid-solid-solution 合成策略，如图 9-1 所示），用简单、廉价的无机盐类（如普通的硝酸盐和氯化物等）为原料成功合成了各种类型的单分散纳米晶。在这一策略中，他们选用水/乙醇混合溶剂作为反应环境，可以很好地溶解大部分硝酸盐和氯化物等无机盐类以及油酸和十八胺等长链烷基表面活性剂，因此该方法能适用于各种类型单分散纳米晶的合成。采用这一策略，他们能方便地得到各种类型的单分散纳米晶，如：金属（Ag、Au、Pt、Pd 等）；半导体（ZnS、CdS、ZnSe、CdSe、CdTe 等）；氧化物及复合氧化物（$SnO_2$、ZnO、$ZrO_2$、$TiO_2$、$Fe_3O_4$、$CoFe_2O_4$、$ZnFe_2O_4$、$BaTiO_3$ 等）；氟化物（$LaF_3$、$YF_3$、$NaYF_4$ 等）。该方法克服了已有合成路线中采用大量有机溶剂所带来的成本及环境污染问题，突破了现有合成方法通常只能适用于某些单一或有限种类纳米材料的局限。

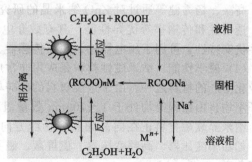

图 9-1　单分散纳米晶合成的通用合成方法（liquid-solid-solution 合成策略）

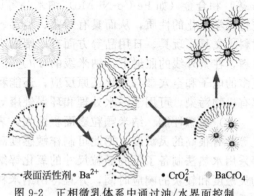

图 9-2　正相微乳体系中通过油/水界面控制反应合成单分散 $BaCrO_4$ 纳米晶过程示意图

受界面反应原理的启发，他们进一步发展了一种在正相微乳体系中通过油/水界面控制反应合成单分散纳米晶的方法[35]。以合成 $BaCrO_4$ 纳米晶为例（如图 9-2 所示），在水/表面活性剂/正己烷正相微乳体系中加入 $Ba^{2+}$，一方面，$Ba^{2+}$ 在水中存在溶解性，另一方面，$Ba^{2+}$ 与带负电荷的表面活性剂油酸根离子存在静电吸引作用，于是，$Ba^{2+}$ 将稳定存在于油/水界面处。当 $CrO_4^{2-}$ 加入后，平衡立即被破坏，$Ba^{2+}$ 与 $CrO_4^{2-}$ 在界面处迅速发生沉淀反应，生成的 $BaCrO_4$ 颗粒表面由于被表面活性剂包覆而进入油滴内核中，通过分离可以得到单分散 $BaCrO_4$ 纳米晶。这种方法进一步简化了单分散纳米晶的合成，缩短了反应时间，具有很好的工业化前景。

### 9.1.3　纳米颗粒的物理、化学性能及其应用

小尺寸效应、量子尺寸效应、表面效应、界面效应以及宏观量子隧道效应使纳米颗粒呈现许多奇特的性质而表现出某些优异的性能。这些优异的物理化学性能具有潜在的应用价值。

（1）化学反应活性　纳米粒子与相应的常规物质比较，具有较高的反应活性。如报道的激光气相法制备的超微 Si 粉在 1300℃可全部氮化生成 $Si_3N_4$，反应活性提高。

（2）光学特性　纳米颗粒具有很好的光谱迁移性、光吸收效应和光学催化性，在光反射材料、光通信、紫外线防护材料、吸波隐身材料及红外传感器等领域有很广泛的应用前景。纳米颗粒的光吸收表现出蓝移，这主要与量子尺寸效应相关。如纳米 $MnO_2$ 光吸收谱表现出蓝移特征。纳米 CdS/染料亚甲蓝（MB）分子复合体系的光谱性质研究表明该体系存在较高的光致电荷转移效率，非常有利于光催化、光信息记忆及太阳能转化。

（3）电学特性　纳米颗粒在电学方面也具有优异的性能，可以利用其制作导电材料、绝缘材料、电极、超导体、量子器件、静电屏蔽材料、压敏和非线性电阻以及热电和介电材料

等。高濂、杨秀健等通过对 ZnO 纳米晶的研究发现其有很强的界面效应，有着很高的电导率、透明性和传输率等优异性能，其有效介电常数比普通 ZnO 高出 5～10 倍，而且具有非线性伏安特性，可用于压电器件、超声传感器、太阳能电池等的制造。

(4) 磁学性能　纳米磁性材料是应用非常广泛的功能材料。它也是纳米材料中最早进入工业化生产的材料之一。由于这类材料的磁畴单尺寸、超顺磁性临界尺寸、交换作用长度和电子平均自由路程等均处于 1～100nm 数量级范围内，其性能会呈现非常的磁学与电学性质。纳米晶软磁材料正在向高频和多功能方向发展，其应用领域遍及软磁材料应用的各方面，如功率变压器、高频变压器、磁屏蔽、磁头、磁开关、传感器等，它将成为铁氧体的有力竞争者。

(5) 催化性能　半导体氧化物纳米晶（如 $TiO_2$、ZnO、$WO_3$ 等）、金属（如 Au、Pd、Pt 等）和合金（如 Fe-Co-Ni-Mo）纳米晶等因自身结构的特殊性而具有促使其他物质快速进行化学变化的性质，从而具有杀菌、消毒、除臭、防霉、自洁等作用，在家电制品、建筑材料、文具、玩具、日用品等方面有广阔的应用前景。纳米 $TiO_2$ 陶瓷是目前光催化的首选材料，在紫外线的照射下，纳米级的 $TiO_2$ 不但能有效地减少光生电子和光子的复合，使得更多的电子和空穴参与氧化还原反应，还能利用其巨大的表面能吸附反应物，从而消除和降解有机物污染，可用于污水处理和环境健康等领域。

(6) 敏感性能　纳米颗粒表面积巨大，表面活性高，对周围环境（温度、湿度、气氛、光等）有很高的灵敏度，据此可制作敏感度高的超小型、低能耗、多功能的传感器。徐甲强等采用水热法制备了不同晶粒尺寸的氧化锌纳米材料，对酒精、液化石油气、氨气等有很高的灵敏度和较快的响应时间，并且得出纳米材料的气敏性能与材料的晶粒尺寸有很强的依赖关系。

(7) 力学性能　晶界对于物质的力学性能有重大影响。由于纳米微晶材料有很大的比表面积，杂质在界面的浓度便大大降低，因此提高了材料的力学性能。晶界纯度的提高和晶粒的减小，可以提高陶瓷类材料的反应活性及降低烧结温度。据报道，不少纳米陶瓷和金属的硬度均高于普通材料 4～5 倍以上。纳米金属以 Pd 为例，其硬度平均高出普通多晶 Pd 的 4～5 倍。与硬度相对应，Pd 纳米晶的屈服应力强度也比普通的 Pd 高出 5 倍. 研究结果表明，纳米材料的弹性范围大幅度展宽，屈服应力大幅度提高。

# 9.2　一维纳米材料的制备与应用

早在 20 世纪初，随着胶体化学的建立，人们就已经对直径为 $10^{-9}$ m 的微粒进行了初步研究。经过近一个世纪的努力，人们已经发展了一系列方法来制备零维纳米材料，由最初的"自上而下(top-down)"的机械方法，逐渐发展到"自下而上(bottom-up)"的化学可控合成[36,37]，并对其进行组装，设计成宏观固体材料，为零维纳米材料的实际应用和工业化生产奠定了理论基础。与之相比较，一维纳米结构材料的制备和研究发展相对迟缓。直到 1991 年日本 NEC 公司饭岛(Iijima)等发现纳米碳管以来[38]，其他的一维纳米材料才引起了科学家们的广泛关注[39~44]。一维纳米材料被认为是研究电子运输行为、光学特性和力学性能等物理性质的尺寸和维度效应的理想系统。它们将在构筑纳米电子和光电子器件等的进程中充当非常重要的角色。哈佛大学著名科学家 C. M. Lieber 教授认为，"一维体系是可用于有效光电传输的最小维度结构，因此可能成为实现纳米器件集成与功能化的关键"。英国自然杂志(Nature)以 "Wired for Success" 为题专门撰文介绍一维纳米材料的发展[36]，高度评价了一维纳米材料在当今纳米结构领域的重要地位(Nanowires, nanorods or nanowhiskers. It

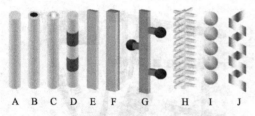

图 9-3  一维纳米材料的典型结构示意图

dosen't matter what you call them，they're the hottest property in nanotechnology.）。目前，见诸于文献报道的一维纳米材料比较多。常见的有纳米管、纳米棒、纳米线、半导体量子线、纳米带和纳米线、棒阵列等。其中，关于纳米线（棒）、纳米管和纳米带的研究最多，最具有代表意义。近年来人们已经利用多种方法相继合成了各种类型的一维纳米结构材料[45~49]（如图 9-3 所示）。

## 9.2.1　一维纳米材料的制备

在各种纳米材料中，ZnO 具有较高的激子束缚能（60meV），远大于室温热离化能（26meV）；而且它既是半导体又是压电体[50]，在纳米尺度下可以将机械能转化成电能；此外它还是光电材料[51]，在室温下可以获得高效的激子发光，是实现室温紫外发光与激光的重要材料；并且在光波导、透明导电薄膜、声光器件和表面声波导传感器等方面也具有重要的应用，另外，它还是无毒性的、生物可降解的[52]；更重要的是，从纳米结构上来说，它是可塑性非常好的一个材料，可以做成各种各样的形态，且易于和半导体工业结合[53~58]。因此在本章节中，以一维 ZnO 纳米材料为例，来论述一维纳米材料的制备方法、性能及应用。

一维 ZnO 纳米材料的制备，既可以采用直接的热解法、化学气相沉积或者是水热/溶剂热法等直接定向生长成一维纳米结构，也可以采用两步或多步法先合成零维的纳米基本单元，然后再自组装成一维的纳米结构[54,59~62]。从本质上讲，一维纳米结构的制备就是研究晶体的定向生长。晶体的生长习性是对一种晶体在一定的生长条件下，其结晶形态特征而言的，ZnO 晶粒的结晶形态与晶体结构密切相关。ZnO 是一种典型的纤锌矿结构的离子晶体，其（0001）面和（000$\bar{1}$）面分别以 Zn 和 O 结尾，形成了带正或负电荷的极化面。以 Zn 结尾的（0001）极化面表现为正极面，以 O 结尾的（000$\bar{1}$）极化面表现为负极面。因此，人们可以利用 ZnO 晶体自身的极性特征，同时控制外在的生长条件（物理和化学条件）来改变晶体中各个面之间的生长速率来得到一维的 ZnO 纳米结构。

一维 ZnO 纳米结构的制备有很多种方法，为方便起见，在本文中列举最常用到的一些方法：物理气相沉积、催化生长法、化学气相沉积、水热/溶剂热、模板法等。

### 9.2.1.1　物理气相沉积法

纳米材料制备的物理方法——蒸发冷凝法，又称为物理气相沉积法，是用真空蒸发、激光、电弧高频感应、电子束照射等方法使原料气化或形成等离子体，然后在介质中骤冷使之凝结（设备如图 9-4 所示）。由于其生长过程中涉及气相和液相的存在，因此又可称做气-固（vapor-solid，VS）生长。在采用 VS 生长法制备一维纳米材料过程中，通过蒸发、化学还原或气相反应生成蒸气，蒸气接下来传输并冷凝在底物上。VS 法已用于制备一维的 ZnO 纳米材料。如果可以通过控制温度和压力等参数来控制材料的成核和生长，那么采用 VS 过程合成一维纳米材料将有更大的发展前景。制备装置的加热部分一般分为两个温区：反应物气化区和生长区。生长区温度较高，一般都在 1000K 以上；气化区温度较低，起气化反应物的作用，通常固态催化剂置于该温区。在生长区，原料气体、载气和催化剂蒸气经气-固（V-S）、气-液-固（V-L-S）等状态变化后可在器壁沉积出纳米线（管）。气相法的优点是产物纯度高、结晶好、形貌可控。

佐治亚理工学院的王中林教授课题组[63]通过两步的高温固-气沉积过程合成了 ZnO 纳米螺旋桨阵列，该纳米螺旋桨中间的轴是 ZnO 纳米线，在中间轴上外延生长的是具有六对称性的刀片状的一维 ZnO 纳米结构。其生长过程主要分为两步：首先是 ZnO 纳米线沿 $c$ 轴

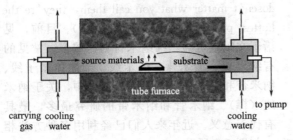

图 9-4　物理气相沉积法所用设备

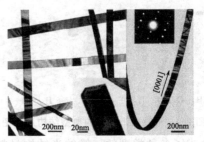

图 9-5　金属氧化物纳米带

方向的生长，而后是六对称性的纳米刀片在垂直于纳米线的六对称面上的外延生长。Yang 等[64]采用热化学气相输运和沉积的方法在无定形碳上自组装成龙舌兰状的 ZnO 纳米结构，该龙舌兰状的结构主要是通过单个的 ZnO 晶核先团聚成小簇，而后每一个晶核再作定向的一维生长，最后得到龙舌兰状的纳米结构。文中还提出了一种热动力学的理论解释该龙舌兰状结构在无定形碳上的自组装过程，指出 ZnO-C 体系不仅提供了热动力学推动力迫使 ZnO 晶核移动聚积形成小簇；而且还提供了一个能使晶核一维生长的环境。此外，还有 Fang 等人[65]在 Ar 气流中，烧结 ZnO 和石墨粉体的混合物，在涂敷有 Ag 的硅基底上得到了三维 ZnO 纳米结构。

　　另外，王中林教授课题组还利用高温固相蒸发法成功合成了 ZnO、SnO₂、In₂O₃、CdO 和 GaO 等宽禁带半导体的单晶纳米带（如图 9-5 所示）[41]。这些带状结构纯度高、产量大、结构完美、表面干净，并且内部无缺陷，是理想的单晶线型结构。Lee 等在 Al₂O₃ 基底上利用简单的物理气相沉积的方法，在 450℃ 的较低温度下得到了排列一致的单晶 ZnO 纳米线阵列[66]。Ren 等利用 VS 自催化机制在碳纤维上沉积了 ZnO 纳米线阵列，并且通过控制不同的温度和生长时间，得到不同形貌和密度的纳米线阵列[67]。值得一提的是，利用该方法得到的这种 ZnO 纳米线阵列具有很强的场发射性能。

### 9.2.1.2　催化生长法

　　20 世纪 60 年代，Wagner 等人[68]在研究晶须生长过程中，提出了所谓的气-液-固（vapor-liquid-solid，VLS）生长机制（如图 9-6 所示）。

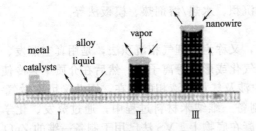

图 9-6　VLS 生长机制示意图

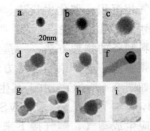

图 9-7　TEM 下 VLS 机制下纳米线的生长过程

　　2001 年，Yang 等人[69]直接通过 TEM 观察 VLS 机制下纳米线的生长过程（如图 9-7 所示）。VLS 机制的主要内容是材料的气相分子在一定温度下与作为催化剂的熔融态金属颗粒形成共熔体，达到过饱和后，所需要的材料从催化剂中析出成核，由于气相分子不断地进入到液态金属中溶解、析出，从而使晶体得以生长。VLS 机理生长的一个显著标志是：在获得的一维纳米结构的顶端存在作为催化剂的金属或合金颗粒，且产物的尺寸与催化剂颗粒的尺寸密切相关。1998 年，Lieber 等[70]首次用激光烧蚀法合成了硅、锗纳米线，通过控制生长纳米线的合金颗粒以及生长时间，实现了对多种半导体纳米线的直径与长度控制。同时，他们还提出了纳米线的激光辅助催化生长(laser-assisted catalytic growth，LCG)机理。

该机理实际本质为纳米团簇催化的气-液-固（vapor-liquid-solid，VLS）生长机理，即激光照射在目标靶上，产生高温高密度的混合蒸气，混合蒸气与载气碰撞而导致温度下降，凝聚成纳米团簇，液态催化剂纳米团簇限制了纳米线的直径，并通过不断吸附反应物使之在催化剂-纳米线界面上生长；只要催化剂纳米团簇还保持在液态，反应物可以得到补充，纳米线就可以一直生长。

Wang 等[71]将含有金纳米颗粒的锌粉装在氧化铝舟中，盖上石英片，放入管式炉中央，在氢（90%）- 氧（10%）气氛中快速加热到 900℃，保持 10min 后冷至室温，可制得直径 30～60nm 的氧化锌纳米线。Tang 等[72]在氢气或氨气中加热锌、二氧化硅与氧化铝负载的三氧化二铁催化剂，可以制得四足式的氧化锌纳米结构。

VLS 机理需要一定的温度才能进行晶体生长，以获得两相材料的共熔体。但同时存在的一个问题是，生长温度太高，一方面会使催化剂颗粒团聚长大，所得到的纳米线的直径也会随之变大；另一方面，反应物原子的活性也大大增强，生长速度加快，也使得到的产物更加粗大。

### 9.2.1.3　化学气相沉积

化学气相沉积法是利用挥发性金属化合物的化学反应来合成所需要物质的方法。其反应温度比热解法低，一般在 550～1000K 之间。该法中纳米线（管）的生长机理多为 VLS 生长机理，需使用催化剂，效果较好的催化剂有 Fe、Co、Ni 及其合金。生长中催化剂颗粒作为纳米线（管）的成核点，在反应过程中以液态存在，不断地吸附生长原子，形成过饱和溶液，析出固态物质而成纳米线（管）。在生长过程中催化剂是传递原子组元的中间媒介，并起着固定纳米线（管）周边悬键的作用。具有生成的产物纯度高、化学分散性好、有利于合成高熔点无机化合物等优点。

Lee 等[73]利用气相沉积法，以 AAO 为模板合成了致密、有序的 ZnO 纳米线阵列，该纳米线阵列具有紫外线发射能力。Lu[74]等采用气相诱捕的 CVD 法合成了具有高载流子浓度、不含其他杂质的 N 型 ZnO 纳米线。接下来，他们还利用该法得到的 ZnO 纳米线制作场效应晶体管，用于氧气的检测[75]。此外，北京大学的奚中和等人[76]用简单的无催化剂 CVD 法制备具有良好晶体结构和规则外形的 ZnO 纳米棒。与其他制备方法不同的是没有加入催化剂，因此相应的生长机制也就不是 VLS 机制。他们认为 ZnO 纳米棒的生长主要依赖于两个因素：热蒸发动力和 ZnO 的晶体结构特点。就是说沸点低的 Zn 元素先被蒸发出来，Zn 原子在到达衬底的过程中被氧化成 ZnO，并在衬底上形成高密度的纳米级 ZnO 晶核；后续蒸发出来的 ZnO 到达衬底以后，优先在先形成的 ZnO 晶核上发生定向黏附并且结晶化，沿 ZnO 晶体的 c 轴方向定向生长，最终形成棒。Yang 等[77]利用简单的化学气相输运和凝聚的方法（CVTC）可控生长了具有特定图案的 ZnO 纳米线阵列（如图 9-8 所示）。该方法主要采用 Au 作为催化剂，因此其相应的生长机制也是 VLS 机制。由于利用 VLS 机制得到产物都是在催化剂所在的位置定向生长的，因此通过控制催化剂 Au 簇（薄层）的方位来达到控制纳米线阵列的图案；在文中讨论的 ZnO 生长方向与合成时的底物和控制反应条件有关，ZnO 的 a 轴方向与石墨的 c 轴方向上的晶格失配度小于 0.08%，因此 ZnO 纳米线可以在石墨的（110）方向上外延取向生长；ZnO 纳米线的直径与催化剂 Au 薄层的厚度有关，依据文中所述当 Au 薄层的厚度为 40nm 时，可以得到最小直径的纳米线；如果将 Au 簇分散在石墨基底上，可以控制分散量或者是密度来合成不同密度的纳米线列。

### 9.2.1.4　水热/溶剂热法

尽管气相法可以合成高度有序、形貌一致的一维纳米材料，然而总的来说，上述方法所用仪器昂贵，合成条件苛刻，不易控制，实验结果较难重复或合成样品量极少，而且如果采用催化剂合成时，在产物中还会有催化剂杂质存在，难以满足应用要求。

图 9-8　CVTC 法生长的图案化 ZnO 纳米线阵列

最近，在结构定向表面活性剂的辅助下，通过控制纳米晶的生长而大量合成一维纳米材料的湿化学法，如水热法和溶剂热法等，引起了人们的广泛关注。目前，通过各国学者几年的努力，水热/溶剂热法已经被广泛用于制备多种一维纳米结构材料。该方法条件温和，可以实现各向异性生长。各向异性可通过固体材料晶体结构或模板设计来控制。前面述及 ZnO 的晶体结构具有极性，因此可以直接利用 ZnO 本身所存在的极性特征来控制生长。利用这些方法，许多课题组成功合成了氧化锌纳米棒、纳米线等。

关于水热/溶剂法制备一维的 ZnO 纳米材料，除了晶体自身的结构特点外，还有很多因素影响晶体生长及形貌，如反应温度、时间、溶液的酸碱性以及添加剂的使用等。新加坡国立大学 Zeng 课题组[78]通过调控 [$Zn^{2+}$] 与 [$OH^-$] 在适当的摩尔比下，在水-乙醇-乙二胺体系中合成直径均一的 ZnO 纳米棒；谢毅等在 PEG 辅助下合成了 ZnO 纳米棒及纳米线[79]；Tong 等[44]在硝酸锌和六亚甲基四胺（HMT）的溶液中水热合成了各种形貌的 ZnO 纳米结构，在机理讨论中，他们提出基底会对产物的形貌有较大的影响，分别在 ITO 和 Si 底物上水热处理不同的时间，可以得到塔状、棒状和管状的纳米结构，而如果在 ITO 和 Si 表面再覆盖上 ZnO 的晶种，则可以得到致密的、定向生长的 ZnO 纳米棒阵列。清华大学李亚栋课题组也在一维 ZnO 纳米材料的合成方面做出了卓越的工作。例如，他们在 CTAB 表面活性剂辅助下成功合成了氧化锌纳米棒[80]。另外，徐甲强课题组也采用纯水体系或者正己烷体系，利用表面活性剂 CTAB 兼以助表面活性剂辅助合成了众多的一维 ZnO 纳米材料，如纳米棒[81]、晶须[48]、纳米线等。

### 9.2.1.5　模板法

利用模板的空间限域作用可以完全或者部分减小一维纳米结构的无序性，从而形成纳米线阵列以及其他有序阵列。模板法根据其模板自身的特点和限域能力的不同又可分为软模板和硬模板两种。硬模板主要采用有序多孔材料为模板，在孔内合成各种微米和纳米有序阵列，有序阵列包括纳米线和纳米管。用这种方法可以制备金属、半导体、碳、聚合物等纳米管或纳米线，它们可以是单组分材料，也可以是复合材料（在管内甚至可包裹生物材料）。通过调整模板的结构参数或选择不同的模板可以制得不同尺寸的纳米结构。目前，被广泛用于硬模板合成的纳米多孔模板主要有多孔 $Al_2O_3$ 膜、有机聚合物膜、多孔硅、胶态晶体、碳纳米管等。

图 9-9　GaN 基底上生长 ZnO 纳米线阵列

Le 等[82]利用 MOCVD 法在石墨上生长 $3\mu m$ 的 GaN 层，而后以此 GaN 为模板，通过控制反应物的浓度、反应温度和 pH 值水热合成了直径在 $80\sim120nm$、长度达到 $2\mu m$ 的 ZnO 纳米棒阵列（如图 9-9 所示）。

除了上面介绍的方法外，制备薄膜的一些传统方法［比如分子束外延（MBE）、等离子增强化学气相沉积(PECVD)、磁控溅射等(RFMS)等］，如若改变一些制备条件（比如加入催化剂等），现在也可以用来制备一维纳米材料。

### 9.2.2　一维纳米材料的性能与应用

与块体材料相比，一维纳米材料由于拥有较大的比表面积和可能的量子效应，而展现出独特的电学、光学、化学及热学性能，在光电器件、复合材料、微纳电子器件、催化剂、传感器等方面有广阔的应用前景，从而引起了人们的广泛关注。

#### 9.2.2.1 光电器件

当纳米线的直径降低至一个临界值（玻尔半径）时，尺寸效应对纳米线的能级起重要作用。Korgel 及其合作者研究发现，与块体硅（间接能隙约 1.1eV）相比，硅纳米线（用己烷超临界液体作为溶剂合成）的吸收边有显著的蓝移现象。他们还观察到其相对较强的能带边缘的光致发光。这些光学特性很可能是由于量子效应而产生的。此外，硅纳米线的生长方向不同会导致不同的光学特征。与量子点的光发射相比，纳米线发射的光沿它们的纵向轴线方向偏振。Lieber 及其合作者进一步阐明了利用这种大的偏振效应可制造偏振敏感的纳米尺寸光检测器，用于组装光学线路、光学开关、近场成像及高倍检波。

由于纳米线的直径很小，存在着显著的量子尺寸效应，因此它们的光物理和光化学性质迅速成为目前最活跃的研究领域之一，其中纳米线所具有的光致发光特性备受瞩目。Yang 及其合作者研究发现，在蓝宝石基底上用 VLS 方法生长的氧化锌纳米棒阵列在室温下具有紫外激光发射能力，有望用于制备常温激光发射器。非晶 $SiO_2$ 纳米线的稳定强蓝光发射，有望在近场光学扫描显微镜的高分辨镜头和光学器件的连接上得到应用。

#### 9.2.2.2 功能复合材料

利用一维纳米材料与其他材料复合可得到具有良好物理特性的复合材料。如碳纳米管具有特别优异的力学性能，有极高的杨氏模量，强度高，密度小，可以作为复合材料的理想增强材料；利用碳化硅、氮化硅、石墨、钛酸钾、氧化铝、氧化锌晶须等，作为金属材料增强剂，可得到高强度的复合材料；把碳化物或氧化镁等一维纳米棒引入超导体中，可大大提高材料的载流能力；在二氧化钛纳米管中用化学聚合方法形成导电的聚吡咯纳米线后，就可以得到很好的光电转换材料——二氧化钛/聚吡咯复合纳米材料。

#### 9.2.2.3 组装微纳电子器件

受大幅度提高计算机速度的限制，通过用所谓"从上到下"制造技术的改进来实现电子学上的微型化已接近其临界点。显而易见，其主要问题在于当特征尺寸接近 100nm 时制造成本的大幅度增加。将"从下到上"的方法引入纳电子学将有潜力突破传统的"自上而下"的制造技术的界限。目前已经可以将纳米管和纳米线用作构筑单元，通过自组装——一种典型的"自下而上"的方法来制造纳米尺度的电子元件，如场发射晶体管、P-N 结、双极晶体管、互补变换器、共振隧道二极管。

#### 9.2.2.4 催化剂

$TiO_2$ 的一个重要应用是作为有机分子光催化降解的催化剂，$TiO_2$ 纳米线具有很大的表面积，将其用于分解有机物时反应速率将会增加，如 Martin 等发现用溶胶-凝胶法制备的 $TiO_2$ 纳米线的比表面积约为 $315cm^2/cm^2$ 膜，这意味着其催化速率可能比 $TiO_2$ 薄膜要大 315 倍。Patzke 制备的 $MoO_3$ 纳米纤维由于其纳米级尺度而导致表面有大量原子，预计可以作为很有前途的乙醇氧化的催化剂材料。

#### 9.2.2.5 传感器

由于一维纳米结构所具有的高比表面积，它们的电学性能与其表面所吸附的物质种类密切相关，当外界环境（温度、光、湿度）等因素改变时，会迅速引起界面离子电子输运的变化，因此，一维纳米结构可用作医学、环保或安全用途的检测重要分子的传感器。如碳纳米管具有一定的吸附特性，其上通常会吸附一些气体分子。由于吸附的气体分子会与碳纳米管之间发生相互作用，从而改变其费米能级，导致其宏观电阻发生较大改变。因此，纳米管可用作气敏传感器，通过检测其电阻变化来检测气体的成分。2000 年，Kong 研究小组首次用单根单壁碳纳米管作为化学传感器，用来检测 $NO_2$ 和 $NH_3$，研究发现，当暴露在 $NO_2$

或 NH$_3$ 中时，半导体单壁碳纳米管的电阻会增大或减小。与现有的固态传感器相比，纳米管传感器在室温下具有更快的响应速度和更高的灵敏度（可达 $10^3$）。近几年来，杨培东、王中林、马丁等研究小组利用单根氧化锡、氧化铟、氧化钛纳米线和纳米带等制作成纳米气体传感器，对氨气、一氧化碳、二氧化氮、氢气等进行检测，研究其气敏特性。2001 年，王中林等人将单根 SnO$_2$ 纳米带制作成气体传感器，用于测量 CO 及 NO$_2$，展示了这一材料在纳米气敏传感领域所具有的应用前景。之后，许多研究小组也进行了这方面的研究。2003 年，马丁研究小组也用单根氧化锡纳米线制作成检测 CO 及氧气的传感器，并对其气敏性能进行了研究。这些研究结果表明，单根氧化物一维纳米带、线可用于制作灵巧的传感器。这些传感器具有灵敏度高、稳定性好的优点，有的传感器还能在常温下工作。但由于受到制作成本高昂、检测条件苛刻等的限制，目前这些传感器仅在少数实验室处于初步研究阶段。

# 9.3　核壳结构纳米材料的制备与应用

纳米复合材料是指由两种或两种以上的固相，其中至少有一相在纳米级大小（1～100nm）的物质复合而成的材料。它既具有复合材料的多样性和协同效应，又具有纳米材料的特殊效应。这类材料按照复合方式可以分为包覆式（又称核壳式）和混合式两大类。纳米材料粒径小，比表面积和比表面能大，易于发生团聚而失去纳米材料的特性，因此对其表面进行改性成为技术上的难关和应用的关键。常用的沉淀法改性、机械化学改性、表面化学改性、高能粒子法改性难以使纳米材料长期保存而不团聚，因此纳米材料的外包覆改性技术得到了较快的发展。该方法是在纳米粒子的表面均匀包覆一层其他物质，从而形成纳米级的核壳粒子，使粒子表面性质发生变化。

核壳式复合粒子由中心粒子和包覆层组成，按照包覆层的形态不同可分为层包覆和粒子包覆，粒子包覆又可以分为沉积型和嵌入型两种。核与壳由两种不同物质通过物理或化学作用相互连接的材料，都可称为核壳材料。核壳材料外貌一般为球形粒子，也可以是其他形状。近年来，设计、合成可控的结构有序性纳米复合粒子成为人们致力研究的热点。核壳结构纳米粒子以其独特的光、电、磁、催化等特性引起了人们的极大兴趣[83～86]。由于核壳粒子的结构和组成能够在纳米尺度上进行设计和剪裁，因而具有许多不同于单组分胶体粒子的性质。

## 9.3.1　核壳结构材料形成机理

（1）过饱和机理　在某一 pH 下，有异相物质存在时，溶液超过它的过饱和度，将会有大量的晶核立即生成，沉积到异相颗粒表面，晶体析出的浓度低于无异物时的浓度。这是由于在非均相体系的晶体成核与生长过程中，新相在已有的固相上成核或生长，体系表面自由能的增加量小于自身成核（均相成核）体系表面自由能的增加量，所以分子在异相界面的成核与生长优先于体系中的均相成核[87]。很多情况下，可以在核的表面直接沉积壳层的物质得到核壳结构。但是这种方法需要考虑核和壳物质之间的相关性质，比如说晶格匹配等问题。

（2）库仑静电引力相互吸引机理　相反电荷分子间的静电作用是一种很好的驱动力，不需要形成任何化学键。通过 LBL(layer-by-layer)技术，可以把不同电荷的材料交替包裹上去。一般的是先沉淀一层负电荷材料，然后再包裹带正电荷的材料；带不同电性的超细粒子会相互吸引而凝聚，如果一种超细粒子的粒径比另一种带异号电荷的超细粒子粒径小，那么这两种细粒子在介质中混合时，小粒子会吸附在大粒子表面，形成包覆层。此过程易于实现，适用于多种粒子之间的复合，其关键步骤是调节两种粒子的表面电荷。如通过调节介质酸碱度，或者是先对粒子进行表面修饰而实现[88]。

（3）化学键机理　通过化学反应使基体和包覆物之间形成牢固的化学键，这种机理包覆的结合力是化学键。由于在包覆层和基体之间形成了化学键，从而生成了均匀致密的包覆层。该法的包覆层与基体结合牢固，不易脱落，但该机理需要载体表面具备一定的官能团[89]。

### 9.3.2　无机/无机核壳结构纳米粒子制备

纳米锡、硅以及纳米氧化锡已成为锂离子电池负极材料的研究热点，由于它们能和更多的锂发生合金反应，从而产生非常高的能量密度。但由于纳米材料本身低的热力学稳定性、高的比表面积，单独将纳米硅、锡作为阳极材料，循环性能差，而在它们表面包覆一层碳类材料，形成核壳结构，循环性能可得到大幅度提高。Lee等[90]采用微乳液聚合方法制备出包裹锡的球形空心碳材料，阳离子表面活性剂 CTAB 在溶液中形成胶束，锡源是 TBPT（三丁基苯基锡），碳源是间苯二酚-甲醛树脂（RF，resorcinol-formalde-hyde）。由于 TBPT 的疏水性比 RF 更强，因此，TBPT 在胶束的最里层，从而形成核壳结构。最

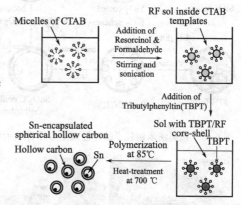

图 9-10　包裹锡的球形空心碳材料的合成示意

后在高温惰性气氛下煅烧，RF 炭化成炭，TBPT 热分解成熔融的金属锡，冷却后沉积在空心碳内壁上，得到最终材料（图 9-10）。Jung 等[91]使用类似方法合成 Si@C 核壳结构，纳米硅粒子在 200℃真空状态下和六甲基二硅胺烷和三甲基氯硅烷反应后，其表面呈疏水性后，再与 RF 结合。

Zhang 等[92]以 $SiO_2$ 球为模板，水热合成出 $SnO_2$@C，高温煅烧得到包裹纳米锡粒子的弹性碳空心球（图 9-11）。具体如下：在模板上通过 $Na_2SnO_3 \cdot 3H_2O$ 水解沉积一层均匀的多晶 $SnO_2$，然后 $SiO_2$ 核被浓 NaOH 溶液溶解，得到空心 $SnO_2$ 球；再通过在水热条件下葡萄糖高温热解，在 $SnO_2$ 外层沉积碳的前驱物。最后，产品在 $N_2$ 气氛下 700℃热处理 4h，热处理使碳前驱物碳化并且里层的 $SnO_2$ 通过碳层被还原成金属 Sn。合成出被弹性空心碳球包裹的纳米锡颗粒，球大小均一。Sun 等[93]发明一种通用的一步水热合成方法制备 $MO_x$ @C 核壳材料，原料廉价易得，合成步骤简单，成功制备出 $Sb_8O_{11}Cl_2$@C，BiOCl@C，$Sb_6O_{13}$@C，$SnO_2$@C 和 $MnCO_3 2$@C。

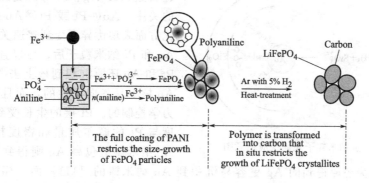

图 9-11　$LiFePO_4$/C 复合物的合成示意

橄榄石结构 $LiFePO_4$ 是极具竞争力的下一代锂离子电池正极材料之一，其价格低廉，安全性较高，毒性较低，但低的电导率限制了其倍率性能，近年来主要采用碳包覆纳米

LiFePO$_4$ 的方法对其进行改进。Wang 等[84]采用一种新颖的原位聚合限制方法成功制备出核壳结构 LiFePO$_4$@C 纳米复合物，值得一提的是此种方法能使碳完全包覆 LiFePO$_4$。具体为 Fe$^{3+}$ 与 PO$_4^{3-}$ 首先发生沉淀反应，生成 FePO$_4$，其表面吸附 Fe$^{3+}$，然后苯胺在催化剂 Fe$^{3+}$ 帮助下发生原位聚合反应，生成 FePO$_4$/PANI 核壳结构复合物，最后将该复合物和草酸锂在含有 5% H$_2$ 的氩气气氛下热处理得最终产品（图 9-12）。利用该方法也成功地合成出 Li$_4$Ti$_5$O$_{12}$@C，Mn$_3$O$_4$@C 核壳材料。

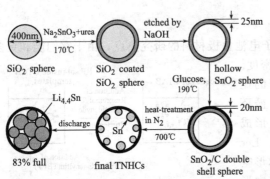

图 9-12 包裹纳米锡粒子的弹性碳空心球合成示意图

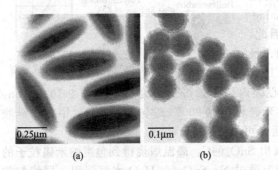

图 9-13 纺锤形 $\alpha$-Fe$_2$O$_3$ 粒子外部包覆 SiO$_2$（a）和 Y(OH)CO$_3$ 粒子外部包覆 SiO$_2$（b）的 TEM 电镜

Fe$_2$O$_3$（或 Fe$_3$O$_4$）作为磁性材料在很多领域得到应用，如：轴承、润滑剂、热载体、涂料、磁带、抛光剂等；最近，在生物相关领域也得到了很多应用，包括磁性共振成像（MRI）、药物载体、快速药物分离和治疗等。在这些领域，控制粒子的形状、大小分布和表面性质都是很重要的。Ohmori 等[94]使用溶胶-凝胶法，在纺锤形 $\alpha$-Fe$_2$O$_3$ 粒子外部利用 Stöber 水解法将正硅酸乙酯（TEOS）在 2-丙醇中水解直接沉积厚度均一的 SiO$_2$（图 9-13）；同样的方法 Y(OH)CO$_3$ 球外部包覆 SiO$_2$。

Liz-Marzan 等[95]成功地在金纳米粒子外部包覆厚度可控的 SiO$_2$ 层，原理如图 9-14 所示。首先利用柠檬酸钠还原法制备金溶胶，加入硅偶联剂（3-氨基丙基三甲基硅烷，APS）作为先驱体。通过 APS 的氨基与金粒子表面柠檬酸盐配合作用。加入硅酸钠在金纳米粒子表面均匀包覆 SiO$_2$ 层以增强金纳米粒子稳定性。

核壳结构的双金属纳米粒子（尤其是贵金属如 Au、Ag、Pt 等）受到人们越来越多的关注。Au@Pt 或 Pt@Au 纳米粒子在催化方面表现优异而受到普遍关注。在制备出 Au 和 Pt 纳米粒子后，可以直接把壳层物质 Pt 和 Au 还原沉积到核上去[96]。Pt 沉积到 Au 核上是各向同性的，而且这个过程是动力学控制的。Pt 层的生长受到 Pt 先驱体浓度与 Pt 的摩尔质量和密度控制的[97]。在 Au 纳米棒上包裹 Ag 则得到哑铃状核壳结构[98]，这是因为还原得到的 Ag 更容易沉积到 Au 纳米棒的 {111} 面（棒的两端）而非 {110} 面（棒的中间），从而导致了哑铃状的形成。Lee 等[86]采用一步合成方法制备出核壳结构 Au@Pd 纳米八面体，主要是通过稳定剂氯化十六烷基三甲基铵（CTAC）还原 Au 和 Pd 的前驱体，由于 Au$^{3+}$（AuCl$_4^-$/Au，+1.002V vs SHE）的还原电位比 Pd$^{2+}$（PdCl$_4^{2-}$/Pd，+0.591V vs SHE）大，所以八面体 Au 核首先形成。

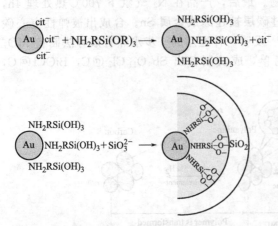

图 9-14   金纳米粒子表面反应示意图

在这个领域还必须考虑一个重要参数——晶格参数，也就是说核和壳的界面要晶格匹配。如果不匹配的话，在壳层生成的过程中会产生应力。这将在核的表面产生大量的错位和缺陷，进而导致二次成核和不均匀的壳层。比如 InP 和 $ZnCdSe_2$ 的传导禁带边缘分别是 4.4eV 和 4.0eV（相对于真空），只有 0.4eV 的错位，匹配得比较好，可以顺利地制备出 $InP/ZnCdSe_2$ 纳米粒子[99]。作为半导体材料的 CdS 和 CdSe、CdTe 或者 CdSe/CdS 核壳结构[100~102]也被人们包上 $SiO_2$ 进行改性。Bailey 等[103]制备了 CdTe/CdSe 和 CdSe/CdTe 以及不同比例的 CdSe、CdTe 的杂化小球，并讨论了 CdSe、CdTe 的不同比例对吸收光波长的影响。Embden 等[104]首次系统地综述了 CdSe/CdS 异质核壳结构纳米晶的发展情况，详细地研究了核的尺寸和壳的厚度对 CdSe/CdS 异质核壳结构纳米晶光学性能的影响（图 9-15）。

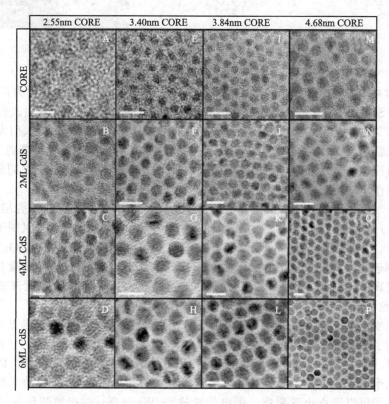

图 9-15 不同粒径的 CdSe 被不同单层量的 CdS 包裹的 HRTEM 图
（比例尺长度 A~D：5nm；E~P：10nm；1ML=0.337nm）

### 9.3.3 无机/有机核壳结构纳米粒子

$SiO_2$ 小球是最为普遍的一种无机材料，这是因为：①合成 $SiO_2$ 小球比较简单，是一项比较成熟的技术；②基于 $SiO_2$ 小球的体系应用前景十分广阔。

氨基改性过的 $SiO_2$ 小球（粒径为几个微米）用戊二醛再次改性后，与氨基改性过的 PS 小球（粒径为 100~200nm）反应可得到小球吸附于大球的模型，然后再在 1,2-亚乙基二醇的作用下，加热到 170~180℃到达 PS 的玻璃化转变温度，使得 PS 流动包裹到 $SiO_2$ 小球整个表面，这是 Fleming 等[105]制备 $SiO_2$/PS 球的方法。他们还用另一种类似但更为复杂的方法制得了 $SiO_2$/PS 小球。戊二醛改性过的 $SiO_2$ 小球（氨基改性过）用维生素 H——磺基琥珀酰亚胺酯作为耦合剂，与 PS 小球反应得到同样的小球吸附于大球的模型，接下来是同样的处理方法。这两种方法得到的 $SiO_2$/PS 小球表面不是光滑的，而是有很多沟壑。而 Reculusa 等[106]则合成了 PS 小球吸附于 SiO₂ 大球的模型，先用 Stöber 方法分两步合成粒径为 1μm 左右的 SiO₂ 大球，再用一大分子链进行表面改性，然后加入苯乙烯单体在大分子链上进行聚合，得到所需的模型。美中不足的是，这种方法会得到比较多的游离 PS 小球（图 9-16）。

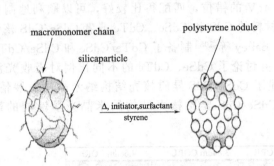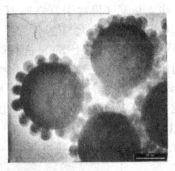

图 9-16 （左）山莓状 SiO₂/PS 复合球形成机理图；（右）山莓状 SiO₂/PS 复合球的 TEM 图（比例尺：500nm）

聚甲基丙烯酸苄酯（PBMA）是一种易得的高分子材料，应用也颇为广泛。Mandal 等[107]制得了 SiO₂/PBMA 的小球，他们先用硅烷等对 SiO₂ 小球进行表面改性（这个过程中注意避光），在加入干燥的对二甲苯后，通氩气赶走体系中的氧气。加入引发剂和单体以后，再次通入氩气赶走体系中的氧气。超声振荡使对二甲苯溶解后，加热到 105～110℃，同时进行磁力搅拌，通过反应时间控制壳层的厚度。这种方法得到的核壳之间是通过化学作用而不是物理作用连接在一起的，结合得比较紧密。

Jang 等[108]用一种新方法一步到位地制备了均一、光滑的无机/有机核壳结构纳米粒子，SiO₂（或 TiO₂）先用硅烷进行预处理（以增强其化学亲和力）。然后在真空氛围下搅拌的同时让气相的单体（如甲基丙烯酸甲酯、二乙烯基苯）聚合沉淀到 SiO₂（或 TiO₂）纳米粒子表面。XPS 数据表明表面确实有聚合物沉淀上去了，SEM、TEM 图像也显示聚合物壳层的存在。同时还发现单体的浓度不能太高，搅拌也是必需的。因为单体的浓度高或不进行搅拌（特别是纳米粒子比较小的时候）都会增加粒子的聚集程度。

金属氧化物也可以作为核，但是很多金属氧化物容易水解且在水中容易聚集，这就在一定程度上限制了包裹金属氧化物核，因为很多包裹行为是在水环境下完成的。在氧化物小球表面先用 LBL 技术吸附一层或多层聚电解质，可以比较好地解决这个问题。因为包裹一层聚电解质有几个优点：①聚电解质层可以比较薄（1～2nm）；②可以作为纳米反应器继续包裹其他材料；③可以阻止小球聚集（带电的缘故）。Wang 等[109]把油酸包裹过的 Fe₂O₃ 纳米粒子用 2-溴-2-甲基丙（Br-MPA）改性后分散于苯乙烯单体中，通过原子转移自由基聚合（ATRP）可以得到 Fe₂O₃/PS 纳米粒子。用 Br-MPA 改性有几个好处：包裹了 Br-MPA 的 Fe₂O₃ 纳米粒子表面性质得到彻底的改变，可以溶解于苯乙烯单体中；Br-MPA 可以作为 TRP 的引发剂，使得 PS 可以通过化学键或者与 Fe₂O₃ 纳米粒子表面的引发剂进行基团交换包裹到 Fe₂O₃ 纳米粒子上去。

Marinakos 等[110]设计了一套独特的核壳材料制备方法，并利用原位聚合方法在金纳米粒子表面包覆聚合物。制备方法首先利用真空装置将金纳米粒子吸入孔径为 200nm 的氧化铝支撑膜内。在膜的上方注入引发剂，膜下方加入数滴单体。单体蒸气扩散进入孔内与引发剂接触发生聚合反应，孔道将粒子隔离，抑制其团聚。反应结束后，氧化铝支撑膜用碱液溶解除去，从而得到金纳米粒子外部包覆的核壳材料。改变加入单体的种类，可获得不同组成的多层核壳材料。

Guo 等[111]使用一种水热合成方法制备出单分散、核壳结构 Ag/酚醛树脂球，球的尺寸可在 180～1000nm 范围内调控。$Ag^+$ 在 160℃ 热液中便被 HMT 释放出来的 HCHO 还原成 Ag，同时苯酚和甲醛的聚合反应在 Ag 胶粒表面发生，形成核壳结构；通过调控苯酚与 HMT 的摩尔比，可调节壳层的厚度，核壳结构 Ag/酚醛树脂球可以作为人体肺癌细胞 H1299 的生物成像标记材料。

### 9.3.4 有机/无机核壳结构纳米粒子

PS 小球广泛地应用为核，不仅仅是因为苯乙烯单体容易得到，而且合成 PS 小球的技术已经比较完善。$TiO_2$ 包裹的小球在催化剂、涂料等方面有着广泛的应用，受到人们的普遍关注。但是，想要在聚合物表面包裹一层 $TiO_2$ 比较困难，因为 $TiO_2$ 前驱体反应活性高，很难对它的沉淀进行控制，容易形成核聚集或生成游离的 $TiO_2$ 颗粒[112]。可以用乙醇做溶剂，水解四异丙醇钛包裹到 PS 纳米小球（带正电）上去的方法来制备 PS/$TiO_2$ 小球。因为生成的 $TiO_2$ 略带负电荷，反应进行得比较快，但还是有严重的核聚集现象。加入少量的 PVP、NaCl 可以比较好地缓解这种现象。与包裹 $SiO_2$ 小球一样，水的存在对实验有着很大的影响，只有把水的含量控制在 0.5～1.5mol/L 才能比较好地控制实验的进展。当包裹的 $TiO_2$ 比较厚（50nm）的时候，不可避免地会有二次 $TiO_2$ 小球出现。另一种方法，在含有以 Ni 为核的 PS 小球的正丁醇、无水乙醇混合溶剂中逐滴加入丁氧（醇）钛的正丁醇溶液，再搅拌回流 8h，可以得到比较光滑的 PS/$TiO_2$ 小球[113]。令人惊奇的是，纳米级的 $TiO_2$ 小薄片也可以包裹到 PS（或 PMMA）小球表面，得到规则的核壳结构。这种方法可以很好地控制得到超薄的 $TiO_2$ 壳层，而且可在用聚电解质改性后，多次包裹 $TiO_2$ 薄片到自己想要的厚度。

用浓硫酸对 PS 小球表面进行磺化，通过控制温度和反应时间可以控制磺化层的厚度，通过水解 TEOS，把 $SiO_2$ 包裹到 PS 小球表面，并且 $SiO_2$ 是沉积在磺化层中的。这种方法可以得到一系列核径不同而壳外径相同的 PS/$SiO_2$ 小球。如果在磺化后，先把苯胺聚合到磺化层，再水解 TEOS，就可以得到 $SiO_2$-PANi（聚苯胺）复合壳层[114]。由于 PANi 的导电性，使得 PS/$SiO_2$-PANi 小球有一定的导电能力。

用 PS 为核来包裹无机材料（半导体材料、稀土元素掺杂物等），可使其拥有某些光学性能。在 PS 小球表面组装 PAH/PSS 层，使小球（粒径为 640nm）表面带上正电荷，HgTe 微胶束水溶液加入其中反应 1h，可以得到 PS/HgTe 小球，对其进行堆积可以得到光子晶体[115]。这样不仅可以改变 PS 小球的粒径，而且有效地增强了折射率，使得光子禁带能系统地红移。由于 HgTe 在近红外有强发射，与 PS/HgTe 小球堆积得到的光子晶体的禁带正好重合，HgTe 光致发光效率得到明显加强。而 Breen 等[116]用硫代乙酰胺与乙酸锌反应得到 ZnS，超声沉淀到碳化的 PS 小球表面，制备了 PS/ZnS 小球。由于 ZnS 与 PS 的折射率相差比较大，同样可以形成光学禁带。

Bhattacharya 等[117]采用这种方式分两步制备了核壳结构的复合粒子，第一步制备了聚苯乙烯核粒子，第二步制备了纳米磁铁矿粒子，利用异相絮凝法，磁铁矿粒子沉积在预先生成的聚苯乙烯粒子表面，通过控制 $FeCl_2$ 或者 $FeCl_3$ 的浓度，以及原始生成的聚苯乙烯粒子的粒径可以改变聚合物粒子外表面的包覆物量。

Shiho 等[118]在有 PVP、尿素和盐酸存在的条件下，水解陈化 $FeCl_3$ 生成 $Fe_3O_4$ 包裹到 PS 小球表面，得到磁性材料。调节尿素和盐酸的浓度，控制体系反应前后的 pH，可以得到比较光滑的 $Fe_3O_4$ 壳。随着尿素的浓度变大，壳也随之变厚，同时也会影响到壳的光滑程度。

### 9.3.5 有机/有机核壳结构纳米粒子

在 PS 小球上包裹一层导电高分子，可以使其附加上电学性能。Barthet 等[119]用苯胺单体聚合包裹到 PS 小球上去，研究了反应温度对聚苯胺表面形貌以及表面形貌对导电性能的影响。按照 Stejskal 等[120]的研究：温度越低，得到的 PANi 表面越为规则、光滑。Barthet 等却得到了与之相反的结论：温度对 PANi 的表面形貌几乎没有影响；甚至 25℃时得到的聚吡咯(PPy)表面比 0℃时得到的 PANi 表面更为规则、光滑。包裹了 PPy 的 PS 小球比包裹了 PANi 的 PS 小球导电性要好，而 PPy 粉末与 PANi 粉末的导电性却差不多，证明了表面形貌确实对导电性有一定影响，即光滑的表面导电性更好。为了得到比较光滑的 PANi 表面，他们还尝试先通过 PPy 或磺化基团等对 PS 进行表面改性，然后再包裹 PANi，但收效甚小。不过，在没有酸存在的条件下聚合氯化苯胺，可以得到更为光滑的 PANi 表面，但仍然达不到 PPy 的那种光滑程度。

Smith 等[121]对 PVP 吸附到 PS 小球的过程进行了探讨，他们用不同分子量的 PVP、两种体系（水和 NaCl 水溶液）来做对比实验。结果表明，在水中沉积到 PS 小球表面的 PVP 的厚度为 1～3nm，PVP 分子平躺在 PS 小球上；并且包裹的 PVP 的量与 PVP 的分子量大小无关，对于不同分子量的 PVP，不存在优先吸附的问题。而在 NaCl 水溶液中吸附的 PVP 的量则是水体系中的 2～4 倍，得到 4～29nm 厚的 PVP 层（分子是直立于 PS 小球上的）；吸附过程中，分子量大的 PVP 会优先吸附。NaCl 水溶液中 PS/PVP 能稳定存在，不会聚集，主要是由于 PVP 上疏水基团的作用，在水中的 PS/PVP 则还有吡咯环上氮的正偶极之间的排斥作用；同时，羰基氧上的负偶极是指向溶液中的。改变纳米小球的光学性能也是很多人追求的目标。把聚苯乙烯和水溶性的紫罗烯单体（含有芴结构，PI）包裹到 PS 小球上，再用 FeCl₃ 使之交联。通过比较交联前后样品的光致发光光谱，交联前后样品的发射峰确实有所变化[122]。交联前的样品在 310nm 和 320nm 处有两个峰，是溶液中 PI 中的芴结构的特征峰；在 350～450nm 间的宽峰则是 PI 中聚集在一起的芴所表现出来的。交联后的样品在 310nm 和 320nm 处的两个峰几乎完全消失了；一个新的宽峰在 380～500nm（中心位置大约在 422nm）间出现——这是典型的寡聚芴的发射峰。研究表明，422nm 处的峰是四聚的寡聚芴的发射峰，峰形比较宽则是芴的交联度不一样或是寡聚芴在 PS 小球表面的分散不均匀所致。

随着科学技术的发展，核壳结构复合粒子作为一种新型复合材料，必将受到人们越来越多的重视，成为未来复合材料领域内一个极其重要的发展趋势。方法简单易行、反应条件温和、产物形态均一和单分散性好的核壳材料的制备正在被广大的科研工作者所关注。同时，追求产率大、效率高的制备方法也是核壳材料研究的努力方向。另外，注重结合不同材料的优点，实现材料的多功能化也将成为核壳材料的研究重点。总之，只有尽快完善核壳材料的实验室制备，尽早实现核壳型功能材料的产业化，才能真正实现化学合成对社会发展的推动和促进作用。

## 参 考 文 献

[1] Burda C, Chen X B, Narayanan R, et al. Chem Rev, 2005, 105(4): 1025-1102.
[2] Christian P, Von der Kammer F, Baalousha M, et al. Ecotoxicology, 2008, 17: 326-343.
[3] 徐甲强, 陈玉萍, 王焕新. 郑州轻工业学院学报, 2004, 19(1): 1-5.
[4] Cobley C M, Rycenga M, Zhou F, et al. Angew Chem Int Ed, 2009, 48: 4824-4827.
[5] Wan Y, Min Y L, Yu S H. Langmuir, 2008, 24(9): 5024-5028.
[6] Lin Y K, Su Y H, Huang Y H, et al. J Mater Chem, 2009, 19: 9186-9194.
[7] Aubert T, Grasset F, Mornet S, et al. J Colloid Interface Sci, 2010, 341(2): 201-208.
[8] Williams G L, Vohs J K, Brege J J. J Chem Educ, 2005, 82: 771-774.
[9] Kröber H, Teipel U. Chem Eng Prog, 2005, 44(2): 215-219.
[10] Aimable A, Buscaglia M T, Buscaglia V. J Eur Ceram Soc, 2010, 30: 591-598.
[11] Zhu G Q, Liu P, Hojamberdiev M, et al. Appl Phys A, 2010, 98: 299-304.
[12] Yan X L, Chen J G, Qi Y F. J Eur Ceram Soc, 2010, 30: 265-269.
[13] Zhu Y C, Qian Y T. Sci China G, 2009, 52(1): 13-20.

[14] Xu J Q, Wang X H, Wang G Q, et al. Electrochem Solid State Lett, 2006, 9(11): 103-107.
[15] Lu J, Jiao X L, Chen D R, et al. J Phys Chem C, 2009, 113: 4012-4017.
[16] Li H B, van der Werf K H M, et al. Thin Solid Film, 2009, 517(12): 3476-3480.
[17] Cao Y L, Jia D Z, Zhou J, et al. Eur J Inorg Chem, 2009, 27: 4105-4109.
[18] Murray C B, Norris D J, Bawendi M G. J Am Chem Soc, 1993, 115: 8706-8715.
[19] Talapin D V, Nelson J H, Shevchenko E V, et al. Nano Lett, 2007, 7(10): 2951-2959.
[20] Yin Y D, Alivisatos A P. Nature, 2005, 437(7059): 664-670.
[21] Chen M, Liu J P, Sun S H. J Am Chem Soc, 2004, 126(27): 8394-8395.
[22] Xu C J, Yuan Z, Kohler N, et al. J Am Chem Soc, 2009, 131(42): 15346-15351.
[23] Park J, Lee E, Hwang N M, et al. Angew Chem Int Ed, 2005, 44: 2872-2877.
[24] Sun S H, Zeng H. J Am Chem Soc, 2002, 124: 8204-8205.
[25] Sun S H, Zeng H, Robinson D B, et al. J Am Chem Soc, 2004, 126: 273-279.
[26] Jana N R, Chen Y F, Peng X G. Chem Mater, 2004, 16: 3931-3935.
[27] Hyeon T, Lee S S, Park J, et al. J Am Chem Soc, 2001, 123: 12798-12801.
[28] Schneider J J, Czap N, Hagen J, et al. Chem Eur J, 2000, 6: 4305-4321.
[29] Naravanaswamy A, Xu H F, Pradhan N, et al. Angew Chem Int Ed, 2006, 45: 5361-5364.
[30] Niederberger M, Garnweitner G. Chem Eur J, 2006, 12: 7282-7302.
[31] Park J, Joo J, Kwon S G, et al. Angew Chem Int Ed, 2007, 46: 4630-4660.
[32] Zhang Y W, Sun X, Si R, et al. J Am Chem Soc, 2005, 127: 3260-3261.
[33] Zhao F, Yuan M, Zhang W, et al. J Am Chem Soc, 2006, 128: 11758-11759.
[34] Wang X, Zhuang J, Peng Q, et al. Nature, 2005, 437: 121-124.
[35] Ge J P, Chen W, Liu L P, et al. Chem Eur J, 2006, 12: 6552-6558.
[36] Appell D. Nature, 2002, 419: 553-555.
[37] Lieber C M, Wang Z L. MRS Bull, 2007, 32: 99-108.
[38] Zhang Y, Suenaga K, Colliex C, et al. Science, 1998, 281: 973-975.
[39] Xia Y N, Yang P D, Sun Y G, et al. Adv Mater, 2003, 15: 353-389.
[40] Wang J X, Sun X W, Yang Y, et al. Nanotechnology, 2006, 17: 4995-4998.
[41] Plante I J L, Habas S E, Yuhas D, et al. Chem Mater, 2009, 21: 3662-3667.
[42] Fan H J, Werner P, Zacharias M. Small, 2006, 2(6): 700-717.
[43] Fang X S, Zhang L D. J Mater Sci Technol, 2006, 22(6): 721-736.
[44] Tong Y H, Liu Y C, Dong L, et al. J Phys Chem B, 2006, 110: 20263-20267.
[45] Jun Y W, Choi J S, Cheon J W. Angew Chem Int Ed, 2006, 45: 3414-3439.
[46] Chang Y, Lye M L, Zeng H C. Langmuir, 2005, 21: 3746-3748.
[47] Wang X, Li Y D. Inorg Chem, 2006, 45: 7522-7534.
[48] Xu J Q, Chen Y P, Shen J N. J Nanosci Nanotech, 2006, 6: 248-253.
[49] Xu P C, Cheng Z X, Pan Q Y, et al. Sens Actuators B, 2008, 130: 802-808.
[50] Hughes W L, Wang Z L. Appl Phys Lett, 2003, 82: 2886-2888.
[51] Sirbuly D J, Law M, Pauzauskie P, et al. Proc Nat Acad Sci USA, 2005, 102: 7800-7805.
[52] Zhou J, Xu N S, Wang Z L. Adv Mater, 2006, 18: 2432-2435.
[53] Wang Z L. Acs Nano, 2008, 2: 1987-1992.
[54] Greyson E C, Babayan Y, Odom T W. Adv Mater, 2004, 16: 1348-1352.
[55] Palumbo M, Henley S J, Lutz T, et al. Appl Phys, 2008, 104(7): Art. No. 074906.
[56] Yang A L, Cui Z L. Mater Lett, 2006, 60: 2403-2405.
[57] Lu J G, Chang P, Fan Z Y. Mater Sci Eng R, 2006, 52: 49-91.
[58] Heo Y W, Norton D P, Tien L C, et al. Mater Sci Eng R, 2004, 47: 1-47.
[59] Kong X Y, Ding Y, Yang R, et al. Science, 2004, 303: 1348-1351
[60] Dev A, Chaudhuri S. Nanotechnology, 2007, 18(17): Art. No. 175607.
[61] Cheng X L, Zhao H, Huo L H, et al. Sens Actuators B, 2004, 102: 248-252.
[62] Sounart T L, Liu J, Voigt J A, et al. Adv Funct Mater, 2006, 16: 335-344.
[63] Gao P X, Wang Z L. Appl Phys Lett, 2004, 84: 2883-2885.
[64] Yang Y H, Wang B, Yang G W. Cryst Growth Des, 2007, 7: 1242-1245.
[65] Li C, Fang G J, Guan W J, et al. Mater Lett, 2007, 61: 3310-3313.
[66] Lyu S C, Zhang, Y Lee C J, et al. Chem Mater, 2003, 15: 3294-3299.
[67] Banerjee D, Jo S H, Ren Z F. Adv Mater, 2004, 16: 2028-2032.
[68] Wagner R S, Ellis W C. Appl Phys Lett, 1964, 4: 89-91.
[69] Wu Y Y, Yang P D. J Am Chem Soc, 2001, 123: 3165-3166.
[70] Morales A M, Lieber C M. Science, 1998, 279: 208-211.
[71] Wang Y W, Zhang L D, Wang G Z, et al. J Cryst Growth, 2002, 234: 171-175.
[72] tang C C, Fan S S, Chapelle M L, et al. Chem Phys Lett, 2001, 333: 12-15.

[73]　Liu C H，Zapien J A，Yao Y，et al. Adv Mater，2003，15：838-841.

[74]　Chang P C，Fan Z Y，Wang D W，et al. Chem Mater，2004，16：5133-5137.

[75]　Fan Z Y，Wang D W，Chang P C，et al. Appl Phys Lett，2004，85：5923-5925.

[76]　张旭东，刑英杰，裘中和等. 真空科学与技术学报，2004，24：16-18.

[77]　Yang P D，Yan H Q，Mao S，et al. Adv Funct Mater，2002，12：323-331.

[78]　Liu B，Zeng H C. J Am Chem Soc，2003，125：4430-4431.

[79]　Li Z Q，Xiong Y J，Xie Y. Inorg Chem，2003，42：8105-8109.

[80]　Sun X M，Chen X，Deng Z X，et al. Mater Chem Phys，2003，78：99-104.

[81]　Xu J Q，Chen Y P，Chen D Y，et al. Sens Actuators B，2006，113：526-531.

[82]　Le H Q，Chua S J，Loh K P，et al. Nanotechnology，2006，17：483-488.

[83]　Van Embden J，Jasieniak J，Mulvaney P. J Am Chem Soc，2009，131：14299-14309.

[84]　Wang Y G，Wang Y R，Hosono E J，et al. Angew Chem Int Ed，2008，47：7461-7465.

[85]　Abou-Hassan A，Bazzi R，Cabuil V. Angew Chem Int Ed，2009，48：7180-7183.

[86]　Lee Y W，Kim M，Kim Z H，et al. J Am Chem Soc，2009，131：17036.

[87]　刘志平，黄慧民，邓淑华等. 无机盐工业，2006，38：13-15.

[88]　杨磊，沈高扬，傅丽君. 广东化工，2009，36(2)：42-44.

[89]　薛龙建，黎坚，韩艳春. 化学通报，2005，(5)：361-367.

[90]　Lee K T，Jung Y S，Oh S M. J Am Chem Soc，2003，125：5652-5653.

[91]　Jung Y S，Lee K T，Oh S M. Electrochimi Acta，2007，52：7061-7067.

[92]　Zhang W M，Hu J S，Guo Y G，et al. Adv Mater，2008，20：1160-1161.

[93]　Sun X M，Liu J F，Li Y D. Chem Mater，2006，18：3486-3494.

[94]　Ohmo ri M，Matijevic E. J Colloid Interface Sci，1993，160：288-292.

[95]　Liz-Marzán L M，Giersig M，Mulvaney G. Langmuir，1996，12：4329-4335.

[96]　Henglein A. J Phys Chem B，2000，104：2201-2203.

[97]　Cao L，Tong L M，Diao P，et al. Chem Mater，2004，16：3239-3245.

[98]　Huang C，Yang Z，Chang H T. Langmuir，2004，20：6089-6092.

[99]　Micic O I，Smith B B，Nozik A J. J Phys Chem B，2000，104：12149-12156.

[100]　Dai N，Cavus A，Dzakpasu R，et al. Appl Phys Lett，1995，66：2742-2744.

[101]　CorreaDuarte M A，Giersig M，Mohwald H. Chem Phys Lett，1998，286：497-501.

[102]　Rogach A L，Nagesha D，Ostrander J W，et al. Chem Mater，2000，12：2676-2685.

[103]　Bailey R E，Nie S. J Am Chem Soc，2003，125：7100-7106.

[104]　Embden V J，Jasieniak J，Mulvaney P. J Am Chem Soc，2009，131：14299-14309.

[105]　Fleming M S，Mandal T K，Walt D R. Chem Mater，2001，13(6)：2210-2216.

[106]　Reculusa S，Poncet-Legrand C，Ravained S，et al. Chem Mater，2002，14(5)：2354-2359.

[107]　Mandal T K，Fleming M S，Walt D R. Chem Mater，2000，12(11)：3481-3487.

[108]　Jang J，Lim B. Angew Chem Int Ed，2003，42：5600-5603.

[109]　Wang Y，Teng X W，Wang J S，et al. Nano Lett，2003，3：789-793.

[110]　Marinakos S M，Novak J P，Brousseau L C，et al. J Am Chem Soc，1999，121(37)：8518-8522.

[111]　Guo S R，Gong J Y，Jiang P，et al. Adv Funct Mater，2008，18：872-879.

[112]　Imhof A. Langmuir，2001，17：3579-3585.

[113]　Guo H X，Zhao X P，Ning G H，et al. Langmuir，2003，19：4884-4888.

[114]　Wang L Z，Sasaki T，Ebina Y，et al. Chem Mater，2002，14：4827-4832.

[115]　Wang D Y，Rogach A L，Caruso F. Chem Mater，2003，15：2724-2729.

[116]　Breen M L，Dinsmore A D，Pink R H，et al. Langmuir，2001，17：903-9071.

[117]　Pich A，Bhattacharya S，Adler H J P. Polymer，2005，46：1077-1086.

[118]　Shiho H，Kawahashi N. J. Colloid Interface Sci，2000，226：91-97.

[119]　Barthet C，Armes S P，Lascelles S F，et al. Langmuir，1998，14：2032-2041.

[120]　Stejskal P，Kratochvil P，Armes S P，et al. Macromolecules，1996，29：6814-6819.

[121]　Smith J N，Medows J，Williams P A. Langmuir，1996，12：3773-3778.

[122]　Mikyoung P，Xia C J，Advincula R C，et al. Langmuir，2001，17：7670-7674.

# 第10章

# 烯烃复分解催化剂的合成与催化研究进展

烯烃复分解反应（olefin metathesis）是由金属卡宾配合物（又称金属卡宾）催化的不饱和碳碳双键或者叁键之间的碳架重排反应[1]。该反应使得在通常意义下呈化学惰性的双键和叁键能够彼此偶联，极大地拓展了人们在构造化合物骨架时的想象空间。烯烃复分解反应能够重新构建碳碳键，因而成为一种有效的合成手段[2~5]。同时，由于烯烃复分解反应具有条件温和、产率较高的特点，而且绝大多数的有机基团在这一反应中无需保护，所以近年来该反应受到了学术界和工业界的广泛重视。

## 10.1 烯烃复分解反应的类型

目前研究最多的烯烃复分解反应主要有三种类型（如图10-1）。

（1）开环易位复分解反应（ROCM，ring-opening cross metathesis）以及开环易位聚合反应（ROMP，ring-opening metathesis polymerization）[6]：由环烯烃在催化剂作用下发生开环易位复分解并聚合成高分子化合物，此类反应常称为开环易位聚合反应（ROMP）。该反应起源于20世纪50年代中期，目前已经成为合成一些功能高分子的有效方法[7]。当有其他开链的烯烃存在时，环烯烃发生开环反应并与开链烯烃发生复分解反应，称为开环易位复分解反应（ROCM）。

（2）闭环复分解反应（RCM，ring-closing metathesis）：RCM是发生于分

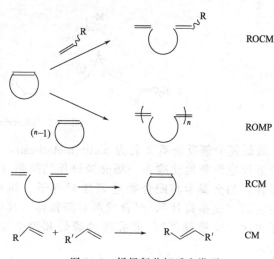

图10-1 烯烃复分解反应类型

子内的烯烃复分解反应，含有两个碳碳不饱和键的链状分子在催化剂作用下发生复分解，失去一分子烯烃，同时得到一个不饱和的环合体系。RCM的研究始于20世纪80年代[8~11]，常使用氯化钨和烷基金属试剂的混合物作为催化剂，但产率不理想，应用受到限制。后来，出现了钨卡宾催化剂，但也只有较大空间位阻的钨卡宾催化剂能成功催化RCM。直到20世纪90年代，Schrock型和Grubbs型催化剂的出现才使RCM得到广泛应用。RCM反应的理论副产物仅为乙烯，因而被称为"原子经济"的绿色反应[12]。

（3）交叉复分解反应（CM，cross metathesis）：此类反应是指在金属卡宾催化下碳-碳双键发生断裂并在分子间重新结合的过程[13]，它为烯烃的合成开辟了一条新途径。

## 10.2    烯烃复分解反应的催化机理

1971 年，Chauvin 提出了烯烃复分解反应中的催化剂应当是金属卡宾，并详细解释了催化剂作为中间体进行复分解反应的循环过程，这就是目前被广泛接受的 Chauvin 机理[14]（如图 10-2）。金属卡宾首先与反应物中的烯烃分子结合，形成由 1 个金属原子和 3 个碳原子构成的四元环中间体。然后，四元环中间体中的 2 个单键断裂，形成了新的金属卡宾配合物和乙烯；新金属卡宾配合物与反应物中的另一个烯烃分子继续反应，再次形成一个新的四元环中间体；最后，四元环断键，形成新的烯烃和原金属卡宾配合物，金属卡宾配合物进入下一催化循环过程。从图 10-2 中可以看出两分子烯烃在金属卡宾配合物作用下，生成另一烯烃和乙烯，乙烯的逸出使可逆的复分解反应进行完全。

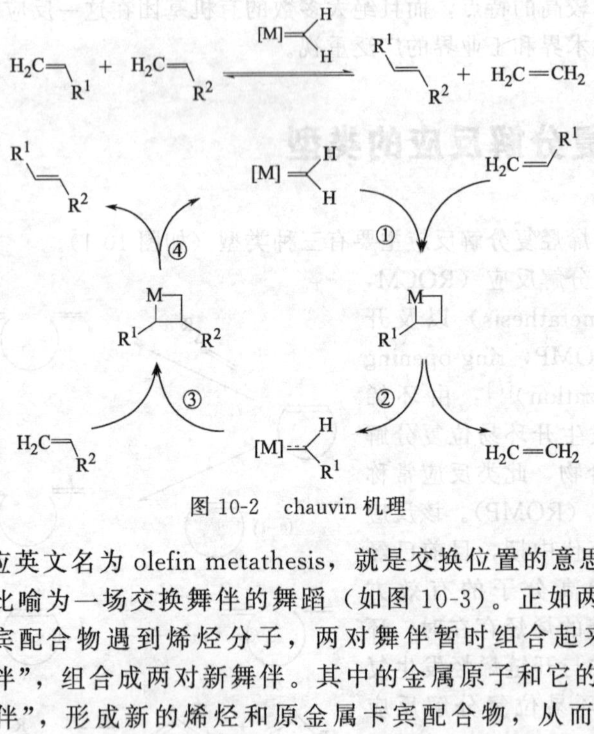

图 10-2    chauvin 机理

烯烃复分解反应英文名为 olefin metathesis，就是交换位置的意思。我们可以把烯烃复分解反应形象地比喻为一场交换舞伴的舞蹈（如图 10-3）。正如两对拉着双手在跳舞的舞伴，当金属卡宾配合物遇到烯烃分子，两对舞伴暂时组合起来，跳起四人舞蹈。随后它们"交换舞伴"，组合成两对新舞伴。其中的金属原子和它的新舞伴继续与烯烃分子再次"交换舞伴"，形成新的烯烃和原金属卡宾配合物，从而完成整个催化循环过程。

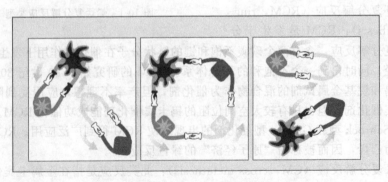

图 10-3    "交换舞伴"的烯烃复分解反应机理

## 10.3　烯烃复分解反应的发现和早期发展

关于金属催化的烯烃分子的切断与重组研究[15]，可以追溯到 20 世纪 50 年代中期。当时，催化剂主要是由过渡金属盐与主族烷基试剂或固体支撑物混合形成，被称作不明结构的催化剂（ill-defined catalyst），如 $WCl_6/Bu_4Sn$，$MoO_3/SiO_2$，$Re_2O_7/Al_2O_3$ 等。由于它们成本较低且容易合成，因此在一些大规模的合成应用中发挥了一定作用[16]。但是，这些催化剂对空气、水汽和体系中的杂质敏感，需要强路易斯酸等作助催化剂，催化剂寿命短而且副反应严重，因而在有机合成中的应用受到很大局限。在随后的近 20 年时间里，由于反应机理不明，人们对烯烃复分解反应的研究没有取得较大进展[17]。

到 20 世纪 70 年代初，Schrock 小组开始研究新的亚甲基化合物。1980 年，Schrock 的研究小组合成了一个能够催化烯烃复分解反应的 Ta 卡宾配合物 $[Ta(=CHCMe_3)_3Cl(PMe_3)(OCMe_3)_2]$。在此化合物中，由于烷氧基配体的存在，使得此化合物不同于其他类似化合物，具有催化烯烃复分解反应的能力。Schrock 研究组注意到在早期的非均相烯烃复分解催化剂研究中钼和钨是两种最为常用的金属，因此他们把工作重点放在合成钼、钨的卡宾配合物上，并最终合成了一组稳定的、通式为 $[M(=CHCMe_2Ph)(=N-Ar)(OR)_2]$ 的钨、钼卡宾金属配合物（图 10-4 中 1，2[18]，3[19] 和 4[18]）。这些化合物对烯烃的复分解反应具有良好的催化作用[20]。此类催化剂对空间位阻较大、缺电的烯烃也具有较高的反应活性，参与反应的底物可以为单取代、二取代和三取代的烯烃，反应结果可以得到含二、三或四取代双键产物。直到现在，该类催化剂仍是唯一能以较好产率得到四取代双键产物的催化剂。但是，此类催化剂对空气、水、甚至溶剂中痕量杂质都很敏感，且不易储存，这在很大程度上限制了它的应用和发展，因而现在关于它的应用报道相对较少[21]。

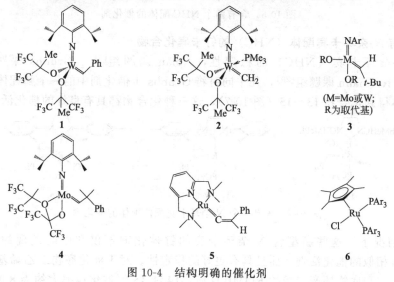

图 10-4　结构明确的催化剂

## 10.4　钌烯烃复分解反应催化剂的进展

以钌金属为中心的催化剂也逐渐被研发出来，如早期的钌催化剂 **5** 和 **6**（如图 10-4）。

但是这两种催化剂的活性很低。20 世纪 90 年代后，以钌金属为中心的烯烃复分解催化剂得到了快速发展。其中，最具代表性的是 Grubbs 小组开发的以烷基膦和卤原子为配体的钌卡宾催化剂 **7** 和 **8**[22~26]（图 10-5 称为 Grubbs Ⅰ 催化剂）。此类催化剂活性高，对空气稳定，底物官能团适用性强，对于酰胺类底物可以得到非常高的转化率，底物中的羟基、酯基对反应没有影响。目前，这类配合物是广泛使用的烯烃复分解催化剂。因此本章节重点介绍此类催化剂的研究进展。

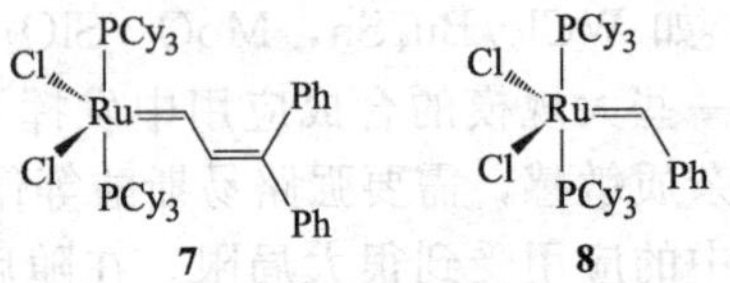

图 10-5  催化剂 **7** 和 **8**

### 10.4.1  含有两个 N-杂环卡宾（NHC）的钌卡宾化合物

Hermann 首次用两个 N-杂环卡宾（NHC）配体替代了两个三环己基膦[27,30]（如图 10-6）。化合物 **9**～**12** 表现出很高的官能团适应性，在 ROMP 和 RCM 中有较高的催化活性[27~29]。虽然它们的催化活性比原始的 Grubbs 催化剂 **8** 略低，原因是由于 N-杂环卡宾（NHC）配体不容易从钌中心解离而产生可配合烯烃的催化活性中间体。但这些结果表明，N-杂环卡宾（NHC）配体能够很好地稳定钌催化中心，形成稳定的配合物。

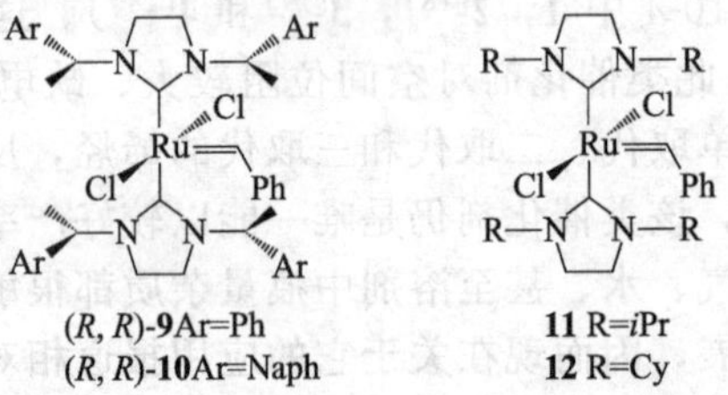

图 10-6  含有两个 NHC 配体的催化剂

### 10.4.2  含有 N-杂环卡宾配体（NHC）的钌卡宾化合物

基于 N-杂环卡宾（NHC）的稳定性，Nolan 课题组[31]、Grubbs 课题组[32] 以及 Fürstner 和 Herrmann 课题组[29]，几乎同时将 Grubbs Ⅰ 催化剂中的一个膦配体替换为稳定的 NHC 配体得到化合物 **13**～**15**（图 10-7），这三种化合物都具有良好的催化活性。

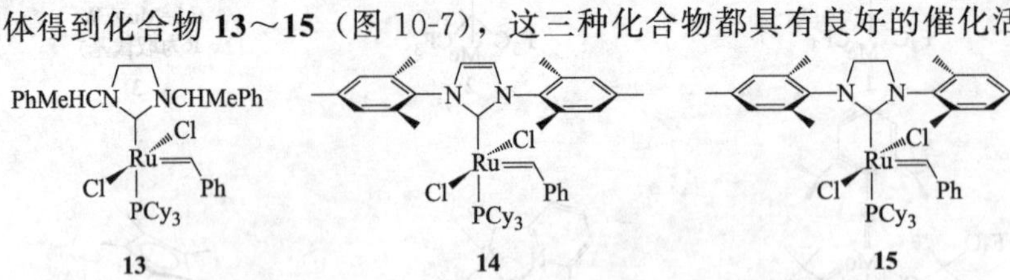

图 10-7  含有一个 N-杂环卡宾配体配体的催化剂

在许多情况下，这些新型含 N-杂环卡宾的钌催化剂不仅和以前发现的高效钼催化剂[33~36]具有相似的催化活性，而且具有更好的稳定性。对于催化底物二乙烯基丙二酸二乙酯的 RCM 反应和底物环辛二烯的 ROMP 反应，**14** 和 **15** 的催化速率大约为 **8** 的 100～1000 倍。更显著的是，当 **15** 用于 RCM 反应只需 0.05%（摩尔分数）催化量，用于 ROMP 反应只需 0.0001%（摩尔分数）[37]。**14** 和 **15** 都能催化三取代和四取代 RCM 反应[30,32]。

同 Grubbs Ⅰ 催化剂相比，**14** 和 **15** 除了具有很好的催化活性，还具有更高的稳定性[30~32,38]。由于上述催化剂性能得到显著提高，称这类催化剂为 Grubbs Ⅱ 型催化剂。但同 Grubbs Ⅰ 催化剂一样，Grubbs Ⅱ 型催化剂在溶液中也对氧敏感[39]。尽管如此，**15** 是当前复分解反应领域应用最广泛的催化剂。

　　另一类含有 NHC 配体的钌卡宾配合物 **17** 和 **18**[40]（图 10-8），作为可选择的对象已经得到很好的发展，并被广泛应用于天然产物的合成[41,42]。Ru-亚茚化合物比相应的苯亚甲基化合物表现出了更高的热稳定性，并且具有良好的催化活性和选择性。Hoveyda 和他的同事研究开发了氧螯合苯亚甲基催化剂（**19**），使催化剂的使用寿命得到进一步改进[43,44]。在 2000 年，Hoveyda 课题组[45]和 Blechert 课题组[46]几乎同时报道了含有 NHC 的催化剂 **20**（称为 Hoveyda-Grubbs Ⅱ 型催化剂）。对于缺电子烯烃，例如丙烯腈[47]、含氟的烯烃[48]、乙烯基膦氧化物以及砜类化合物[49~51]，这类催化剂表现出了很高的催化活性。**20** 也能很好地催化含乙烯基氯的复分解反应[52]和三取代的烯烃。此外，这类催化剂还具有易处理、对空气和潮湿环境稳定，以及易固载回收利用等特点。

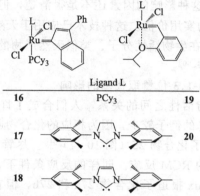

图 10-8　亚茚基催化剂（**16**～**18**）和 2-异丙氧基苯亚甲基催化剂（**19**，**20**）

　　Mauduit 等报道了在苯环上连有一个吡啶取代基的催化剂 **22c**[53]（图 10-9）。该催化剂有很好的催化活性，只是几乎不能回收。在此基础上它们又合成了催化剂 **22d**，使催化剂回收性能得到提高[54]。

　　2008 年 Mauduit 等合成了含有甲酰胺基取代基的 Hoveyda 类型催化剂 **23a**～**23c**[55]。这三种化合物具有不同的催化活性。化合物 **23a** 的引发速率最慢，化合物 **23b** 的引发速率居中，化合物 **23c** 的引发速率最快。

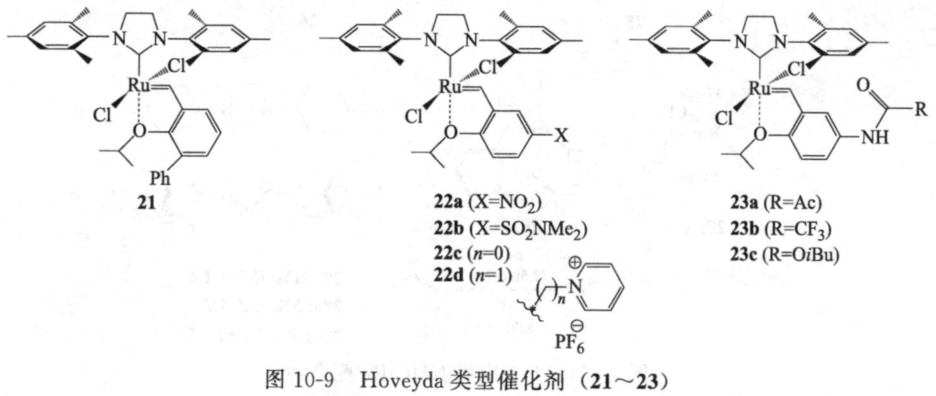

图 10-9　Hoveyda 类型催化剂（**21**～**23**）

　　Schanz 等合成了含有 Me₂N-取代的 NHC 配体的 Grubbs 型和 Hoveyda 型化合物，类似于 Plenio[56]以前研发的化合物[57]（图 10-10）。与 **13**、**18** 相比，这些催化剂催化环辛烯的 ROMP 反应速率更快，而催化二烯丙基丙二酸二乙酯的 RCM 反应速率相似。用两当量的 HCl 能使 Hoveyda 型催化剂 **24a** 被质子化，形成具有一定水溶性的化合物 **24b**。形成的化合物 **24b** 能在水溶液中稳定存在超过 4h。并且能在水中 50℃ 时催化二烯丙基丙二酸的

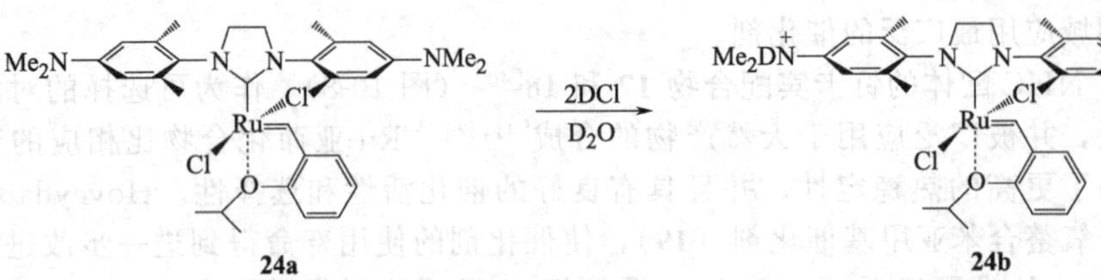

图 10-10　Schanz 等合成的 pH 响应的催化剂

RCM 反应，但反应进行较慢，并且不能完全转化。

2007 年 Kadyrov 等人发现氟化的芳香溶剂，例如三氟甲苯、全氟代苯和全氟代甲苯能在很大程度上改变钌催化剂的性质，使其在各种复分解反应中（包括四取代的碳碳双键的形成）活性更高[58]。尽管产生这种影响的因素还不是很清楚，但它的确能使催化剂具有更好的催化活性，并且具有一定的实用价值。这种技术已应用于天然生物活性分子的合成中[59]。Grela 等最近发现，这类技术在生物活性分子、类似天然产物的制备过程中也能作为衡量催化剂 **17** 和 **18** 活性的一个标准[60]。

### 10.4.3　*N*-杂环卡宾（NHC）-1,3-位置取代基的影响

为了解钌催化剂的结构与活性之间的关系，人们合成了许多 1,3-取代的咪唑类配体及相应的钌催化剂。脂肪取代基的例子较少，因为相应的化合物通常不稳定，且催化活性大大降低。Grubbs 研究小组制备了化合物 **25**（图 10-11）[61]。尽管 **25** 合成收率较高，但却不能催化二烯丙基丙二酸二乙酯的 RCM 反应。同样的反应条件下，用 **26** 作为催化剂就能得到较高产率。Verpoort 和 Ledoux 报道了化合物 **27a** 和 **27b**，但它们很难分离，稳定性很差。这主要是由于取代基的空间位阻作用使 NHC-金属键被显著削弱[62]。然而，当这种咪唑类配体应用于 Hoveyda 型催化剂，能够形成稳定的化合物 **28a** 和 **28b**[63]（图 10-11）。当应用于烯烃交叉复分解反应时，**28a** 和 **28b** 的转化率都较低。

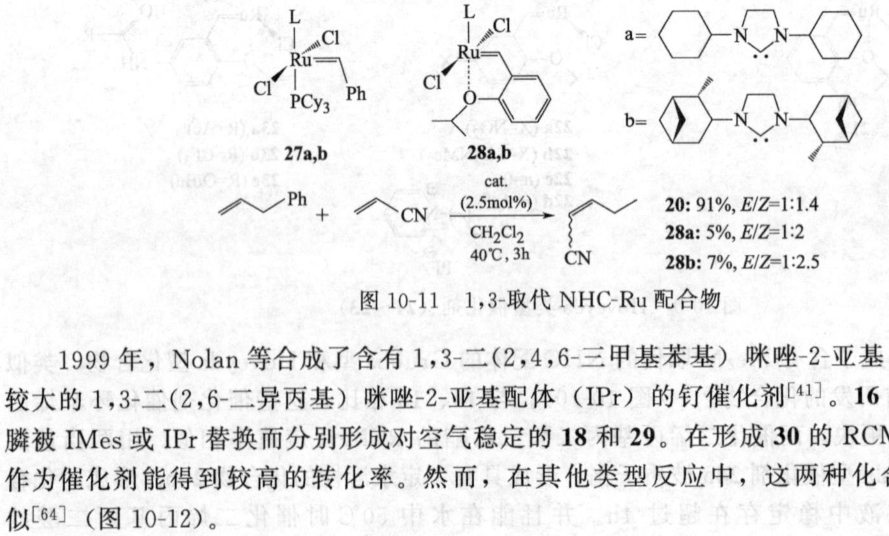

图 10-11　1,3-取代 NHC-Ru 配合物

1999 年，Nolan 等合成了含有 1,3-二（2,4,6-三甲基苯基）咪唑-2-亚基（IMes）和位阻较大的 1,3-二（2,6-二异丙基）咪唑-2-亚基配体（IPr）的钌催化剂[41]。**16** 的一个三环己基膦被 IMes 或 IPr 替换而分别形成对空气稳定的 **18** 和 **29**。在形成 **30** 的 RCM 反应中，用 **29** 作为催化剂能得到较高的转化率。然而，在其他类型反应中，这两种化合物催化活性相似[64]（图 10-12）。

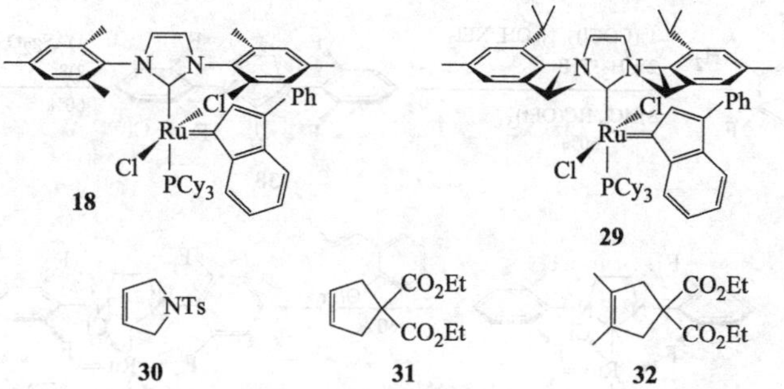

|  | NTs | CO₂Et CO₂Et | CO₂Et CO₂Et |
|---|---|---|---|
|  | **30** | **31** | **32** |
|  | CD₂Cl₂, RT, 25min | CD₂Cl₂, RT, 25min | C₆D₅CD₃, 80℃, 2h |
|  | **18**(5mol%): 30% | **18**(5mol%): 88% | **18**(5mol%): 19% |
|  | **29**(5mol%): 89% | **29**(5mol%): 75% | **29**(5mol%): 20% |

图 10-12　催化剂 20 和 31 催化的 RCM 反应

2000 年，Nolan 报道了含有 IPr 的钌卡宾配合物 **33**[65]。其结构通过 X-ray 单晶衍射被证实，结果表明此化合物中 Ru—C(NHC) 键（2.088Å）相对化合物 **14**（2.069Å）较长，这充分说明了与 IMes 配体相比，IPr 配体具有更大的空间位阻。以 **33** 为催化剂，产物 **31**（>99%）在室温条件下只需 15min 就可完全转化（>99%）。而在相同条件下，**15** 作催化剂的反应转化率只有 92%。

2001 年，Fürstner 对钌卡宾催化剂的反应活性进行了系统研究。结果表明，化合物 **33** 与化合物 **14** 和 **15** 相比较，在一些反应中具有略高的催化活性[66]（图 10-13）。

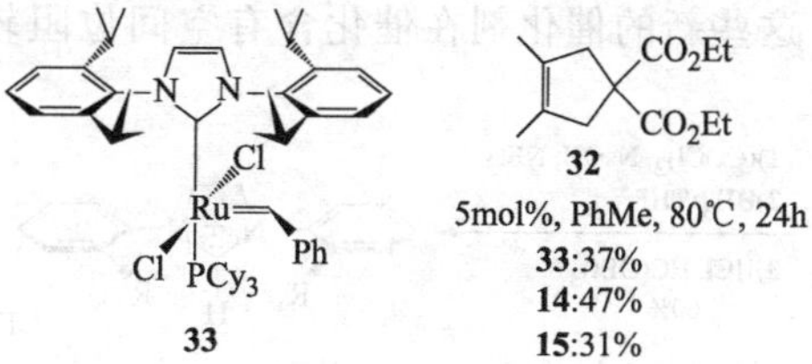

图 10-13　催化剂 33 催化的 RCM 反应

Nolan 等人通过用卡宾和 **8** 作用制备了含有 ITol 和 IPCl 卡宾配体的钌化合物 **34** 和 **35**（图 10-14）（产率：80%~87%）[67,68]。这两种催化剂均为绿色固体，其结构通过 ¹H、³¹P NMR 和元素分析得到了验证。它们的催化活性用标准的 RCM 底物（二烯丙基丙二酸二乙酯）进行了检测。结果表明，和催化剂 **14** 相比，活性显著降低。

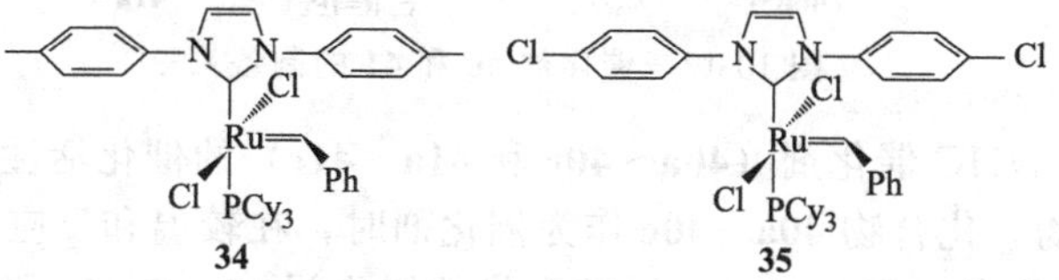

图 10-14　催化剂 34 和 35

2006 年，Grubbs[69] 报道了含氟 NHC 配位的钌催化剂 **36** 和 **37** 的合成、结构和性能（图 10-15）。以 2,6-二氟苯胺为起始原料，得到咪唑盐 **38**，再经过和氧化银作用形成卡宾、与 **8** 进行配体交换而得到 **36**。含氧配位的 **37** 可由 **36** 和配体交换而得，产率可达到 75%。这两种化合物均对空气稳定。

含氯 NHC 配体的化合物 **38**、**39**[69]（图 10-16）与 **36**、**37** 结构类似。然而，这两种氯 NHC 配体的催化剂稳定性差，使其应用受到了限制。

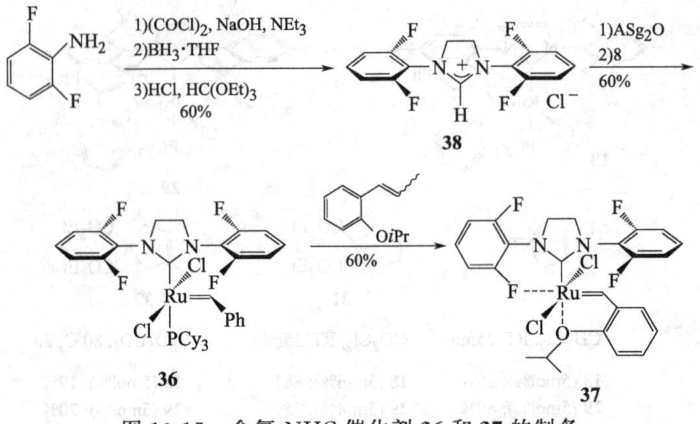

图 10-15　含氟 NHC 催化剂 36 和 37 的制备

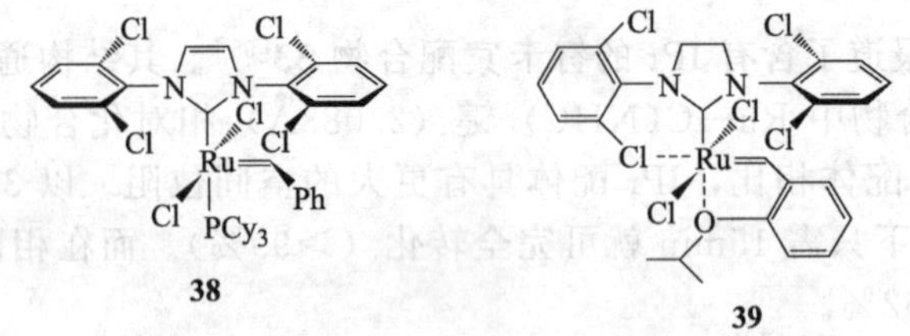

图 10-16　含氯 NHC 配体的催化剂 38 和 39

Schrodi 等人合成了一系列由空间位阻较小的 NHC 配体修饰的钌卡宾烯烃复分解催化剂 40、41[70]（图 10-17）。这些新的催化剂在催化含有空间位阻较大的底物的 RCM 反应时具有较高活性。

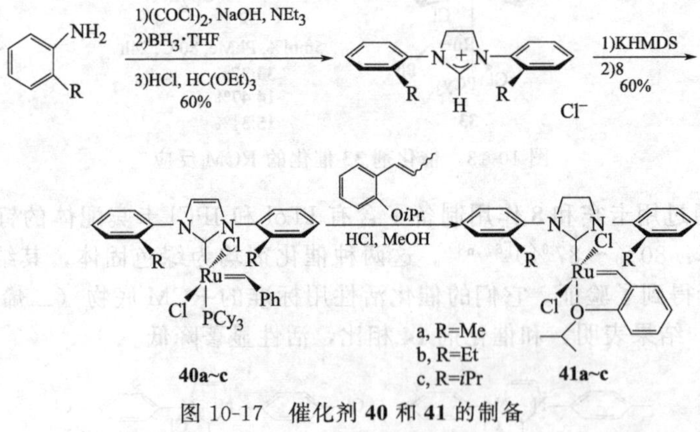

a, R=Me
b, R=Et
c, R=iPr

图 10-17　催化剂 40 和 41 的制备

一系列烷基取代 NHC 催化剂（40a~40c 和 41a~41c）的催化活性也相继被检测。用化合物 42 作为反应底物，化合物 40a~40c 作为催化剂时，在较温和反应条件下，较短反应时间内均可得到较高转化率（图 10-18）。甲基取代的催化剂 40a 和 41a 要比乙基取代的和异丙基取代的活性高。相应的 Hoveyda 型催化剂 41a~41c 则需要较长反应时间才能达到较高转化率（图 10-18）。尽管这些催化剂均十分稳定，且能催化大多数多取代双烯，但却不能使含四取代双烯的酯 44 发生反应[71]。

2008 年，催化剂 41a 首次被成功用于（+）-laurencenone B 和（+）-elatol 的全合成中[72]（图 10-19）。

催化剂 41a 也被用于 largazole（一种天然产物，具有抗癌活性）的全合成中[73]。但产率却低于含有 IMes 修饰的催化剂 46[74,75]（图 10-20）。

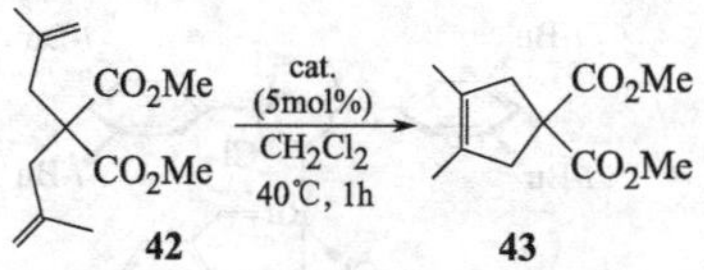


**42**　　　　**43**

| cat, | conv(%)1h | after 24h |
|---|---|---|
| **15** | 4 | 50 |
| **14** | 9 | 40 |
| **20** | 0 | 0 |
| **40a** | 86 | |
| **40b** | 71 | |
| **40c** | 74 | |
| **41a** | 45 | 70 |
| **41b** | 22 | 59 |
| **41c** | 16 | 33 |

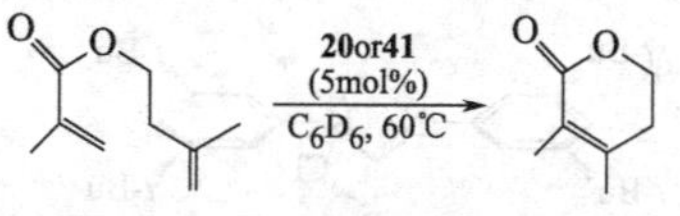


**44**　　　　**45**

no reaction

图 10-18　RCM 活性比较

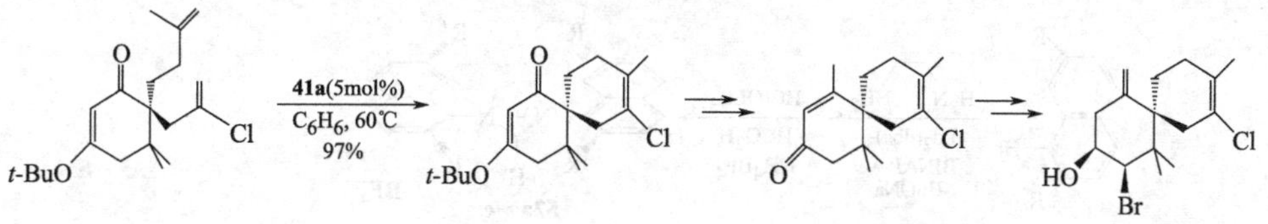


图 10-19　(+)-laurencenone B 和 (+)-elatol 的全合成

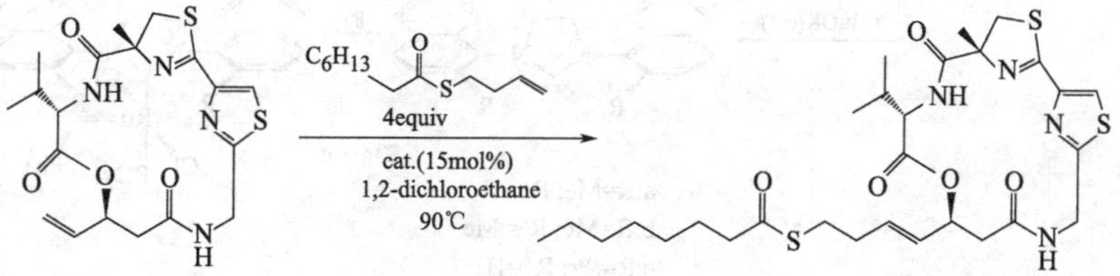


largazole(**47**)

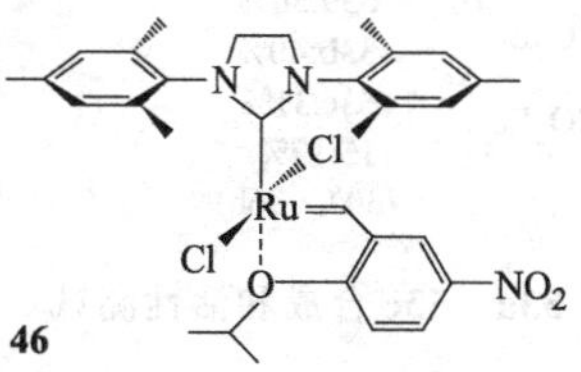


**46**

yield
**41a**:13%
**46**:75%

图 10-20　largazole 的合成

Grubbs[76]合成了一系列含有间位取代的 *N*-杂环卡宾的钌配合物 **48**～**51**（图 10-21），并进行了催化活性测定。以双烯 **42** 作为底物，**48** 的活性要高于 **15** 和 **20**。而催化剂 **49** 引发较慢。催化剂 **50** 引发速率较快，在 60min 之内转化率可达 43%。然而 **50** 分解很快，使最终转化率只有 51%。**51** 具有很好的催化活性，反应 1.5h，转化率达到 90%，且稳定性较好。

Dorta 等[77]合成了一系列 1,3-萘基氮杂环卡宾配位的钌配合物 **52a**～**52c**（图 10-22），并测试了其催化活性。结果表明催化剂 **53a** 和 **53b** 活性相似，催化剂 **53c** 活性显著增强。但对于催化底物 **54**，各种催化剂活性相似，转化率均较低。

2008 年，Blechert 等报道 **53a** 可高效催化合成四取代产物 **56**。并指出当用氟代苯作溶剂时，转化率得到显著提高（包括缺电子的四取代碳碳双键的合成），与其结构相似的化合物 **40a** 活性略低（图 10-23）[78,79]。

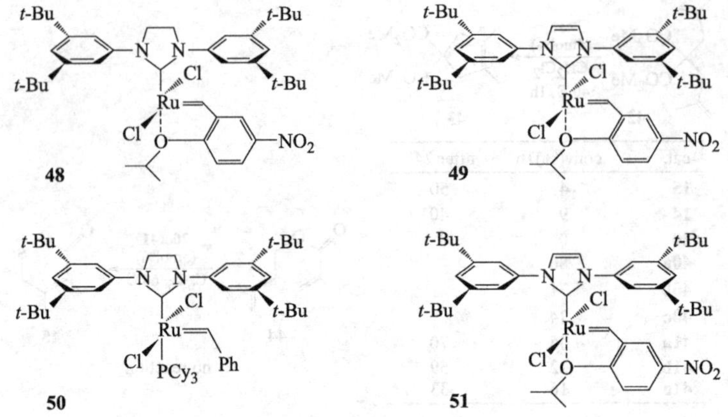

图 10-21　催化剂 48～51

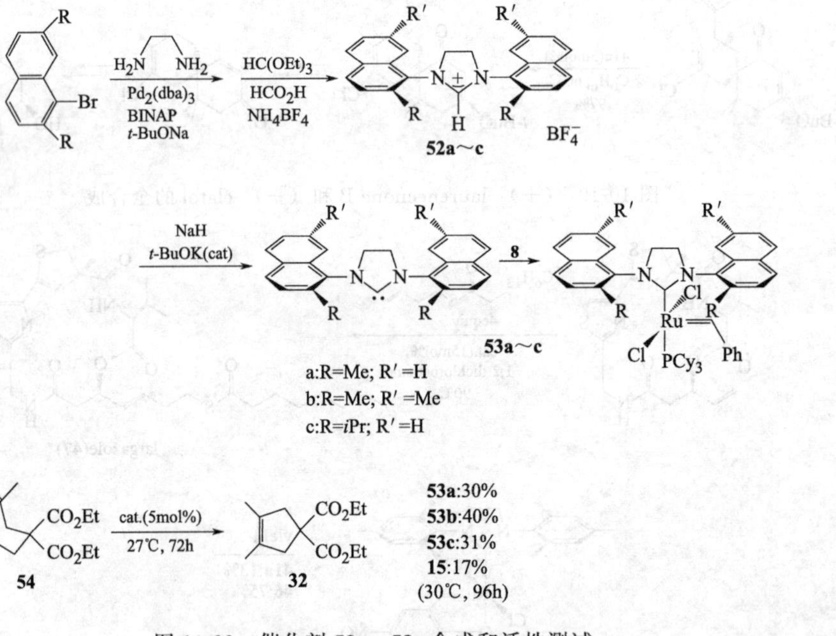

a:R=Me; R′=H
b:R=Me; R′=Me
c:R=iPr; R′=H

53a:30%
53b:40%
53c:31%
15:17%
(30℃, 96h)

图 10-22　催化剂 53a～53c 合成和活性测试

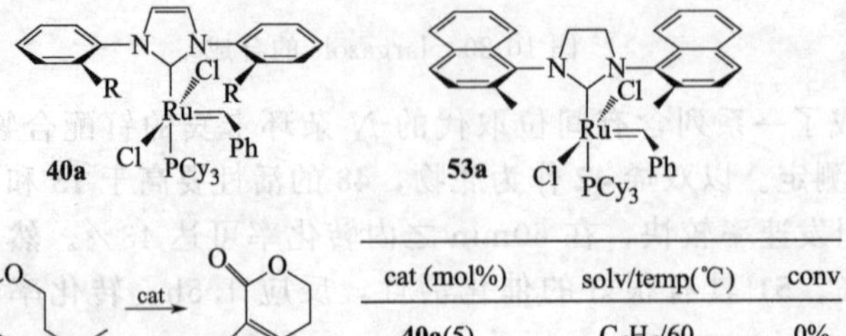

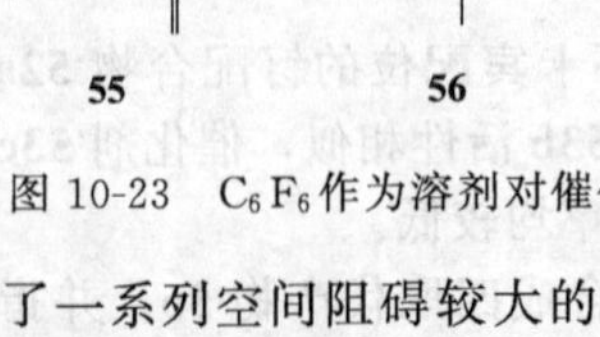

| cat (mol%) | solv/temp(℃) | conv |
|---|---|---|
| 40a(5) | C₆H₆/60 | 0% |
| 40a(5) | C₆F₆/80 | 23% |
| 53a(5) | C₆F₆/60 | 83% |

图 10-23　C₆F₆ 作为溶剂对催化剂 40a 和 53a 的催化活性影响

Mol 等[80] 报道了一系列空间阻碍较大的金刚烷基 NHC 配体及相应的钌配合物。含有空间位阻较大的金刚烷基 NHC 配体的化合物 57 对空气稳定，颜色为绿色（图 10-24）。由于配体空间位阻过大，使得 57 即使在较高温度下也不能引发任何 RCM 反应。

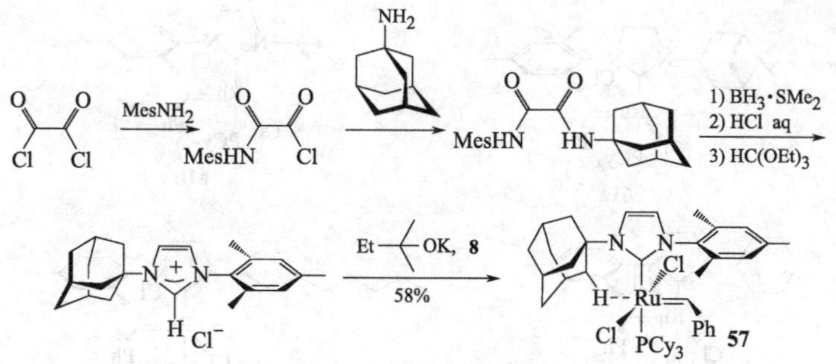

图 10-24 催化剂 57 的合成

Blechert 等[81]对不对称的饱和 NHC 配体做了进一步研究。假设用供电子性较强的烷基替代均三甲苯基能提高 NHC 的 $\sigma$-供电子性，同时不对称配体能改变关键中间体的空间环境，从而影响 CM 反应中的 $E/Z$ 选择性和某些 RCM 反应的立体选择性[82]。基于此假设，Blechert 等以 2-溴-1,3,5-三甲基苯作为原料，经 Buchwald-Hartwig 偶联、环化得到四氟硼酸盐化合物 58a 和 58b，在正己烷中和 8 交换得到 59a 和 59b。59a 或 59b 在 CuCl 存在下和 2-异丙氧基苯乙烯反应得到绿色的对空气稳定的 Hoveyda 型化合物 60a 和 60b（图 10-25）。

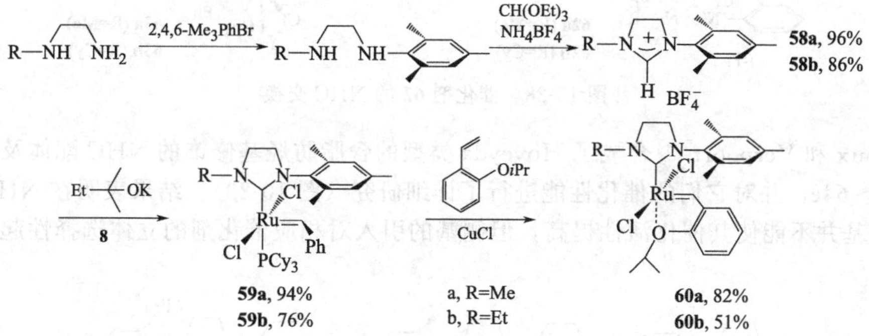

图 10-25 催化剂 59 和 60 的合成

在催化底物对 $N,N$-二烯丙基甲苯磺酰胺的 RCM 反应中，它们的催化活性和对称的催化剂（15 和 20）相似。但在催化 CM 反应中，化合物 60a 作催化剂时得到的 $(Z)$-8 异构体较多，而选用化合物 60a 时，得到的 $E/Z$ 比例和选用 15 和 16 结果一样（图 10-26）。

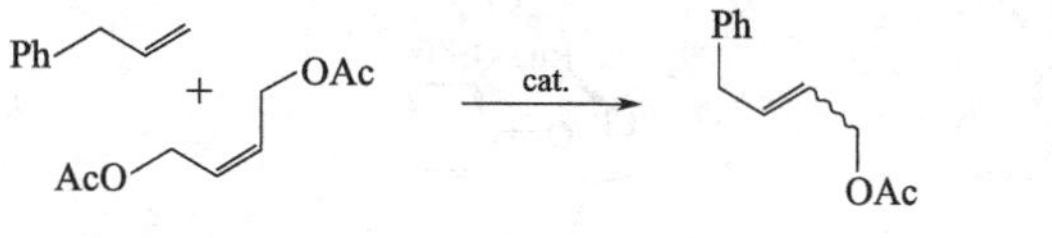

| cat. | $E/Z$ | conv/% |
| --- | --- | --- |
| 15 | 6:1 | 79 |
| 59a | 3:1 | 72 |
| 20 | 6:1 | 84 |
| 60a | 6:1 | 78 |

图 10-26 CM 反应比较

Blechert 等人[83]也报道了含有 $N$-苯基-$N'$-均三甲苯基的不对称 NHC 配体修饰的钌催化剂，但这种催化剂分解速度很快。Ledoux 等[62]对 Grubbs Ⅱ 型催化剂进行了修饰，用体积较大的脂肪烃基修饰 NHC 配体，得到化合物 61a～61d（图 10-27），并对其进行了活性测试。结果发现对于 COD 的 ROMP 反应，新催化剂的催化活性要高于催化剂 15。含有 $t$-Bu-$N$-取代 NHC 催化剂 61b 催化活性比其他新催化剂活性要低。

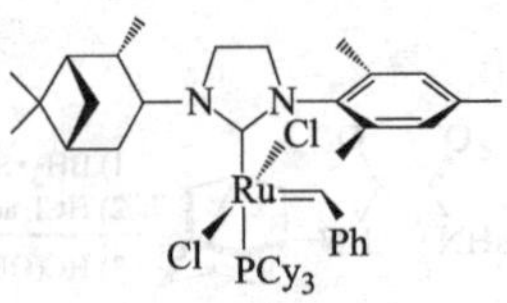

61a

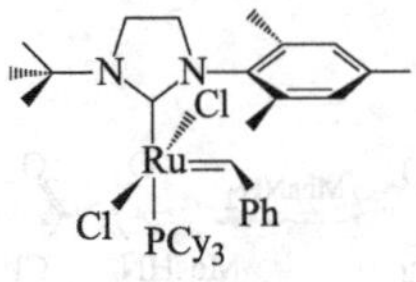

61b

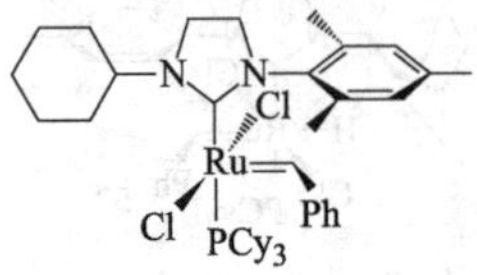

61c

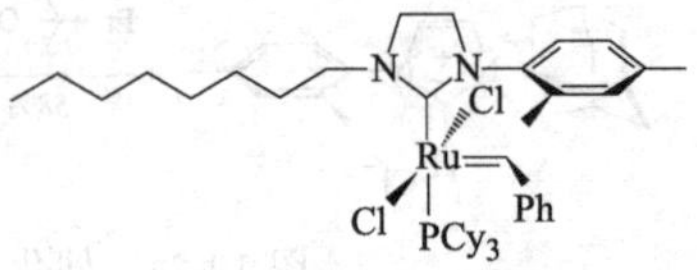

61d

图 10-27 催化剂 **61a**～**61d**

Ledoux 等[84]报道了含有双 NHC 修饰的钌化合物 **62**，其在高温下具有一定催化活性。化合物 **62** 和 $PCy_3$ 交换可得到化合物 **63**（图 10-28）。化合物 **62a**，**62b** 和 **63a** 室温都能催化 ROMP 反应。

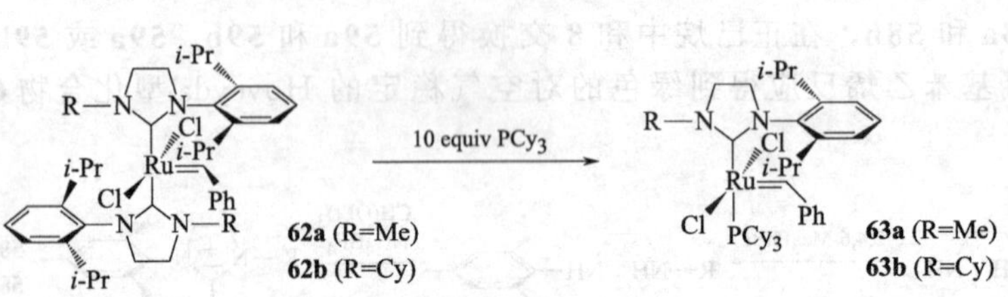


图 10-28 催化剂 **62** 的 NHC 交换

Ledoux 和 Verpoort[63]合成了 Hoveyda 类型的含脂肪烃基修饰的 NHC 配体及相应的配合物 **64a**～**64e**，并对它们的催化性能进行了详细研究（图 10-29）。结果表明在 NHC 的一侧引入脂肪基并不能使其催化活性提高，但侧基的引入对相应催化剂的立体选择性起到了关键作用。

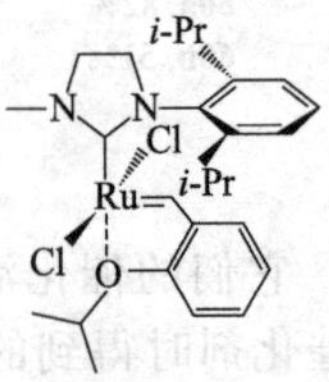

64a

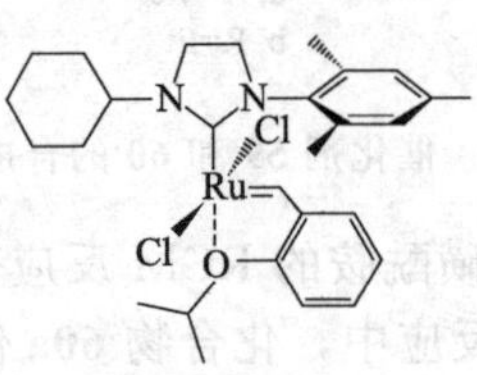

64b

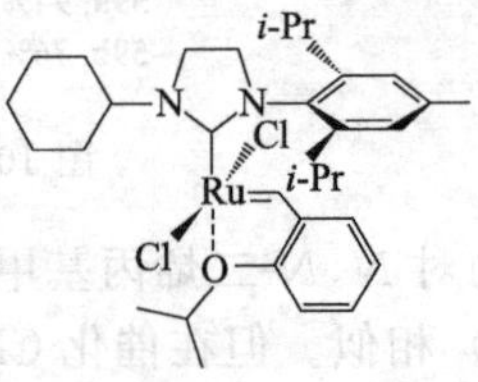

64c

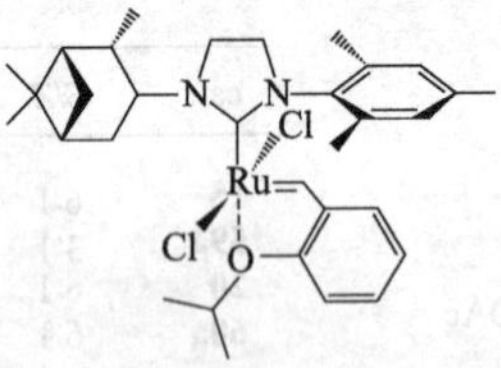

64d

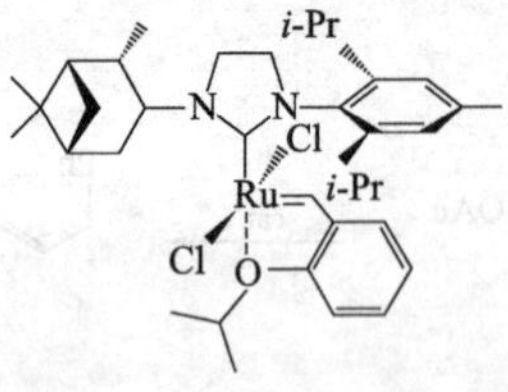

64e

图 10-29 催化剂 **64a**～**64e**

Grubbs 等[85]在 **36** 的基础上，合成了含不对称氮杂环卡宾的催化剂 **65** 和 **66**（图 10-30）。这两种化合物均为空气稳定的固体。Grubbs 等对它们的催化性能进行了详细的研究（包括 RCM、CM 和 ROMP 反应）。对于 RCM 反应，化合物 **65** 的催化活性要高于催化剂 **15** 和 **20**。在同样类型的 RCM 反应中，化合物 **66** 的催化活性与化合物 **15** 和 **20** 相似或略低。在 CM 和 ROMP 反应中，这两种新催化剂的催化活性与化合物 **15** 和 **20** 相似或略低。

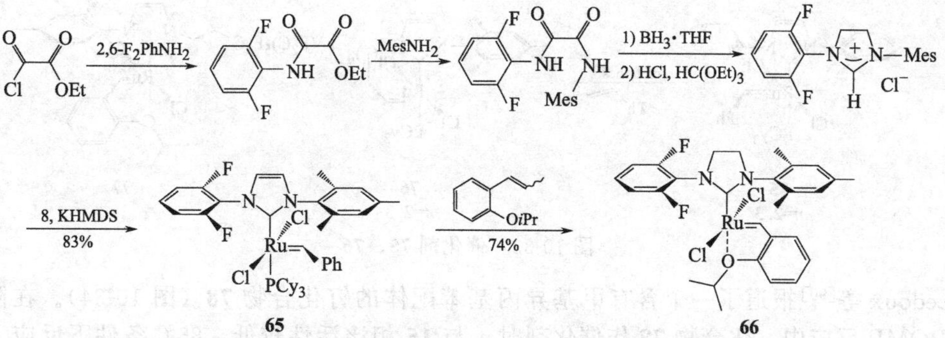

65　　66

图 10-30　催化剂 **65** 和 **66** 的合成

此外，Grubbs 等[86]合成并表征了含氟取代的配合物 **67**～**72**（图 10-31），并对它们的催化活性进行了研究。结果表明，*N*-芳基取代上氟原子数量进一步增加反而降低了催化剂的催化活性。

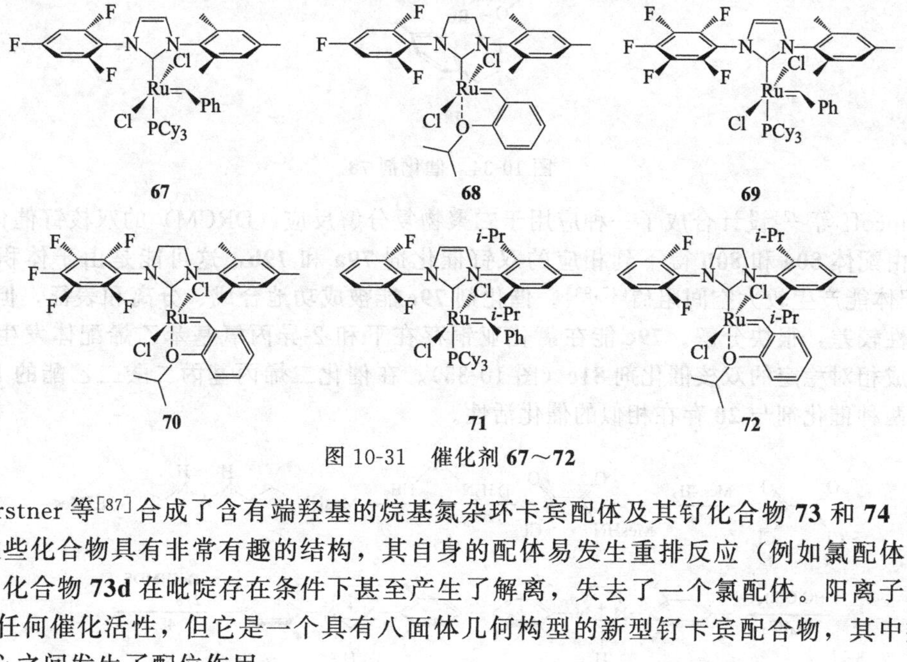

67　　68　　69　　70　　71　　72

图 10-31　催化剂 **67**～**72**

Fürstner 等[87]合成了含有端羟基的烷基氮杂环卡宾配体及其钌化合物 **73** 和 **74**（图 10-32）。这些化合物具有非常有趣的结构，其自身的配体易发生重排反应（例如氯配体易处于顺式）。化合物 **73d** 在吡啶存在条件下甚至产生了解离，失去了一个氯配体。阳离子配合物 **74** 没有任何催化活性，但它是一个具有八面体几何构型的新型钌卡宾配合物，其中羟基和金属中心之间发生了配位作用。

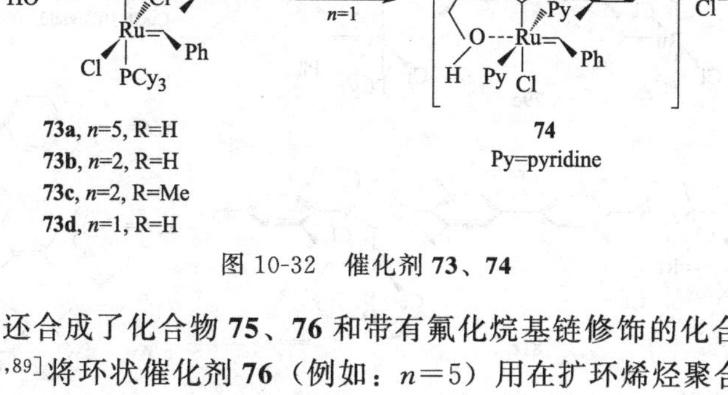

**73a**, *n*=5, R=H
**73b**, *n*=2, R=H
**73c**, *n*=2, R=Me
**73d**, *n*=1, R=H

**74**
Py=pyridine

图 10-32　催化剂 **73**、**74**

Fürstner 等[66]还合成了化合物 **75**、**76** 和带有氟化烷基链修饰的化合物 **77**（图 10-33）。后来，Grubbs 等[88,89]将环状催化剂 **76**（例如：$n=5$）用在扩环烯烃聚合（REMP）中，制备环状烯烃聚合物。

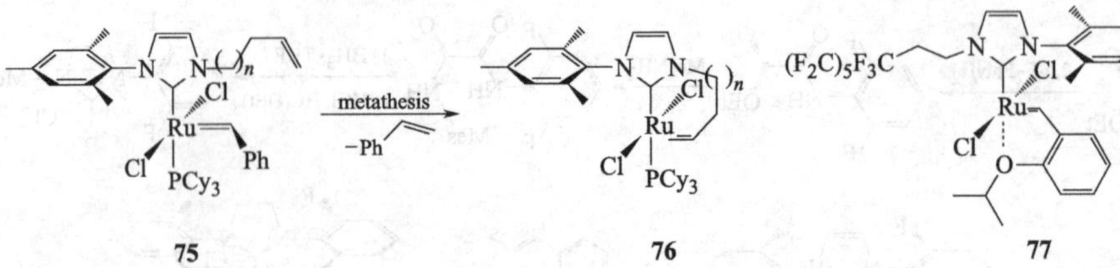

图 10-33 催化剂 **75**、**76**

Ledoux 等[90]报道了一个含有甲基异丙基苯配体的钌化合物 **78**（图 10-34）。在降冰片烯的 ROMP 反应中，化合物 **78** 作催化剂时，与 **15** 相比活性较低，85℃条件下反应 3h 后，只有 20％降冰片烯被聚合。最近，Jensen 等报道了另一个含有双配位芳氧基-NHC 配体修饰的钌化合物[91]。

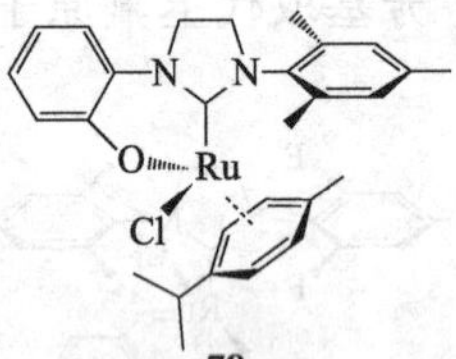

图 10-34 催化剂 **78**

Lemcoff 等[92]设计合成了一种应用于二聚物复分解反应（DRCM）的双核钌催化剂 **79**。但是，由配体 **80a** 和 **80b** 得不到相应的双钌催化剂 **79a** 和 **79b**，这可能是由于体积较大的 PCy₃ 配体能产生较大空间阻碍[45,93]。催化剂 **79c** 能被成功地合成、分离和表征，但在溶液中稳定性较差，很快分解。**79c** 能在氯化亚铜存在下和 2-异丙氧基苯乙烯配体发生交换反应，生成相对稳定的双核催化剂 **81c**（图 10-35）。在催化二烯丙基丙二酸二乙酯的 RCM 反应中，两种催化剂与 **20** 存在相似的催化活性。

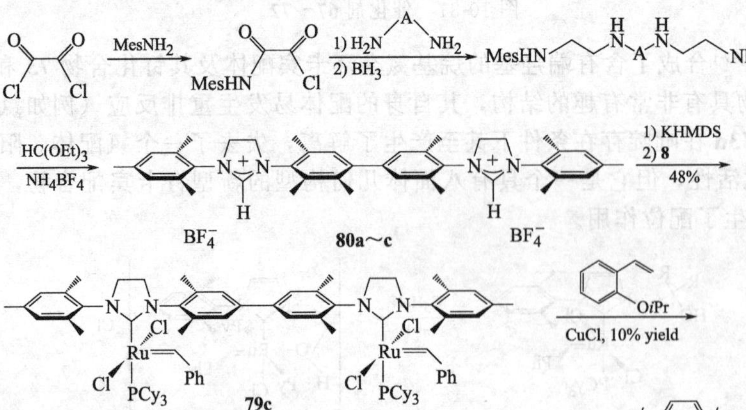

图 10-35 催化剂 **79** 和 **81**

### 10.4.4 N-杂环卡宾的 4,5-位置取代基对催化剂的影响

Fürstner[66]合成了 4,5-二氯取代的氮杂环卡宾配合物 **82**（图 10-36）。此化合物对热稳定，对氧不敏感，且放置一段时间后活性并不受影响。并且两个氯原子的引入对其催化活性并无显著影响，其催化活性和 **14** 相似[70]。

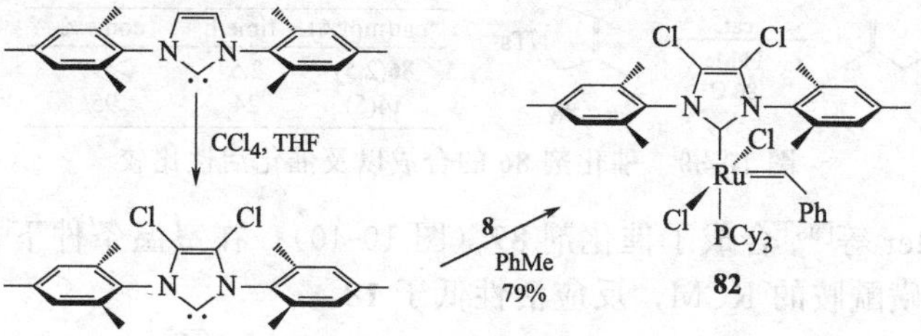

图 10-36 催化剂 82

最近，Grubbs 课题组[70,72,94]认为，去除咪唑亚基上面的烷基取代基，可能对位阻较大的底物的 RCM 和 CM 反应有所帮助。然而，这类配体通常使催化剂变得不稳定。例如，化合物 **83**[76]虽然能很好地催化位阻较大的底物，但这种化合物很不稳定，在反应过程中快速降解（图 10-37）。

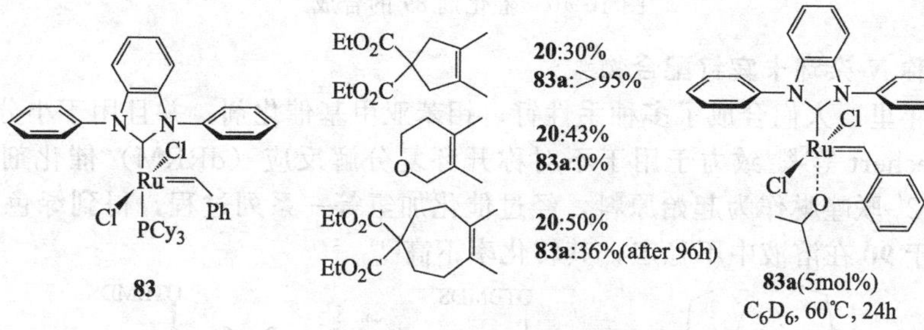

图 10-37 RCM 活性比较

Grubbs 课题组认为 N-芳基可发生空间旋转，使钌中心与甲基或芳环上的 C—H 作用而使催化剂失活。通过限制 N-芳基自由旋转，可避免钌中心与其他基团相互作用，从而有效阻止催化剂降解。于是，Chung 和 Grubbs[95,96]合成了一系列 3,4 位具有较大空阻的 NHC 配体及其 Hoveyda 型钌配合物 **84** 和 **85**（图 10-38）。催化活性测试结果表明，**84** 是一个高活性催化剂，能有效催化四取代烯烃的 RCM 反应。和 **84** 相反，**85** 在 30℃时不能催化底物 **54**。在较高温度条件下（60℃）虽能得到产物 **7**，但在反应进行 31h 后，转化率也只有 55%。

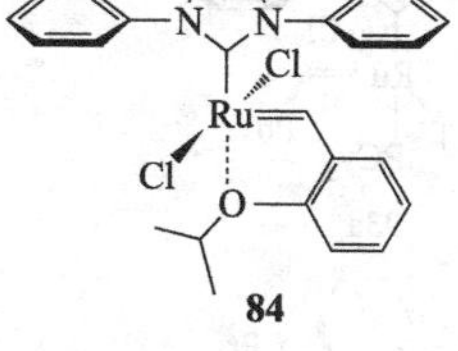

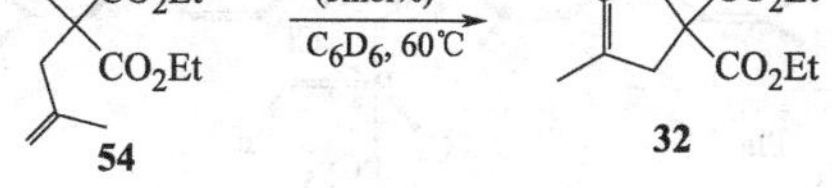

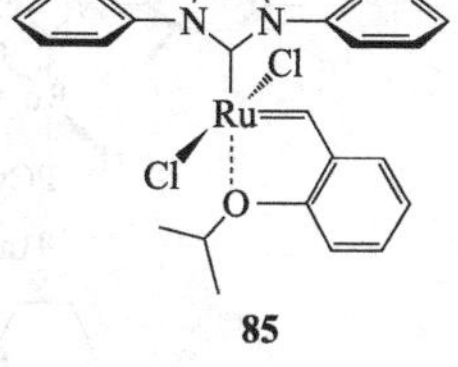

| cat | time/h | conv/% |
| --- | --- | --- |
| **20** | 24 | 30 |
| **84** | 0.3 | 98 |
| **85** | 31 | 55 |

图 10-38 催化剂 84、85 的结构与活性

Kadyrov 和 Rosiak[97]合成了另一种催化剂 **86**（图 10-39）。这种催化剂对空气和潮湿环境稳定。选用 **87** 作为底物，在 80℃下用 2.5%（摩尔分数）催化量对其催化活性进行了研究。反应 2.5h 后，反应物几乎全部转化。

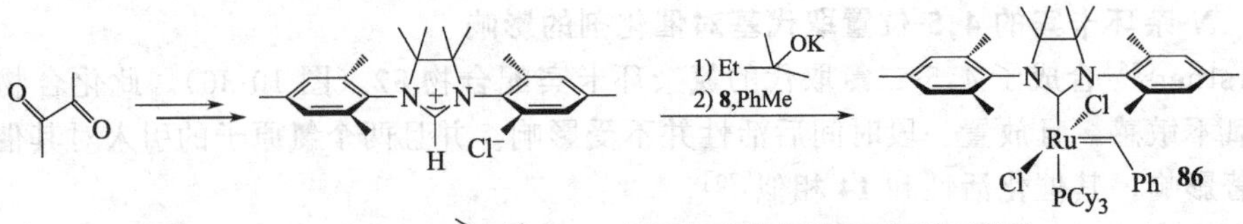

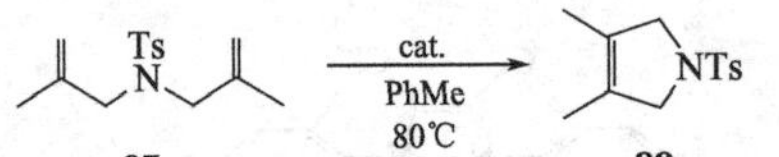

图 10-39　催化剂 **86** 的合成以及催化活性比较

| | cat(mol%) | time/h | conv/% |
|---|---|---|---|
| | **86**(2.5) | 2.5 | >99 |
| | **14**(5) | 24 | 95 |

2005 年，Köhler 等[98]合成了催化剂 **89**（图 10-40）。在室温条件下，用其催化底物 **N**，**N**-二烯丙基对甲苯磺酰胺的 RCM，反应活性低于 **18**。

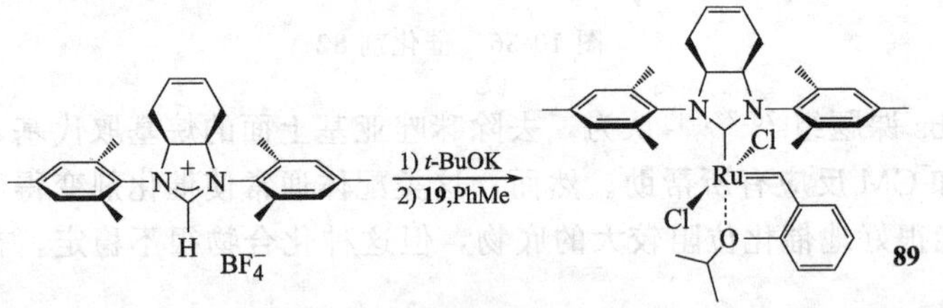

图 10-40　催化剂 **89** 的合成

## 10.4.5　不对称 *N*-杂环卡宾钌配合物

在过去几年里，人们合成了多种手性钌、钼苯亚甲基催化剂，并且用于小分子的催化合成。最近，Blechert 等[83]致力于用于不对称开环复分解反应（dRRM）催化剂的合成与应用研究。以 2,2′-联喹啉作为起始原料，经过催化加氢等一系列过程，得到绿色微晶 **90**（图 10-41）。但由于 **90** 在溶液中不稳定，其转化率不高[99]。

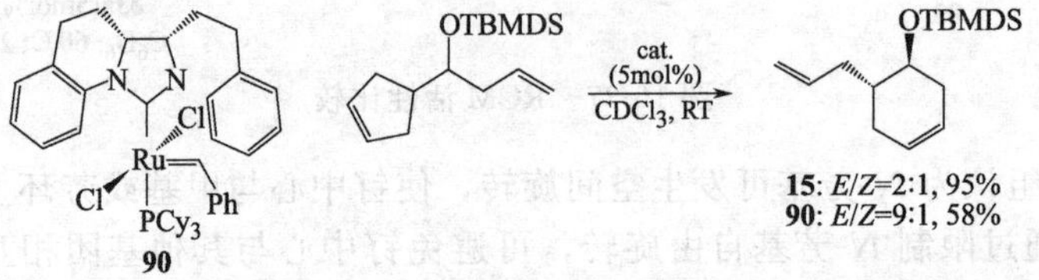

**15**: *E/Z*=2:1, 95%
**90**: *E/Z*=9:1, 58%

图 10-41　催化剂 **90** 的合成以及催化活性比较

2001 年，Grubbs 等[100]首次合成了含有 C$_2$-对称性 NHC 配体修饰的钌催化剂 **91~93**（图 10-42）。然而，在一系列的不对称催化研究中，他们发现含有两个氯配体的钌化合物得到较低的 *ee* 值。若将两个 Cl—换成 Br—或 I—后，产物的 *ee* 值能得到显著提高。

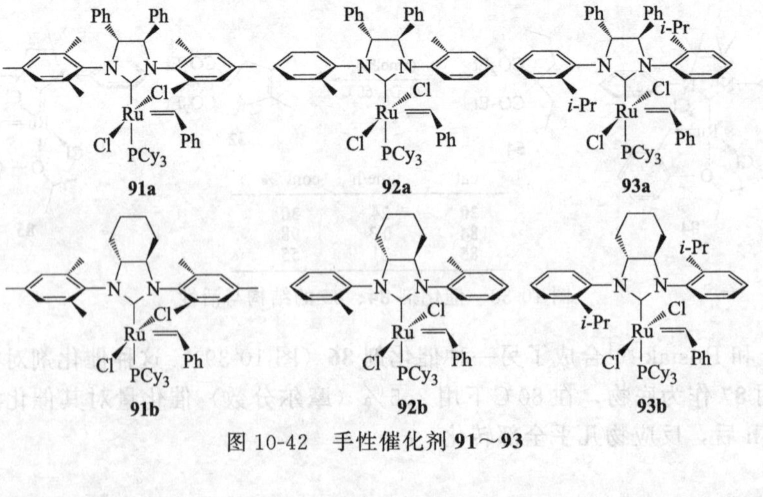

**91a**　　**92a**　　**93a**

**91b**　　**92b**　　**93b**

图 10-42　手性催化剂 **91~93**

2006 年，Grubbs 等[101]进一步合成了催化剂 **94**～**96**（图 10-43）。**94** 和 **95** 催化得到的对称选择性结果和 **93a** 得到的结果相似。而 **96** 对称选择性显著增强。更重要的是，Grubbs 等[102]证明这些钌催化剂不仅能在催化不对称的合环烯烃复分解反应（ARCM）和不对称的开环烯烃复分解反应（AROM）中得到满意结果，而且对于最具挑战性的不对称 CM 反应也适合。

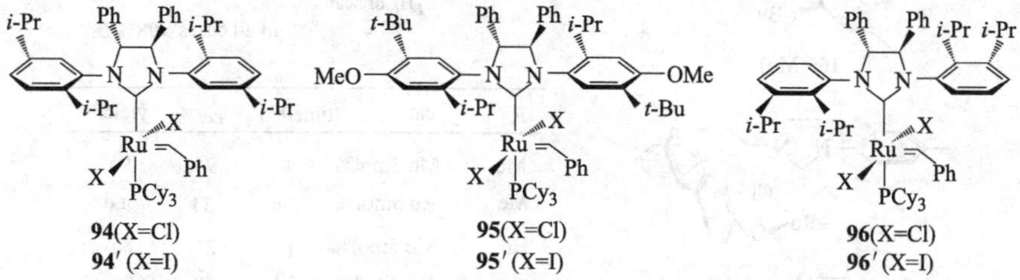

图 10-43　手性催化剂 **94**～**96** 和 **94′**～**96′**

Hoveyda 等[103]首次报道了含有双齿 NHC（$C_1$-对称）配体的钌催化剂 **97**（图 10-44）。在许多反应中，这一催化剂得到了较高的 *ee* 值。但 **97** 催化活性较低，需要较长反应时间、较高的温度才能得到较好的转化率。为了解决这一问题，Hoveyda[104]合成了催化剂 **98**～**103**，其催化结果与 **97** 类似。Grela 和 Blechert 从电子[74]和空间[105]因素方面对增加 Hoveyda 类型催化剂活性的方法进行了研究，结果发现化合物 **103** 活性最高。以碘取代 **101** 中与钌中心相连的氯原子后，所形成的化合物 **101′**（图 10-44）能很好地提高不对称烯烃复分解反应的对称选择性[106]。

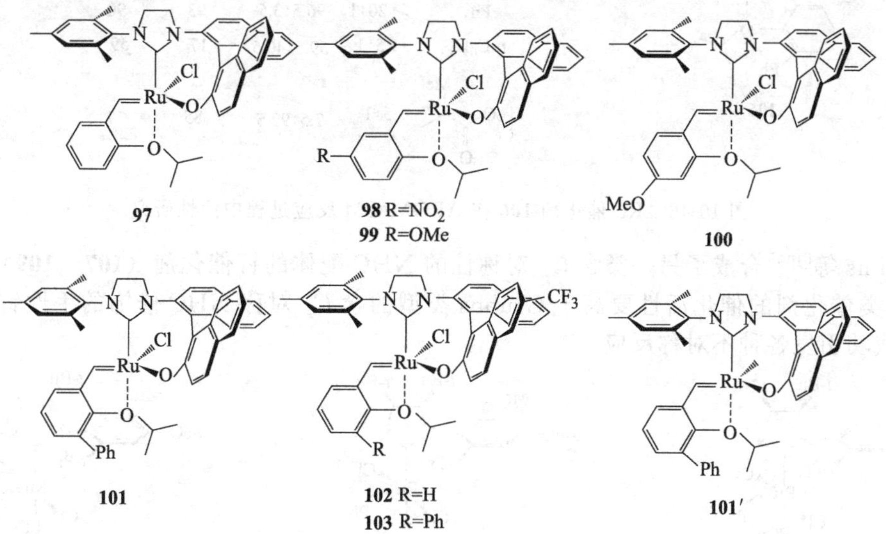

图 10-44　手性催化剂 **97**～**103**

Hoveyda 和 Schrock[107]选用手性的 Mo-和 Ru-为中心的催化剂，通过 AROM/CM 反应对 2,6-二取代的吡喃和哌啶对映选择性的合成进行了比较（图 10-45）。尽管以钼为中心的催化剂 **105** 引发较快，但产率较低或选择性较差，反应必须在溶液中进行，且要严格的无水无氧条件。而反应活性较低的手性 Ru 化合物 **101** 对空气稳定，且反应无需溶剂。

在另一项工作中，Hoveyda 等[108]研究了一种含有联苯基苯氧化物的 NHC 修饰的手性 Hoveyda 型钌催化剂 **106**（图 10-46）。当用于催化环丙烯的不对称开环烯烃复分解反应时，获得了较高的 *ee* 值。

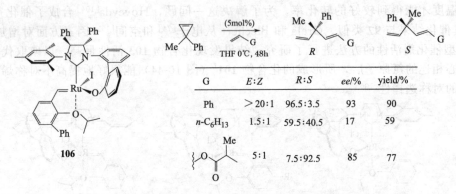

图 10-45　Mo-和 Ru-手性烯烃复分解催化剂活性、选择性对比

图 10-46　Ru-催化剂 106 在 AROM/CM 反应过程中活性研究

Collins 等[109]合成了另一类含 $C_1$-对称性的 NHC 配体的钌催化剂（**107~109**）（图 10-47）。这类催化剂的催化活性要高于 Grubbs 类型的含 $C_2$-对称 NHC 修饰的手性钌催化剂，并且能成功引发各种不对称反应。

图 10-47　催化剂 107~109

Grisi 等[110]合成了另一类不对称钌催化剂 **110~112**（图 10-48）。并通过 RCM 反应、ARCM 反应、CM 反应和 ROMP 反应对 **110~112** 的活性和立体选择性进行了研究。其中化合物 **111** 活性最高，并且 CM 反应中的 $E/Z$ 比较低。

Grubbs[111]合成了催化剂 **113**，并用于不同的降冰片烯和环辛烯或环戊烯混合物共聚合反应中。由于催化剂 **113** 引发速度较慢，Grubbs 又制备了单一吡啶配位的化合物 **114**，它和已知的 Grubbs Ⅲ 型催化剂[112]活性相似（图 10-49）。

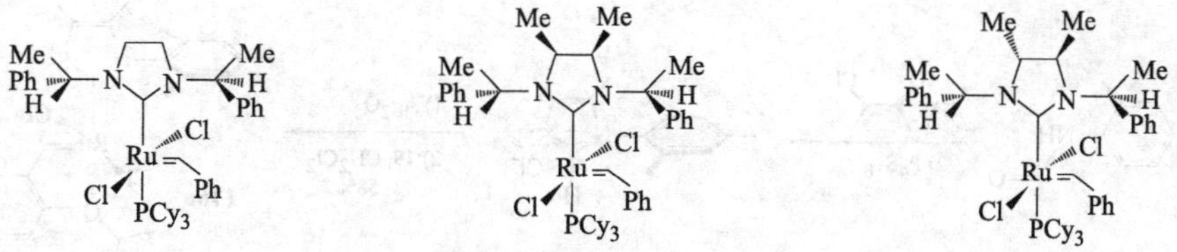

图 10-48　催化剂 110～112

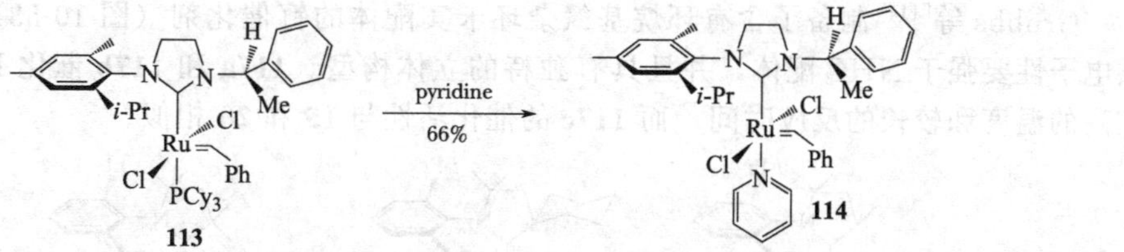

图 10-49　由催化剂 113 合成催化剂 114

2001 年，Fürstner 等[66]报道了 1,2,4-三唑-5-亚基钌化合物 115 的合成和表征（图 10-50）。115 能在氩气保护条件下存放几周，但将其溶于卤代烃中会快速降解。化合物 115 在溶剂中的低稳定性使它的应用受到了限制。在催化底物 87 的 RCM 反应中，反应 2h 就能使转化率达到 80%，但继续延长反应时间，转化率却不能得到提高。相反，含有 IMes 修饰的化合物 14 能反应较长时间使转化率达到 95%（图 10-50）。

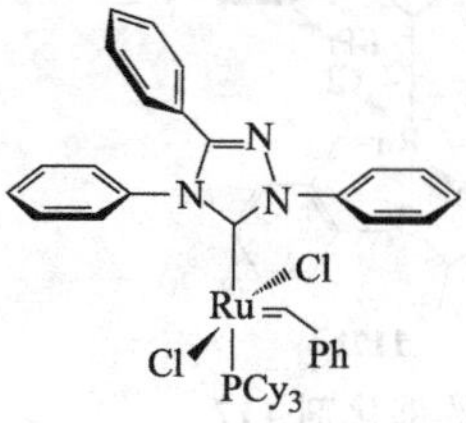

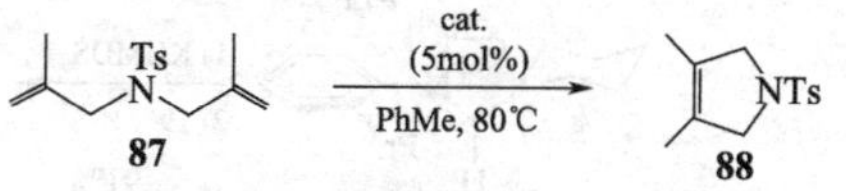

| catalyst | time/h | conv/% |
| --- | --- | --- |
| 14 | 24 | 95 |
| 82 | 3 | 85 |
| 115 | 2 | 80 |

图 10-50　催化剂 115 和催化活性比较

Grubbs 和 Vougioukalakis[113]制备了一系列噻唑类氮杂环卡宾钌烯烃复分解催化剂 116a～116g（图 10-51）。这些催化剂都是通过金属配体交换反应合成的（图 10-52）。

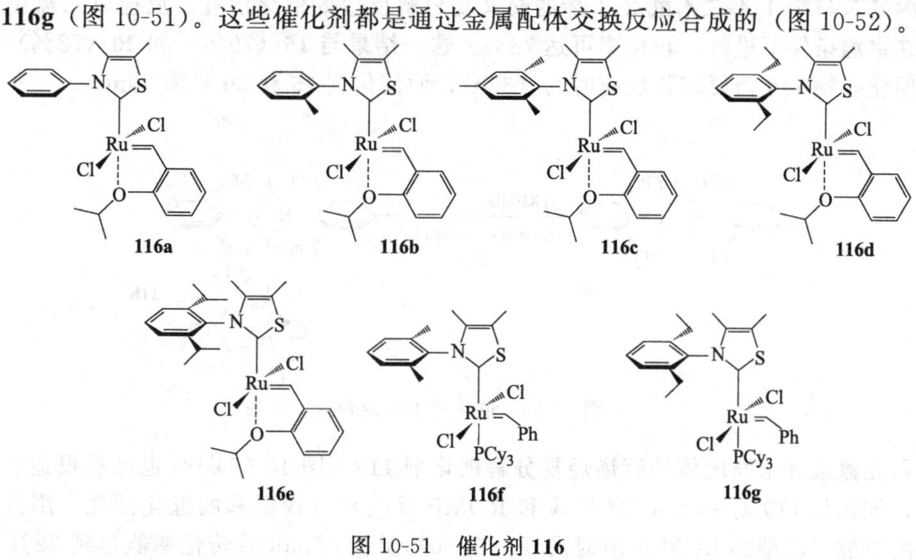

图 10-51　催化剂 116

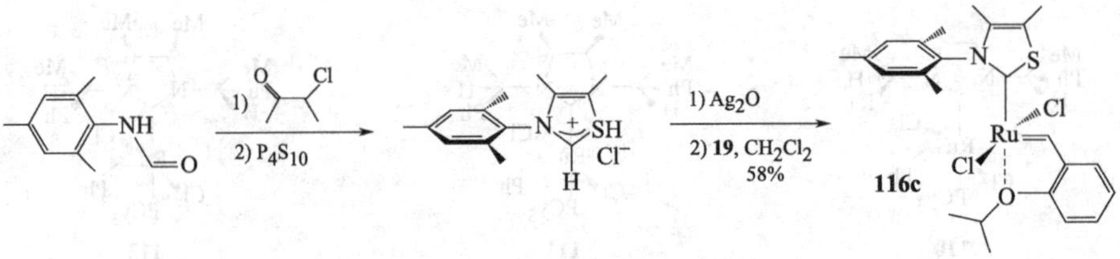

图 10-52　催化剂 **116c** 的合成

Grubbs 等[114]制备了含有环烷基氮杂环卡宾配体的钌催化剂（图 10-53）。此类卡宾的供电子性要强于 NHC 配体，并且具有独特的立体构型。**117a** 和 **117b** 催化 RCM 反应需要较高的温度和较长的反应时间，而 **117c** 的催化活性与 **15** 和 **20** 相似。

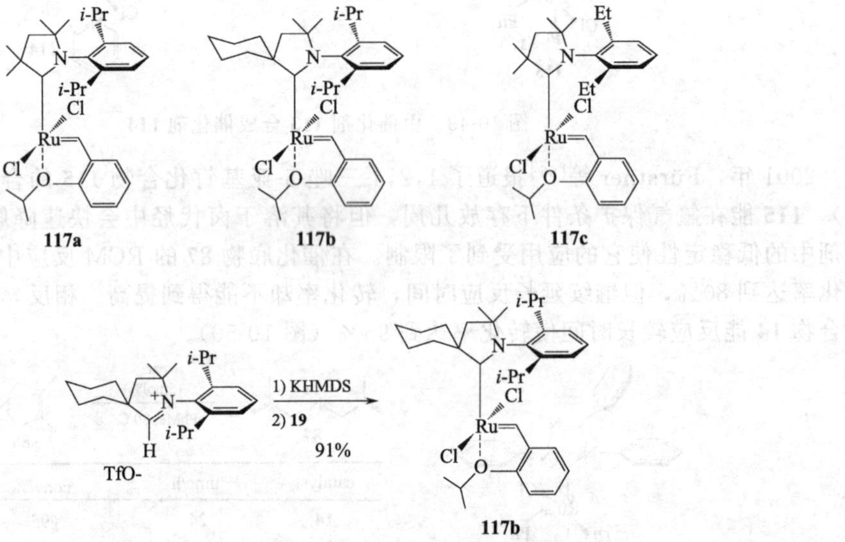

图 10-53　含环烷基氮杂环卡宾配体的催化剂 **117**

### 10.4.6　N-杂环卡宾配体环大小对催化剂活性的影响

含四元 N-杂环卡宾的钌烯烃复分解催化剂 **118**（图 10-54）也已成功合成[115]，并检测了对烯丙基苯与顺-1,4-二乙酰-2-丁烯的交叉复分解反应的催化活性。反应以二氯甲烷为溶剂，可在室温条件下进行，转化率可达 73%。这一结果与 **15**（79%）和 **20**（72%）的结果相当。但化合物 **118** 需要较长反应时间（35h），而催化剂 **15** 和 **20** 只需 30min。

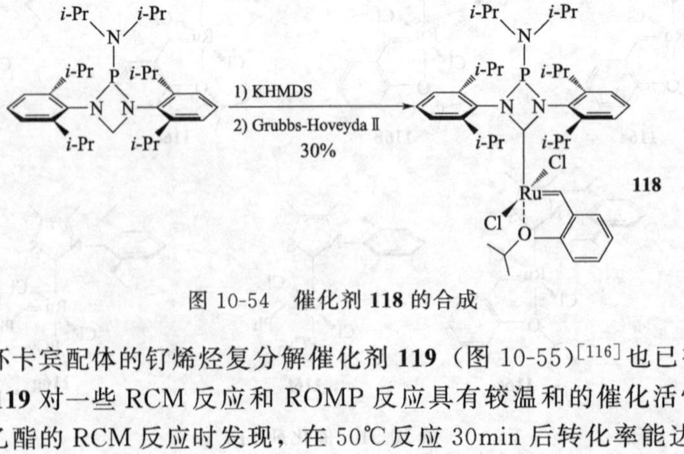

图 10-54　催化剂 **118** 的合成

含六元氮杂环卡宾配体的钌烯烃复分解催化剂 **119**（图 10-55）[116]也已被报道。活性测试表明，催化剂 **119** 对一些 RCM 反应和 ROMP 反应具有较温和的催化活性。用其催化二烯丙基丙二酸二乙酯的 RCM 反应时发现，在 50℃反应 30min 后转化率能达到 72%（**14** 和

**15** 需 10min），1h 后能达到 83％（**14** 和 **15** 需 30min）。与 **14** 和 **15** 相比，**119** 的催化活性较低。这可能是由于六元环氮杂环卡宾配体比五元环结构的氮杂环卡宾配体具有更大的空间位阻，从而导致其活性降低。

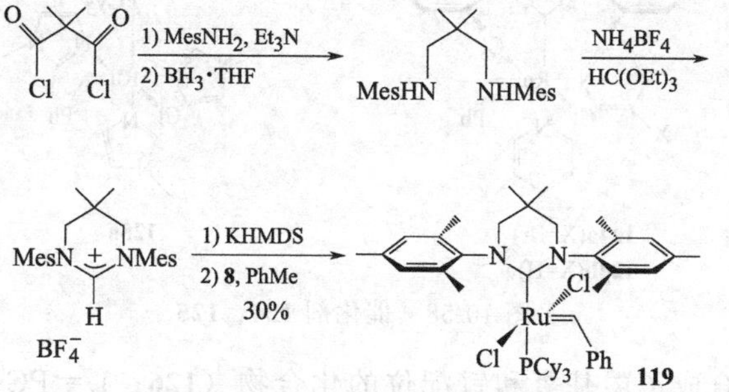

图 10-55 催化剂 **119** 的合成

Buchmeiser 等[117]合成了含六元氮杂环卡宾配体的 Hoveyda 型催化剂 **120**（图 10-56）。并将催化剂 **121** 和 Grela 的含硝基配合物 **46**[74,75]进行了活性对比，发现它们在催化 RCM 反应和 ROCM 时都具有较高活性，但 **121** 却不能像 **46** 那样在温和的反应条件下催化丙烯腈的 CM 反应。而化合物 **121** 在催化二乙基二炔丙基酯环聚合反应时，具有更高的活性[118]。

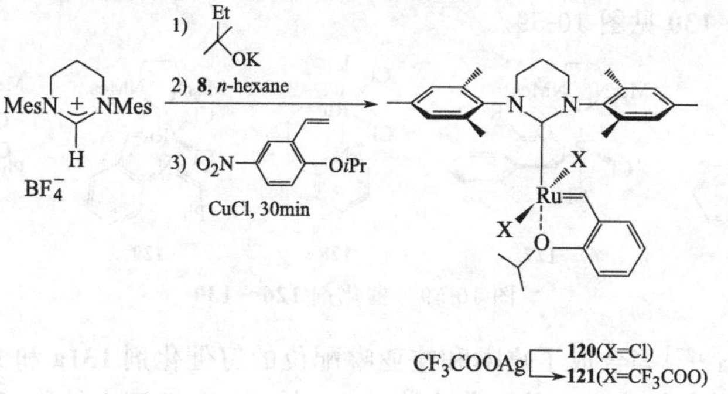

图 10-56 催化剂 **120** 和 **121** 的合成

Kumar 等[119]又进一步合成了含七元氮杂环卡宾配体的 Hoveyda 型钌催化剂 **122** 和 **123**（图 10-57）。化合物 **122** 能很好地催化环辛烯（得到反式产物）的 ROMP 反应。化合物 **123** 也能很好地引发 ROMP 反应，但只得到少量反式产物。

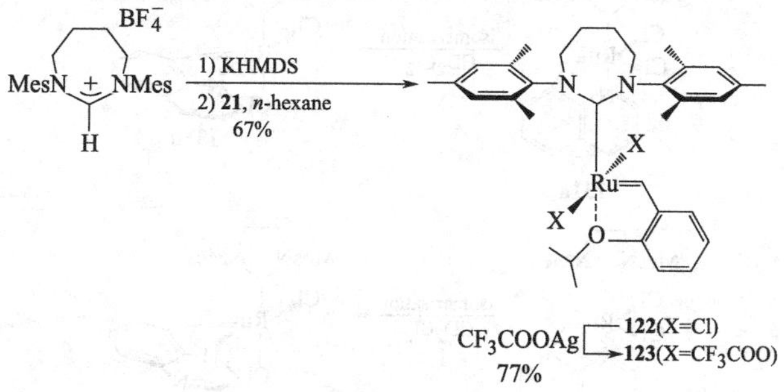

图 10-57 催化剂 **122** 和 **123** 的合成

### 10.4.7 与钌中心结合的其他杂环配体对催化剂的影响

Grubbs 发现含使用取代的吡啶替代 Grubbs Ⅱ型催化剂中的三环己基膦后，所形成的催化剂 **124**、**125**（图 10-58）[120]，具有极快的引发速度，能很好地催化 CM 反应和 ROMP 反应。常称此类配合物为 GrubbsⅢ型催化剂，化合物 **124b** 活性略低于 **124a**。由三个富电子的 1-甲基咪唑配位的离子型化合物 **125a**[121]，在催化 RCM 反应时，催化活性极低，催化剂在反应过程中降解。

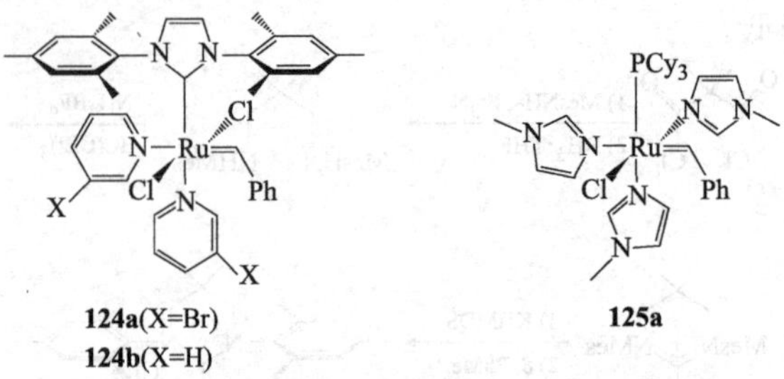

图 10-58　催化剂 **124**、**125**

Lehmann 等[122]合成了羰基氧和钌配位的化合物（**126**；L＝PCy$_3$，1,3-二甲基咪唑亚基），此类化合物在催化取代二烯的 RCM 反应中具有很低活性。Slugovc[123]合成了类 Hoveyda 型含有螯合羰基的顺式二氯化合物 **127**，此类催化剂能催化功能化降冰片烯的 ROMP 聚合反应。Van der Schaaf[124]合成了有 2-(3-丁烯基) 吡啶修饰的催化剂 **128**［L＝P($i$-Pr)$_3$］，并将其应用于 ROMP 反应中，进行了催化活性测试。后来 Schrodi 合成了五元环、六元环亚胺螯合的化合物 **129**[125]和 **130**[126]，并对其它们催化 ROM 聚合反应的活性进行了测试。催化剂 **126**～**130** 见图 10-59。

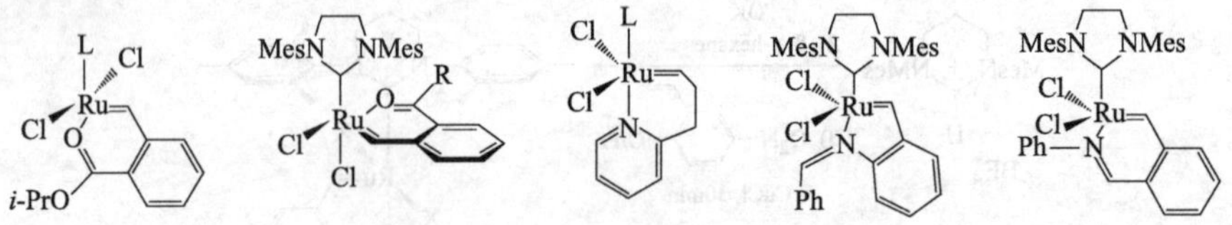

图 10-59　催化剂 **126**～**130**

2006 年，Grela[127]等合成了喹啉和喹亚啉配位的钌催化剂 **131a** 和 **132a**（图 10-60）。化合物 **131a** 和 **132a** 对空气稳定，然而化合物 **132a** 在 CDCl$_3$ 溶液中的稳定性不如化合物 **131a**。这两种化合物能在溶液中发生异构化而形成 **131b** 和 **132b**[128]（图 10-60）。对这四种化合物进行的催化活性测试表明，化合物 **131a** 的催化活性高于它的异构体 **131b**。化合物 **132a** 的活性要大于化合物 **131a**。

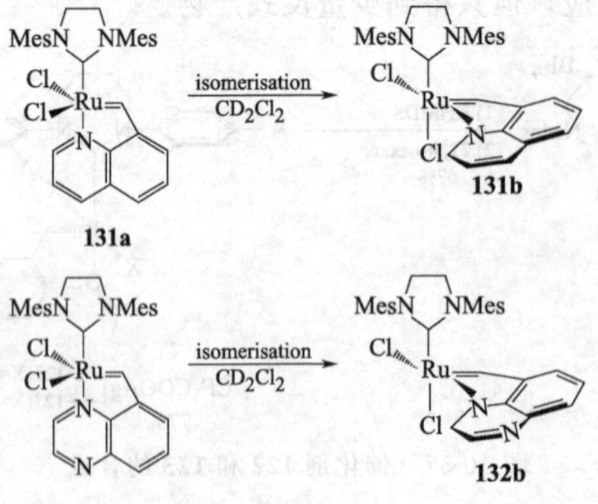

图 10-60　催化剂 **131**、**132**

2008 年，Lemcoff[129]等合成了一种含有顺式二氯、硫螯合的烯烃复分解反应催化剂 **133**（图 10-61）。**133** 在室温条件下溶液中比较稳定。在催化二烯丙基丙二酸二乙酯环合的反应中，其催化活性能随温度的改变而改变。在室温时，催化剂没有活性，当温度升高到80℃时催化剂活性显著增强。

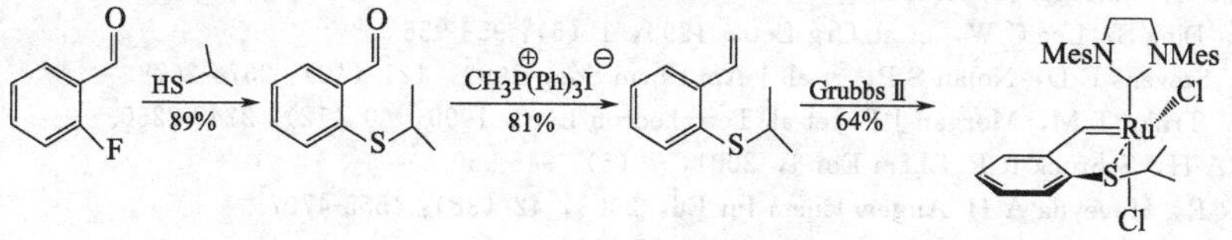

图 10-61 催化剂 **133** 的合成

# 10.5 结语

与钼、钨为中心的 Schrock 型催化剂相比，钌烯烃复分解催化剂更稳定，官能团适应性更好。然而钌催化剂也有缺点：对未保护伯、仲胺敏感；对高空阻、多取代、缺电子的烯烃催化活性低；钌催化剂难以进行不对称修饰，高效的手性钌催化剂数量少，且底物普适性不好。近年来，为了改变这一现象，人们进行了大量的合成探索，研究取代基空间、电子效应对催化剂活性的影响，并试图研制活性更高、选择性更好的钌催化剂。正如本书所综述的，这些研究已取得了阶段性的研究成果，使人们逐步认识到催化过程中影响催化活性和选择性的种种因素，为设计新型高效和高选择性催化剂提供理论依据。目前，以钌为中心的新型、高效、高选择性的烯烃复分解催化剂的合成与催化研究仍是现代金属有机化学中最为活跃的研究领域之一。

## 参 考 文 献

[1] Grubbs R H，Chang S. Tetrahedron，1998，54 (18)：4413-4450.
[2] Cyne D S，Jin J，Genest E，et al. Org Lett，2000，2 (8)：1125-1128.
[3] Baratta W，Herrmann W A，Rigo J，et al. J Organomet Chem，2000，593：489-493.
[4] Cetinkaya B，Özdernir I，Dixneuf P H. J Organomet Chem，1997，534：153-158.
[5] Mayo P，Tam W. Tetrahedron，2002，58 (47)：9513-9525.
[6] Yao Q. Angew Chem Int Ed，2000，39：3896-3898.
[7] Grey R A. J Franklin Institute，2000，337：793.
[8] Tsuji J，Hashiguchi S. Tetrahedron Lett，1980，21：2955-2958.
[9] 赵宝祥. 有机化学，2001，21：445-452.
[10] Miller S J，Kim S H，Chen Z R，et al. J Am Chem Soc，1995，117 (7)：2108-2109.
[11] Lee C W，Choi T L，Grubbs R H. J Am Chem Soc，2002，124 (13)：3224-3225.
[12] Arjona O，Csaky A G，Murcia M C，et al. J Org Chem，1999，64：9739-9741.
[13] 麻生明. 金属参与的现代有机合成反应. 广州：广东科技出版社，2001：156.
[14] Herisson J L，Chauvin Y. Makromol Chem，1971，141：161-176.
[15] Boor J. Ziegler-Natta catalysis and polymerization. New York：Academic Press，1979.
[16] 李蕊琼，傅尧，刘磊等. 有机化学，2004，9 (24)：1004-1017.
[17] 张春艳，蓝峻峰. 柳州师专学报，2006，9 (3)：111-113.
[18] Schrock R R，DePue R T，Feldman J，et al. J Am Chem Soc，1988，11 (5)：1423-1435.
[19] Kress J，Osborn J A，Amir-Ebrahimi V. Chem Commun，1988，(17)：1164-1168.
[20] 唐文明，陈卓，方伊. 有机化学，1999，19 (3)：194-195.
[21] 朱杰，张学景，邹永. 有机化学，2004，24 (2)：127-139.
[22] Fu G C，Nguyen S T，Grubbs R H. J Am Chem Soc，1993，115 (21)：9856-9857.
[23] Wu Z，Nguyen S T，Grubbs R H，et al. J Am Chem Soc，1995，117 (20)：5503-5511.
[24] Nguyen S T，Grubbs R H，Ziller J W. J Am Chem Soc，1993，115 (21)：9858-9859.
[25] Schwab P，France M B，Ziller J W. Angew Chem Int Ed，1995，34 (18)：2039-2041.
[26] Schwab P，Grubbs R H，Ziller J W. J Am Chem Soc，1996，118 (1)：100-110.

[27] Weskamp T，Schattenmann W C，Spiegler M，et al. Angew Chem Int Ed，1998，37（18）：2490-2493.
[28] Weskamp T，Kohl F J，Wolfgang A，et al. J Organomet Chem，1999，582（2）：362-365.
[29] Achermann L，Fürstner A，Weskamp T，et al. Tetrahedron Lett，1999，40（26）：4787-4790.
[30] Scholl M，Ding S，Lee C W，et al. Org Lett，1999，1（6）：953-956.
[31] Huang J，Stevens E D，Nolan S P，et al. J Am Chem Soc，1999，121（12）：2674-2678.
[32] Scholl M，Trnka T M，Morgan J P，et al. Tetrahedron Lett，1999，40（12）：2247-2250.
[33] Hoveyda A H，Schrock R R. Chem Eur J，2001，7（5）：945-950.
[34] Schrock R R，Hoveyda A H. Angew Chem Int Ed，2003，42（38）：4555-4707.
[35] Schrock R R. Pure Appl Chem，1994，66（7）：1447-1454.
[36] Murdzek J S，Schrock R R. Organometallics，1987，6（6）：1373-1374.
[37] Zeng X，Wei X，Farina V，et al. J Org Chem，2006，71（23）：8864-8875.
[38] Ulman M，Grubbs R H. J Org Chem，1999，64（19）：7202-7207.
[39] Grubbs R H. Handbook of Metathesis. Weinheim：Wiley-VCH，2003：124-127.
[40] Dragutan V，Dragutan I，Verpoort F. Platinum Met Rev，2005，49：33-40.
[41] Jafarpour L，Schanz H J，Stevens E D，et al. Organometallics，1999，18（25）：5416-5419.
[42] Fürstner A，Guth O，Düffels A，et al. Chem Eur J，2001，7（22）：4811-4820.
[43] Harrity J P A，La D S，Cefalo D R，et al. J Am Chem Soc，1998，120（10）：2343-2351.
[44] Kingsbury J S，Harrity J P A，Bonitatebus P J Jr，et al. J Am Chem Soc，1999，121（4）：791-799.
[45] Garber S B，Kingsbury J S，Gray B L，et al. J Am Chem Soc，2000，122（34）：8168-8179.
[46] Gessler S，Randl S，Blechert S. Tetrahedron Lett，2000，41（51）：9973-9976.
[47] Imhof S，Randl S，Blechert S. Chem Commun，2001，（17）：1692-1693.
[48] Gessler S，Randl S，Wakamatsu H，et al. Synth Lett，2001，（3）：430-432.
[49] Demchuk O M，Pietrusiewicz K M，Michrowska A，et al. Org Lett，2003，5（18）：3217-3220.
[50] Vinokurov N，Michrowska A，Szmigielska A，et al. Adv Synth Catal，2006，348（7）：931-938.
[51] Grela K，Bieniek M. Tetrahedron Lett，2001，42（30）：6425-6428.
[52] Sashuk V，Samojlowicz C，Szadkowska A，et al. Chem Commun，2008，（21）：2468-2470.
[53] Rix D，Clavier H，Coutard Y，et al. J Organomet Chem，2006，691：5397-5405.
[54] Rix D，Caijo F，Laurent I，et al. Chem Commun，2007，（36）：3771-3773.
[55] Rix D，Caijo F，Laurent I，et al. J Org Chem，2008，73（11）：4225-4228.
[56] Sübner M，Plenio H. Chem Commun，2005，（43）：5417-5419.
[57] Balof S L，P'Pool S J，Berger N J，et al. Dalton Trans，2008，42：5791-5799.
[58] Kadyrov R，Bieniek M，Grela K. DE，102007018148.7.2007.
[59] Nicolaou K C，Bulger P G，Sarlah D. Angew Chem Int Ed，2005，44（29）：4490-4527.
[60] Samojłowicz C，Bieniek M，Zarecki A，et al. Chem Commun，2008，（18）：6282-6284.
[61] Louie J，Grubbs R H. Angew Chem Int Ed，2001，40（1）：247-249.
[62] Ledoux N，Allaert B，Pattyn S，et al. Chem Eur J，2006，12（17）：4654-4661.
[63] Ledoux N，Linden A，Allaert B，et al. Adv Synth Catal，2007，349（10）：1692-1700.
[64] Bieniek M，Michrowska A，Usanov D L，et al. Chem Eur J，2008，14（3）：806-818.
[65] Jafarpour L，Stevens E D，Nolan S P. J Organomet Chem，2000，606（1）：49-54.
[66] Fürstner A，Ackermann L，Gabor B，et al. Chem. Eur. J，2001，7（15）：3236-3253.
[67] Huang J，Schanz H J，Stevens E D，et al. Organometallics，1999，18（25）：5375-5380.
[68] Yang C L，Lee H M，Nolan S P. Org Lett，2001，3（10）：1511-1514.
[69] Ritter T，Day M W，Grubbs R H. J Am Chem Soc，2006，128（36）：11768-11769.
[70] Stewart I C，Ung T，Pletnev A A，et al. Org Lett，2007，9（8）：1589-1592.
[71] Vehlow K，Gessler S，Blechert S. Angew Chem Int Ed，2007，46（42）：8082-8085.
[72] White D E，Stewart I C，Grubbs R H，et al. J Am Chem Soc，2008，130（3）：810-811.
[73] Seiser T，Kamena F，Cramer N. Angew Chem Int Ed，2008，47（34）：6483-6485.
[74] Grela K，Harutyunyan S，Michrowska A. Angew Chem Int Ed，2002，41（21）：4038-4040.
[75] Michrowska A，Bujok R，Harutyunyan S，et al. J Am Chem Soc，2004，126（30）：9318-9325.
[76] Berlin J M，Campbell K，Ritter T，et al. Org Lett，2007，9（7）：1339-1342.
[77] Luan X，Mariz R，Gatti M，et al. J Am Chem Soc，2008，130（21）：6848-6858.
[78] Gessler S. Ph D Dissertation. Berlin：Technische Universität Berlin，2002.
[79] Rost D，Porta M，Gessler S，et al. Tetrahedron Lett，2008，49（41）：5968-5971.
[80] Dinger M B，Nieczypor P，Mol J. Organometallics，2003，22（25）：5291-5296.
[81] Vehlow K，Maechling S，Blechert S. Organometallics，2006，25（1）：25-28.
[82] Huwe C M，Velder J，Blechert S. Angew Chem，1996，35（20）：2376-2378.
[83] Vehlow K，Gessler S，Blechert S. Angew Chem，2007，46（42）：8082-8085.
[84] Ledoux N，Allaert B，Linden A，et al. Organometallics，2007，26（4）：1052-1056.
[85] Vougioukalakis G C，Grubbs R H. Organometallics，2007，26（9）：2469-2472.

[86] Vougioukalakis G C, Grubbs R H. Chem Eur J, 2008, 14 (25): 7545-7556.

[87] Prühs S, Lehmann C W, Fürstner A. Organometallics, 2004, 23 (2): 280-287.

[88] Bielawski C W, Benitez D, Grubbs R H. J Am Chem Soc, 2003, 125 (28): 8424-8425.

[89] Boydstone A J, Xia Y, Korfield J A, et al. J Am Chem Soc, 2008, 130 (38): 12775-12782.

[90] Ledoux N, Allaert B, Verpoort F. Eur J Inorg Chem, 2007, (35): 5578-5583.

[91] Occhipinti G, Bjørsvik H R, Törnroos K W, et al. Organometallics, 2007, 26 (18): 4383-4385.

[92] Tzur E, Ben-Asuly A, Diesendruck C E, et al. Angew Chem Int Ed, 2008, 47 (34): 6422-6425.

[93] Bieniek M, Bujok R, Stepowska H, et al. J Organomet Chem, 2006, 691 (24-25): 5289-5297.

[94] Stewart I C, Douglas C J, Grubbs R H. Org Lett, 2008, 10 (3): 441-444.

[95] Chung C K, Grubbs R H. Org Lett, 2008, 10 (13): 2693-2696.

[96] Kuhn M, Bourg J-B, Chung C K, et al. J Am Chem Soc, 2009, 131 (14): 5313-5320.

[97] Kadyrov R, Rosiak A, Tarabocchia J, et al. Catal Org React, 2009, 123: 217-222.

[98] Weigl K, Kohler K, Dechert S, et al. Organometallics, 2005, 24 (16): 4049-4056.

[99] Böhrsch V, Neidhöfer J, Blechert S. Angew Chem Int Ed, 2006, 45 (8): 1302-1305.

[100] Seiders T J, Ward D W, Grubbs R H. Org Lett, 2001, 3 (20): 3225-3228.

[101] Funk T W, Berlin J M, Grubbs R H. J Am Chem Soc, 2006, 128 (6): 1840-1846.

[102] Berlin J M, Goldberg S D, Grubbs R H. Angew Chem Int Ed, 2006, 45 (45): 7591-7595.

[103] Van Veldhuizn J J, Garber S B, Kingsbury J S, et al. J Am Chem Soc, 2002, 124 (18): 4954-4955.

[104] Van Veldhuizn J J, Gillingham D G, Garber S B, et al. J Am Chem Soc, 2003, 125 (41): 12502-12508.

[105] Wakamatsu H, Blechert S. Angew Chem Int Ed, 2002, 41 (13): 2403-2405.

[106] Gillingham D G, Kataoka O, Garber S B, et al. J Am Chem Soc, 2004, 126 (39): 12288-12290.

[107] Cortez G A, Baxter C A, Schrock R R, et al. Org Lett, 2007, 9 (15): 2871-2874.

[108] Giudici R E, Hoveyda A H. J Am Chem Soc, 2007, 129 (13): 3824-3825.

[109] Fournier P A, Collins S K. Organometallics, 2007, 26 (12): 2945-2949.

[110] Grisi F, Costable C, Gallo E, et al. Organometallics, 2008, 27 (18): 4649-4656.

[111] Choi T L, Rutenberg I M, Grubbs R H. Angew Chem Int Ed, 2002, 41 (20): 3839-3841.

[112] Love J A, Morgan J P, Trnka T M, et al. Angew Chem Int Ed, 2002, 41 (21): 4035-4037.

[113] Vougioukalakis G C, Grubbs R H. J Am Chem Soc, 2008, 130 (7): 2234-2245.

[114] Anderson D R, Lavallo V, O'Leary D J, et al. Angew Chem Int Ed, 2007, 46 (38): 7262-7265.

[115] Despagnet-Ayoub E, Grubbs R H. Organometallics, 2005, 24 (3): 338-340.

[116] Yun J, Marinez E R, Grubbs R H. Organometallics, 2004, 23 (18): 4172-4173.

[117] Yang L, Mayr M, Wurst K, et al. Chem Eur J, 2004, 10 (22): 5761-5770.

[118] Mayr M, Mayr B, Buchmeiser M R. Angew Chem Int Ed, 2001, 40 (20): 3839-3842.

[119] Kumar P S, Wurst K, Buchmeiser M R. Organometallics, 2009, 28 (6): 1785-1790.

[120] Choi T L, Grubbs R H. Angew Chem Int Ed, 2003, 42 (15): 1743-1746.

[121] Trnka T M, Dias E L, Day M W, Grubbs R H. ARKIVOC, 2002, 8: 28-41.

[122] Fürstner A, Thiel O R, Lehmann C W. Organometallics, 2002, 21 (2): 331-335.

[123] Slugovc C, Perner B, Stelzer F, et al. Organometallics, 2004, 23 (15): 3622.

[124] van der Schaaf P A, Kolly R, Kirner H J, et al. J Organomet Chem, 2000, 606 (1): 65-74.

[125] Slugovc C, Burtscher D, Stelzer F, et al. Organometallics, 2005, 24 (10): 2255-2258.

[126] (a) De Clercq B, Verpoort F. Adv Synth Catal, 2002, 344 (6-7): 639-648.

(b) Opstal T, Verpoort F. Angew Chem Int Ed, 2003, 42 (25): 2876-2879.

[127] Barbasiewicz M, Szadkowska A, Bujok R, et al. Organometallics, 2006, 25 (15): 3599-3604.

[128] Benitez D, Goddard W A. J Am Chem Soc, 2005, 127 (35): 12218.

[129] Ben-Asuly A, Tzur E, Diesendruck C E, et al. Organometallics, 2008, 27 (5): 811-813.